高礼静　张红卫　编著

大学物理学

（下册）

清華大學出版社
北　京

内容简介

本书涵盖了大学物理课程所有的核心内容，知识框架完整，表述清晰。编写过程中结合普通高校应用型人才培养模式的特点，增加了物理知识的工程应用介绍。根据《理工科类大学物理课程教学基本要求》，简化了部分B类内容，加强了对A类内容、公式和概念的理解和实际应用的介绍，并挑选了难度适中的例题和习题，让学生在学习和课后自学时更容易理解和掌握。全书共分为上、下两册，上册包括力学、振动与波动、热学，下册包括电磁学、波动光学、狭义相对论基础和量子物理基础。

本书可作为普通高等学校非物理类普通工科类专业的大学物理教材。

图书在版编目(CIP)数据

大学物理学. 下册/高礼静，张红卫编著. —北京：清华大学出版社，2024.5（2025.1重印）
ISBN 978-7-302-62417-2

Ⅰ. ①大… Ⅱ. ①高… ②张… Ⅲ. ①物理学－高等学校－教材 Ⅳ. ①O4

中国国家版本馆CIP数据核字(2023)第016227号

责任编辑：佟丽霞
封面设计：常雪影
责任校对：赵丽敏
责任印制：曹婉颖

出版发行：清华大学出版社
网　　址：https://www.tup.com.cn，https://www.wqxuetang.com
地　　址：北京清华大学学研大厦A座　　邮　　编：100084
社 总 机：010-83470000　　邮　　购：010-62786544
投稿与读者服务：010-62776969，c-service@tup.tsinghua.edu.cn
质量反馈：010-62772015，zhiliang@tup.tsinghua.edu.cn
印 装 者：三河市科茂嘉荣印务有限公司
经　　销：全国新华书店
开　　本：185mm×260mm　　**印　张**：14.75　　**字　　数**：359千字
版　　次：2024年5月第1版　　**印　　次**：2025年1月第2次印刷
定　　价：49.00元

产品编号：095410-01

前言

PREFACE

物理学是研究物质运动最一般规律和物质基本结构的学科。物理学的发展极大地推动了近代工业和科学技术的创新革命，并同时促进了人类社会文明的进步。作为自然科学的带头学科，物理学研究大至宇宙，小至基本粒子等一切物质最基本的运动形式和规律。近年来，随着教学改革的不断深入，大学物理课程还是一门帮助学生树立科学世界观、增强学生综合能力的素质教育课程。

本书可作为"应用型人才"培养模式的普通高校的大学物理教学用书，具有框架完整、语言精练等特点。目前，很多高校是非研究型高校，大学物理的教学主要是为学生进一步学习专业知识打基础，学校普遍重视经典物理中力学、热学、光学、电磁学的内容，对近代物理的内容要求相对较低。在本书的编写过程中，对经典物理做了系统详细的介绍，对近代物理保留了狭义相对论和量子物理基础。"应用型人才"培养模式的高校学生数理基础相对薄弱，因此本书对经典物理的重点内容讲解透彻，必要的推导过程演算详细，同时在部分章节中增加了与物理知识相关的工程应用和生活中的物理常识。我们希望学生能够通过有趣的物理现象激起对物理学的学习兴趣，并在物理模型的系统学习中掌握科学的思维方法和逻辑思维能力。通过大学物理的学习，学生能够用简单的物理知识解释生活中看似复杂的自然现象，建立认识自然、了解自然、探索自然规律的信心。此外，我们参考借鉴了多套国内外优秀教材，选取适当的内容，增加一些科学前沿、物理学家故事介绍，部分章节引入中国近几年在相关技术领域的突破的内容，希望能达到培养学生家国情怀的目的，让学生树立国家自豪感，将来投身于祖国科学技术研究的事业中。

本书结合普通高校着重培养"应用型人才"的特点，简化《理工科类大学物理课程教学基本要求》的部分B类内容，加强对A类内容、公式和概念的理解和实际应用。挑选了难度适中的例题和习题，让学生在学习时更容易理解和掌握。全书的教学内容可以根据本校的教学实际进行调整，适用于120课时以下的课程教学，书中带*章节为选修内容。

全书分上、下两册，上册由唐娜斯统稿，下册由高礼静统稿。第1～3章，以及第7章内容由陈悦编写；第4～6章，以及第8章内容由唐娜斯编写；下册第9～14章内容由高礼静编写；第15章内容由张红卫编写。

致同学们的话：

当你们作为初学者，第一次拿起这本《大学物理学》，初看时也许会觉得很熟悉，力学、热学、光学和电磁学部分的内容在高中接触过，但是仔细一看书上的公式和习题会觉得很茫然，不理解也不会做。这是因为中学学习的是物理中最简单、最基础的内容，用的都是最简单的加减乘除，而大学物理将接触其本质和更加普适的形式，要使用全新的数学工具——微积分和矢量。所以有些同学经过两个学期的学习会出现两种极端情况：高中物理学得好的，可能大学物理学得并不好；而高中物理学得不好的，大学物理却学得很好。

高中物理和大学物理不仅仅方法和数学工具有很大的不同，内容上也有很大区别。例如：在力学方面，中学学的是最简单的一维直线运动，大学物理将扩展到二维、三维曲线运动，无需再像中学那样去背诵那些让人"烦恼的"公式，我们只需要利用最基本的牛顿运动定律动力学矢量式就能推导出直线运动和曲线运动情况下的所有表达式。在电磁学方面，中学介绍的大多是均匀电场和磁场，而大学物理将详细介绍包含均匀场在内的电磁现象。在光学方面，和中学物理利用几何光学研究透镜成像的方法不同，大学物理将重点介绍波动光学的知识，并用来解释生活中常见的光的波动现象。总之，希望同学们不要停留在以前学习物理的方法，而是要以一个初学者的心态去面对物理，这样你会发现一个全新的、不一样的物理的美。

"判天地之美，析万物之理!"大学物理是自然科学的基础学科，在理工类专业课的学习前，都会要求学好大学物理。基础课和专业课的关系就如走和跑的关系，不会走怎么能跑?除此之外，物理学也是一门普适教育的课程，可以增强大学生的知识面，同时可以让学生树立正确的、科学的价值观和世界观。即使进入社会，从日常生活到高新技术领域，你们会发现前面学习的这些科学知识原来无处不在。

通过大学物理的教学，我们希望能提高同学们各方面的能力，包括：(1)获取知识和应用知识能力——大学物理比高中物理学习内容多，信息量大，与数学结合紧密，需要学生学会独立阅读书本内容，自学参考书和文献知识，紧密结合高等数学中的微积分和矢量代数，提高自学能力和应用能力。(2)科学思维能力——能够运用物理学的理论和观点，通过分析综合、演绎归纳、科学抽象、类比联想等方法正确地分析、研究和计算遇到的一些物理问题；能根据单位(量纲)分析、数量级估算、极端情况和特例讨论等进行定性思考或半定量估算，并判断结果的合理性。(3)解决问题能力——对一些较为简单的实际问题，能够根据问题的性质以及实际需要抓住主要因素，进行合理的简化，通过建立相应的物理模型，并用物理语言进行描述，运用所学的物理理论和研究方法加以解决。

希望同学们在学习过程中注意以下素质的培养：(1)科学素质——追求真理的理想和献身科学的精神，树立现代科学的自然观、宇宙观和辩证唯物主义世界观，使自己具有科学的成败观和探索科学疑难问题的信心与勇气，培养严谨求实的科学态度和坚韧不拔的科学品格。(2)创新精神——激发求知热情、探索精神和创新欲望，善于思考，勇于实践，敢于向旧观念挑战。(3)应用精神——通过理论知识的教学和实验课的学习，能将学到的理论知识应用到实际的生产、生活中。

限于编者的学术水平，书中难免存在不妥之处，我们希望老师和同学们在使用过程中多提宝贵意见，以便再版时加以完善。

编　者

2023 年 9 月

目录
CONTENTS

第 9 章

真空中的静电场

电磁学主要研究电磁运动的基本规律，是物理学的一个重要分支。电磁运动是物质运动中的一种最基本的运动方式，电磁力也是自然界中已知的四种基本的自然力之一。电磁学的发展和建立极大地推动了社会的进步。如今，电视、广播和无线电通信日益普及，电力照明、家用电器等也早已成为人们生活中的必需品，计算机成为科学发展中的重要工具。所有这些，无不以电磁学基本原理为核心。

在相当长一段时间内，电和磁被看成两种完全不同的现象。因此人们对它们的理论研究是从两个不同方面进行的，进展十分缓慢。直到 1820 年，丹麦物理学家奥斯特(H. C. Oersted，1777—1851)发现了电流的磁效应，人们这才认识到电和磁是相互关联的。后来，法拉第(M. Faraday，1791—1867)于 1831 年发现了电磁感应现象，进一步揭示了电和磁的内在联系。1865 年，麦克斯韦(J. C. Maxwell，1831—1879)在前人工作的基础上，提出了感应电场和位移电流假说，总结建立了完整的电磁场理论，成为经典电磁理论的核心内容。该理论预言了电磁波的存在，并指出光是一种电磁波。

一般说来，运动电荷将同时激发电场和磁场。但是，在某种情况下，例如我们所研究的电荷相对某参考系静止时，电荷在这个相对静止的参考系中就只激发电场，这个电场就是本章要讨论的静电场。本章的主要内容有：静电场的基本定律——库仑定律，静电场的基本定理——高斯定理和环路定理，描述静电场属性的两个基本物理量——电场强度和电势等。

9.1 电荷 库仑定律

9.1.1 物质的电结构 电荷守恒定律

物体能产生电磁现象，主要是因为物体所带的电荷，以及这些电荷的运动。人们对电荷的认识最早是从摩擦起电现象和自然界的雷电现象开始的。实验指出，硬橡胶棒与皮毛摩擦后或玻璃棒与丝绸摩擦后对轻微物体都有吸引作用，这种现象称为带电现象。经过摩擦后的物体带有电荷。自然界只有两种电荷，分别称为**正电荷**和**负电荷**。同种电荷互相排斥，异种电荷相互吸引。物体所带电荷的多少称为**电荷量**(electric quantity)，用 Q 或 q 表示，单位是**库仑**，符号为 C。

摩擦起电的根本原因与物体的电结构有关。按照原子理论，任何物体都是由分子、原子构成的，原子又是由质子和中子组成的原子核以及核外的电子构成的。中子不带电，质子带正电，电子带负电。通常状态下，质子所带的正电荷和核外电子所带的负电荷在电荷量上相等，因此原子整体上对外不显示电性。当物体经受摩擦等作用而造成物体中的电子发生转移时，物体便带了电，失去电子时带正电，得到电子时带负电。

大量实验表明：**在一个孤立系统中，无论发生了怎样的物理过程，电荷都不会产生，也不会消失，只能从一个物体转移到另一个物体上，或从物体的一部分转移到另一部分，电荷的代数和是守恒的**。这就是**电荷守恒定律**。

9.1.2 电荷的量子化

1897 年，汤姆孙(J. J. Thomson，1856—1940)通过观测阴极射线发现了电子。1907—1913 年，密立根(R. A. Millikan，1868—1953)通过油滴实验，发现带电体的电荷量总是以基本单元的整数倍出现。这个电荷量的基本单元就是电子所带电荷量的绝对值，用 e 表示，$e\approx 1.602\times 10^{-19}$ C，而一般带电体的电荷量 $q=\pm ne$，n 为 $1,2,3,\cdots$，这是自然界存在不连续性(即量子化)的又一个例子。电荷的这种只能取离散的不连续的量值的性质，叫做**电荷的量子化**。

近代物理从理论上预言基本粒子由若干种夸克或反夸克组成，每一个夸克或反夸克可能带有 $\pm\frac{1}{3}e$ 或 $\pm\frac{2}{3}e$ 的电荷量。然而，至今单独存在的夸克尚未在实验中发现(即使发现了，也不过是把基本电荷元大小缩小到目前的 1/3，电荷的量子性不变)。

9.1.3 库仑定律

库仑(C. A. Coulomb，1736—1806)，法国工程师、物理学家。1736 年 6 月 14 日生于法国昂古莱姆，1806 年 8 月 23 日在巴黎逝世。主要贡献有扭秤实验、库仑定律、库仑土力学理论等。他曾设计了一种水下作业法。这种作业法类似于现代的沉箱，它是应用在桥梁等水下建筑施工中的一种很重要的方法。同时他也被称为“土力学之始祖”。电荷的单位库仑就是为纪念他而命名的。

在发现电现象后的两千多年里，人们对电的认识一直停留在定性阶段。从 18 世纪中叶开始，许多科学家有目的地进行一些实验性的研究，以便找出静止电荷之间的相互作用力的规律。因为带电体之间的相互作用力不仅与物体所带电荷量有关，还与带电体的形状、大小，以及周围介质有关，所以要用实验直接确立带电体的作用是很困难的。1785 年，库仑提出了点电荷(point charge)的理想模型，认为当带电体的线度和带电体之间的距离相比很小时，可以忽略其形状和大小，把它看作一个带电的几何点。库仑设计了一台精密的扭秤，如图 9-1 所示，对两个静止点电荷之间的相互作用进行实验，通过定量分析，库仑得到了两个点电荷在真空中的相互作用规律，后来被称为库仑定律。表述如下：

图 9-1 库仑扭秤装置

真空中的两个静止点电荷之间的相互作用力 $\boldsymbol{F}$ 的大小与这两个点电荷所带的电荷量 q_1 和 q_2 的乘积成正比，与它们之间的距离 r 的二次方成反比，作用力 $\boldsymbol{F}$ 的方向沿它们的连线方向，同种电荷相互排斥，异种电荷相互吸引，即

$$\boldsymbol{F}=k\,\frac{q_1q_2}{r^2}\boldsymbol{e}_r=\frac{q_1q_2}{4\pi\varepsilon_0 r^2}\boldsymbol{e}_r \tag{9-1}$$

式中，$\boldsymbol{e}_r$ 为从电荷 q_1 指向电荷 q_2 的单位矢量，即 $\boldsymbol{e}_r=\boldsymbol{r}/r$，如图 9-2 所示；电荷 q_1 和 q_2 的量值可正可负，当 q_1 和 q_2 同号时，q_2 受到斥力作用，$\boldsymbol{F}$ 与 $\boldsymbol{e}_r$ 同向；当 q_1 和 q_2 异号时，q_2 受到引力作用，$\boldsymbol{F}$ 与 $\boldsymbol{e}_r$ 反向；ε_0 叫做真空电容率，又称真空介电常量（dielectric constant of vacuum），其量值为 $8.854\times10^{-12}\text{C}^2\cdot\text{N}^{-1}\cdot\text{m}^{-2}$，$k=\dfrac{1}{4\pi\varepsilon_0}=8.987\times10^9\text{N}\cdot\text{m}^2\cdot\text{C}^{-2}\approx9.0\times10^9\text{N}\cdot\text{m}^2\cdot\text{C}^{-2}$。库仑定律是一个实验定律，经过精密测定证明，它在一定范围内是正确的。

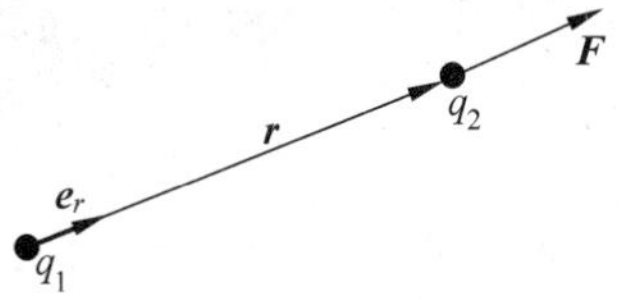

图 9-2 两个点电荷之间的作用力

9.2 电场强度

9.2.1 静电场

库仑定律只给出了两个点电荷之间的相互作用的定量关系，并没有指明这种作用是通过怎样的方式进行的。我们平常所见到的物体间的相互作用一般是直接接触作用的。例如，推车时，通过手和车的直接接触把力作用在车子上。但是电力、磁力和重力却可以发生在两个相隔一定距离的物体之间。那么，这些力究竟是如何传递的呢？在很长一段时间内，人们曾认为这些力的作用不需要中间媒介，也不需要时间，就能实现远距离的相互作用，即"超距作用"。到了 19 世纪初，英国物理学家法拉第提出新的观点：在电荷的周围存在着一种特殊形态的物质，称为**电场**（electric field）。任何电荷在其周围都激发电场，电荷间的相互作用是通过电场对电荷的作用来实现的。其作用可以表示为

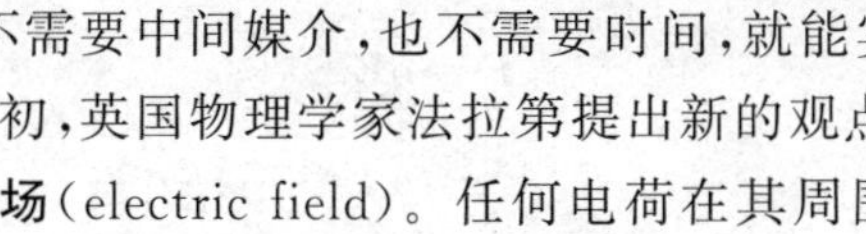

电场对电荷的作用力称为电场力（force due to electric field）。现代物理学证明："超距作用"的观点是错误的，电力和磁力的传递都需要时间，传递速度约为 $3\times10^8\text{m/s}$。

法拉第以其惊人的想象力提出的"场"的概念，受到人们的高度评价。现代物理学已经肯定了场的观点，证明了电磁场的存在。电磁场与实物粒子一样，具有质量、能量、动量等物质的基本属性。相对于观察者静止的电荷在周围空间激发的电场称为**静电场**（electrostatic field)，它是电磁场的一种特殊状态。下面就静电场的基本性质加以讨论。

9.2.2 电场强度的概念

为了定量研究电场对电荷的作用，我们把一个试验电荷(test charge)q_0 放到电场中，观察电场对试验电荷 q_0 的作用力的情况。试验电荷必须满足如下两个条件：①它的线度必须小到可以将它看作点电荷，以便确定电场中各个点的电场性质；②它所带的电荷量必须充分小，以免影响到原有电场的分布。为了讨论方便，我们取试验电荷为正电荷 $+q_0$。

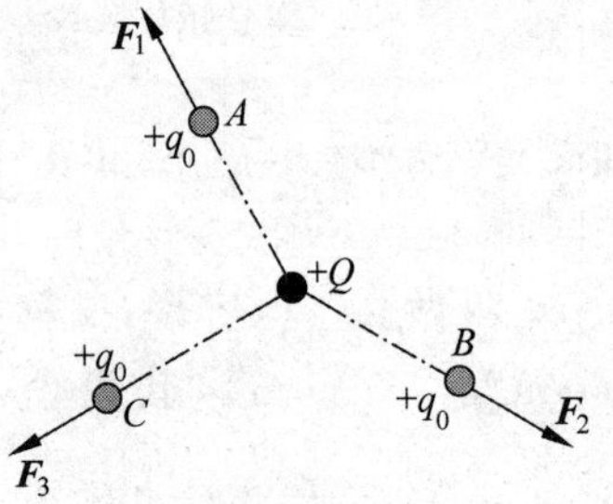

图 9-3　试验电荷在电场中不同位置受电场力的情况

如图 9-3 所示，在静止电荷 Q（场源电荷）周围的电场中，先后将试验电荷 $+q_0$ 放在电场中 A，B 和 C 三个不同的场点位置。实验表明，试验电荷在不同位置所受到的电场力 $\boldsymbol{F}$ 的大小和方向均不相同；若在任取的同一场点位置上，改变所放置的试验电荷 $+q_0$ 的电荷量大小，则 $+q_0$ 所受到的电场力 $\boldsymbol{F}$ 的大小也会随之改变，然而，两者的比 $\dfrac{\boldsymbol{F}}{+q_0}$ 却与试验电荷的量值 $+q_0$ 无关，而仅取决于场源电荷 Q 的量值和位置。因此，我们就从电场对电荷施力的角度，把这个比值作为描述电场的一个物理量，称为**电场强度**(electric field intensity)，记作 $\boldsymbol{E}$，有时简称场强。即

$$\boldsymbol{E}=\frac{\boldsymbol{F}}{q_0} \tag{9-2}$$

在国际单位制中，电场强度 $\boldsymbol{E}$ 的单位是牛顿每库仑（$N\cdot C^{-1}$），也可以表示为伏特每米（$V\cdot m^{-1}$）。式(9-2)为电场强度的定义式。它表明，**电场中某点的电场强度 $\boldsymbol{E}$ 等于位于该点处的单位试验电荷所受到的电场力**。显然，电场强度 $\boldsymbol{E}$ 是一个矢量，方向与正电荷在该点处受到的电场力的方向一致。

由上述讨论不难推断，如果已知空间某点的电场强度 $\boldsymbol{E}$，则电荷 q 在该点受到的电场力为

$$\boldsymbol{F}=q\boldsymbol{E} \tag{9-3}$$

9.2.3 电场强度的计算

1. 点电荷电场中的电场强度

由库仑定律及电场强度的定义式，我们可以求得真空中点电荷周围电场的电场强度。

考虑真空中放置一场源点电荷，电荷量为 q，设想把一个试验电荷 $+q_0$ 放置在距离 q 为 r 的 P 点，根据库仑定律，$+q_0$ 受到的电场力为

$$\boldsymbol{F}=\frac{1}{4\pi\varepsilon_0}\frac{qq_0}{r^2}\boldsymbol{e}_r$$

式中，$\boldsymbol{e}_r$ 是从 q 指向 P 点的单位矢量。由定义式(9-2)可以得到，P 点的电场强度为

$$\boldsymbol{E}=\frac{\boldsymbol{F}}{q_0}=\frac{1}{4\pi\varepsilon_0}\frac{q}{r^2}\boldsymbol{e}_r \tag{9-4}$$

式(9-4)表明,在点电荷的电场空间,任意一点 P 的电场强度的大小与场源点电荷到场点的距离的二次方成反比,与场源点电荷的电荷量 q 成正比。电场强度的方向取决于场源点电荷的符号。若 $q>0$,即正电荷的电场强度 $\boldsymbol{E}$ 与 $\boldsymbol{e}_r$ 同向;若 $q<0$,即负电荷的电场强度 $\boldsymbol{E}$ 与 $\boldsymbol{e}_r$ 反向,如图 9-4 所示。

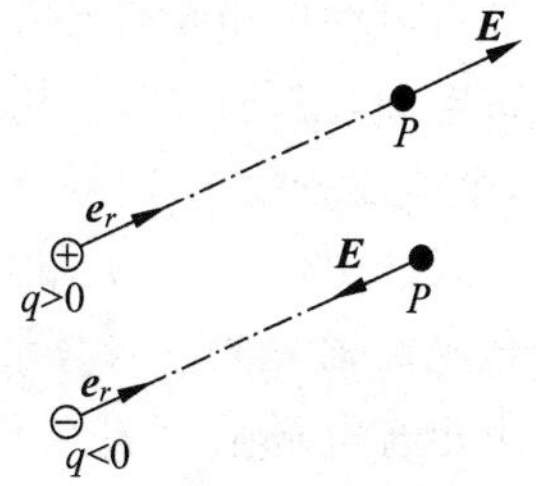

图 9-4　点电荷的电场强度

从式(9-4)可以看出,点电荷产生的电场具有球对称性,在以场源点电荷为球心的球面上,电场强度的大小处处相等。

2. 点电荷系电场中的电场强度

一般说来,空间中可能存在由许多个点电荷组成的点电荷系,那么点电荷系的电场强度如何计算呢?下面我们具体说明。

设真空中的点电荷系由若干个点电荷 $q_1,q_2,q_3,\cdots,q_n$ 组成,每个点电荷周围都有各自激发出的电场。把试验电荷 q_0 放在场点 P 处,根据力的叠加原理,作用在 q_0 上的电场力的合力 $\boldsymbol{F}$ 应该等于各个点电荷分别作用于 q_0 上的电场力 $\boldsymbol{F}_1,\boldsymbol{F}_2,\boldsymbol{F}_3,\cdots,\boldsymbol{F}_n$ 的矢量和,即

$$\boldsymbol{F}=\boldsymbol{F}_1+\boldsymbol{F}_2+\boldsymbol{F}_3+\cdots+\boldsymbol{F}_n \tag{9-5}$$

把式(9-5)的两边分别除以 q_0,可以得到 P 点的电场强度为

$$\boldsymbol{E}=\frac{\boldsymbol{F}}{q_0}=\frac{\boldsymbol{F}_1}{q_0}+\frac{\boldsymbol{F}_2}{q_0}+\frac{\boldsymbol{F}_3}{q_0}+\cdots+\frac{\boldsymbol{F}_n}{q_0}=\boldsymbol{E}_1+\boldsymbol{E}_2+\boldsymbol{E}_3+\cdots+\boldsymbol{E}_n \tag{9-6}$$

即**点电荷系在空间某点激发的电场强度,等于各个点电荷单独存在时在该点激发的电场强度的矢量和**,这一结论称为**电场强度叠加原理**。这是静电场的一个基本原理。将点电荷的电场强度公式(9-4)代入式(9-6),可以得到 P 点的电场强度为

$$\boldsymbol{E}=\boldsymbol{E}_1+\boldsymbol{E}_2+\boldsymbol{E}_3+\cdots+\boldsymbol{E}_n=\sum_i\boldsymbol{E}_i=\sum_i\frac{1}{4\pi\varepsilon_0}\frac{q_i}{r_i^2}\boldsymbol{e}_{r_i} \tag{9-7}$$

式中,$\boldsymbol{e}_{r_1},\boldsymbol{e}_{r_2},\boldsymbol{e}_{r_3},\cdots,\boldsymbol{e}_{r_n}$ 分别是场点 P 相对于各个场源点电荷 $q_1,q_2,q_3,\cdots,q_n$ 的位矢 $\boldsymbol{r}_1,\boldsymbol{r}_2,\boldsymbol{r}_3,\cdots,\boldsymbol{r}_n$ 方向上的单位矢量。

3. 连续分布电荷电场中的电场强度

对于电荷连续分布的任意带电体,可以将它看成无数个电荷元 $\mathrm{d}q$ 的集合。而每个电荷元 $\mathrm{d}q$ 可看作点电荷,空间任意点的电场强度则是由这无数个点电荷 $\mathrm{d}q$ 激发的电场叠加而成的。

如图 9-5 所示,有一体积为 V,电荷连续分布的带电体,下面计算点 P 处的电场强度。

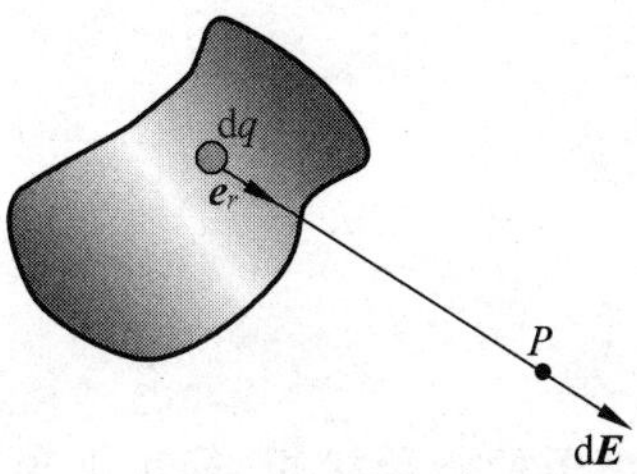

图 9-5　连续带电体的电场强度

首先,我们在带电体上取一个电荷元 $\mathrm{d}q$,可作为一个点电荷,于是,$\mathrm{d}q$ 在点 P 的电场强度为 $\mathrm{d}\boldsymbol{E}=\frac{1}{4\pi\varepsilon_0}\frac{\mathrm{d}q}{r^2}\boldsymbol{e}_r$,式中,$\boldsymbol{e}_r$ 是由电荷元 $\mathrm{d}q$ 指向场点 P 的单位矢量。其次,根据电场强度叠加原理,计算出各电荷元在点 P 处的电场强度,求矢量和。因为带电体连续分布,所以矢量和可以化成矢量积分。于是可以得到整个带电体在 P 点的电场强度为

$$\boldsymbol{E}=\int_V \mathrm{d}\boldsymbol{E}=\int_V \frac{1}{4\pi\varepsilon_0}\frac{\boldsymbol{e}_r}{r^2}\mathrm{d}q \tag{9-8}$$

如果带电体的电荷体密度为 ρ,电荷元 $\mathrm{d}q$ 的体积为 $\mathrm{d}V$,则 $\mathrm{d}q=\rho\mathrm{d}V$;如果带电体是一个均匀带电面,电荷面密度为 σ,电荷元的面积为 $\mathrm{d}S$,则 $\mathrm{d}q=\sigma\mathrm{d}S$;如果带电体是一条均匀带电线,电荷线密度为 λ,线元为 $\mathrm{d}l$,则 $\mathrm{d}q=\lambda\mathrm{d}l$。

式(9-8)是一个矢量积分,在运算时需要首先建立坐标系,将电荷元的电场强度矢量沿着各坐标轴方向进行分解,然后对电荷元沿各坐标轴的电场强度分量分别进行数值积分,最后求出合电场强度 $\boldsymbol{E}$。下面我们通过例题详细说明。

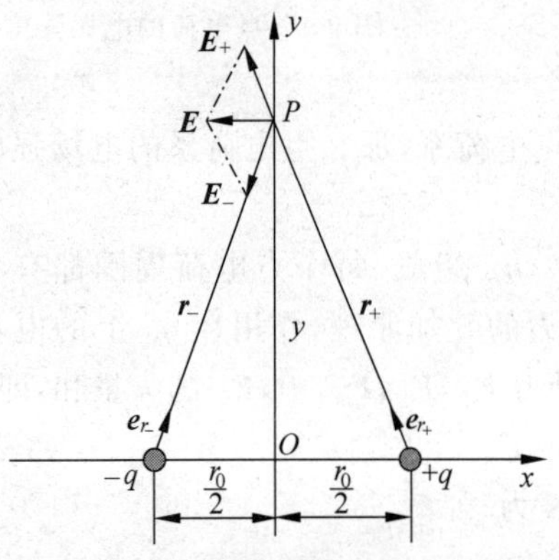

图 9-6 电偶极子中垂线上的电场强度

例 9-1 如图 9-6 所示,一对相距为 r_0 的等量异号点电荷 $+q$ 和 $-q$ 组成一个点电荷系统,求两个点电荷的连线的中垂线上某点 P 的电场强度。

解 当两个等量异号的点电荷 $+q$ 和 $-q$ 的距离 r_0 比从它们连线中点到所讨论场点的距离 y 小得多时,这一带电系统称为**电偶极子**,如图 9-6 所示。以两个点电荷连线的中点为坐标原点 O,建立直角坐标系 Oxy。正、负电荷在 P 点激发的电场强度分别为

$$\boldsymbol{E}_+=\frac{q}{4\pi\varepsilon_0}\frac{\boldsymbol{e}_{r_+}}{r_+^{\ 2}},\quad \boldsymbol{E}_-=-\frac{q}{4\pi\varepsilon_0}\frac{\boldsymbol{e}_{r_-}}{r_-^{\ 2}}$$

式中,r_+ 和 r_- 分别是 $+q$ 和 $-q$ 与 P 点间的距离;$\boldsymbol{e}_{r_+}$ 和 $\boldsymbol{e}_{r_-}$ 分别是从 $+q$ 和 $-q$ 指向 P 点的单位矢量。

从图 9-6 中可以看出,$r_+=r_-$,且令其为 r,即有

$$r_+=r_-=r=\sqrt{y^2+\left(\frac{r_0}{2}\right)^2}$$

而单位矢量 $\boldsymbol{e}_{r_+}=\dfrac{\boldsymbol{r}_+}{r_+}=\dfrac{\boldsymbol{r}_+}{r}$,式中,

$$\boldsymbol{r}_+=-\frac{r_0}{2}\boldsymbol{i}+y\boldsymbol{j}$$

单位矢量 $\boldsymbol{e}_{r_+}=\left(-\dfrac{r_0}{2}\boldsymbol{i}+y\boldsymbol{j}\right)/r$,所以

$$\boldsymbol{E}_+=\frac{q}{4\pi\varepsilon_0}\frac{1}{r^3}\left(-\frac{r_0}{2}\boldsymbol{i}+y\boldsymbol{j}\right)$$

同理可得

$$\boldsymbol{E}_-=-\frac{q}{4\pi\varepsilon_0}\frac{1}{r^3}\left(\frac{r_0}{2}\boldsymbol{i}+y\boldsymbol{j}\right)$$

根据电场强度叠加原理,可以得到 P 点的电场强度为

$$\boldsymbol{E}=\boldsymbol{E}_++\boldsymbol{E}_-=-\frac{1}{4\pi\varepsilon_0}\frac{qr_0}{r^3}\boldsymbol{i}$$

令 $\boldsymbol{r}_0$ 为从 $-q$ 指向 $+q$ 的矢量,其大小为 r_0,则 $q\boldsymbol{r}_0$ 称为电偶极子的**电偶极矩**(简称电矩),用符号 $\boldsymbol{p}_\mathrm{e}$ 表示,有 $\boldsymbol{p}_\mathrm{e}=q\boldsymbol{r}_0$。由图 9-6 可知 $\boldsymbol{p}_\mathrm{e}=qr_0\boldsymbol{i}$,因此有

$$E=-\frac{1}{4\pi\varepsilon_0}\frac{p_e}{r^3}=-\frac{1}{4\pi\varepsilon_0}\frac{p_e}{\left(y^2+\frac{r_0^2}{4}\right)^{3/2}}$$

当 $y\gg r_0$ 时，上式可改为

$$E=-\frac{1}{4\pi\varepsilon_0}\frac{p_e}{y^3} \tag{9-9}$$

可见，电偶极子在中垂线上的电场强度与电偶极子的电矩 p_e 成正比，与该点到电偶极子中心的距离的三次方成反比，方向与电矩 p_e 相反，并且随着距离 y 的增大，其电场强度值迅速衰减。p_e 是表征电偶极子属性的一个重要物理量，在研究电介质的极化时会用到。

例 9-2　一长为 L 的均匀带电直细棒，电荷线密度为 λ，设棒外一点 P 到细棒的垂直距离为 a，且与棒两端的连线分别和棒成夹角 θ_1,θ_2，如图 9-7 所示。求 P 点的电场强度。

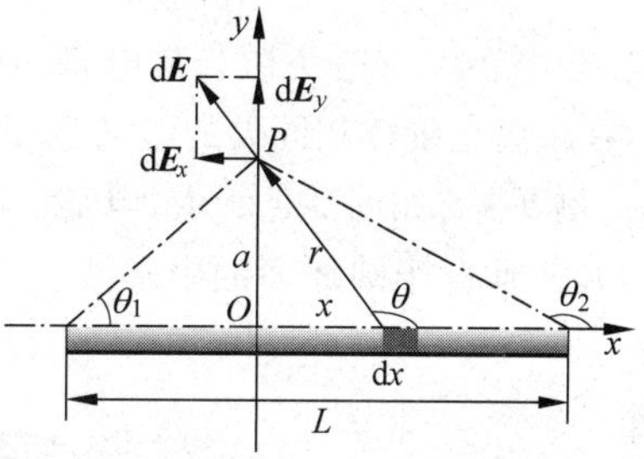

图 9-7　均匀带电直细棒外任一点处的电场强度

解　以 P 点到带电直细棒的垂足 O 为原点建立直角坐标系 Oxy，如图 9-7 所示。在细棒上距 O 为 x 处取一线元 dx，其电荷量为 $dq=\lambda dx$，则 dq 在 P 点产生的电场强度的大小为

$$dE=\frac{1}{4\pi\varepsilon_0}\frac{dq}{r^2}=\frac{1}{4\pi\varepsilon_0}\frac{\lambda dx}{r^2}$$

细棒上不同位置的电荷元 dq 在 P 点产生的 dE 的方向都不相同，因此在积分前先要将矢量 dE 沿 x 轴和 y 轴的方向分解为

$$dE_x=dE\cos\theta=\frac{1}{4\pi\varepsilon_0}\frac{\lambda dx}{r^2}\cos\theta$$

$$dE_y=dE\sin\theta=\frac{1}{4\pi\varepsilon_0}\frac{\lambda dx}{r^2}\sin\theta$$

从图 9-7 中可知，上式中 x,r,θ 并非都是独立变量，它们满足如下关系：

$$r=\frac{a}{\sin\theta},\quad x=-a\cot\theta$$

对 $x=-a\cot\theta$ 取微分可得

$$dx=\frac{a}{\sin^2\theta}d\theta$$

则各电荷元在 P 点产生的电场强度在 x 轴和 y 轴上的分量分别为

$$E_x=\int dE_x=\int\frac{1}{4\pi\varepsilon_0}\frac{\lambda dx}{r^2}\cos\theta$$

$$=\frac{\lambda}{4\pi\varepsilon_0 a}\int_{\theta_1}^{\theta_2}\cos\theta d\theta=\frac{\lambda}{4\pi\varepsilon_0 a}(\sin\theta_2-\sin\theta_1)$$

$$E_y=\int dE_y=\int\frac{1}{4\pi\varepsilon_0}\frac{\lambda dx}{r^2}\sin\theta$$

$$=\frac{\lambda}{4\pi\varepsilon_0 a}\int_{\theta_1}^{\theta_2}\sin\theta d\theta=\frac{\lambda}{4\pi\varepsilon_0 a}(\cos\theta_1-\cos\theta_2)$$

P 点的电场强度为

$$E=\frac{\lambda}{4\pi\varepsilon_0 a}(\sin\theta_2-\sin\theta_1)\boldsymbol{i}+\frac{\lambda}{4\pi\varepsilon_0 a}(\cos\theta_1-\cos\theta_2)\boldsymbol{j}$$

讨论:

若 $a \ll L$,则相对于场点而言,直细棒可以看成无限长,即 $\theta_1=0,\theta_2=\pi$,代入求得的 P 点的电场强度公式可得

$$\begin{aligned}\boldsymbol{E}&=\frac{\lambda}{4\pi\varepsilon_0 a}(\sin\theta_2-\sin\theta_1)\boldsymbol{i}+\frac{\lambda}{4\pi\varepsilon_0 a}(\cos\theta_1-\cos\theta_2)\boldsymbol{j}\\&=\frac{\lambda}{2\pi\varepsilon_0 a}\boldsymbol{j}\end{aligned} \tag{9-10}$$

式(9-10)指出,在一无限长带电直细棒周围任意点的电场强度与该点到带电细棒的距离成反比,在距离直细棒相同处的电场强度大小相等,方向垂直于细棒,即电场强度具有轴对称性。

例 9-3 如图 9-8 所示,电荷 $q(q>0)$ 均匀分布在一半径为 R 的细圆环上,计算通过环心 O,并垂直于圆环面的中轴线上任一点 P 的电场强度。

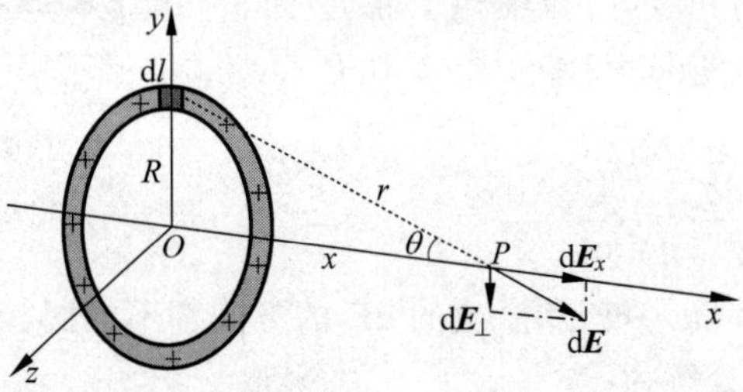

图 9-8 均匀带电细圆环中轴线上的电场强度

解 在圆环面的中轴线上任取一点 P,其距离环心 O 为 x,取如图 9-8 所示的坐标系 $Oxyz$。

将细圆环分割成许多电荷元 $\mathrm{d}q$,由于线密度 $\lambda=\frac{q}{2\pi R}$,则 $\mathrm{d}q=\lambda\mathrm{d}l=\frac{q}{2\pi R}\mathrm{d}l$,任一电荷元在 P 点激发的电场强度为

$$\mathrm{d}\boldsymbol{E}=\frac{1}{4\pi\varepsilon_0}\frac{\mathrm{d}q}{r^2}\boldsymbol{e}_r$$

根据对称性分析可知,各电荷元在 P 点的电场强度沿垂直于中轴线方向上的分量 $\mathrm{d}\boldsymbol{E}_\perp$ 相互抵消,而平行于中轴线方向上的分量 $\mathrm{d}\boldsymbol{E}_x$ 则相互加强,因而合电场强度的大小为

$$\begin{aligned}E=E_x&=\int_l\mathrm{d}E_x=\int_l\mathrm{d}E\cos\theta\\&=\int_l\frac{\cos\theta}{4\pi\varepsilon_0}\frac{\mathrm{d}q}{r^2}=\frac{\cos\theta}{4\pi\varepsilon_0 r^2}\int_l\mathrm{d}q=\frac{\cos\theta}{4\pi\varepsilon_0 r^2}q\end{aligned}$$

式中,积分号右边的 l 表示对整个圆环积分。由图 9-8 可知,$\cos\theta=\frac{x}{r}$,而 $r=\sqrt{x^2+R^2}$,代入上式可得

$$E=\frac{qx}{4\pi\varepsilon_0(x^2+R^2)^{3/2}} \tag{9-11}$$

$\boldsymbol{E}$ 的方向沿着 x 轴正方向。

讨论：

(1) 当 $x \gg R$ 时，$(x^2+R^2)^{3/2} \approx x^3$，则 $\boldsymbol{E}$ 的大小为

$$E=\frac{q}{4\pi\varepsilon_0 x^2}$$

上式表明，远离环心处的电场相当于一个电荷全部集中在环心处的点电荷产生的电场。

(2) 当 $x=0$ 时，环心处的电场强度的大小为 $E=0$。

例 9-4 有一表面均匀带电的薄圆盘，半径为 R，电荷面密度为 σ，如图 9-9 所示。计算圆盘轴线上任一点 P 的电场强度。

解 取如图 9-9 所示的坐标系 $Oxyz$，将圆盘表面看成由许多带电的同心细圆环组成，取任一带电细圆环，其电荷量为 $\mathrm{d}q=\sigma 2\pi r\mathrm{d}r$。由例 9-3 可知，此带电细圆环在 P 点激发的电场强度大小为

$$\mathrm{d}E=\frac{2\pi x\sigma r\,\mathrm{d}r}{4\pi\varepsilon_0(x^2+r^2)^{3/2}}$$

$\mathrm{d}\boldsymbol{E}$ 方向沿着 x 轴正方向。因此，带电圆盘在 P 点激发的电场强度的大小为

$$E=E_x=\int_0^R\frac{2\pi x\sigma r\,\mathrm{d}r}{4\pi\varepsilon_0(x^2+r^2)^{3/2}}=\frac{x\sigma}{2\varepsilon_0}\int_0^R\frac{r\,\mathrm{d}r}{(x^2+r^2)^{3/2}}$$

$$=\frac{\sigma}{2\varepsilon_0}\left[1-\frac{x}{(x^2+R^2)^{1/2}}\right] \tag{9-12}$$

$\boldsymbol{E}$ 的方向沿着 x 轴正方向。

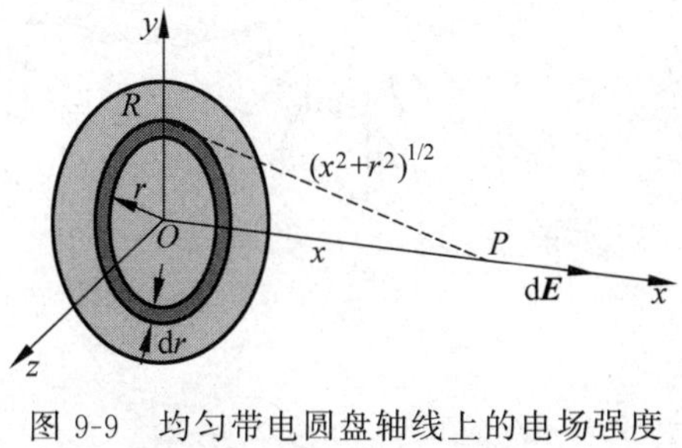

图 9-9 均匀带电圆盘轴线上的电场强度

讨论：

当 $x \ll R$ 时，便可将表面均匀带电的薄圆盘看作无限大均匀带电平面，则其附近的电场强度的大小为

$$E=\frac{\sigma}{2\varepsilon_0} \tag{9-13}$$

上式表明，无限大均匀带电平面附近是一均匀电场，其方向垂直于带电平面。

9.3 高斯定理及应用

9.2 节我们研究了描述电场性质的一个重要物理量——电场强度，并从电场强度叠加原理出发讨论了点电荷系和带电体的电场强度。为了更形象地描述电场，本节在介绍电场

线的基础上，引入电场强度通量的概念，并导出静电场的一个重要定理——高斯定理。

9.3.1 电场线

因为场的概念比较抽象，所以法拉第在提出场的概念的同时引入了力线的概念，对场的物理图像作出非常直观的形象化描述。描述电场的力线称为**电场线**(electric field line)。

为了使电场线既能显示空间各处的电场强度的大小，又能显示各点电场强度的方向，在绘制电场线时作如下规定：**电场线上每一点的切线方向都与该点的电场强度方向一致；在任一场点，通过垂直于电场强度 $\boldsymbol{E}$ 的单位面积的电场线条数，等于该点电场强度 $\boldsymbol{E}$ 的大小。**按此比例绘制的电场线便可以很好地描述电场强度的分布。

图 9-10 是几种常见电场线的分布。从中可以看出电场线的一些基本性质。

(1) 电场线总是起始于正电荷(或无限远)，终止于负电荷(或无限远)，在没有电荷的地方，电场线不会中断。

(2) 电场线不会形成闭合线。

(3) 没有电荷处，任意两条电场线不会相交。

(4) 电场线密集处，电场强度较大；电场线稀疏处，电场强度较小。

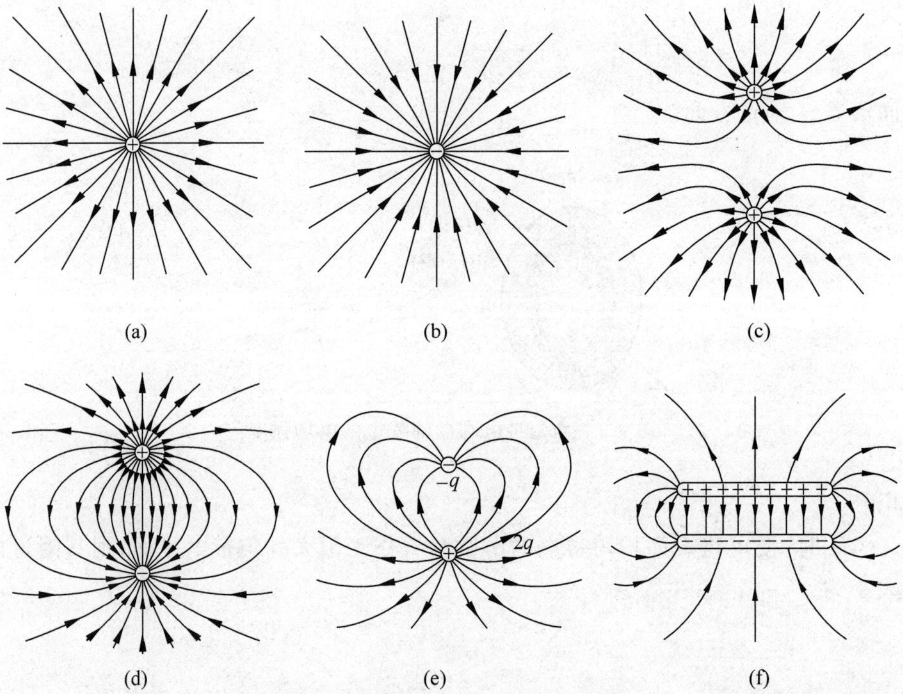

图 9-10 几种典型电场的电场线分布

(a) 正电荷；(b) 负电荷；(c) 两个等值正电荷；(d) 两个等值异号电荷；(e) 电荷 $+2q$ 与电荷 $-q$；(f) 正负带电板

应当指出的是，电场线只是为了更形象地描述电场的分布而引入的一组虚拟曲线，电场线不是电荷运动的轨迹。

为了给出电场线密度和电场强度间的数量关系，我们对电场线的密度作如下规定：在电场中任一点，想象地作一个面积元 dS，并使它与该点的 $\boldsymbol{E}$ 垂直，如图 9-11 所示，因为面积元是个无穷小量，所以可认为面积元 dS 面上各点的 $\boldsymbol{E}$ 是相同的。则通过面积元 dS 的电场线 dN 与该点的 $\boldsymbol{E}$ 的大小有如下关系：

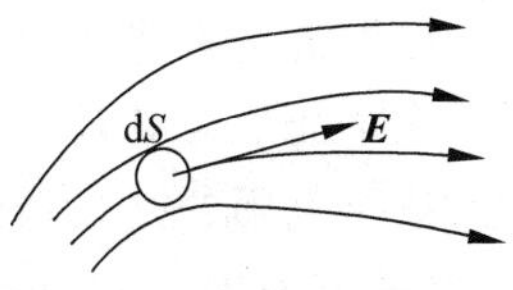

图 9-11　电场线密度与电场强度

$$\frac{dN}{dS}=E \tag{9-14}$$

这就是说，通过电场中某点垂直于 $\boldsymbol{E}$ 的单位面积的电场线条数等于该点处电场强度 $\boldsymbol{E}$ 的大小。dN/dS 也叫做电场线密度。

9.3.2　电场强度通量

通量是描述包括电场在内的一切矢量场的一个重要概念，理论上有助于说明场与源的关系。我们常用**通过电场中某一个面的电场线条数来表示通过这个面的电场强度通量**，简称 $\boldsymbol{E}$ 通量(electric flux)，用符号 Φ_e 表示。设在均匀电场中取一个平面 S，并使它的平面和电场强度方向垂直，如图 9-12(a)所示。由于均匀电场中电场强度处处相等，所以电场线密度也处处相等。这样，通过面 S 的电场强度通量为

$$\Phi_e=ES \tag{9-15}$$

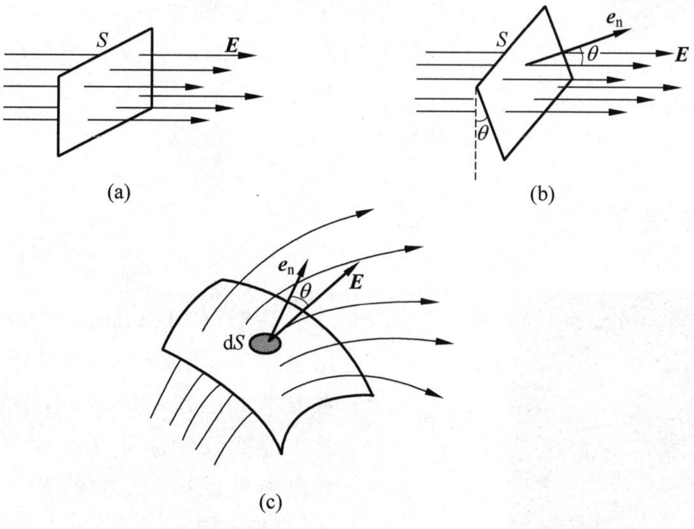

图 9-12　不同电场中的电场强度通量计算

如果平面 S 与均匀电场的 $\boldsymbol{E}$ 不垂直，那么平面 S 在电场空间可取许多方位。为了把平面 S 在电场中的大小和方位两者同时表现出来，我们引入面积矢量 $\boldsymbol{S}$，规定其大小为 S，方向用它的单位法线矢量 $\boldsymbol{e}_n$ 来表示，有 $\boldsymbol{S}=S\boldsymbol{e}_n$。在图 9-12(b)中，$\boldsymbol{E}$ 与 $\boldsymbol{e}_n$ 之间的夹角为 θ。因此，这时通过面 S 的电场强度通量为

$$\Phi_e=ES\cos\theta \tag{9-16a}$$

由矢量标积的定义可知，$ES\cos\theta$ 为矢量 $\boldsymbol{E}$ 和 $\boldsymbol{S}$ 的标积，故式(9-16a)可用矢量表示为

$$\Phi_e=ES\cos\theta=\boldsymbol{E}\cdot\boldsymbol{S} \tag{9-16b}$$

如果电场是非均匀电场，并且面 S 是任意曲面，如图 9-12(c)所示，则可以把曲面分成无限多个面积元 $\mathrm{d}S$，每个面积元 $\mathrm{d}S$ 都可以看成一个小平面，在面积元 $\mathrm{d}S$ 上，$\boldsymbol{E}$ 也处处相等。依照上面的办法，若 $\boldsymbol{e}_n$ 为面积元 $\mathrm{d}S$ 的单位法线矢量，则 $\mathrm{d}S\boldsymbol{e}_n=\mathrm{d}\boldsymbol{S}$。如 $\boldsymbol{e}_n$ 与 $\boldsymbol{E}$ 成 θ 角，则通过面积元 $\mathrm{d}S$ 的电场强度通量为

$$\mathrm{d}\Phi_e = E\,\mathrm{d}S\cos\theta = \boldsymbol{E}\cdot\mathrm{d}\boldsymbol{S} \tag{9-17}$$

所以通过曲面 S 的电场强度通量 Φ_e 等于通过面 S 上所有面积元 $\mathrm{d}S$ 的电场强度通量 $\mathrm{d}\Phi_e$ 的总和，即

$$\Phi_e = \int_S \mathrm{d}\Phi_e = \int_S E\cos\theta\,\mathrm{d}S = \int_S \boldsymbol{E}\cdot\mathrm{d}\boldsymbol{S} \tag{9-18}$$

如果曲面是闭合曲面，则式(9-18)中的曲面积分应换成对闭合曲面积分，闭合曲面积分用“$\oint_S$”表示，故通过闭合曲面的电场强度通量为

$$\Phi_e = \oint_S E\cos\theta\,\mathrm{d}S = \oint_S \boldsymbol{E}\cdot\mathrm{d}\boldsymbol{S} \tag{9-19}$$

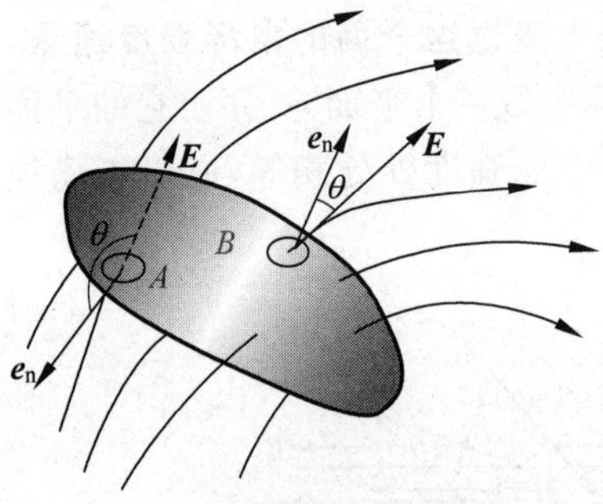

图 9-13　闭合曲面不同面积元的电通量正负判断

一般说来，通过闭合曲面的电场线，有些是“穿进”的，有些是“穿出”的。也就是说，通过曲面上各个面积元的电场强度通量 $\mathrm{d}\Phi_e$ 有正、有负。为此规定：闭合曲面上某点的法线矢量的正方向是垂直指向曲面外侧的。依照这个规定，如图 9-13 所示，在曲面的 A 处，电场线从曲面外穿进曲面里，$\theta>90°$，所以 $\mathrm{d}\Phi_e$ 为负；在 B 处，电场线从曲面里向外穿出，$\theta<90°$，所以 $\mathrm{d}\Phi_e$ 为正。

9.3.3　高斯定理

高斯(C. F. Gauss，1777—1855)，德国数学家、天文学家和物理学家。高斯在数学上的建树颇丰，有“数学王子”美誉。他把数学应用于天文学、大地测量和电磁学的研究，并有杰出贡献。1840 年，高斯与韦伯共同画出世界上第一幅地球磁场图。

电场是电荷所激发的，通过电场空间某一给定闭合曲面的电场强度通量与激发电场的场源电荷必有确定的关系。高斯通过缜密运算论证了这个关系，这就是著名的高斯定理。具体表述如下。

在真空中的静电场内，通过任何闭合曲面的电场强度通量，等于包围在该闭合曲面内的所有电荷的代数和的 $1/\varepsilon_0$ 倍。其数学表达式为

$$\Phi_e = \oint_S \boldsymbol{E} \cdot d\boldsymbol{S} = \frac{1}{\varepsilon_0}\sum_{i=1}^{n} q_i \tag{9-20}$$

定理中的闭合曲面常称为高斯面，$\sum_{i=1}^{n} q_i$ 表示高斯面内所有电荷的代数和。高斯定理是电磁学理论中的一条重要规律。下面我们通过一些例子来验证高斯定理的正确性。

首先，我们考虑以点电荷 q（设 $q>0$）为球心、半径为 r 的闭合球面的 $\boldsymbol{E}$ 通量，如图 9-14(a)所示。球面 S 上任一点的电场强度 $\boldsymbol{E}$ 的大小均为 $\frac{q}{4\pi\varepsilon_0 r^2}$，方向沿着各自位矢 $\boldsymbol{r}$ 的方向，且与该点的球面切线垂直。显然，通过整个球面的 $\boldsymbol{E}$ 通量为

$$\begin{aligned}\Phi_e &= \oint_S \boldsymbol{E} \cdot d\boldsymbol{S} = \int_S \frac{q}{4\pi\varepsilon_0 r^2}\cos 0 dS \\ &= \frac{q}{4\pi\varepsilon_0 r^2}\int_S dS = \frac{q}{4\pi\varepsilon_0 r^2}\cdot 4\pi r^2 = \frac{q}{\varepsilon_0}\end{aligned}$$

此结果与球面半径 r 无关，只与它所包围的电荷量 q 有关，这意味着，对以点电荷 q 为中心的任意球面来说，通过它们的 $\boldsymbol{E}$ 通量都等于 q/ε_0。

接着，考虑通过包围点电荷 q 的任意形状的闭合曲面 S' 的 $\boldsymbol{E}$ 通量的情况，如图 9-14(b)所示。S 和 S' 包围同一个点电荷 q，且在 S 和 S' 之间并无其他电荷，故电场线不会中断，因此穿过球面 S 的电场线都将穿过闭合曲面 S'。这就是说，通过任意闭合曲面 S' 的 $\boldsymbol{E}$ 通量与通过球面 S 的 $\boldsymbol{E}$ 通量相等，在数值上都等于 q/ε_0。

如果电荷 q 在任意闭合曲面 S 之外，如图 9-14(c)所示，则可见只有部分电场线可以穿过闭合曲面 S，而且每一条穿进闭合曲面 S 的电场线必定会从曲面的另一处穿出，因为闭合曲面 S 内无电荷存在，所以，通过这一闭合曲面的 $\boldsymbol{E}$ 通量的代数和为零，即

$$\Phi_e = \oint_S \boldsymbol{E} \cdot d\boldsymbol{S} = 0$$

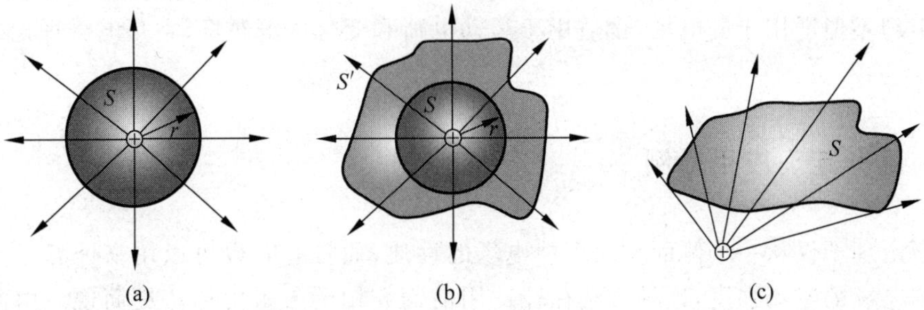

图 9-14 高斯定理的证明

对于一个由 $q_1, q_2, \cdots, q_n$ 组成的点电荷系，根据电场强度叠加原理，电场中任意一点的电场强度为 $\boldsymbol{E}=\boldsymbol{E}_1+\boldsymbol{E}_2+\cdots+\boldsymbol{E}_n$，其中，$\boldsymbol{E}_1, \boldsymbol{E}_2, \cdots, \boldsymbol{E}_n$ 为各个点电荷单独存在时的电场强度，$\boldsymbol{E}$ 为总电场强度。这时通过任意闭合曲面 S 的 $\boldsymbol{E}$ 通量为

$$\begin{aligned}\Phi_e &= \oint_S \boldsymbol{E} \cdot d\boldsymbol{S} = \oint_S \boldsymbol{E}_1 \cdot d\boldsymbol{S} + \oint_S \boldsymbol{E}_2 \cdot d\boldsymbol{S} + \cdots + \oint_S \boldsymbol{E}_n \cdot d\boldsymbol{S} \\ &= \Phi_{e1} + \Phi_{e2} + \cdots + \Phi_{en}\end{aligned} \tag{9-21}$$

式中，Φ_{e1}，Φ_{e2}，…，Φ_{en} 为各个点电荷的电场强度通过闭合曲面 S 的 $\boldsymbol{E}$ 通量。由上述有关点电荷情况的结论可知，当 q_i 在闭合曲面 S 内部时，$\Phi_{ei}=\dfrac{q_i}{\varepsilon_0}$；当 q_i 在闭合曲面 S 外部时，$\Phi_{ei}=0$，所以可以将式(9-21)写成

$$\Phi_e=\oint_S \boldsymbol{E}\cdot d\boldsymbol{S}=\frac{1}{\varepsilon_0}\sum_{i=1}^{n}q_i \tag{9-22}$$

式中，$\sum\limits_{i=1}^{n}q_i$ 表示在闭合曲面内的点电荷的代数和。对于电荷连续分布的带电体，与点电荷系的情况相同。至此我们验证了高斯定理的正确性。

为了正确地理解高斯定理，需要注意以下几点：

(1) 高斯定理反映了电场中电场强度通量 Φ_e 与闭合曲面包围的电荷量的代数和的关系，并非指闭合曲面上的电场强度 $\boldsymbol{E}$ 与闭合曲面内电荷量的代数和的关系。

(2) 虽然闭合曲面外的电荷对通过闭合曲面的电场强度通量 Φ_e 没有贡献，但是对闭合曲面上各点的电场强度 $\boldsymbol{E}$ 是有贡献的，也就是说，闭合曲面上各点的电场强度是由闭合面内、外所有电荷共同激发而确定的。

(3) 高斯定理说明了静电场是有源场。从高斯定理可知，当闭合曲面内是正电荷时，则它对闭合曲面贡献的电场强度通量 Φ_e 是正的，电场线自内向外穿出，说明正电荷是静电场的源头；若闭合面内有负电荷，则它对闭合曲面贡献的电场强度通量 Φ_e 是负的，意味着电场线自外穿入闭合面，说明电场线终止于负电荷。如果通过闭合面的电场线不中断，则 $\boldsymbol{E}$ 通量为零，说明此处无电荷。高斯定理将电场与场源电荷联系起来，揭示了静电场是有源场这一普遍性质。

高斯定理和库仑定律都是静电场的基本定律，虽然高斯定理是由库仑定律出发推导出来的，但两者的含义并不相同。库仑定律是从电荷间的相互作用反映静电场的性质，而高斯定理则是把电场强度通量和某一区域内的电荷联系起来。并且，库仑定律只适用于静电场，而高斯定理不但适用于静电场，也适用于运动电荷和变化的电磁场，它是电磁理论的基本方程之一。

9.3.4 高斯定理应用举例

高斯定理不仅从一个侧面反映了静电场的性质，而且有时也可以用来计算一些呈对称性分布的电场的电场强度，这种方法往往比用前面介绍的矢量叠加法更简便。由高斯定理的数学表达式(9-20)来看，电场强度 $\boldsymbol{E}$ 对于闭合曲面面积的积分，一般情况下不易求解。但是如果高斯面上的电场强度的大小处处相等，且其方向与各点处面积元 $d\boldsymbol{S}$ 的法线方向一致或具有确定的夹角，那么 $\boldsymbol{E}\cdot d\boldsymbol{S}=E\cos\theta dS$，则 E 可作为常量从积分号中提出来，从而算出积分大小，再根据高斯面内的电荷分布，利用高斯定理就可以解出 $\boldsymbol{E}$ 的大小。由此看来，利用高斯定理计算电场强度，不仅要求电场强度分布具有对称性，而且还要根据电场强度的对称性作出相应的高斯面。下面我们通过几个例题来理解上述应用高斯定理求解电场强度 $\boldsymbol{E}$ 的方法。

例 9-5 已知半径为 R，带电荷量为 q(设 $q>0$)的均匀带电球面，求球面内部和外部的

电场强度分布。如果是均匀带电球体，它在空间各处的电场强度分布情况又将如何？

解　先分析电场的对称性。如图 9-15 所示，由于电荷均匀分布在球面上，所以电场强度的分布应该具有球对称性。因此，如以半径 r 作一球面，则在同一球面上各点 $\boldsymbol{E}$ 的大小相等，且 $\boldsymbol{E}$ 的方向与球面上各处的面积元 $\mathrm{d}\boldsymbol{S}$ 方向一致。以 O 为球心，r 为半径作一闭合球面为高斯面，则通过此高斯面的电通量为

$$\begin{aligned}\Phi_{\mathrm{e}} &= \oint_S \boldsymbol{E} \cdot \mathrm{d}\boldsymbol{S} = \oint_S E\cos 0 \mathrm{d}S \\ &= E\oint_S \mathrm{d}S = E \cdot 4\pi r^2\end{aligned}$$

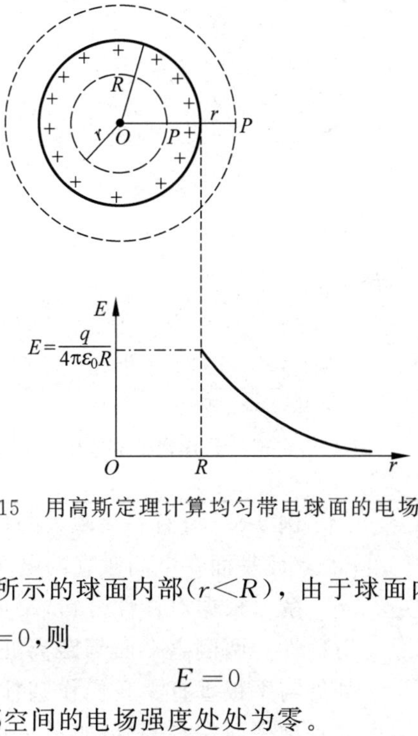

图 9-15　用高斯定理计算均匀带电球面的电场强度

如果 P 点在如图 9-15 所示的球面内部($r<R$)，由于球面内部没有电荷，即 $\sum q=0$，由高斯定理可得，$E \cdot 4\pi r^2=0$，则

$$E=0$$

上式说明均匀带电球面内部空间的电场强度处处为零。

如果 P 点在球面外部($r>R$)，此时高斯面 S 所包围的电荷为 q。根据高斯定理有

$$E \cdot 4\pi r^2=\frac{q}{\varepsilon_0}$$

由此得 P 点的电场强度大小为

$$E=\frac{q}{4\pi\varepsilon_0 r^2}$$

上式表明，均匀带电球面在其外部的电场强度与等量电荷全部集中在球心时的电场强度相同。

由上述结果可作出均匀带电球面的 E-r 曲线，如图 9-15 所示。从 E-r 曲线上可以看出，球面内的 E 为零，球面外的 E 与 r^2 成反比，球面处($r=R$)的电场强度有跃变。

如果电荷 q 均匀分布在球体内，则可以用同样的方法计算电场强度。球体外的电场强度与球面外的电场强度分布完全相同。计算球体内的电场强度时，半径为 r($r<R$)的球体内的电荷不再为零，电场强度也不再为零。根据高斯定理，有

$$E \cdot 4\pi r^2 = \frac{1}{\varepsilon_0}\frac{q}{4\pi R^3/3}\frac{4}{3}\pi r^3, \quad r < R$$

因此可得

$$E = \frac{qr}{4\pi\varepsilon_0 R^3}$$

E 的方向沿径向向外。均匀带电球体的电场强度分布如图 9-16 所示，从图 9-16 中可以看出，球体表面及附近的电场强度是连续的。

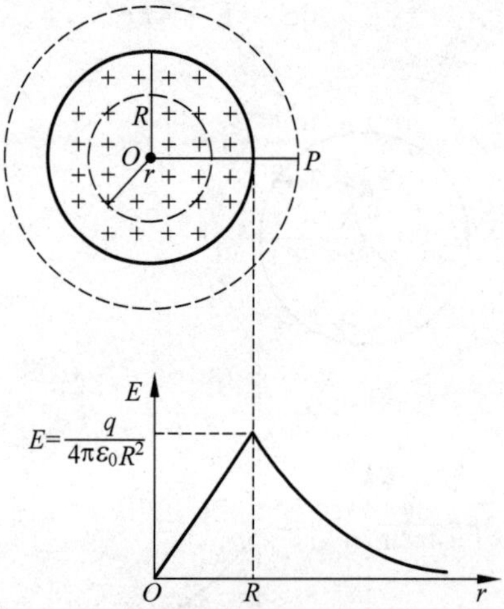

图 9-16　用高斯定理计算均匀带电球体的电场强度

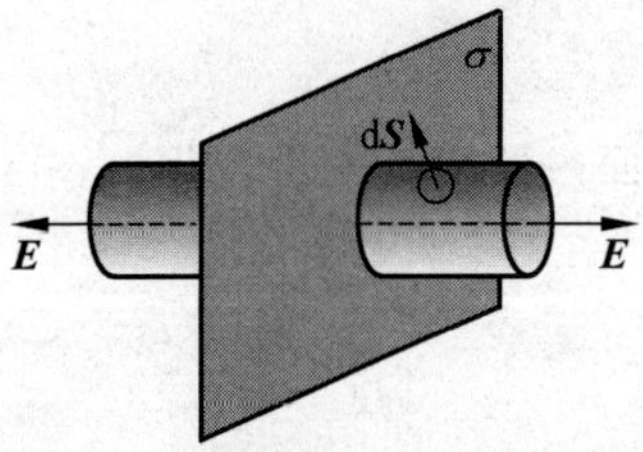

图 9-17　无限大均匀带电平面的电场

例 9-6　设有一无限大的均匀带电平面，电荷面密度为 σ。求此平面在空间激发的电场的分布。

解　根据对称性分析，平面两侧的电场强度分布具有对称性。两侧离平面等距离处的电场强度大小相等，方向处处与平板垂直。我们作圆柱形高斯面 S，垂直于带电平面且被平面左右等分，如图 9-17 所示。由于圆柱侧面上各点 **E** 的方向与侧面上各个面积元 d**S** 的法向垂直，所以通过侧面的 **E** 通量为零。设底面的面积为 ΔS，则通过整个圆柱形高斯面的 **E** 通量为

$$\begin{aligned}\Phi_e &= \oint_S \boldsymbol{E} \cdot \mathrm{d}\boldsymbol{S} \\ &= \int_{侧面} \boldsymbol{E} \cdot \mathrm{d}\boldsymbol{S} + \int_{左底面} \boldsymbol{E} \cdot \mathrm{d}\boldsymbol{S} + \int_{右底面} \boldsymbol{E} \cdot \mathrm{d}\boldsymbol{S} \\ &= \int_{左底面} \boldsymbol{E} \cdot \mathrm{d}\boldsymbol{S} + \int_{右底面} \boldsymbol{E} \cdot \mathrm{d}\boldsymbol{S} = 2E\Delta S\end{aligned}$$

该高斯面中包围的电荷为 $\sum_i q_i = \sigma\Delta S$，根据高斯定理，有

$$2E\Delta S = \frac{\sigma\Delta S}{\varepsilon_0}$$

因此无限大均匀带电平面外的电场强度为

$$E=\frac{\sigma}{2\varepsilon_0}$$

可见无限大均匀带电平面两侧的电场是均匀的，它与例 9-4 讨论的结果相同。

例 9-7　设有一无限长均匀带电直细棒，单位长度上的电荷(电荷线密度)为 λ。求距细棒为 r 处的电场强度。

解　由于无限长带电直细棒上的电荷均匀分布，所以其电场分布具有轴对称性。$\boldsymbol{E}$ 的方向垂直于该细棒，沿其径向。以带电直细棒为轴，作半径为 r，高为 h 的圆柱形高斯面 S，如图 9-18 所示。通过高斯面的 $\boldsymbol{E}$ 通量为

$$\begin{aligned}\Phi_e&=\oint_S \boldsymbol{E}\cdot d\boldsymbol{S}\\&=\int_{侧面}\boldsymbol{E}\cdot d\boldsymbol{S}+\int_{上底面}\boldsymbol{E}\cdot d\boldsymbol{S}+\int_{下底面}\boldsymbol{E}\cdot d\boldsymbol{S}\end{aligned}$$

因为 $\boldsymbol{E}$ 的方向与圆柱面两底面的法线方向垂直，所以后两项的积分为零。而侧面上各点 $\boldsymbol{E}$ 的方向与各点的法线方向相同，且电场强度的大小为常量，故有

$$\begin{aligned}\Phi_e&=\int_{侧面}\boldsymbol{E}\cdot d\boldsymbol{S}=\int E\,dS=E\int dS\\&=E\cdot 2\pi rh\end{aligned}$$

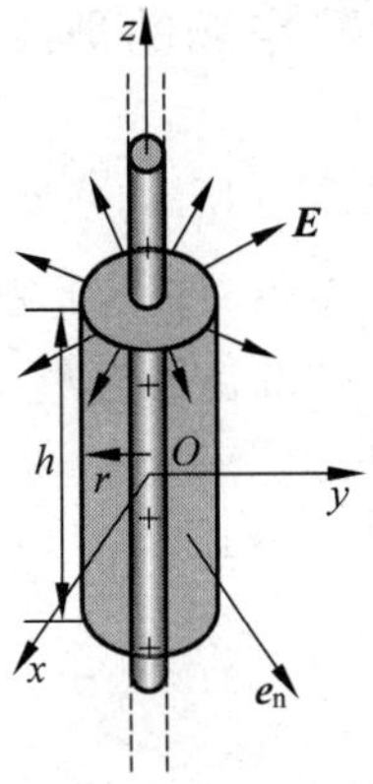

图 9-18　用高斯定理计算无限长均匀带电直细棒的电场强度

式中，$2\pi rh$ 为圆柱面的侧面积。圆柱形高斯面内包围的电荷量为 $\sum_i q_i=\lambda h$，根据高斯定理有

$$E\cdot 2\pi rh=\frac{\lambda h}{\varepsilon_0}$$

因此圆柱面侧面上任一点(距细棒为 r 处)的电场强度的大小为

$$E=\frac{\lambda}{2\pi r\varepsilon_0}$$

当 $\lambda>0$ 时，$\boldsymbol{E}$ 的方向沿径向指向外侧；当 $\lambda<0$ 时，$\boldsymbol{E}$ 的方向沿径向指向内侧。这一结果与例 9-2 讨论的结果相同。

综合以上几个例题可以看出，利用高斯定理求电场强度的关键在于对称性的分析。只有当带电系统的电荷分布具有一定的对称性时，才有可能利用高斯定理求电场强度。具体步骤如下：

(1) 从电荷分布的对称性来分析电场强度的对称性(如球对称、轴对称或平面对称)，判断电场强度的方向；

(2) 根据电场强度的对称性特点，作相应的高斯面(通常为球面、圆柱面等)，使高斯面上各点的电场强度大小相等；

(3) 确定高斯面内包围的电荷的代数和；

(4) 根据高斯定理计算出电场强度的大小。

需要说明的是，不具有特定对称性的电荷分布，其电场强度不能直接用高斯定理求出。但是，由于高斯定理是反映静电场性质的一条普遍规律，所以不论电荷的分布对称与否，高斯定理对各种情形下的静电场总是成立的。

9.4 静电场的环路定理　电势

在牛顿力学中,我们曾讨论了保守力对质点做功只与起始和终止位置有关,而与路径无关这一重要特性,如万有引力、弹性力、重力等。那么静电场力的情况如何呢?库仑力是否也是一种保守力呢?本节我们具体讨论库仑力的保守力性质,并引入电势能和电势。

9.4.1 静电场的环路定理

如图 9-19 所示,真空中有一带正电的点电荷 q 激发的电场,试验电荷 q_0 在 q 激发的电场中由点 A 沿着任意形状的路径 ACB 到达点 B。在该路径上点 C 处取位移元 $\mathrm{d}\boldsymbol{l}$,从点电荷 q 到点 C 的位矢为 $\boldsymbol{r}$。电场力对试验电荷 q_0 做的元功为

$$\mathrm{d}W = q_0 \boldsymbol{E} \cdot \mathrm{d}\boldsymbol{l} = q_0 E \mathrm{d}l \cos\theta$$

式中,θ 为矢量 $\boldsymbol{E}$ 与 $\mathrm{d}\boldsymbol{l}$ 之间的夹角。由图 9-19 可知,$\mathrm{d}l\cos\theta = \mathrm{d}r$,将之代入上式可得

$$\mathrm{d}W = q_0 E \mathrm{d}r$$

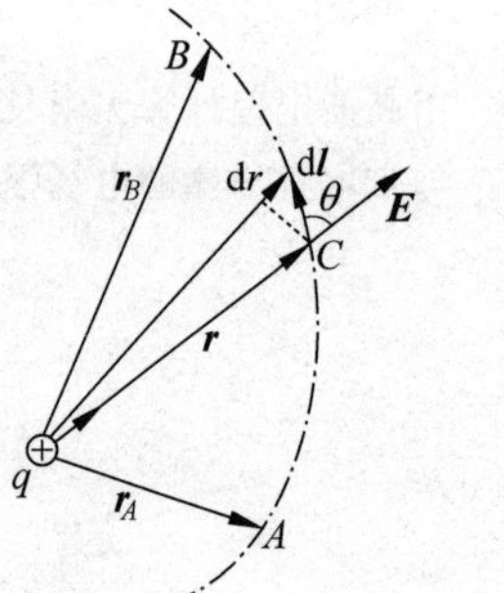

图 9-19　非匀强场中电场力所做的功

当试验电荷 q_0 从 A 点移到 B 点时,电场力对它所做的功为

$$W = \int_A^B \mathrm{d}W = \int_{r_A}^{r_B} q_0 E \mathrm{d}r$$

$$= \int_{r_A}^{r_B} \frac{q q_0}{4\pi\varepsilon_0 r^2} \mathrm{d}r = \frac{q q_0}{4\pi\varepsilon_0}\left(\frac{1}{r_A} - \frac{1}{r_B}\right) \tag{9-23}$$

式中,r_A,r_B 分别为试验电荷在起点 A 和终点 B 的位矢大小。

式(9-23)表明,在点电荷的电场中,电场力对试验电荷 q_0 所做的功与路径无关,只和试验电荷 q_0 的始末位置的 r_A,r_B 有关。

在一般情况下,我们总可以把带电体看作是大量点电荷的集合,当试验电荷 q_0 在电场中移动时,根据电场强度叠加原理,电场力对试验电荷 q_0 所做的功等于各个点电荷单独存在时对 q_0 所做的功的代数和,即

$$W = \int_A^B q_0 \boldsymbol{E} \cdot \mathrm{d}\boldsymbol{l} = \int_A^B q_0 (\boldsymbol{E}_1 + \boldsymbol{E}_2 + \cdots + \boldsymbol{E}_n) \cdot \mathrm{d}\boldsymbol{l} = W_1 + W_2 + \cdots + W_n$$

$$= \frac{q_0}{4\pi\varepsilon_0} \sum_{i=1}^{n} q_i \left(\frac{1}{r_{iA}} - \frac{1}{r_{iB}}\right) \tag{9-24}$$

式中,r_{iA} 和 r_{iB} 分别表示试验电荷 q_0 相对于点电荷 q_i 的起点和终点的位矢大小。由于式(9-24)中的每一项都与路径无关,所以它们的代数和也必定与路径无关。由此可以得出结论:**在静电场中,试验电荷 q_0 从一个位置移到另一个位置时,电场力对它所做的功只与 q_0 及其始、末位置有关,而与起点和终点的路径无关**。这是静电场力的一个重要特性,与重力场中重力对物体做功与路径无关的特性相同,所以静电场力是保守力,静电场是**保守力场**(conservative field)。

静电场力做功与路径无关这一结论,还可以换成另一种等价的说法。设试验电荷 q_0 在静电场中从某点 a 出发,沿着任意闭合路径 l 运动一周,又回到起点 a,设想在 l 上再取一点 b,将 l 分成 l_1 和 l_2 两段,如图 9-20 所示,则沿着闭合路径 l,电场力对试验电荷所做的功为

$$W=\oint_l q_0\boldsymbol{E}\cdot\mathrm{d}\boldsymbol{l}=\int_{a\,(l_1)}^{b} q_0\boldsymbol{E}\cdot\mathrm{d}\boldsymbol{l}+\int_{b\,(l_2)}^{a} q_0\boldsymbol{E}\cdot\mathrm{d}\boldsymbol{l}=\int_{a\,(l_1)}^{b} q_0\boldsymbol{E}\cdot\mathrm{d}\boldsymbol{l}-\int_{a\,(l_2)}^{b} q_0\boldsymbol{E}\cdot\mathrm{d}\boldsymbol{l}$$

因为电场力做功与路径无关,所以对于相同的起点和终点,有 $\int_{a\,(l_1)}^{b} q_0\boldsymbol{E}\cdot\mathrm{d}\boldsymbol{l}=\int_{a\,(l_2)}^{b} q_0\boldsymbol{E}\cdot\mathrm{d}\boldsymbol{l}$,代入上式可得

$$W=\oint_l q_0\boldsymbol{E}\cdot\mathrm{d}\boldsymbol{l}=0$$

由于 $q_0\neq0$,所以有

$$\oint_l \boldsymbol{E}\cdot\mathrm{d}\boldsymbol{l}=0 \tag{9-25}$$

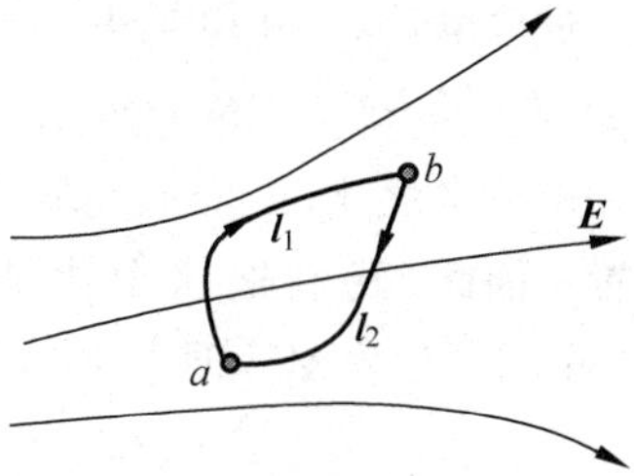

图 9-20　静电场的环路定理

式(9-25)表明,在静电场中,**电场强度 $\boldsymbol{E}$ 沿着任意闭合路径的积分为零**。$\boldsymbol{E}$ 沿任意闭合路径的线积分又叫做 $\boldsymbol{E}$ 的**环流**,故式(9-25)表明,**在静电场中电场强度 $\boldsymbol{E}$ 的环流为零**,这叫做**静电场的环路定理**。它与高斯定理一样,也是表述静电场性质的一个重要定理。

至此,我们知道:静电场力与万有引力、弹性力一样,都是保守力;静电场是保守力场。

9.4.2　电势能

在力学中,所有保守力均可以引入对应的势能,如重力势能、弹性势能、万有引力势能等。现在我们知道静电场力也是保守力,因此也可以引入相应的**电势能**(electric potential energy),记作 E_{p}。

在保守力场中,保守力做功等于相应势能的减小量。静电场力既然是一种保守力,那么静电场力做功应该等于电势能的减小量。设试验电荷 q_0 在电场力的作用下从 a 点移动到 b 点,在此期间,电势能从 $E_{\mathrm{p}a}$ 改变为 $E_{\mathrm{p}b}$,电场力做功与电势能的关系可以表示为

$$W_{ab}=q_0\int_a^b\boldsymbol{E}\cdot\mathrm{d}\boldsymbol{l}=E_{\mathrm{p}a}-E_{\mathrm{p}b}=-(E_{\mathrm{p}b}-E_{\mathrm{p}a}) \tag{9-26}$$

在国际单位制中,电势能的单位是焦耳,符号为 J。电势能与重力势能、弹性势能等其他形式的势能相仿,是个相对量。这就意味着,要确定试验电荷 q_0 在电场中某点的电势能,需首先确定电势能的零点,这个势能零点的选择是任意的。当场源电荷为有限大小的带电体时,习惯上取无限远处为电势能零点。设式(9-26)中的 b 点为无穷远处,即 $E_{\mathrm{p}b}=E_{\mathrm{p}\infty}=0$。则试验电荷 q_0 在 a 点的电势能为

$$E_{\mathrm{p}a}=W_{a\infty}=q_0\int_a^{\infty}\boldsymbol{E}\cdot\mathrm{d}\boldsymbol{l} \tag{9-27}$$

式(9-27)表明,**试验电荷 q_0 在电场中某点 a 处的电势能在数值上等于将 q_0 从 a 点移到电势能零点处时电场力所做的功**。必须指出:

（1）电势能仅与电荷 q_0 及其在静电场中的位置有关，电势能是属于电场和位于电场中的电荷 q_0 所组成的系统的，而不是属于某个孤立电荷的。

（2）电势能是标量，可正可负。

9.4.3 电势

试验电荷 q_0 在电场中 a 点的电势能 E_{pa} 不仅与电场有关，而且与试验电荷的电荷量有关，所以电势能不能直接用来描述电场的性质。实验表明，试验电荷在场点 a 的电势能与其电荷量之比(E_{pa}/q_0)是一个与试验电荷无关的量，仅取决于场源电荷的分布和场点的位置。因此，我们把这个比值作为描述电场的一个物理量，称为该点的**电势**(electric potential)，记作 V_a，即

$$V_a = \frac{E_{pa}}{q_0} = \int_a^{\infty} \boldsymbol{E} \cdot \mathrm{d}\boldsymbol{l} \tag{9-28}$$

式(9-28)表明，电场中某一点 a 的电势 V_a，在数值上等于**单位正电荷在该处的电势能；或等于把单位正电荷从 a 点经过任意路径移到无限远处(零势能点)时静电场力所做的功**。

电势是标量，它的单位是伏特(V)，也可表示为 $\mathrm{J \cdot C^{-1}}$。电势也是一个相对的量，要确定某点的电势，必须先选定参考点(电势零点)。由于电势能及电势的相对性，所以真正有意义的是两点之间的电势差(亦称为电压)。将式(9-26)两边同时除以 q_0，可得静电场中任意两点 a 和 b 之间的电势差为

$$V_a - V_b = \frac{E_{pa}}{q_0} - \frac{E_{pb}}{q_0} = \int_a^b \boldsymbol{E} \cdot \mathrm{d}\boldsymbol{l} \tag{9-29}$$

这就是说，**静电场中 a，b 两点之间的电势差等于将单位正电荷从 a 点移到 b 点时，静电场力所做的功**。显然，只要知道 a，b 两点之间的电势差，就可以方便地算出电荷 q_0 从 a 点移到 b 点时电场力做的功，即

$$W_{ab} = q_0 \int_a^b \boldsymbol{E} \cdot \mathrm{d}\boldsymbol{l} = q_0 (V_a - V_b) \tag{9-30}$$

式(9-30)在计算电场力做功或计算电势能增减变化时经常会被用到。

在原子物理、核物理中，电子、质子等粒子的能量常以电子伏特(符号为 eV)为单位，1eV 表示电子通过 1V 电势差时所获得的能量。eV 与 J 之间的转化关系为

$$1\mathrm{eV} = 1.602 \times 10^{-19}\,\mathrm{J}$$

需要指出的是，与电势能一样，电势也是一个与参考零点有关的量，但电场中任意两点的电势差则与参考零点的选择无关。在理论计算中，对一个有限大小的带电体，往往选择无限远处的电势为零；如果带电体是无限大的，那么就只能在电场中选一个适当的位置作为电势零点。在实际问题中，通常选取大地作为电势零点，导体接地后就认为它的电势为零。在工业上，消除摩擦起电的重要措施之一就是“接地”，使带电体的电势和地球一样，带电体的电荷会通过接地线传到地球而不会不断积累起来。在电子仪器中，常取电器的金属外壳或公共地线作为电势的零点。

伏特（Antonio Anastasio Volta，1745—1827），意大利物理学家。电势的单位以伏特命名，是为了纪念他对电流的早期贡献。伏特在1800年发明伏打电堆，他把两种不同的导体（金属和电解液）连接，使得每一个接触点上产生的电势差可以相加。他把这种装置称为“电堆”，因为它是由浸在酸溶液中的锌板、铜板和布片重复许多层而构成的。电堆能产生连续的电流，成功实现将化学能转化为电能，为后来的科学实验提供了必需的电源。

9.4.4　电势的计算

1. 点电荷电场中的电势

在点电荷 q 激发的电场中，若选取无限远处电势为零，即 $V_\infty=0$，则由式(9-28)可以得出电场中任一点 P 的电势。设 P 点到点电荷 q 的距离为 r，由于静电场为保守力场，积分与路径无关，因此可沿着电场强度 $\boldsymbol{E}$ 的方向（即径向）积分，则

$$V_P=\int_P^\infty \boldsymbol{E}\cdot \mathrm{d}\boldsymbol{l}=\int_r^\infty \frac{q}{4\pi\varepsilon_0 r^2}\mathrm{d}r=\frac{q}{4\pi\varepsilon_0 r} \tag{9-31}$$

式(9-31)表明，当 $q>0$ 时，电场中各点的电势都是正值，和距离 r 成反比；当 $q<0$ 时，电场中各点的电势则是负值，随着距离 r 不断增加而变大，直到无限远处电势为零，即电势最高。

2. 点电荷系电场中的电势

在点电荷系所激发的电场中，总电场强度是各个电荷所激发的电场强度的矢量叠加，所以电场中 P 点的电势为

$$\begin{aligned}V_P&=\int_P^\infty \boldsymbol{E}\cdot \mathrm{d}\boldsymbol{l}=\int_P^\infty (\boldsymbol{E}_1+\boldsymbol{E}_2+\cdots+\boldsymbol{E}_n)\cdot \mathrm{d}\boldsymbol{l}\\&=\int_P^\infty \boldsymbol{E}_1\cdot \mathrm{d}\boldsymbol{l}+\int_P^\infty \boldsymbol{E}_2\cdot \mathrm{d}\boldsymbol{l}+\cdots+\int_P^\infty \boldsymbol{E}_n\cdot \mathrm{d}\boldsymbol{l}\\&=V_1+V_2+\cdots+V_n\end{aligned}$$

亦即

$$V_P=V_1+V_2+\cdots+V_n=\sum_{i=1}^{n}\frac{q_i}{4\pi\varepsilon_0 r_i} \tag{9-32}$$

式(9-32)表明，**点电荷系所激发的电场中某点的电势，等于各个点电荷单独存在时在该点产生的电势的代数和**。这一结论就叫做静电场的**电势叠加原理**。显然，电势叠加是一种标量叠加。

3. 电荷连续分布的带电体电场中的电势

对于电荷连续分布的带电体,可将它看作无限多个电荷元 dq 的集合,每个电荷元在电场中某点 P 产生的电势为

$$dV=\frac{dq}{4\pi\varepsilon_0 r}$$

再根据电势的叠加原理,可得出 P 点的总电势为

$$V=\int_V dV=\int_V \frac{dq}{4\pi\varepsilon_0 r} \tag{9-33}$$

式(9-33)的积分是对带电体的空间体积进行的,电势零点默认在无限远。

利用上述方法,我们通过几个例子来详细分析讨论电势的计算。

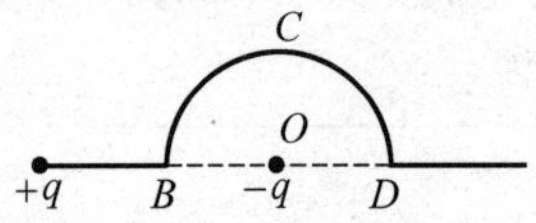

图 9-21 点电荷系的电势计算

例 9-8 如图 9-21 所示,点电荷 $+q$ 和 $-q$ 相距 $2R$,B 为它们连线的中点。半圆弧 BCD 的半径为 R,圆心 O 和电荷 $-q$ 重合,求 B 点电势的大小。把点电荷 q_0 从 B 点沿半圆弧 BCD 移到 D 点,电场力做功为多少?

解 根据式(9-32),两个点电荷在 B 点产生的电势为

$$V_B=V_+ + V_- =\frac{q}{4\pi\varepsilon_0 R}+\frac{-q}{4\pi\varepsilon_0 R}=0$$

根据式(9-30)可得,电场力做功为

$$W=q_0(V_B-V_D)$$

由电势叠加可得

$$V_D=V_+ + V_- =\frac{q}{4\pi\varepsilon_0\times 3R}+\frac{-q}{4\pi\varepsilon_0 R}=-\frac{q}{6\pi\varepsilon_0 R}$$

因此

$$W=q_0(V_B-V_D)=\frac{q_0 q}{6\pi\varepsilon_0 R}$$

例 9-9 如图 9-22(a)所示,正电荷 q 均匀分布在半径为 R 的细圆环上,计算在环的中轴线上与环心 O 相距为 x 处的 P 点的电势。

解 以圆心 O 为原点、轴线为 x 轴,建立如图 9-22(a)所示的直角坐标系。电荷线密度为 $\lambda=q/2\pi R$,在圆环上取一线元 dl,则 dl 所带的电荷量为 $dq=\lambda dl$,该电荷元在 P 点产生的电势为

$$dV=\frac{\lambda dl}{4\pi\varepsilon_0 r}$$

式中,$r=\sqrt{R^2+x^2}$,根据电势叠加原理,带电圆环在 P 点产生的电势为

$$V=\frac{\lambda}{4\pi\varepsilon_0 r}\int_0^{2\pi R} dl$$

$$=\frac{2\pi R\lambda}{4\pi\varepsilon_0 r}=\frac{q}{4\pi\varepsilon_0 r}=\frac{q}{4\pi\varepsilon_0\sqrt{R^2+x^2}}$$

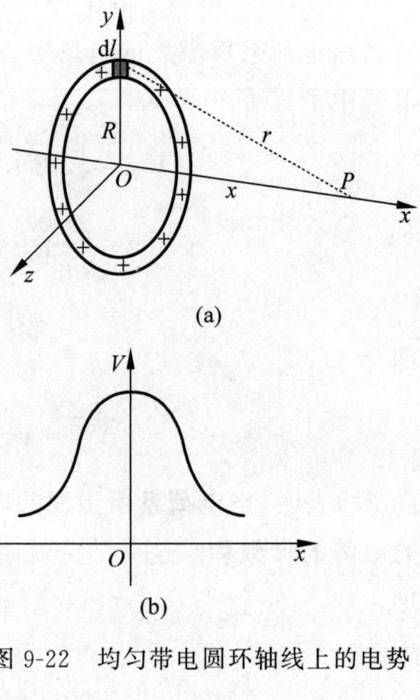

图 9-22 均匀带电圆环轴线上的电势

电势沿着 x 轴的分布规律如图 9-22(b)曲线所示。从上式的结果可知：当 $x \gg R$ 时，P 点的电势 $V_P = \dfrac{q}{4\pi\varepsilon_0 x}$，这个结果相当于把全部电荷集中在环心处形成的点电荷在 P 点产生的电势。

例 9-10　如图 9-23(a)所示，半径为 R 的均匀带电球面所带电荷量为 q，试求该带电球面产生的空间电场的电势分布。

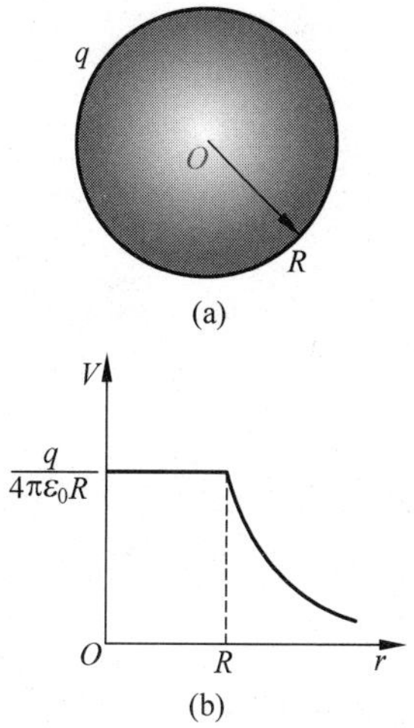

图 9-23　均匀带电球面电场中的电势

解　由例 9-5 我们知道，均匀带电球面在空间产生的电场的电场强度分布为

$$E = \begin{cases} 0, & r < R \\ \dfrac{q}{4\pi\varepsilon_0 r^2}, & r > R \end{cases}$$

电场强度的方向沿径向向外。

因为球面为有限大小的带电体，所以可以选择无限远为电势零点。设球面外任一点 P 与球心的距离为 r，根据电势的定义式(9-28)可得，P 点电势为

$$V_P = \int_P^{\infty} \boldsymbol{E} \cdot \mathrm{d}\boldsymbol{l} = \int_r^{\infty} \frac{q}{4\pi\varepsilon_0 r^2} \mathrm{d}r = \frac{q}{4\pi\varepsilon_0 r}$$

上式结果说明，均匀带电球面在球外任一点的电势等于将球面上的所有电荷全部集中在球心处形成的点电荷的电势。

对于球面内与球心的距离为 r 的任一点 P 的电势，同样根据电势定义式(9-28)，并将球面内外的电场强度代入，可以得出

$$\begin{aligned} V_P &= \int_P^{\infty} \boldsymbol{E} \cdot \mathrm{d}\boldsymbol{l} = \int_r^{R} \boldsymbol{E}_{内} \cdot \mathrm{d}\boldsymbol{l} + \int_R^{\infty} \boldsymbol{E}_{外} \cdot \mathrm{d}\boldsymbol{l} \\ &= \int_R^{\infty} \frac{q}{4\pi\varepsilon_0 r^2} \mathrm{d}r = \frac{q}{4\pi\varepsilon_0 R} \end{aligned}$$

上式结果说明，均匀带电球面内各点的电势相等，并且等于球面上各点的电势。电势 V 的大小随着到达球心的距离 r 的分布曲线如图 9-23(b)所示。

此题先求出电场分布，再利用电势的定义求电势的方法称为定义法。它和例 9-9 的叠加法不同。

9.5　等势面　电势梯度

9.5.1　等势面

之前我们介绍了用电场线来形象地描绘电场中电场强度的分布。这里，我们将用等势面来形象地描绘电场中电势的分布，并指出等势面和电场线之间的联系。

在静电场中，将电势相等的各点连起来所形成的曲面，称为等势面(equipotential surface)。当电荷 q 沿等势面运动时，由于电势差为零，所以电场力对电荷不做功，即 $q\boldsymbol{E} \cdot \mathrm{d}\boldsymbol{l} = 0$。而 q，$\boldsymbol{E}$ 和 $\mathrm{d}\boldsymbol{l}$ 均不为零，故此式成立的条件是：$\boldsymbol{E}$ 必须与 $\mathrm{d}\boldsymbol{l}$ 垂直，即**某点的电场强**

度与通过该点的等势面垂直。在作等势面的图像时，通常规定相邻两等势面间的电势差相等。图 9-24 是按此规定作出的一些常见带电体的等势面图像，图中实线为电场线，虚线为等势面。

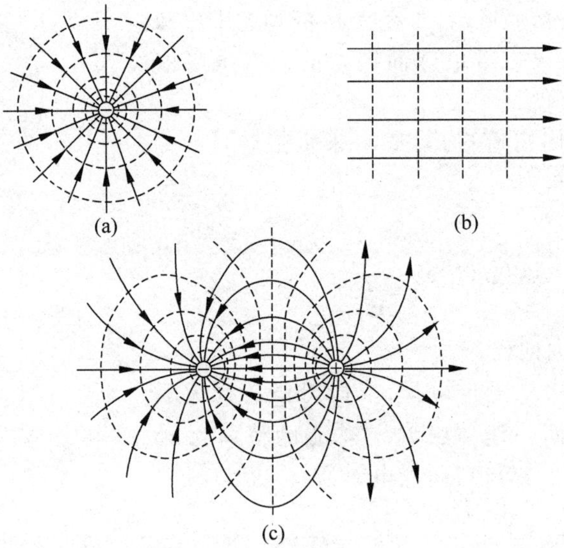

图 9-24 电场线与等势面

图 9-24(a)为负点电荷产生的电场等势面及电场线分布，图 9-24(b)为匀强电场中的电场线和等势面的分布，图 9-24(c)为电偶极子产生的电场线和等势面的分布。

综上所述，可以看出等势面具有如下两个特点：

(1) 等势面密集的地方，电场强度较大，稀疏的地方，电场强度较小；

(2) 等势面处处与电场线垂直。电荷沿着等势面移动时，电场力不做功。

9.5.2 电场强度与电势梯度的关系

电场强度和电势都是描述电场性质的物理量，两者之间必然存在某种联系。由式(9-28)可知，已知电场强度可以通过积分算出电势。下面来讨论已知电势如何求电场强度。

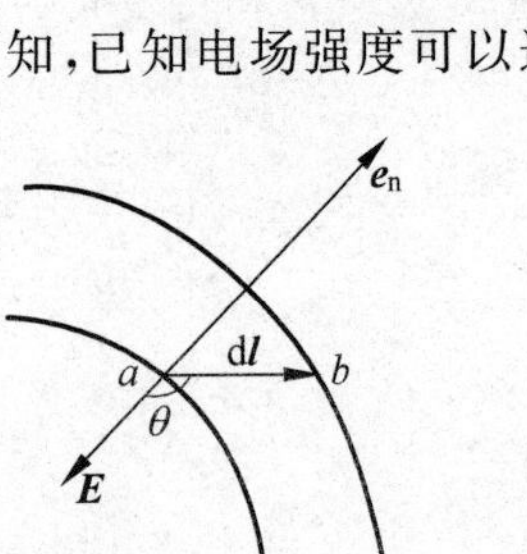

图 9-25 $\boldsymbol{E}$ 与 V 的关系

如图 9-25 所示，设一试验电荷 q_0 在电场强度为 $\boldsymbol{E}$ 的电场中，从 a 点移动到 b 点，位移为 $\mathrm{d}\boldsymbol{l}$，电势增高了 $\mathrm{d}V$，并设位移 $\mathrm{d}\boldsymbol{l}$ 与 $\boldsymbol{E}$ 之间的夹角为 θ。由电场力做功与电势差的关系式(9-30)可知，在这一过程中，电场力所做的功为

$$\mathrm{d}W=-q_0\mathrm{d}V=q_0E\cos\theta\mathrm{d}l$$

因此可以得出

$$E\cos\theta=-\frac{\mathrm{d}V}{\mathrm{d}l}$$

由图 9-25 可以看出，$E\cos\theta$ 是电场强度 $\boldsymbol{E}$ 在位移 $\mathrm{d}\boldsymbol{l}$ 方向上的分量，用 E_l 表示，$\mathrm{d}V/\mathrm{d}l$ 为电势沿位移 $\mathrm{d}\boldsymbol{l}$ 方向上的变化率。于是上式可写成

$$E_l=-\frac{\mathrm{d}V}{\mathrm{d}l} \tag{9-34}$$

式(9-34)表示，**电场中给定点的电场强度沿某一方向的分量，等于这一点的电势沿该方向变化率的负值，负号表示电场强度 $\boldsymbol{E}$ 指向电势降低的方向**。

一般情况，在直角坐标系 $Oxyz$ 中，电势 V 是坐标 x，y 和 z 的函数。因此，由式(9-34)可知，如果把电势 V 对坐标 x，y 和 z 分别求一阶偏导数之后再取负值，就可得到电场强度在这三个方向上的分量，其数学形式为

$$E_x=-\frac{\partial V}{\partial x},\quad E_y=-\frac{\partial V}{\partial y},\quad E_z=-\frac{\partial V}{\partial z} \tag{9-35}$$

将式(9-35)各式合并在一起的矢量形式为

$$\boldsymbol{E}=-\left(\frac{\partial V}{\partial x}\boldsymbol{i}+\frac{\partial V}{\partial y}\boldsymbol{j}+\frac{\partial V}{\partial z}\boldsymbol{k}\right) \tag{9-36}$$

采用数学上的梯度算子 $\boldsymbol{\nabla}=\mathrm{grad}=\frac{\partial}{\partial x}\boldsymbol{i}+\frac{\partial}{\partial y}\boldsymbol{j}+\frac{\partial}{\partial z}\boldsymbol{k}$，可将式(9-36)简写成

$$\boldsymbol{E}=-\boldsymbol{\nabla}V=-\mathrm{grad}V \tag{9-37}$$

这就是电场强度与电势的微分关系，即**电场强度 $\boldsymbol{E}$ 等于电势梯度的负值**。据此可以方便地由电势的分布函数求出电场强度的分布。

在国际单位制中，电势梯度的单位是伏特每米($\mathrm{V\cdot m^{-1}}$)，所以电场强度的单位也可用伏特每米表示，$1\mathrm{V\cdot m^{-1}}=1\mathrm{N\cdot C^{-1}}$。

电场强度和电势梯度之间的关系在实际应用中非常重要。对于不具有对称性的电场分布，在计算电场强度和电势的时候，我们通常先计算出电势，因为电势是标量，计算通常比较简单，在求出电势后，再利用梯度关系算出电场强度，这样可以避免复杂的矢量积分运算。

例 9-11　在例 9-3 中，我们曾用电场强度叠加原理计算均匀带电圆环轴线上一点 P 的电场强度。在此试用电场强度与电势梯度的关系来求解同样的问题。

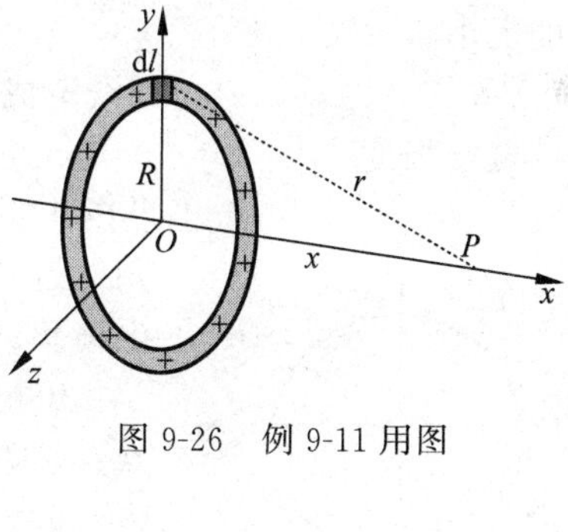

图 9-26　例 9-11 用图

解　如图 9-26 所示，在例 9-9 中我们已经利用电势叠加原理计算出均匀带电圆环在中轴线上任一点 P 的电势大小为

$$V=\frac{q}{4\pi\varepsilon_0\sqrt{R^2+x^2}}$$

由式(9-35)可求得 P 点的电场强度大小为

$$E=E_x=-\frac{\partial V}{\partial x}=-\frac{\partial}{\partial x}\left(\frac{q}{4\pi\varepsilon_0\sqrt{R^2+x^2}}\right)=\frac{qx}{4\pi\varepsilon_0(x^2+R^2)^{3/2}}$$

这与例 9-3 的计算结果完全相同。

从以上例子中可以看到，先按电势叠加原理积分计算出电势，再通过电场强度和电势梯度的关系对电势求导，计算出相应的电场强度。显然，由于电势是标量，这要比直接用电场强度叠加原理积分求电场强度分布容易。

习　题

9-1　如果把1mol氢原子的全部正电荷集中起来，视作一个点电荷，其全部负电荷集中起来，视作另一个点电荷，当两个点电荷相距为1m和10^7m(可与地球直径相比拟)时，其相互作用力分别为多少？

9-2　在平面直角坐标系中，在$x=0$，$y=0.1$m处和$x=0$，$y=-0.1$m处分别放置一电荷量为$q=10^{-10}$C的点电荷，求在$x=0.2$m，$y=0$处一电荷量为$Q=10^{-8}$C的点电荷受力的大小和方向。

9-3　如图所示，在直角三角形ACB的A点处有一点电荷$q_1=1.8\times10^{-9}$C，在B点处有一点电荷$q_2=-4.8\times10^{-9}$C，已知$BC=0.04$m，$AC=0.03$m。求三角形的直角顶点C处的电场强度$\boldsymbol{E}$。

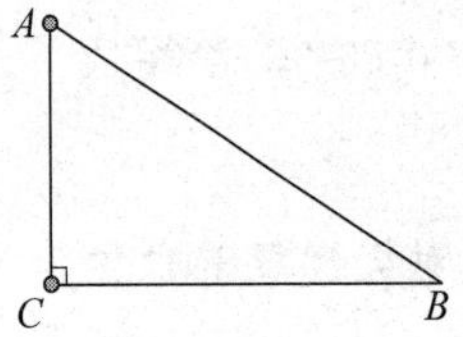

习题 9-3 图

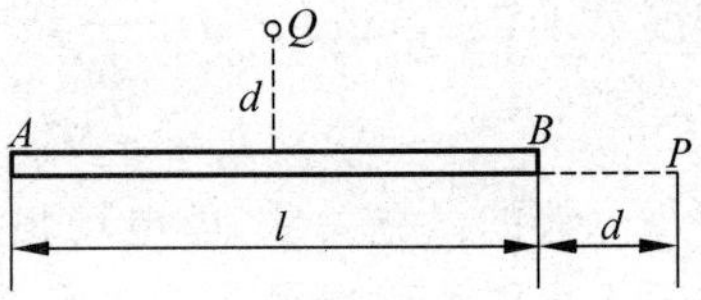

习题 9-4 图

9-4　如图所示，长$l=15$cm的直导线AB上均匀分布着线密度为$\lambda=5\times10^{-9}$C/m的电荷。求：(1)在导线的延长线上与导线一端B相距$d=5$cm处P点的电场强度；(2)在导线的垂直平分线上与导线中点相距$d=5$cm处Q点的电场强度。

9-5　一个半径为R的半球面，均匀分布着电荷面密度为σ的电荷，求球心处的电场强度的大小。

9-6　一个均匀带电细线弯成如图所示的半径为R的半圆，电荷线密度为λ，试求圆心处的电场强度。

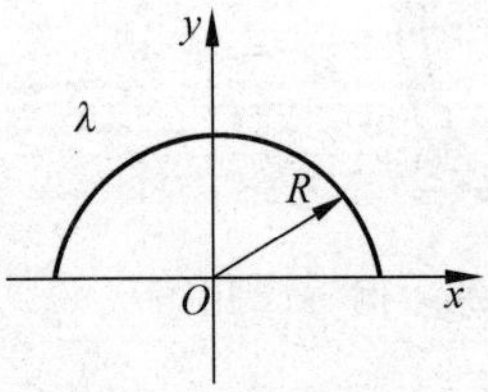

习题 9-6 图

9-7　一个点电荷q位于一个立方体中心，立方体边长为a，则通过立方体六个面中的任一个面的$\boldsymbol{E}$通量是多少？如果将该电荷移动到立方体的一个角上，则通过立方体的$\boldsymbol{E}$通量是多少？

9-8　在直角坐标系中，设三个点电荷分布的位置(单位：m)是：在(0,0)处为5×10^{-8}C，在(3,0)处为4×10^{-8}C，在(0,6)处为-6×10^{-8}C。求通过球心为(0,0)，半径等于5m的球面上的总$\boldsymbol{E}$通量。

9-9　(1)地球表面附近的电场强度近似为200V/m，方向指向地球中心，计算地球带的总电荷量(地球的半径约为6.37×10^6m)；(2)在离地面1400m处，电场强度降为20V/m，方向仍指向地球中心，求这1400m厚的大气层里的平均电荷密度。

9-10　两个无限大平行平面均匀带电，电荷面密度都是σ，求空间各区域的电场分布。

9-11　半径分别为R_1，R_2的两同心球面中间均匀分布着电荷体密度为ρ的正电荷。分别求离球心距离为$r_1(r_1<R_1)$，$r_2(R_1<r_2<R_2)$，$r_3(r_3>R_2)$三点处的电场强度。

9-12　如图所示，均匀带有等量异号电荷的两条无限长带电直线平行放置，相距为d，电荷线密度为λ。以两直线之间中心为坐标原点，垂直两直线的水平向右方向为x轴正方向建立坐标系，P_1，P_2，P_3 为两直线组成的平面内的三个点，对应坐标值分别为 x_1，x_2，x_3，求这三个点的电场强度。

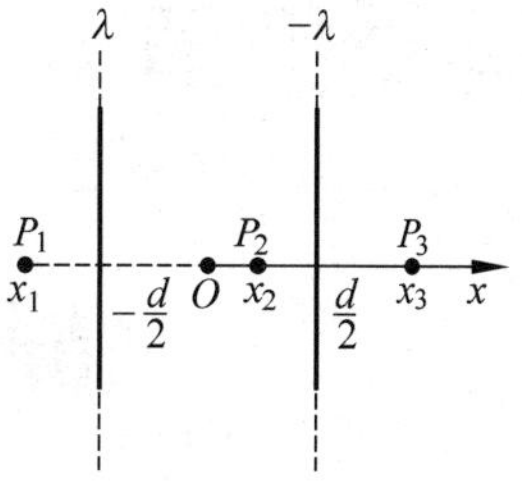

习题 9-12 图

9-13　两个带有等量异号电荷的无限长同轴圆柱面，半径分别为 R_1 和 $R_2(R_1<R_2)$，单位长度上的电荷量为 λ。求离轴线为 r 处的电场强度：(1)$r<R_1$；(2)$R_1<r<R_2$；(3)$r>R_2$。

9-14　点电荷 q_1，q_2，q_3，q_4 的电荷量均为 4×10^{-9}C，它们分别放置在一正方形的四个顶点上，各顶点距正方形中心 O 点的距离为 5cm。(1)计算 O 点的电场强度和电势；(2)将一试探电荷 $q_0=10^{-9}$C 从无穷远处移到 O 点，电场力做功多少？q_0 的电势能改变多少？

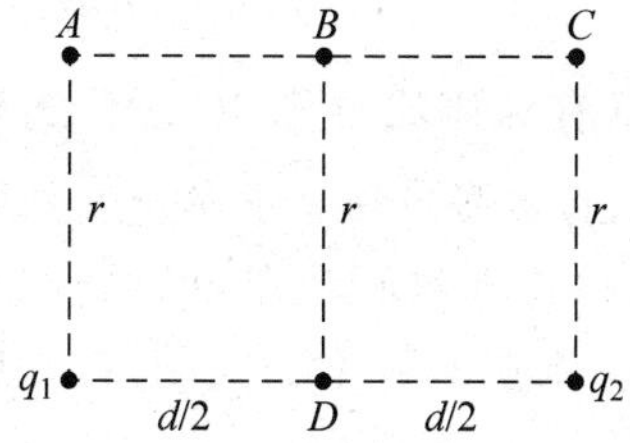

习题 9-15 图

9-15　如图所示，$r=6$cm，两电荷间距离为 $d=8$cm，点电荷 $q_1=3\times10^{-8}$C，$q_2=-3\times10^{-8}$C。求：(1)将电荷量为 2×10^{-9}C 的点电荷从 A 点移动到 B 点，电场力所做的功；(2)将此点电荷从 C 点移动到 D 点，电场力所做的功。

9-16　一个球形雨滴的半径为 R，带有电荷量为 q，它表面的电势有多大？两个这样的雨滴相遇后合并成一个较大的雨滴，这个雨滴表面的电势又是多大？

9-17　半径分别为 R_1，$R_2(R_1<R_2)$ 的两同心球面，小球面均匀带有电荷 q，大球面均匀带有电荷 Q，求以下三点的电势：(1)球心处；(2)两球面之间距球心为 $r_1(R_1<r_1<R_2)$ 处的一点；(3)两球面外距球心为 $r_2(r_2>R_2)$ 处的一点。

9-18　电荷面密度分别为 $+\sigma$ 和 $-\sigma$ 的两个无限大均匀带电平行平面，如图放置，取 $x=0$ 为零电势点，求空间各点电场强度和电势随位置坐标 x 的变化关系。

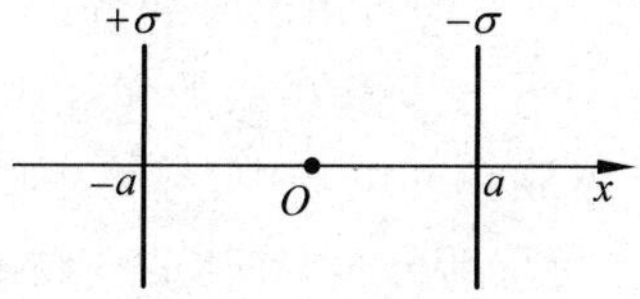

习题 9-18 图

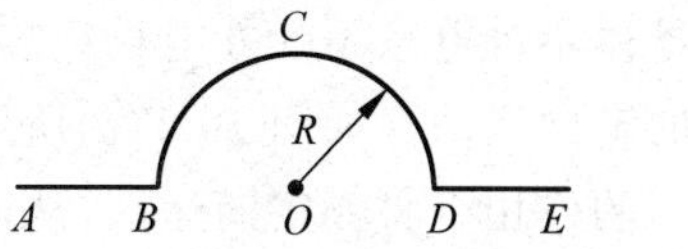

习题 9-19 图

9-19　如图所示的均匀带电细棒，电荷线密度为 λ，其中 BCD 是半径为 R 的半圆，$AB=DE=R$。求：(1)半圆上的电荷在半圆中心 O 处产生的电势；(2)直细棒 AB 和 DE 在半圆圆心 O 处产生的电势；(3)O 处的总电势。

9-20　外力将电荷量为 q 的点电荷从电场中的 A 点移动到 B 点，做功为 $W(W>0)$，则 A，B 两点间的电势差为多少？A，B 两点哪点电势较高？若设 B 点电势为零，则 A 点的电势为多大？

9-21　一半径 $R=8$cm 的圆盘，其上均匀带有面密度 $\sigma=2\times10^{-5}\mathrm{C/m^2}$ 的电荷，求：(1)圆盘中心轴线上任一点的电势(设该点与盘心的距离为 x)；(2)从电场强度和电势的关系求该点的电场强度。

第10章

静电场中的导体和电介质

第9章我们讨论了真空中的静电场，实际上，在静电场中总有导体或电介质（也称为绝缘体）的存在，而且在静电的应用中也都要涉及导体和电介质对电场的影响。本章主要内容有：导体的静电平衡条件，静电场中导体的电学性质，电介质的极化现象和相对电容率的意义，以及有介质时的高斯定理，电容器及其连接，电场的能量等。本章所讨论的问题，在理论上使我们能更深入地认识静电场，在实际应用上也有重大意义。

10.1 静电场中的导体

10.1.1 导体的静电平衡条件

金属是最常见的一种导体。金属导体是由大量带负电的自由电子和带正电的晶格构成的。当导体不带电且不受外电场影响时，导体中的自由电子只作微观的无规律热运动，而没有宏观的定向运动。如图10-1(a)所示，若把金属导体放在外电场中，导体中的自由电子在外电场力的作用下将作定向运动，从而使导体中的电荷重新分布，导体的一侧由于自由电子堆积而带负电，另一侧由于失去自由电子而带正电，这个现象叫做**静电感应现象**(electrostatic induction)。导体两侧正负电荷的积累会在导体内部建立一个附加电场，称为内建电场(built-in field)，如图10-1(b)所示，$\boldsymbol{E}'$的方向与外电场反向，内建电场会影响外电

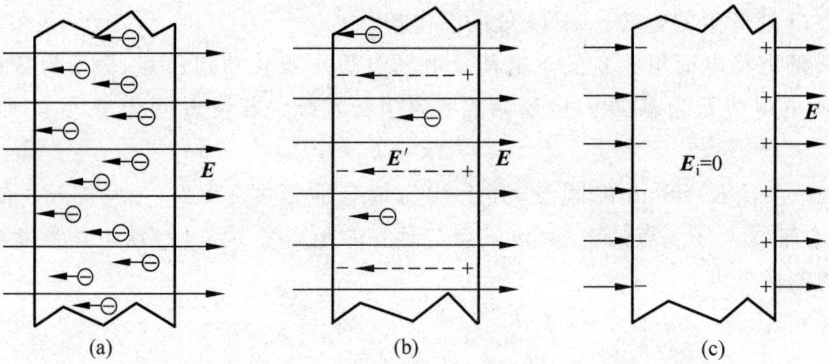

图10-1 静电感应现象，以及静电平衡时导体内部的电场强度分布

场的分布。导体内部的电场是内建电场 $\boldsymbol{E}'$ 与外电场 $\boldsymbol{E}$ 的矢量叠加。随着导体两侧的电荷积累，内建电场逐渐增强，直至导体内部合电场强度处处为零。这时自由电子的定向运动停止，我们便说导体达到了**静电平衡**(electrostatic equilibrium)，如图 10-1(c)所示。因静电感应重新分布在导体两侧的电荷称为**感应电荷**(induced charge)。导体达到静电平衡的时间极短，通常为 $10^{-14}\sim10^{-13}$ s，几乎在瞬间完成。

处在静电平衡状态下的导体必须满足以下两个条件：

(1) 在导体内部，电场强度处处为零；

(2) 导体表面附近的电场强度的方向都与导体表面垂直。

为何必须满足这两个条件，原因很容易理解。如果导体内部电场强度不等于零，则导体内部的自由电子将在电场力的作用下继续作定向运动；如果电场强度与导体表面不垂直，则电场强度在沿导体表面的分量将使自由电子沿着导体表面作定向运动。

导体的静电平衡条件也可以用电势来表述。由于在静电平衡时，导体内部的电场强度为零，导体表面的电场强度与导体表面垂直，所以导体内部，以及导体表面任意两点之间的电势差为零。这就是说，**当导体处于静电平衡状态时，导体上的电势处处相等，导体为等势体，其表面为等势面**。

10.1.2　静电平衡时导体上的电荷分布

在静电平衡时，带电导体的电荷分布可运用高斯定理来进行讨论。如图 10-2 所示，有一实心带电导体处于静电平衡状态。由于静电平衡时，导体内部的电场强度 $\boldsymbol{E}$ 为零，所以通过导体内部任意高斯面 S 的电场强度通量亦必然为零，即

$$\oint_S \boldsymbol{E}\cdot \mathrm{d}\boldsymbol{S}=0$$

于是，根据高斯定理，此高斯面内所包围的电荷的代数和必然为零。因为高斯面是任意作出的，所以可得如下结论：**在静电平衡时，导体所带的电荷只能分布在导体表面上，导体内没有净电荷**。

如果有一带有电荷的空腔导体，处于静电平衡时，电荷如何分布呢？若在导体内取高斯面 S，如图 10-3 所示。由于在静电平衡时，导体内的电场强度为零，所以有

$$\oint_S \boldsymbol{E}\cdot \mathrm{d}\boldsymbol{S}=\frac{\sum\limits_i q_i}{\varepsilon_0}=0$$

这说明在空腔内表面上没有净电荷。那么在内表面有没有可能出现等量异种的电荷分布呢？现假设空腔内表面一部分带有正电荷，另一部分带有负电荷，则在空腔内就会有从正电

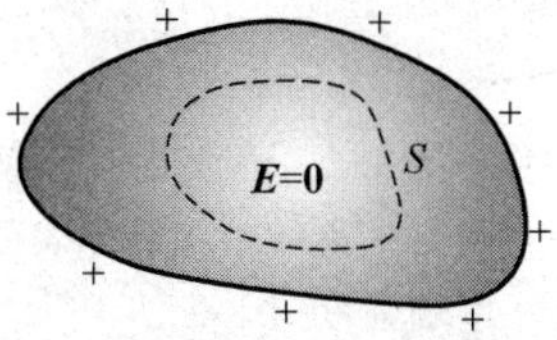

图 10-2　静电平衡时实心带电导体的电荷分布在表面

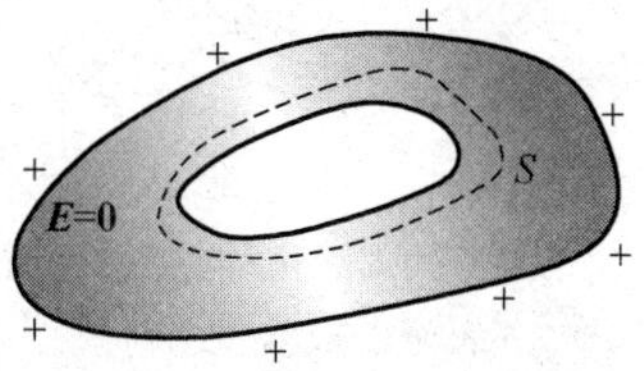

图 10-3　静电平衡时空腔带电导体的电荷分布在外表面上

荷指向负电荷的电场线。电场强度沿此电场线的积分将不等于零，即空腔内表面存在电势差。显然，这与导体在静电平衡时是一个等势体的结论相违背。因此，静电平衡时，空腔导体内表面处处没有电荷，电荷只分布在空腔导体的外表面上。

当空腔导体内有带电体时，在静电平衡下，空腔导体具有如下性质：**电荷分布在导体内、外两个表面，其中内表面的电荷是空腔内带电体的感应电荷，与空腔内带电体的电荷等量异种**。

我们可以用高斯定理来证明上述结论。如图 10-4 所示，设空腔内带电体的电荷为 $-q$，空腔导体本身不带电。当处于静电平衡时，在导体内取一包围内表面的高斯面 S，由于 S 上的电场强度处处为零，所以根据高斯定理，空腔内表面所带的电荷与空腔内电荷的代数和为零，则空腔内表面所带的电荷为 $+q$。根据电荷守恒定律，由于整个空腔导体不带电，所以在空腔外表面上也会出现感应电荷，电荷量为 $-q$。

下面讨论带电导体表面的电荷面密度与其邻近处电场强度的关系。如图 10-5 所示，设在导体表面上取一圆形面积元 ΔS，当 ΔS 足够小时，ΔS 上的电荷分布可当作是均匀的，设其电荷面密度为 σ，于是 ΔS 上的电荷为 $\Delta q=\sigma\Delta S$。以 ΔS 为底面积作一如图 10-5 所示的扁圆柱形高斯面，下底面处于导体内部。由于导体内部电场强度处处为零，所以通过下底面的电场强度通量为零；在侧面上的电场强度要么为零，要么与侧面的法线垂直，所以通过侧面的电场强度通量也为零；只有在上底面上，电场强度矢量 $\boldsymbol{E}$ 与 ΔS 垂直，即与上底面的法向一致，所以通过上底面的电场强度通量为 $E\Delta S$。根据高斯定理有

$$\oint_S \boldsymbol{E}\cdot \mathrm{d}\boldsymbol{S}=E\Delta S=\frac{\sigma\Delta S}{\varepsilon_0}$$

因此可得

$$E=\frac{\sigma}{\varepsilon_0} \tag{10-1}$$

式(10-1)表明，带电导体处于静电平衡时，导体表面外非常邻近表面处的电场强度 $\boldsymbol{E}$，其大小与该处的电荷面密度 σ 成正比，其方向与导体表面垂直。当导体表面带正电时，$\boldsymbol{E}$ 的方向垂直导体表面指向导体外部；当导体表面带负电时，$\boldsymbol{E}$ 的方向垂直导体表面指向导体内部。

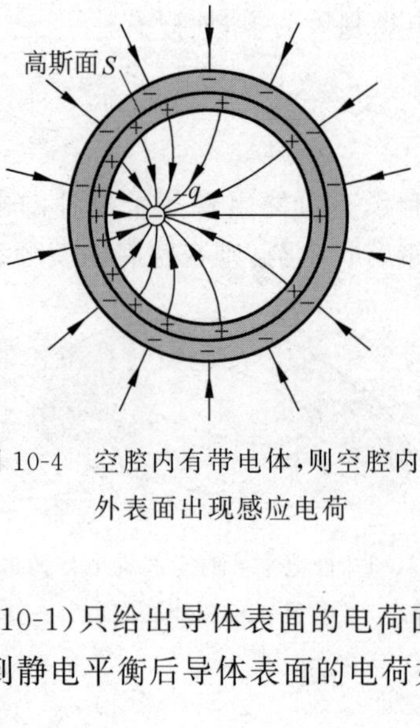

图 10-4　空腔内有带电体，则空腔内、外表面出现感应电荷

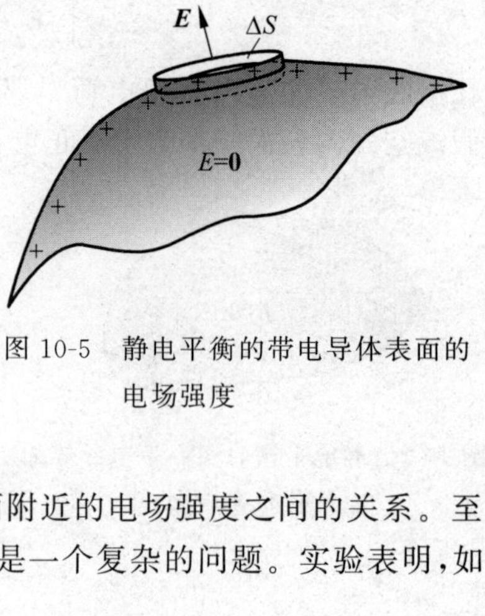

图 10-5　静电平衡的带电导体表面的电场强度

式(10-1)只给出导体表面的电荷面密度与表面附近的电场强度之间的关系。至于带电导体达到静电平衡后导体表面的电荷如何分布，则是一个复杂的问题。实验表明，如果带电

导体不受外电场的影响或其影响可以忽略不计，那么，在导体表面曲率半径较小处（表面尖锐而凸出），如图 10-6 中的 A 点附近，电荷面密度较大；曲率半径较大处（表面比较平坦），如图 10-5 中的 B 点附近，电荷面密度也较小；如果曲率为负（表面向内凹），则该处的电荷面密度最小。

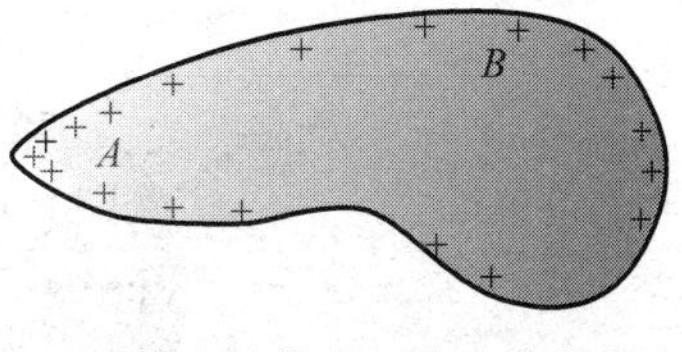

图 10-6　带电导体表面曲率半径较小处，电荷面密度较大，反之较小

对于有尖端的带电体，尖端处的电荷面密度会很大，尖端附近的电场强度特别强，当电场强度足够大时就会使空气分子发生电离而放电，这一现象称为**尖端放电**（point discharge）。尖端放电时，在它周围的空气因被电离而变得更加容易导电，急速运动的离子与空气中的分子碰撞时，会使分子受激发而发光，形成电晕（corona）。潮湿天的夜晚在高压输电导线附近常会看到这种现象。尖端放电会损耗电能，尤其在远距离输电过程中，会损耗很多电能，放电时产生的电波还会干扰电视和射频信号，所以高压电器设备的电极通常做成直径很大的光滑球面，传输电线表面也必须很光滑。静电放电还会使火箭弹发生意外而爆炸；在石化产业中，由于静电放电曾多次发生汽油着火事故；在电子工业中，尖端放电会损坏电子元器件。

尖端放电也有可用之处，避雷针（lightning rod）就是一个例子。雷雨季节，当带电的大块雷雨云接近地面时，由于静电感应，使地面上的物体带上异种电荷，这些电荷较集中分布在地面上凸起的物体（如高层建筑、烟囱、大树等）上，电荷密度很大，因而电场强度也很大。当电场强度大到一定程度时，足以使空气电离，从而引发雷雨云与这些物体之间的放电，这就是雷击现象。为了防止雷击对建筑物的破坏，可安装避雷针。因为避雷针尖端处的电荷密度最大，所以电场强度也最大，避雷针与云层之间的空气就很容易被击穿，这样，带电雷雨云层与避雷针之间形成通路。同时避雷针又是接地的，于是就可以把雷雨云上的电荷导入大地，使其不对高层建筑构成危险，保证了高层建筑的安全。

10.1.3　静电屏蔽

根据空腔导体在静电平衡时的带电特性，只要空腔导体内没有带电体，则即使处在外电场中，空腔导体内必定不存在电场。这样空腔导体就屏蔽了外电场或空腔导体外表面的电荷，使空腔导体内不受外部电场干扰。此外，如果空腔导体内存在带电体，空腔导体外表面则会出现感应电荷，感应电荷激发的电场会对外界产生影响，如图 10-7(a)所示。但是如果将空腔导体外壳接地，如图 10-7(b)所示，由于此时空腔导体的电势与大地的电势相同，则空腔导体外表面的感应电荷将被大地中的电荷所中和，因此腔内带电体不会对空腔导体外部空间产生影响。综上所述，**空腔导体（不论是否接地）的内部空间不受腔外电荷和电场的影响；接地的空腔导体，腔外空间不受腔内电荷和电场影响，这种现象统称为静电屏蔽**（electrostatic shielding）。

在实际工程中，常用编织得相当紧密的金属丝网来代替金属壳体。例如，高压设备周围的金属丝网，校检电子仪器的金属丝网屏蔽室都能起到静电屏蔽的作用。在弱电工程中，有些传送弱电信号的导线，为了增强抗干扰性能，往往在其绝缘层外再加一层金属编织网，这种线缆称为屏蔽线缆。

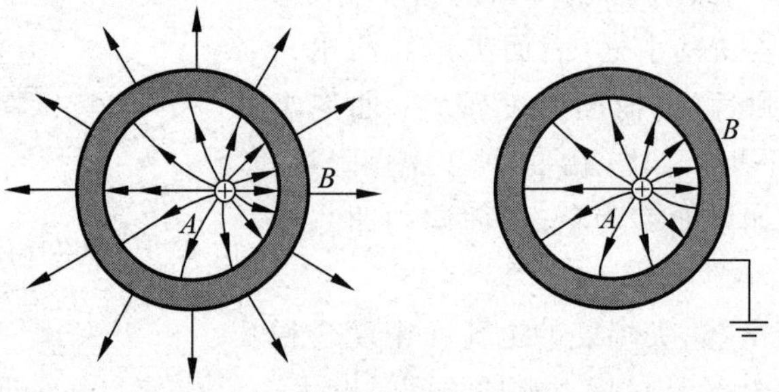

图 10-7　接地空腔导体屏蔽内电场

例 10-1　如图 10-8 所示，有一个半径为 R_1 的导体球所带电荷量为 $+q$，在它的外部套有一个同心的导体薄球壳，球壳内半径为 R_2，外半径为 R_3，球壳带有电荷 Q，则静定平衡后电荷如何分布？空间任意点 P 的电势为多少？

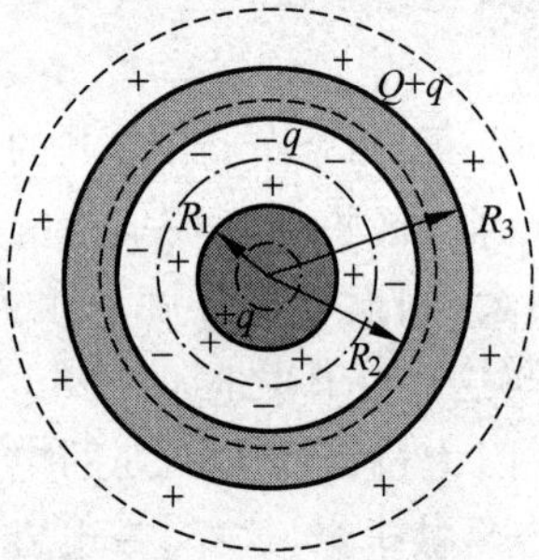

图 10-8　例 10-1 用图

解　由静电平衡条件可知，内导体球上的电荷 $+q$ 只分布在球体表面处，球壳的内表面由于静电感应将出现 $-q$ 的感应电荷，球壳的外表面由于电荷守恒条件将出现 $Q+q$ 的电荷。

球体和球壳均具有球对称性，空间的电场分布也具有球对称性，因此可以用高斯定理求出空间各处的电场强度。

在球体内部，$r<R_1$，由静电平衡条件可知，$E_1=0(r<R_1)$，在球与球壳之间作 $R_1<r<R_2$ 的同心球面为高斯面（见图 10-8），此时高斯面内部包围的电荷为内导体球所带电荷 $+q$，由高斯定理可得

$$\oint_S \boldsymbol{E}_2 \cdot \mathrm{d}\boldsymbol{S} = E_2 4\pi r^2 = \frac{q}{\varepsilon_0}$$

因此有

$$E_2 = \frac{q}{4\pi\varepsilon_0 r^2}, \quad R_1 < r < R_2$$

在球壳内部，$R_2<r<R_3$，由静电平衡的条件可知，$E_3=0(R_2<r<R_3)$。

在球壳外部选取半径 $r>R_3$ 的同心球面为高斯面，此时高斯面内部包围的电荷为 $\sum_i q_i = +q-q+Q+q=Q+q$，由高斯定理可得

$$\oint_S \boldsymbol{E}_4 \cdot \mathrm{d}\boldsymbol{S} = E_4 4\pi r^2 = \frac{Q+q}{\varepsilon_0}$$

因此有

$$E_4 = \frac{Q+q}{4\pi\varepsilon_0 r^2}, \quad r > R_3$$

由电势的定义式(9-28)，当球体内部 $r<R_1$ 时，可得

$$V_1 = \int_r^{\infty} \boldsymbol{E} \cdot \mathrm{d}\boldsymbol{l} = \int_r^{R_1} \boldsymbol{E} \cdot \mathrm{d}\boldsymbol{l} + \int_{R_1}^{R_2} \boldsymbol{E} \cdot \mathrm{d}\boldsymbol{l} + \int_{R_2}^{R_3} \boldsymbol{E} \cdot \mathrm{d}\boldsymbol{l} + \int_{R_3}^{\infty} \boldsymbol{E} \cdot \mathrm{d}\boldsymbol{l}$$

$$=\frac{q}{4\pi\varepsilon_0}\left(\frac{1}{R_1}-\frac{1}{R_2}\right)+\frac{Q+q}{4\pi\varepsilon_0 R_3},\quad r<R_1$$

同理，当 $R_1<r<R_2$ 时，

$$V_2=\int_r^{\infty}\boldsymbol{E}\cdot d\boldsymbol{l}=\int_r^{R_2}\boldsymbol{E}\cdot d\boldsymbol{l}+\int_{R_2}^{R_3}\boldsymbol{E}\cdot d\boldsymbol{l}+\int_{R_3}^{\infty}\boldsymbol{E}\cdot d\boldsymbol{l}$$

$$=\frac{q}{4\pi\varepsilon_0}\left(\frac{1}{r}-\frac{1}{R_2}\right)+\frac{Q+q}{4\pi\varepsilon_0 R_3},\quad R_1<r<R_2$$

当 $R_2<r<R_3$ 时，

$$V_3=\int_r^{\infty}\boldsymbol{E}\cdot d\boldsymbol{l}=\int_r^{R_3}\boldsymbol{E}\cdot d\boldsymbol{l}+\int_{R_3}^{\infty}\boldsymbol{E}\cdot d\boldsymbol{l}$$

$$=\frac{Q+q}{4\pi\varepsilon_0 R_3},\quad R_2<r<R_3$$

当 $r>R_3$ 时，

$$V_4=\int_r^{\infty}\boldsymbol{E}\cdot d\boldsymbol{l}=\frac{Q+q}{4\pi\varepsilon_0 r},\quad r>R_3$$

10.2 静电场中的电介质

10.1 节我们主要讨论了静电场中的导体对静电场的影响，这一节介绍电介质对静电场的影响。电介质(dielectric)是电阻率很高(常温下大于 $10^7\Omega\cdot m$)、导电能力极差的物质，故又称为**绝缘体**(insulator)。电介质与导体不同，从微观结构上来看，电介质不存在自由电子，分子中的电子被原子核紧紧束缚，即使在外电场作用下，电子一般也只能相对于原子核有一微观位移。因此，当电介质放在外电场中时，不会像导体那样由于大量自由电子的定向运动而在表面出现感应电荷。但是处在静电场中的电介质达到平衡后，其表面会出现极化电荷，这个现象称为电介质的**极化**(polarization)。下面我们来说明电介质与电场之间的相互作用。

10.2.1 电介质的电结构

从物质的微观结构来看，分子中带正电的原子核和分布在原子核外的电子系都在作复杂的热运动，但是在研究电介质的静电特性时，我们可以把电介质分成两类。一类是分子正、负电荷中心在无外电场时是重合的，如氦气(He)、甲烷(CH_4)(图 10-9)，以及聚苯乙烯

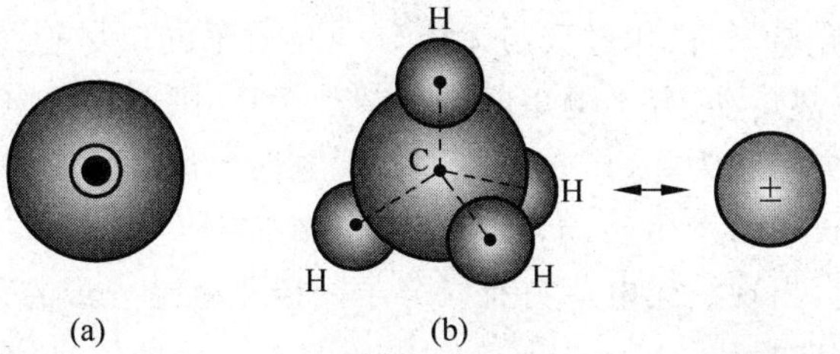

图 10-9 无极分子

(a) He；(b) CH_4

等,这种分子叫做**无极分子**(non-polar molecules);另一类是即使在外电场不存在时,分子的正、负电荷中心也是不重合的,这种分子相当于一个有着固有电偶极矩的电偶极子,所以这种分子叫做**有极分子**(polar molecules),例如氯化氢(HCl)、水蒸气(H_2O)、氨气(NH_3)以及一氧化碳(CO)等,如图 10-10 所示。

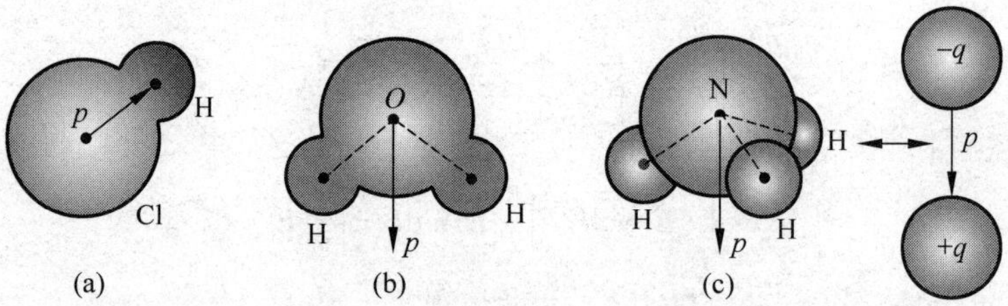

图 10-10 有极分子及其电偶极矩
(a) HCl;(b) H_2O;(c) NH_3

10.2.2 电介质的极化

1. 无极分子的位移极化

对于无极分子,单个分子的固有电矩 $p=0$,因此在无外电场时,整个电介质中分子的电矩的矢量和为零,如图 10-11(a)所示。但是当有外电场作用时,无极分子的正、负电荷的中心将在电场力的作用下发生相对位移,位移大小与电场强度大小有关,所以常称之为**位移极化**(displacement polarization),如图 10-11(b)所示。这样每个分子的电矩不再为零,而且都将沿着电场方向排列,这时在介质的端面上将出现**极化电荷**(polarization charge),如图 10-11(c)所示。极化电荷一般不能脱离介质,也不能在介质中自由移动,因此又称为束缚电荷。

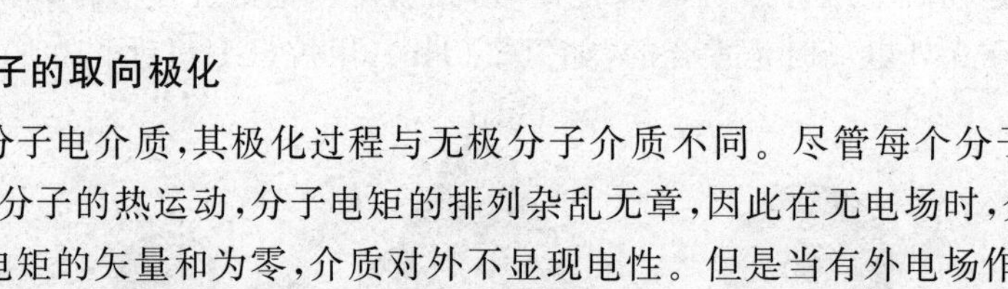

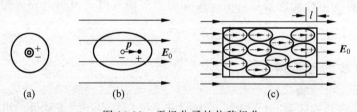

图 10-11 无极分子的位移极化

2. 有极分子的取向极化

对于有极分子电介质,其极化过程与无极分子介质不同。尽管每个分子都具有固有电矩,但由于大量分子的热运动,分子电矩的排列杂乱无章,因此在无电场时,介质中任一体积元中所有分子电矩的矢量和为零,介质对外不显现电性。但是当有外电场作用时,每个有极分子都将受到电场的作用而发生转动,使分子电矩转向外电场方向排列,如图 10-12 所示,这时在介质的表面也会出现极化电荷。有极分子的极化就是分子的等效电偶极子转向外电场的方向,所以称为**取向极化**(orientation polarization)。一般说来,分子在取向极化的同时还会产生位移极化,但是,对有极分子电介质来说,在静电场的作用下,取向极化的效应比位移极化的效应强得多。当外电场撤去后,由于分子的热运动,分子电矩的排列变得杂乱无

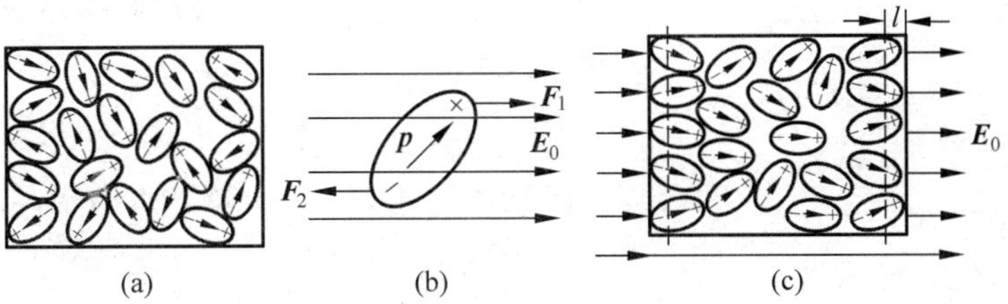

图 10-12　有极分子的取向极化

序,电介质恢复电中性。

从上面的分析可知,虽然两类电介质受外电场作用后的极化机制在微观上是不同的,但是产生的宏观效果却是相同的,即在电介质的表面出现了极化电荷。因此,后面在描述电介质的极化现象时就不必对这两种电介质加以区分了。由于介质表面极化电荷的出现,会产生一个附加电场 $\boldsymbol{E}'$,因此在电介质内部各处的电场强度 $\boldsymbol{E}$ 是外电场 $\boldsymbol{E}_0$ 与附加电场 $\boldsymbol{E}'$ 的矢量和,即

$$\boldsymbol{E}=\boldsymbol{E}_0+\boldsymbol{E}' \tag{10-2}$$

如果外电场很强,则电介质分子中的正、负电荷可能被拉开而变成自由电荷,这时电介质的绝缘性能被破坏,变成导体。在强电场作用下,电介质变成导体的现象称为电介质的击穿(breakdown)。空气的击穿电场强度约为 3kV/mm。

在潮湿的阴雨天里,高压输电线附近常可以看到淡蓝色辉光的放电现象,即电晕。这是因为,阴雨天大气中有很多水分子,长直输电线附近的电场是非均匀电场,有极水分子在非均匀电场作用下一方面固有电偶极矩(电矩)要转向外电场方向,一方面向输电线移动凝聚在输电线表面形成水滴,在重力和电场力的共同作用下,水滴的形状变长而出现尖端,带电水滴的尖端附近的电场强度特别大,从而使空气分子电离,以致形成电晕。

10.2.3　电极化强度

根据电介质的极化机制可知,如果在外电场中分子电偶极矩的有序排列越整齐,则电介质表面出现的极化电荷密度越大,这表明极化程度越强。在电介质中任取一体积元 ΔV,在没有外电场时,电介质未被极化,此小体积中所有分子的电偶极矩 $\boldsymbol{p}$ 的矢量和为零,即 $\sum\boldsymbol{p}=\boldsymbol{0}$。当外电场存在时,电介质将被极化,此小体积元中分子的电偶极矩 $\boldsymbol{p}$ 的矢量和将不为零,即 $\sum\boldsymbol{p}\neq\boldsymbol{0}$。外电场越强,分子电偶极矩的矢量和越大,因此我们用单位体积中分子电偶极矩的矢量和来表示电介质在外电场中的极化程度,有

$$\boldsymbol{P}=\frac{\sum\boldsymbol{p}}{\Delta V} \tag{10-3}$$

$\boldsymbol{P}$ 叫做**电极化强度**(electric polarization),单位是 $\mathrm{C\cdot m^{-2}}$。

极化电荷是由电介质极化产生的,因此电极化强度与极化电荷之间必定存在一定的关系。以无极分子为例,如图 10-13 所示,在均匀电介质中取一长为 l、底面积为 $\mathrm{d}\boldsymbol{S}$ 的柱体,其轴线与电极化强度 $\boldsymbol{P}$ 平行。设 $\boldsymbol{P}$ 的方向与面积元 $\mathrm{d}\boldsymbol{S}$ 方向的夹角为 θ,柱体两底面的极化电

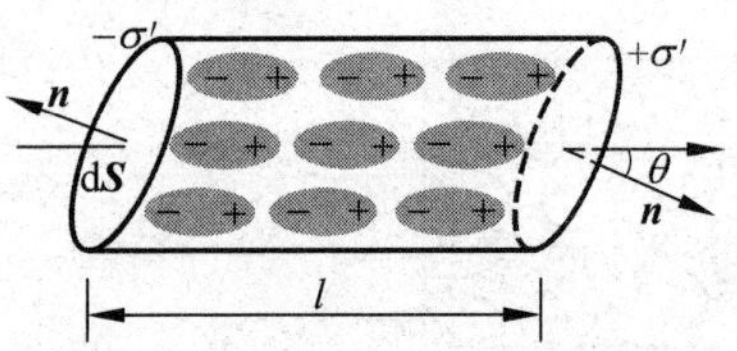

图 10-13　电极化强度与极化电荷面密度的关系

荷面密度分别为$+\sigma'$和$-\sigma'$，则柱体内分子电偶极矩的矢量和大小为

$$\sum p=\sigma'\mathrm{d}S\cdot l$$

因为斜柱体的体积 $\mathrm{d}V=\mathrm{d}S\cdot\cos\theta\cdot l$，所以电极化强度的大小为

$$P=\frac{\left|\sum p\right|}{\mathrm{d}V}=\frac{\sigma'\mathrm{d}S\cdot l}{\mathrm{d}S\cdot\cos\theta\cdot l}=\frac{\sigma'}{\cos\theta}$$

由此得到电极化电荷面密度与极化强度的关系为

$$\sigma'=P\cos\theta=P_{\mathrm{n}} \tag{10-4}$$

式(10-4)表明，均匀电介质表面上产生的电极化电荷面密度在数值上等于该处电极化强度 $\boldsymbol{P}$ 在表面法向上的分量，即 P_{n}。

10.2.4　电介质中的静电场

如图 10-14 所示，在两个无限大平行平板之间，放入均匀电介质，两板上的自由电荷面密度分别为$+\sigma_0$ 和$-\sigma_0$。在放入电介质以前，自由电荷在两板间激发的电场强度大小为 $E_0=\dfrac{\sigma_0}{\varepsilon_0}$。当两板间充满介质后，如果自由电荷面密度不变，则介质由于极化，会在垂直于电场强度 $\boldsymbol{E}_0$ 的表面上分别出现正、负极化电荷。设其极化电荷面密度分别为$+\sigma'$和$-\sigma'$，极化电荷建立的电场强度大小为 $E'=\dfrac{\sigma'}{\varepsilon_0}$。从图 10-14 中可以看出，电介质中的合电场强度为

$$\boldsymbol{E}=\boldsymbol{E}_0+\boldsymbol{E}'$$

由于在电介质中，自由电荷的电场与极化电荷的电场方向总是相反，所以在电介质中的合电场强度 $\boldsymbol{E}$ 会小于原有的电场强度 $\boldsymbol{E}_0$。

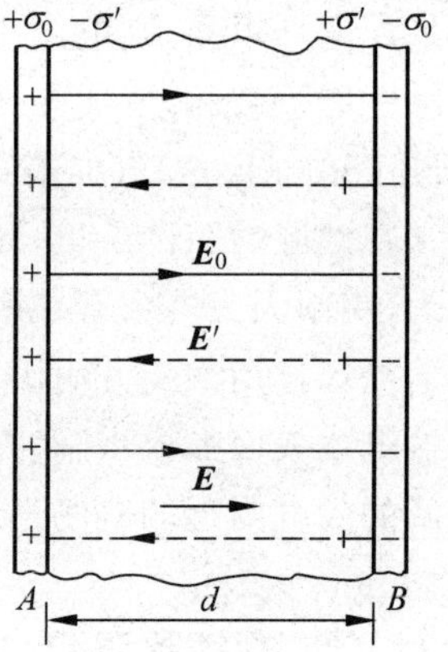

图 10-14　电介质中的电场强度

两板间电介质中的合电场强度的大小为

$$E=E_0-E'=\frac{\sigma_0}{\varepsilon_0}-\frac{\sigma'}{\varepsilon_0} \tag{10-5}$$

式中，极化电荷面密度为$\sigma'=P$。而对于大多数常见的电介质，实验指出，电极化强度 $\boldsymbol{P}$ 与作用于介质内部的合电场强度 $\boldsymbol{E}$ 成正比，并且两者方向相同，可表示为

$$\boldsymbol{P}=\chi_{\mathrm{e}}\varepsilon_0\boldsymbol{E} \tag{10-6}$$

式中，χ_{e} 称为电介质的**电极化率**(polarizability)，它与电场强度 $\boldsymbol{E}$ 无关，只与电介质的种类有关，用来表征介质材料的一种属性。对于各向同性的均匀电介质，χ_{e} 是个常量。

根据$\sigma'=P$，将式(10-6)代入式(10-5)，可得

$$E=E_0-\frac{P}{\varepsilon_0}=E_0-\chi_{\mathrm{e}}E$$

$$E=\frac{E_0}{1+\chi_{\mathrm{e}}}=\frac{E_0}{\varepsilon_{\mathrm{r}}} \tag{10-7}$$

式中，$\varepsilon_r=1+\chi_e$，ε_r 称为电介质的**相对介电常数**(relative dielectric constant)(又称为相对电容率)。又令 $\varepsilon=\varepsilon_r\varepsilon_0$，则 ε 称为电介质的**介电常量**(又称为电容率)。

阅读材料

家用微波炉就是利用电介质分子在高频电场中反复极化而相互摩擦产生热能对食物加热的炊具。微波加热(microwave heating)是一种依靠物体吸收微波能将其转换成热能，使自身整体同时升温的加热方式，其完全区别于其他常规加热方式。放在微波炉中的食物，一般都含有水分。水分子是有极分子，当水分子遇上电场时，会发生转向极化。当炉内的搅拌器让电场转动起来，会带着水分子一起振荡。电场转动起来，就会形成电磁波，而电磁波携带着能量。由于微波电场的转动频率恰好与水分子的本征频率一致，因此水分子的转动始终会被转动的电场加速，从而不断获得能量，这就是通常所说的"共振"现象。"共振"过程中，水分子振荡得越来越剧烈，能量越来越高，水温也就升高了。食物中的很多分子是和水分子相似的有极分子，同样也被微波加热了。同样是电磁波，可见光为什么不能加热食物呢？这是因为可见光的振荡频率比水分子的本征频率快得多，达不到"共振"的程度，食物吸收的光能量很少。

众所周知，微波炉里面不可放金属材料，原因是微波照射到金属表面几乎被全部反射，亦即对金属不起作用，这和光波很相似，光波照射到镜面也会被全部反射。在微波炉中加热时，微波遇到"金钟罩"就被反射了。而真正危险的是，在强大的微波作用下，金属中的自由电子快速移动，产生的电弧会击坏微波炉内壁，毁坏微波炉中的电子元器件，甚至把微波炉烧毁。所以在微波炉内使用金属器皿绝对不是一个好主意。但若微波作用于非金属的介电体，由介电体特性所决定，微波将被吸收、渗透，从而产生高频电场和磁场。

10.3　有介质时的高斯定理

当静电场中有电介质时，由于电介质的极化将引起周围电场的重新分布，这时空间任意一点的电场将由自由电荷和极化电荷共同产生，因此高斯定理中封闭曲面所包围的电荷不仅仅是自由电荷，还有极化电荷，即

$$\oint_S \boldsymbol{E}\cdot \mathrm{d}\boldsymbol{S}=\frac{1}{\varepsilon_0}\left(\sum q_0+\sum q'\right) \tag{10-8}$$

式中，$\sum q_0$ 和 $\sum q'$ 分别为封闭曲面 S 所包围的自由电荷和极化电荷的代数和。电场强度 $\boldsymbol{E}$ 则是空间所有电荷激发的电场强度的矢量和。

由于介质中的极化电荷难以测定，所以即使电场分布满足对称性要求，仍很难由式(10-8)求解出电场强度 $\boldsymbol{E}$。我们仍以平行带电平板间充满均匀介质为例进行讨论。两板上自由电荷面密度分别为 $+\sigma_0$ 和 $-\sigma_0$，如图 10-15 所示，其极化电荷面密度分别为 $+\sigma'$ 和 $-\sigma'$。取一闭合的圆柱面作为高斯面，圆柱面的上下底面与板平行，上底面 S_1 在导体板内，下底面 S_2 紧邻电介质的上表面。由高斯定理可得

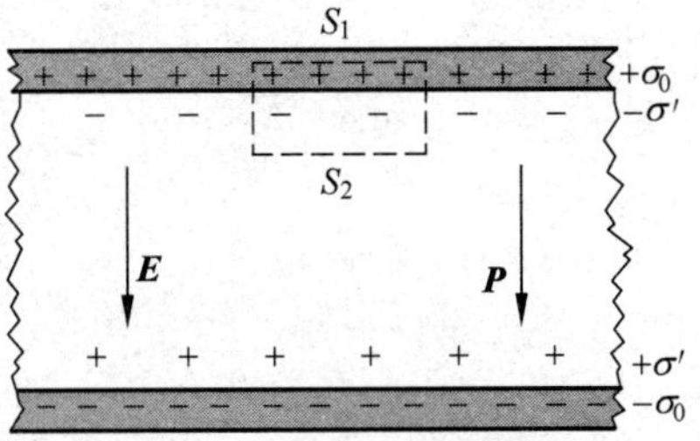

图 10-15　有介质的高斯定理

$$\oint_S \boldsymbol{E} \cdot \mathrm{d}\boldsymbol{S} = \frac{1}{\varepsilon_0}(\sigma_0 S_1 - \sigma' S_2) \tag{10-9}$$

因 $\sigma' = P_n$,故电极化强度 $\boldsymbol{P}$ 对整个高斯面的积分为

$$\oint_S \boldsymbol{P} \cdot \mathrm{d}\boldsymbol{S} = \int_{S_2} \boldsymbol{P} \cdot \mathrm{d}\boldsymbol{S} = PS_2 = \sigma' S_2$$

代入式(10-9)可得

$$\oint_S \boldsymbol{E} \cdot \mathrm{d}\boldsymbol{S} = \frac{1}{\varepsilon_0}\left(\sigma_0 S_1 - \oint_S \boldsymbol{P} \cdot \mathrm{d}\boldsymbol{S}\right)$$

用 $q_0 = \sigma_0 S_1$ 表示高斯面内的自由电荷,则上式可化为

$$\oint_S (\varepsilon_0 \boldsymbol{E} + \boldsymbol{P}) \cdot \mathrm{d}\boldsymbol{S} = q_0$$

令 $\boldsymbol{D} = \varepsilon_0 \boldsymbol{E} + \boldsymbol{P}$,$\boldsymbol{D}$ 称为**电位移矢量**,有时简称为电位移(electric displacement),代入上式可得

$$\oint_S \boldsymbol{D} \cdot \mathrm{d}\boldsymbol{S} = q_0 \tag{10-10}$$

式(10-10)虽然是从特例中推出的结果,但它是普遍适用的,即为**有电介质时的高斯定理**表达式。它可表述为:**通过任意封闭曲面的电位移通量等于该封闭曲面内所包围的自由电荷的代数和。**

对于各向同性的均匀电介质,因为 $\boldsymbol{P} = \chi_e \varepsilon_0 \boldsymbol{E}$,所以有

$$\boldsymbol{D} = \varepsilon_0 \boldsymbol{E} + \boldsymbol{P} = (1 + \chi_e)\varepsilon_0 \boldsymbol{E} = \varepsilon_r \varepsilon_0 \boldsymbol{E} = \varepsilon \boldsymbol{E} \tag{10-11}$$

式(10-11)说明了电位移矢量 $\boldsymbol{D}$ 与电场强度 $\boldsymbol{E}$ 的简单关系。

为了形象化地描述电位移矢量 $\boldsymbol{D}$,我们可以仿照电场线的方法在电介质中引入电位移线。由式(10-10)可以看出,电位移线是从正的自由电荷出发,终止于负的自由电荷,这与电场线不同,电场线可以起始于自由电荷、极化电荷,终止于负的自由电荷或极化电荷。

引入电位移矢量的优点在于,计算通过一个闭合面的电位移通量时不需要考虑极化电荷的分布,根据自由电荷分布计算出电位移矢量后,再根据式(10-11)就可以计算有介质时的电场强度,使问题得到简化处理。电位移矢量 $\boldsymbol{D}$ 没有明显的物理意义,只是一个辅助物理量。描写静电场性质的物理量仍是电场强度和电势。

例 10-2 一半径为 R 的导体球带有电荷 Q,其周围充满无限大的均匀电介质,电介质的相对电容率为 ε_r。求导体球外任一点 P 处的电场强度。

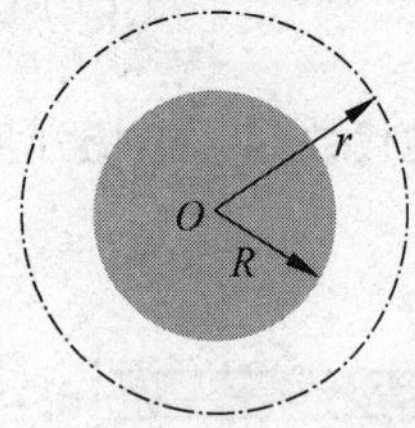

图 10-16 例 10-2 用图

解 导体球带有的电荷所激发的电场是球对称的,电介质又以球体球心为中心对称分布,由此可知电场分布必具有球对称性,所以可以用有介质的高斯定理来计算球外 P 点的电场强度。如图 10-16 所示,过 P 点作以 r 为半径,并与导体球同心的闭合球面 S 为高斯面。由有介质时的高斯定理知

$$\oint_S \boldsymbol{D} \cdot \mathrm{d}\boldsymbol{S} = D 4\pi r^2 = Q$$

因此可得

$$D = \frac{Q}{4\pi r^2}$$

由式(10-11)可得

$$E=\frac{D}{\varepsilon_0\varepsilon_r}=\frac{Q}{4\varepsilon_0\varepsilon_r\pi r^2}$$

电场强度的方向沿着径向向外。带电导体球周围充满无限大的均匀电介质后，其电场强度减弱到真空时的$\frac{1}{\varepsilon_r}$。

例 10-3　在一对无限大均匀带电导体板 A，B 之间充满相对电容率为 ε_r 的电介质，已知两导体板上的自由电荷面密度分别为$+\sigma$，$-\sigma$，两板间的距离为 d，求两板间的电场强度和电势差。

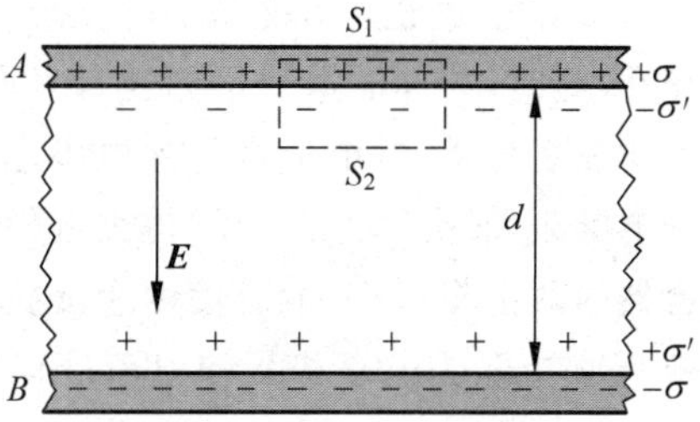

图 10-17　例 10-3 用图

解　无限大均匀带电导体板间的电场为均匀电场，如图 10-17 所示，作一个底面积为 S 的圆柱形高斯面，其上底面 S_1 在导体板内部，下底面 S_2 在均匀电介质中，且 $S_1=S_2=S$，则由有电介质时的高斯定理可得

$$\oint_S \boldsymbol{D}\cdot d\boldsymbol{S}=DS=\sigma S,$$

因此可得

$$D=\sigma,\quad E=\frac{D}{\varepsilon_0\varepsilon_r}=\frac{\sigma}{\varepsilon_0\varepsilon_r}$$

两导体板间的电势差为

$$V_A-V_B=\int_A^B \boldsymbol{E}\cdot d\boldsymbol{l}=\frac{\sigma d}{\varepsilon_0\varepsilon_r}$$

10.4　电容　电容器

10.4.1　孤立导体的电容

真空中，带有电荷量 q 的孤立导体静电平衡时，其电势大小正比于电荷量 q 的大小。当导体电荷增加时，其电势也会增加。从理论和实验可知，一个孤立导体的电势 V 与它所带的电荷量 q 成线性关系。因此，导体的电势 V 与它所带的电荷量 q 之间的关系可以写成

$$C=\frac{q}{V} \tag{10-12}$$

式中，C 称为孤立导体的**电容**(capacity)。在国际单位制中，电容的单位为库仑每伏特，称为法拉，用符号 F 表示。在实际应用中，法拉的单位太大，常用微法(μF)、皮法(pF)等作为电容的单位，它们之间的关系为

$$1\text{F}=10^6\mu\text{F}=10^{12}\text{pF}$$

例如，在真空中有一半径为 R 的孤立导体球面，当它带有电荷量 q 时，电势 $V=\frac{q}{4\pi\varepsilon_0 R}$，因此可求得它的电容大小为

$$C=\frac{q}{V}=4\pi\varepsilon_0 R$$

可以看出，孤立导体球面的电容取决于导体的几何形状和大小，与导体是否带电无关。电容是表征导体储电能力的物理量。

10.4.2 电容器

孤立导体是很难实现的一种理想情况。实际上，在一个带电导体附近，总会有其他的物体存在，此时，导体的电势不但与自身所带的电荷有关，还取决于周围带电体的情况。因此对于非孤立导体，其电荷量与其电势之比不再是线性关系。为了消除其他导体的影响，可采用静电屏蔽的原理，用两个靠得很近的导体 A，B 构成**电容器**(capacitor)。两个导体分别为电容器的两个极板，一般总使两个极板带等量异种电荷。电容器的电容定义为电容器一个极板所带电荷量 q（正极板的电荷量）与两极板之间的电势差 V_{AB} 之比，即

$$C=\frac{q}{V_{AB}} \tag{10-13}$$

因电容器两个极板靠得很近，虽然它们各自的电势 V_A 和 V_B 与外界的导体有关，但是它们的电势差却不受外界影响，且正比于极板所带的电荷量 q，因此电容器的电容不受外界影响。电容器的电容大小只取决于两极板的大小、形状、相对位置，以及极板间的电介质，与极板上是否带有电荷或带电多少无关。当电容器充电后，极板间就有一定的电场强度，电压越大，电场强度也越大。当电场强度增大到某一最大值 E_b 时，极板间电介质中的分子发生电离，从而使得电介质失去绝缘性，这时我们就说电介质被击穿了。电介质能承受的最大电场强度 E_b 称为电介质的击穿场强，此时两极板的电压称为击穿电压 U_b。

电容器是现代电工技术中的重要元件，其种类繁多，规格不一。随着纳米材料的发展，目前已经出现几十微米级的电容器，电容器的大型化也日趋成熟，利用高功率电容器已获得高强度的脉冲激光束，为实现人工控制热核聚变的良好前景提供了条件。按极板间所充的电介质进行分类，有空气电容器、云母电容器、陶瓷电容器等。按电容器型式进行分类，有固定电容器、可变电容器和微调电容器等。不同电容器的用途各不相同，但是它们的结构都是基本相同的。

计算电容器的电容时，我们一般先假定极板带电，然后求出两带电极板间的电场强度，根据电场强度与电势差的关系求出两极板的电势差，最后由式(10-13)求出电容大小。

例 10-4 平行板电容器的电容如图 10-18 所示。平行板电容器是由两个彼此靠得很近的平行极板 A，B 所组成的，设两极板面积均为 S，极板间距离为 d，且两极板间充满了相对电容率为 ε_r 的电介质。求其电容大小。

解 设两极板带等量异种电荷，电荷面密度分别为 $+\sigma$ 和 $-\sigma$，两极板间为均匀电场，由有电介质时的高斯定理可得两极板间的电位移和电场强度分别为

$$D=\sigma$$

$$E=\frac{D}{\varepsilon_0\varepsilon_r}=\frac{\sigma}{\varepsilon_0\varepsilon_r}$$

两极板间的电势差为

$$V_{AB}=Ed=\frac{\sigma}{\varepsilon_0\varepsilon_r}d$$

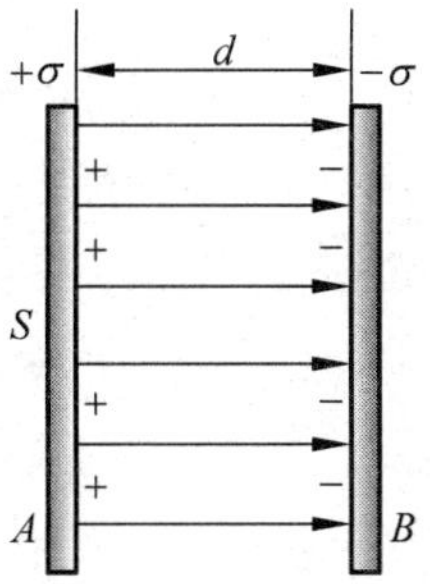

图 10-18　平行板电容器

因为 $\sigma=\dfrac{q}{S}$，所以电容为

$$C=\frac{q}{V_{AB}}=\frac{\varepsilon_0\varepsilon_r S}{d}$$

从上式可见，平行板电容器与极板的面积成正比，与两极板间的距离成反比。电容 C 的大小与电容器是否带电无关，只与电容器本身的结构和形状有关。

例 10-5　圆柱形电容器的电容

如图 10-19 所示。已知圆柱形电容器是由内、外半径分别为 R_A 和 R_B 的两个同轴金属圆筒构成，圆筒的高度 L 比半径 R_B 大得多，两筒之间充满相对电容率为 ε_r 的电介质。求其电容大小。

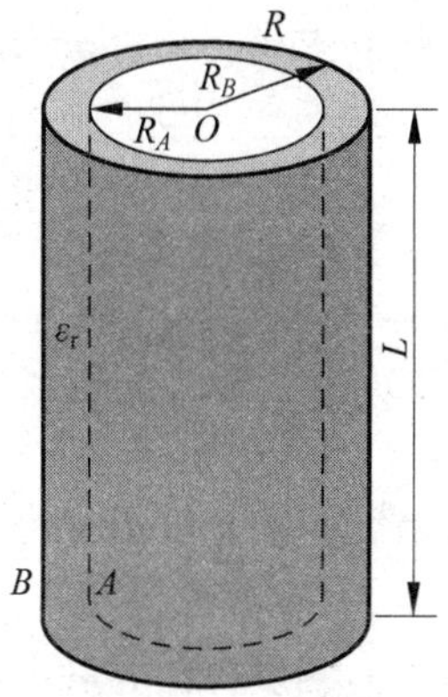

图 10-19　圆柱形电容器

解　当 $L \gg (R_B-R_A)$时，圆柱边缘处的电场不均匀性的影响可以忽略。设内圆柱面带有电荷量 $+q$ 的电荷，外圆柱面带有电荷量 $-q$ 的电荷，此时圆柱面上单位长度的电荷量为 $\lambda=q/L$。根据电场分布的柱对称性，由高斯定理可求出两圆柱面之间的电场强度为

$$E=\frac{\lambda}{2\pi\varepsilon_0\varepsilon_r r}=\frac{q}{2\pi\varepsilon_0\varepsilon_r rL}$$

设内、外圆柱面的电势分别为 V_A 和 V_B，则两圆柱面间的电势差为

$$V_A-V_B=\int_{R_A}^{R_B}\frac{q}{2\pi\varepsilon_0\varepsilon_r rL}\mathrm{d}r=\frac{q}{2\pi\varepsilon_0\varepsilon_r L}\ln\frac{R_B}{R_A}$$

根据电容器电容的定义式可得

$$C=\frac{q}{V_{AB}}=\frac{2\pi\varepsilon_0\varepsilon_r L}{\ln\dfrac{R_B}{R_A}}$$

10.4.3　电容器的串联和并联

在实际应用中，常会遇到已有电容器的电容不能满足电路使用中的要求，这时，常把若干个电容器适当地连接起来构成一个电容器组。电容器的基本连接方式有串联和并联两种。下面我们分别讨论这两种连接方法的等效电容计算。

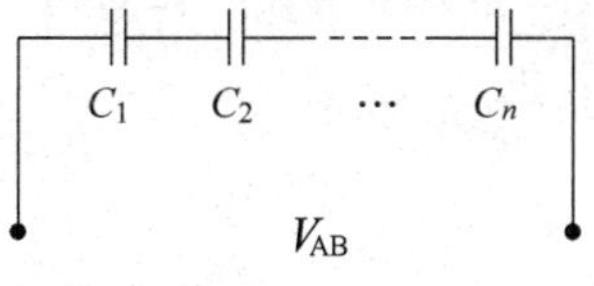

图 10-20　电容器的串联

1. 电容器的串联

如图 10-20 所示，n 个电容器串联起来，设它们的电容分别为 $C_1,C_2,\cdots,C_n$，组合后的等效电容为 C。当充电后，由于静电感应，每个电容器的两个极板上都带有等量异种的电荷 $+q$ 和 $-q$。这时，每个电容器的两个极板间的电势差 V_1，$V_2,\cdots,V_n$ 分别为

$$V_1=\frac{q}{C_1},\quad V_2=\frac{q}{C_2},\quad \cdots,\quad V_n=\frac{q}{C_n}$$

组合电容器的总电势差为

$$V=V_1+V_2+\cdots+V_n=q\left(\frac{1}{C_1}+\frac{1}{C_2}+\cdots+\frac{1}{C_n}\right)$$

因此组合电容器的电容为

$$\frac{1}{C}=\frac{V}{q}=\frac{1}{C_1}+\frac{1}{C_2}+\cdots+\frac{1}{C_n}=\sum_i\frac{1}{C_i} \tag{10-14}$$

即**串联电容器的等效电容的倒数等于每个电容器电容的倒数之和**。

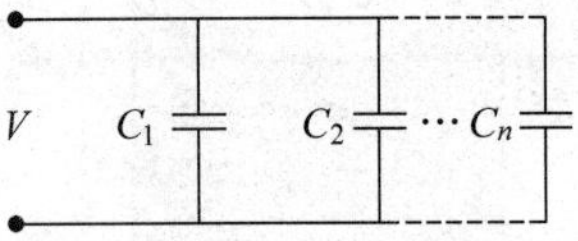

图 10-21　电容器的并联

2. 电容器的并联

如图 10-21 所示，n 个电容器并联起来。充电后，每对电容器的两个极板间的电势差相等。设电容器 $C_1,C_2,\cdots,C_n$ 极板上的电荷量分别为 $q_1,q_2,\cdots,q_n$，则

$$q_1=C_1V,\quad q_2=C_2V,\quad \cdots,\quad q_n=C_nV$$

组合电容器的总电荷量为

$$q=q_1+q_2+\cdots+q_n=(C_1+C_2+\cdots+C_n)V$$

由此我们可以得出并联电容器的等效电容为

$$C=\frac{q}{V}=C_1+C_2+\cdots+C_n \tag{10-15}$$

即**并联电容器的等效电容等于各个电容器的电容之和**。

由上述讨论可以看出，几个电容器并联可获得较大的电容值，但并联后的电容器极板间所能承受的电势差和单独使用时一样；几个电容器串联时电容值较小，但每个电容器极板间所承受的电势差小于总电势差。在实际应用中可根据电路的需要采取并联、串联或它们的组合。

例 10-6　一平行板电容器的底面积为 S，板间距离为 d，充以相对电容率分别为 ε_{r1} 和 ε_{r2} 两种不同的均匀介质，每种介质各占一半体积，如图 10-22 所示。求其电容大小。

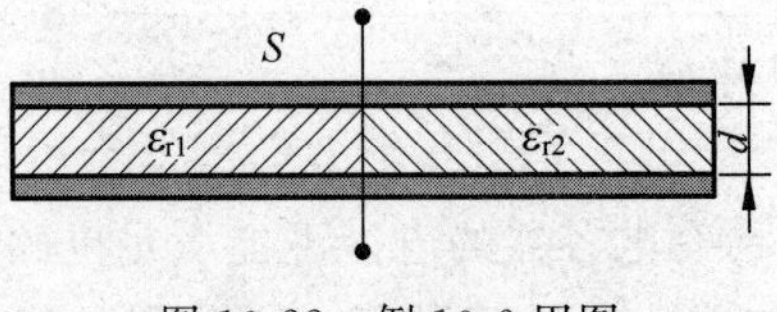

图 10-22　例 10-6 用图

解　图 10-22 可以看成是左右两个不同电容器的并联，设其电容分别为 C_1 和 C_2。根据例 10-4 中平行板电容器的电容大小计算公式可知

$$C_1=\frac{\varepsilon_0\varepsilon_{r1}\frac{1}{2}S}{d},\quad C_2=\frac{\varepsilon_0\varepsilon_{r2}\frac{1}{2}S}{d}$$

由式(10-15)可得

$$C=C_1+C_2=\frac{1}{2}\frac{\varepsilon_0\varepsilon_{r1}S}{d}+\frac{1}{2}\frac{\varepsilon_0\varepsilon_{r2}S}{d}=\frac{\varepsilon_0 S}{2d}(\varepsilon_{r1}+\varepsilon_{r2})$$

阅读材料

电容式触摸屏

触摸屏常见的三大主要种类是：电阻技术触摸屏、表面声波技术触摸屏、电容技术触摸屏等。电容式触摸屏技术是利用人体的电流感应进行工作的。电容式触摸屏是一块四层复合玻璃屏，玻璃屏的内表面和夹层各涂有一层氧化铟锡(ITO)，最外层是一薄层稀土玻璃保护层，夹层ITO涂层作为工作面，四个角上引出四个电极，内层ITO为屏蔽层，以保证良好的工作环境，如图10-23所示。当手指触摸在金属层上时，由于人体电场，用户和触摸屏表面形成一个耦合电容，对于高频电流来说，电容是直接导体，于是手指从接触点吸走一个很小的电流。这个电流分别从触摸屏的四个角上的电极中流出，并且流经这四个电极的电流与手指到四个角的距离成正比，控制器通过对这四个电流比例的精确计算，得出触摸点的位置。其可以达到99%的精确度，具备小于3ms的响应速度。

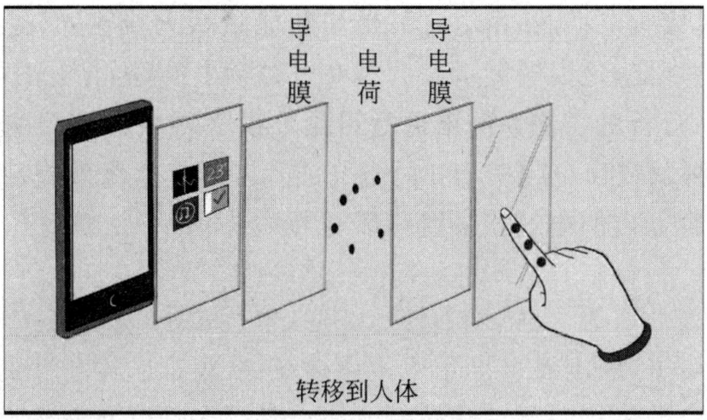

图10-23　电容式触摸屏

10.5　静电场的能量　能量密度

在静电场中引入电荷，因电场力的作用，电荷会不断加速运动，能量逐渐增加，电荷的能量显然是由电场力做功所致。因此，电场具有一定的能量。电容器放电时，常常伴随着光、热、声等现象的产生，这就是电容器的电场能转换为其他形式能量的结果。下面我们以电容器的充电过程来讨论静电场的能量和能量密度。

10.5.1　电容器的电能

如图10-24所示，有一电容为C的平行板电容器正处于充电过程中，设在某一时刻两极板上的电荷量分别为$+q$和$-q$，两极板间的电势差为U，此时若再把电荷元$+\mathrm{d}q$从负极板B移动到正极板A上时，外力需克服静电力而做的元功为

$$\mathrm{d}W = U\mathrm{d}q = \frac{q}{C}\mathrm{d}q$$

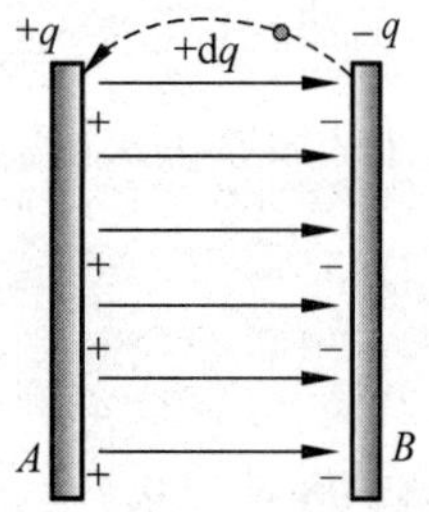

图 10-24　电容的充电过程

因此，电容器从不带电到带有电荷量 Q 的过程中，外力所做的总功为

$$W=\int \mathrm{d}W=\int_0^Q \frac{q}{C}\mathrm{d}q=\frac{Q^2}{2C}$$

根据能量守恒定律，外力所做的功等于该电容器的静电能。利用 $Q=CU$，电容器所带的静电能可化为

$$W_e=\frac{Q^2}{2C}=\frac{1}{2}CU^2=\frac{1}{2}QU \tag{10-16}$$

上述结论是我们从平行板电容器得出的。不管电容器的结构如何，这一结果对任何电容器都是正确的。电容器充电的过程就是外力不断克服静电力做功的过程，它把非静电能转换为电容器的电能。

10.5.2　静电场的能量及能量密度计算

上面我们说明了在电容器带电过程中如何从外界获取能量，那么这些能量是如何分布的呢？当我们用手机接听电话时，由电磁波带来的能量从天线输入，经过电子线路的放大，再转化为听筒发出的声能，这说明能量是分布在电磁场中的，因此电磁场是能量的携带者。

现在仍以上述平行板电容器为例来进行讨论。设平行板电容器的极板面积为 S，两极板间的距离为 d，极板间充满电容率为 ε 的电介质。若不计边缘效应，则电场所占据的空间体积为 Sd，于是，电容器内的电场能量也可以写为

$$W_e=\frac{1}{2}CU^2=\frac{1}{2}\frac{\varepsilon S}{d}(Ed)^2=\frac{1}{2}\varepsilon E^2 Sd=\frac{1}{2}\varepsilon E^2 V \tag{10-17}$$

式中，$V=Sd$。由此可见，静电能可以用电场强度 E 来表征。由于平行板电容器内部的电场是均匀分布的，所以两极板间所存储的静电能也是均匀分布的。电场中单位体积内的能量称为**能量密度**(energy density)，用符号 w_e 来表示。由式(10-17)可得，平行板电容器间的电场能量密度为

$$w_e=\frac{W_e}{V}=\frac{1}{2}\varepsilon E^2=\frac{1}{2}DE \tag{10-18}$$

能量密度的单位为 $\mathrm{J/m^3}$。式(10-18)表明，电场的能量密度与电场强度的二次方成正比，电场强度越大的区域，其电场的能量密度也越大。上述电场能量密度的结果是从平行板电容器均匀电场的特例中导出的，一般情况下，在非均匀电场和变化的电磁场中也可以证明它的正确性。

例 10-7　现有一带电导体球面，半径为 R，带电荷量为 Q，放在真空中。求导体球面在空间所激发的电场的总能量。

解　均匀带电球壳周围的电场具有球对称性，可以用高斯定理求得球面内外的电场强度分别为

$$E=0,\quad r<R;\quad E=\frac{Q}{4\pi\varepsilon_0 r^2},\quad r>R$$

因此电场只分布在球面的外部，并具有球对称性。取半径为 $r(r>R)$、厚度为 $\mathrm{d}r$ 的球壳，其体积元的大小为 $\mathrm{d}V=4\pi r^2\mathrm{d}r$，如图 10-25 所示，球壳内的能量密度为

$$w_e = \frac{1}{2}\varepsilon_0\left(\frac{Q}{4\pi\varepsilon_0 r^2}\right)^2$$

因此带电球面外的总电场能量为

$$W_e = \int_V w_e \mathrm{d}V = \int_R^\infty \frac{1}{2}\varepsilon_0\left(\frac{Q}{4\pi\varepsilon_0 r^2}\right)^2 4\pi r^2 \mathrm{d}r$$

$$= \frac{Q^2}{8\pi\varepsilon_0}\int_R^\infty \frac{1}{r^2}\mathrm{d}r = \frac{Q^2}{8\pi\varepsilon_0 R}$$

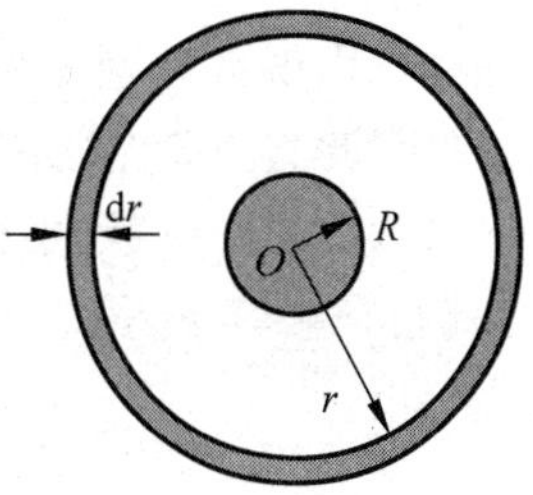

图 10-25 例 10-7 用图

习 题

10-1 有一个绝缘的金属筒，上面开一个小孔，通过小孔放入一个用细线悬挂的带正电的小球。试讨论：下列各种情形下，金属筒外壁带何种电荷？

(1)小球与筒的内壁不接触；(2)小球与筒的内壁接触；(3)小球不与筒接触，但实验者用手接触一下筒的外壁，松开手后再把小球移出筒外。

10-2 将一个带电小金属球与一个不带电的大金属球相接触，小金属球上的电荷会全部转移到大金属球上去吗？为什么？

10-3 为什么高压电器设备上金属部件的表面要尽可能不带棱角？

10-4 在高压电器设备周围，通常围上一个接地的金属栅网，以保证栅网外的人身安全，试说明其道理。

10-5 如图所示，点电荷 q 处在导体球壳的中心，球壳的内、外半径分别为 R_1 和 R_2。求球壳的电场强度和电势分布，并画出 E-r 和 V-r 曲线。

10-6 如图所示，半径为 R_1 的导体球带有电荷 q，球外有一个内、外半径分别为 R_2，R_3 的同心导体球壳，球壳上带有电荷量 Q。则：(1)导体球和球壳的电势 V_1 和 V_2 分别是多少？(2)用导线把两球连接在一起后，V_1 和 V_2 分别是多少？(3)若外球接地，V_1 和 V_2 分别是多少？

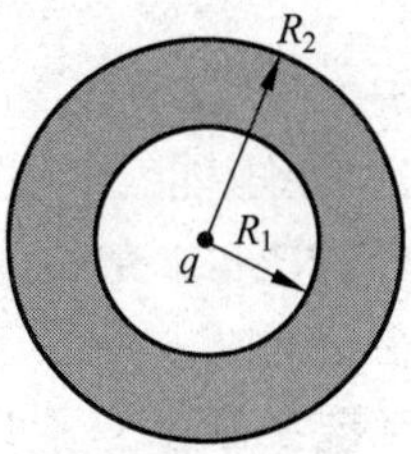

习题 10-5 图

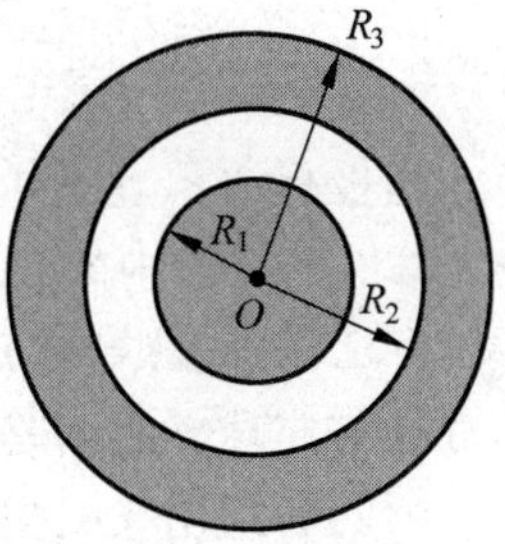

习题 10-6 图

10-7 半径为 R_1 的导体球 A 带有电荷量 Q，把一个原来不带电的、半径为 $R_2(R_2 > R_1)$ 的薄金属球壳 B 同心地罩在球 A 外面，然后把球 A 和球壳 B 用金属线连接起来，求区域 $R_1 < r < R_2$ 中的电势大小。

10-8 如图所示，三块平行的金属板 A，B，C 的面积均为 200cm^2，A，B 间相距

4.0mm，A，C 间相距 2.0mm，B 和 C 两板都接地。如果使 A 板带正电 3.0×10^{-7}C。求：(1)B，C 板上的感应电荷；(2)A 板的电势。

10-9 如图所示，半径为 R 的导体球带有电荷 Q，导体外有一层厚度为 d 的均匀电介质，其相对电容率为 ε_r。求：(1)导体球的电位移和电场强度分布；(2)导体球的电势分布。

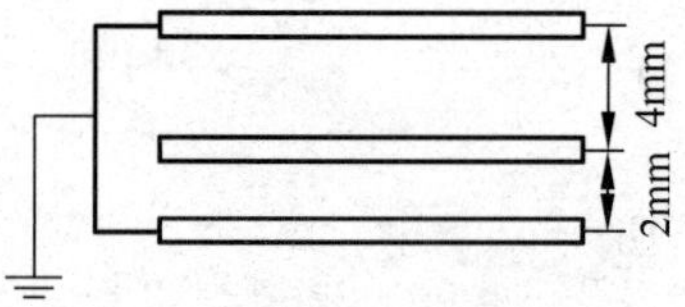

习题 10-8 图

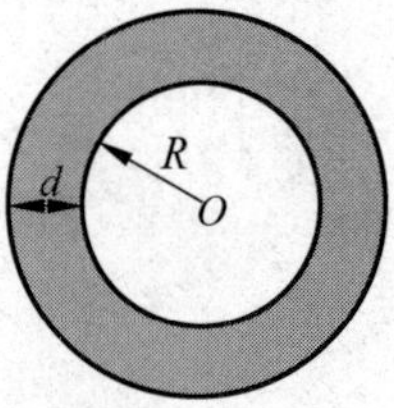

习题 10-9 图

10-10 电容式键盘的每一个键下面连接一小块金属片，金属片与底板上的另一块金属片间保持一定的空气间隙，构成一小电容器。当按下按键时电容发生变化，通过与之相连的电子线路向计算机发出该键对应的代码信号。设金属片的面积为 50.0mm^2，两金属片之间的距离是 0.60mm。(1)求电容器的电容；(2)如电路能检测出的最小电容变化量是 0.25pF，则按键需要按下多大距离才能给出必要的信号。

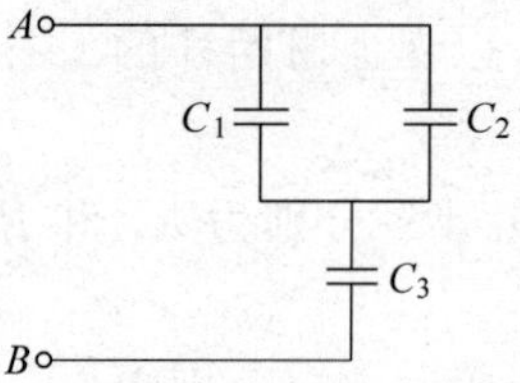

习题 10-11 图

10-11 如图所示，$C_1=10\mu\text{F}$，$C_2=5\mu\text{F}$，$C_3=5\mu\text{F}$。(1)求 A，B 间的电容；(2)若在 A，B 间加上 100V 的电压，求 C_2 上的电荷量和电压。

10-12 平行板电容器两极板间的距离为 d，保持两极板上的电荷不变，把相对电容率为 ε_r、厚度为 $\delta(\delta<d)$ 的玻璃板插入两极板间，求无玻璃板时和插入玻璃板后两极板间的电势差之比。

10-13 设一个平行板电容器，两极板的面积均为 S，相距为 d，今将一个厚度为 t 的铜板平行地插入电容器两极板间，计算此时电容器的电容，说明铜板与极板之间的距离对这一结果有无影响？

10-14 一平行板电容器有两层电介质，其相对电容率 $\varepsilon_{r1}=4$，$\varepsilon_{r2}=2$，厚度分别为 $d_1=2.0\text{mm}$，$d_2=3.0\text{mm}$，极板面积 $S=40\text{cm}^2$，加上 200V 的电压时，求：(1)每层电介质中的电场能量密度；(2)每层电介质中的总电场能；(3)电容器的总电能。

10-15 一半径为 2.0cm 的导体球，外套同心的导体球壳，球壳的内、外半径分别为 4.0cm 和 5.0cm，导体球与球壳之间是空气，当内球的电荷量为 3.0×10^{-8}C 时，(1)这个系统储存了多少电能？(2)如果用导线把壳与球连在一起，系统又储存了多少电能？

第11章

恒定磁场

磁现象的应用在我们生活当中随处可见，如我们每天要用来存储数据的计算机硬盘、加热食物的微波炉、手机接收的无线电信息等。人们对磁现象的认识比电现象要早得多，据史料记载，公元前600年，人们就发现了磁石吸铁的现象。在历史上，很长一段时间里，磁学和电学的研究一直是独立进行的，直到1820年，丹麦科学家奥斯特发现电流的磁效应，将电和磁关联起来，电磁理论才得以快速发展。实际上，一切磁现象从本质上讲都与运动的电荷有关。本章将详细介绍磁现象的规律和性质，主要内容有：恒定电流及电流密度，电源电动势；描述磁场的物理量——磁感应强度 $\boldsymbol{B}$；计算电流激发的磁感应强度的毕奥-萨伐尔定律；磁场的高斯定理和安培环路定理；磁场对电荷和电流的作用力——洛伦兹力，安培力；磁场中的介质等。

11.1 恒定电流 电动势

11.1.1 电流 电流密度

静电场中的导体由于静电感应，导体上的电荷将重新分布，使其内部的电场强度处处为零，不能驱使电荷继续运动。但是，如果在导体两端加上电势差(即电压)后，就可以使导体内部出现电场，导体内部就会形成大量电荷的定向移动，我们把大量电荷的定向移动称为电流(electric current)。因此，要形成电流需要满足两个条件：①导体内有大量可以自由移动的电荷；②导体中要维持一定的电场。一般说来，电荷的携带者可以是自由电子、质子、正负离子，这些带电粒子亦称为**载流子**(carrier)。由载流子定向运动而形成的电流称为**传导电流**(conduction current)；而带电物体作机械运动时形成的电流叫做**运流电流**(convection current)。

在金属导体内，载流子是自由电子，它作定向移动的方向是由低电势到高电势。我们习惯上规定正电荷从高电势向低电势移动的方向为电流的方向。电流的方向与负电荷移动的方向恰好相反。

电流用符号 I 表示，电流的大小定义为单位时间内通过导体任一横截面的电荷量。如图11-1所示，在横截面面积为 S 的一段导体中，设有正电荷从左向右运动，若在时间间隔 $\mathrm{d}t$ 内，通过横截面 S 的电荷为 $\mathrm{d}q$，则在导体中的电流的大小为

$$I=\frac{\mathrm{d}q}{\mathrm{d}t} \tag{11-1}$$

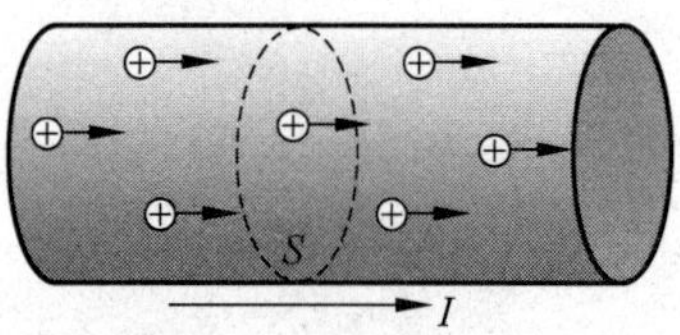

图 11-1　导体中的电流

电流的国际单位为安培，用符号 A 表示。$1A=1C\cdot s^{-1}$，电流的常用单位还有毫安(mA)和微安(μA)等。其关系为

$$1\mu A=10^{-3}\,mA=10^{-6}\,A$$

如果导体中的电流不随时间变化，则这种电流叫做**恒定电流**(direct current)。

值得注意的是，电流是有方向的标量，不是矢量。所谓电流的方向是指正电荷在导体中的流动方向。这是沿袭了历史上的规定。

当电流在不均匀的大块导体中运动时，导体内部各点的电流分布是不均匀的。这时，仅有电流的概念是不够的，电流大小不能充分反映导体内部电荷的分布情况，必须引入新的物理量——电流密度(current density)。电流密度是矢量，电流密度的方向和大小规定如下：**导体中任意一点的电流密度 $\boldsymbol{j}$ 的方向为该点正电荷的运动方向；$\boldsymbol{j}$ 的大小等于在单位时间内，通过该点附近垂直于正电荷运动方向的单位面积的电荷。**

如图 11-2 所示，设想在导体中的 P 点取一面积元 $\mathrm{d}\boldsymbol{S}$，该面积元的法线方向与正电荷的运动方向(即电流密度 $\boldsymbol{j}$ 的方向)间成 θ 角。若在 $\mathrm{d}t$ 时间内有正电荷 $\mathrm{d}q$ 通过面积元 $\mathrm{d}\boldsymbol{S}$，那么按上述定义可得到 P 点处电流密度的大小为

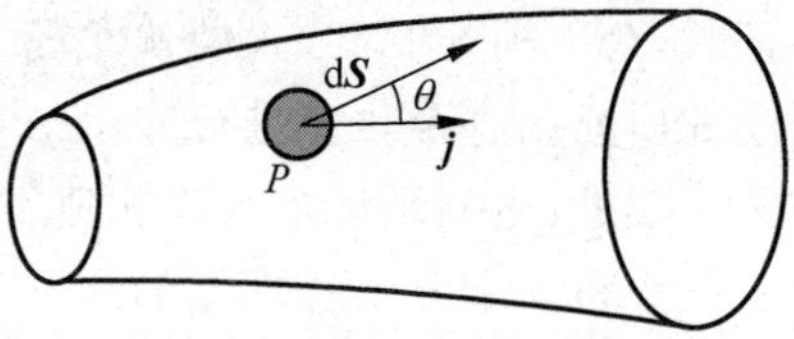

图 11-2　电流密度

$$j=\frac{\mathrm{d}q}{\mathrm{d}t\,\mathrm{d}S\cos\theta}=\frac{\mathrm{d}I}{\mathrm{d}S\cos\theta} \tag{11-2}$$

式中，$\mathrm{d}S\cos\theta$ 为面积元 $\mathrm{d}\boldsymbol{S}$ 在垂直于电流密度方向上的投影。式(11-2)亦可写成

$$\mathrm{d}I=\boldsymbol{j}\cdot\mathrm{d}\boldsymbol{S}$$

因此对通过导体任一有限横截面 S 的电流为

$$I=\int_S \mathrm{d}I=\int_S \boldsymbol{j}\cdot\mathrm{d}\boldsymbol{S} \tag{11-3}$$

式(11-3)说明，通过某一面积 S 的电流就是通过该面积的电流密度通量。

11.1.2　电源　电动势

前面我们已经讨论过，在导体内部要形成一个恒定的电流必须要有一个电场。若在导体两端维持恒定的电势差，那么导体中就会有恒定电场。怎么才能维持恒定的电势差呢？

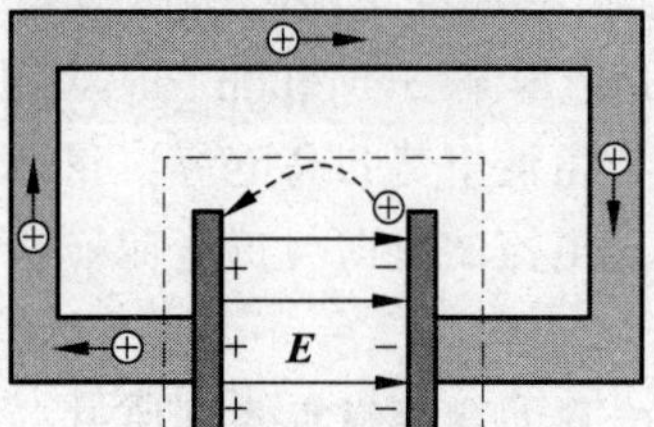

图 11-3　电源内的非静电力把正电荷从负极移到正极

在如图 11-3 所示的回路中，开始时极板 A，B 分别带有正、负电荷。A，B 之间有电势差，在电场力的作用下，正电荷从极板 A 通过回路移到极板 B，并与极板 B 上的负电荷中和，直至两极板间的电势差消失。

但是，如果我们能够把正电荷从极板 B 移到极板 A 上，并使两端维持正、负电荷不变，这样两极板间就有恒定的电势差，回路中也就有恒定的电流通过。显然，要把正电荷从极板 B 移到极板 A 上，必须有非静电力 $\boldsymbol{F}_k$ 作用才可以。这种**能提供非静电力而把其他形式的能量转换为电能**

的装置称为电源(power source)。电源的种类有很多,如干电池、蓄电池、太阳能电池和发电机等,它们是常用电源。

在电源内部,依靠非静电力 $\boldsymbol{F}_k$ 克服静电力 $\boldsymbol{F}$ 对正电荷做功,将正电荷从负极板移到正极板,从而将其他形式的能量转换为电能。为了表述不同电源转换能量的能力,我们引入电动势这一物理量。**电动势的大小定义为把单位正电荷绕闭合回路一周时,非静电力所做的功**。如以 $\boldsymbol{E}_k$ 表示非静电性电场强度,W 为非静电力所做的功,ε 表示电源电动势,那么由上述电动势的定义有

$$\varepsilon = \frac{W}{q} = \oint \boldsymbol{E}_k \cdot \mathrm{d}\boldsymbol{l} \tag{11-4}$$

考虑到大部分情况下非静电性电场强度只存在于电源内部,外电路中的 $\boldsymbol{E}_k=\boldsymbol{0}$,因此式(11-4)又可以改写成

$$\varepsilon = \oint \boldsymbol{E}_k \cdot \mathrm{d}\boldsymbol{l} = \int_{内} \boldsymbol{E}_k \cdot \mathrm{d}\boldsymbol{l} \tag{11-5}$$

式(11-5)表示,**电源电动势的大小等于把单位正电荷从电源负极经电源内部移到正极时非静电力所做的功**。

电动势是标量,但为了便于判断在电流流通时非静电力做正功还是做负功,通常把电源内部电势升高的方向,即从负极经电源内部到正极的方向规定为电动势的方向。电动势的单位和电势的单位相同,但它们是完全不同的物理量。电源电动势的大小反映电源中非静电力做功的本领,只取决于电源本身的性质,与外电路的性质无关。

11.2　磁场　磁感应强度

11.2.1　基本的磁现象

人类发现磁现象比发现电现象要早得多。根据史料记载,我国早在春秋战国时期,在《山海经》《吕氏春秋》等古籍中就陆续有关于磁石的描述和记载。东汉的王充在《论衡》中所描述的“司南之杓”是公认的最早的磁性指南工具,如图 11-4 所示。到了 12 世纪初,我国已有关于指南针用于航海事业的记录,指南针传入欧洲则已是 12 世纪末了。

最初,人们认识磁现象是从天然磁铁(Fe_3O_4)的相互作用中观察到的。这种磁铁称为永久磁铁(permanent magnet)。磁铁具有吸引铁、钴、镍等物质的性质,这种性质称为**磁性**(magnetism)。磁铁总是存在两个磁性很强的区域,称为**磁极**(magnetic pole)。如果将条形磁铁水平悬挂起来,磁铁将自动转向地球的南北方向,指向北方的磁极称为**磁北极**(N pole),指向南方的磁极称为**磁南极**(S pole)。磁极之间的相互作用称为磁力(magnetic force),同种磁极相排斥,异种磁极相吸引。与电荷不同,两种不同性质的磁极总是成对出现。尽管许多科学家从理论上预言存在磁单极(magnetic monopole),但是,迄今为止,人们在实验中还没有令人信服地证实磁单极的独立存在。无论将磁铁怎样分割,分割后的每一小块磁铁总是具有 N 和 S 两个不同的磁极。

地球本身就是一个巨大的永久磁体。地磁两极在地面上的位置不是固定的,而是随着时间的推移会有些变化。目前,地磁北极(N 极)在地理南极附近,地磁南极(S 极)在地理北

极附近。地磁场的两极方向与地理上的南北极方向之间存在一个夹角,叫做**磁偏角**(magnetic declination),北极附近测量为 11.5°,如图 11-5 所示。

图 11-4　司南之杓

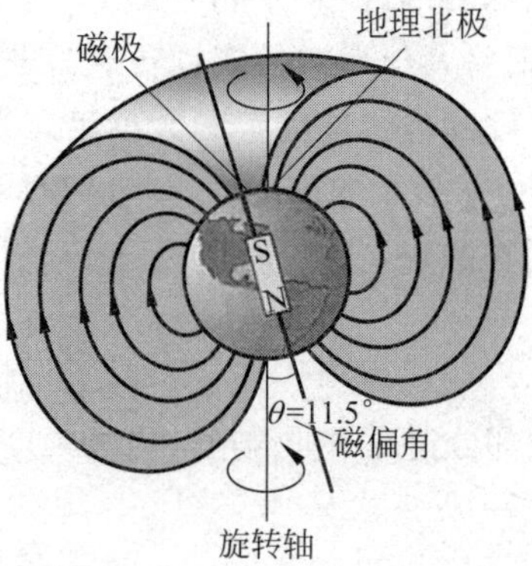

图 11-5　地磁场的磁偏角

在相当长一段历史时期内,人们把磁和电看成是完全不同的两种现象,因此对它们的研究是沿着两个独立的方向发展,进展极其缓慢。直到 1820 年 4 月,丹麦物理学家奥斯特在一次实验中,发现在通电直导线附近的小磁针有偏转。紧接着,经过 3 个月的研究,奥斯特于 1820 年 7 月 21 日发表了题为《关于磁针上电流碰撞的实验》的论文,在欧洲物理学界引起了极大的关注。同年 9 月,法国物理学家安培得知奥斯特的实验后,重复了奥斯特的实验并作了进一步研究。他发现圆电流与磁针有相似的作用,紧接着又报告了磁铁对载流导线,以及两平行通电直导线间和两圆形电流间也都存在相互作用,如图 11-6 所示。安培还发现了通电直电流附近的小磁针取向的右手定则,所有这些工作都是在一周里完成的。

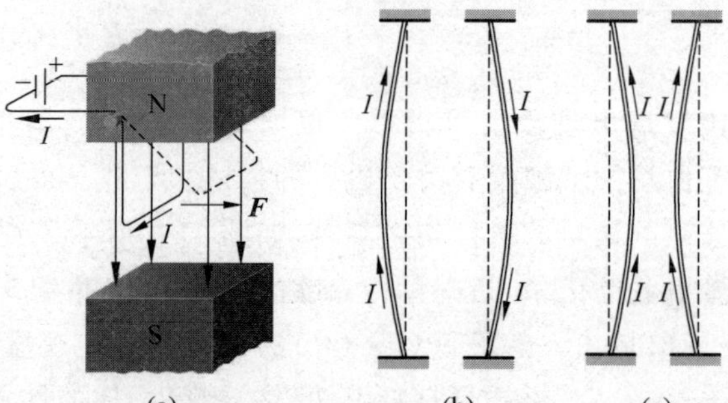

图 11-6　安培的实验

根据磁铁和载流导线的相互作用,以及载流导线间的相互作用实验,安培总结出电流间的作用力和磁铁间的作用力同属于磁作用力。这时人们才知道磁现象与电荷的运动是密切相关的,一切磁现象的根源是电流。1821 年,安培由此提出了有关物质磁性本质的假说。他认为,**一切磁现象的根源都是电流。磁性物质中的分子存在分子电流(molecular current),分子电流相当于一个基本磁元,物质对外显示的磁性,就是分子电流在外界作用下趋向于沿同一方向排列的结果**,如图 11-7 所示。

安培的假说与现代对物质磁性的理解是相符合的。近代理论表明,原子核外电子绕核

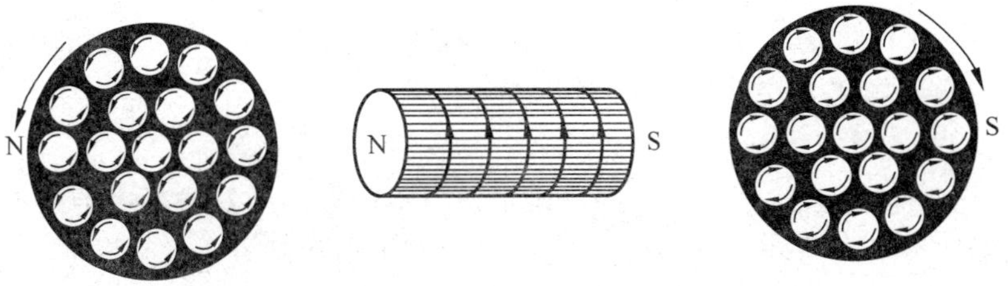

(a) (b) (c)

图 11-7 安培分子电流假说

的运动和电子自旋等运动就构成了等效的分子电流，一切磁现象起源于电荷的运动。电荷不论静止或运动，都会在其周围空间激发电场，而运动的电荷在周围空间还要激发磁场。这里所说的运动和静止都是相对观察者而言的，同一客观存在的场，它在某一参考系中表现为电场，而在另一参考系中却可能表现为电场和磁场。

安培（André-Marie Ampère，1775—1836），法国物理学家、化学家和数学家。1820 年，奥斯特发现电流的磁效应，安培马上集中精力研究，几周内就提出了安培定则，即右手螺旋定则。随后很快在几个月之内连续发表了 3 篇论文，并设计了 9 个著名的实验，总结了载流回路中电流元在电磁场中的运动规律，即安培定律。1821 年，安培提出分子电流假设，安培是第一个把研究动电的理论称为“电动力学”的，1827 年，安培将他的电磁现象的研究综合在《电动力学现象的数学理论》一书中，这是电磁学史上的一部重要的经典论著。他被麦克斯韦誉为“电学中的牛顿”。为了纪念安培在电磁学上的杰出贡献，电流的国际单位以安培命名。

11.2.2 磁感应强度

从静电场的研究中我们知道，在静止电荷周围的空间存在着电场，静止电荷间的相互作用是通过电场来传递的。电流间、磁体与磁体间、磁体与电流间的相互作用也是通过场来传递的，这种场称为**磁场**（magnetic field）。从根本上讲，磁场是运动电荷激发的。恒定电流周围激发的磁场不会随时间变化，因此称为恒定磁场。本章所要讨论的就是恒定磁场的基本性质和规律。

磁场对外的重要表现是：对引入磁场中的运动试探电荷、载流导线或永久磁铁有**磁场力**（magnetic field force）的作用。因此可用磁场对运动试探电荷的作用来描述磁场，并由此引入**磁感应强度 $\boldsymbol{B}$**（magnetic induction）作为定量描述磁场中各点特性的基本物理量，其作用和地位与电场中的电场强度 $\boldsymbol{E}$ 相当。$\boldsymbol{B}$ 本应称为"磁场强度"，但由于历史上的原因，这个名称已用于磁场强度 $\boldsymbol{H}$，我们将在讨论磁介质的时候详细介绍这一点。

实验表明：

（1）当运动的试探电荷 q 分别以同一速率 v 沿不同方向通过磁场中的某 P 点时，电荷所受到的磁场力是不同的，但磁场力的方向却总是与电荷运动方向垂直。

（2）在磁场中 P 点存在一个特定方向，当试探电荷沿着这个特定方向（或其反向）运动时，所受到的磁场力为零。显然，这个特定方向与运动的试探电荷无关，它反映出磁场本身的一个性质。于是我们定义：P 点磁场的方向是沿着运动试探电荷通过该点时不受力的方向（至于磁场的指向具体是沿着两个彼此相反的哪一方，将在下面另行讨论）。

（3）当运动的试探电荷 q 以某一速度 $\boldsymbol{v}$ 沿垂直于上述磁场方向运动时，所受到的磁场力最大，这个最大磁场力的大小 F_m 正比于运动的试探电荷的电荷量 q，也正比于电荷的运动速率 v，但比值 F_m/qv 却在该点具有确定的量值，而与运动的试探电荷的 q，v 值的大小均无关。由此可见，比值 F_m/qv 反映了该点的磁场强弱的性质，可以定义为该点的磁感应强度的大小，即

$$B=\frac{F_m}{qv} \tag{11-6}$$

实验同时发现，磁场力 $\boldsymbol{F}$ 的方向总是垂直于 $\boldsymbol{B}$ 和 $\boldsymbol{v}$ 所组成的平面，即磁感应强度 $\boldsymbol{B}$ 满足如下关系：

$$\boldsymbol{F}=q\boldsymbol{v}\times\boldsymbol{B} \tag{11-7}$$

这样就可以根据最大磁场力 $\boldsymbol{F}_m$ 和 $\boldsymbol{v}$ 的方向，由矢积 $\boldsymbol{F}_m\times\boldsymbol{v}$ 的方向判断出磁感应强度 $\boldsymbol{B}$ 的方向，如图 11-8 所示。式(11-7)就是运动电荷在磁场中受的磁场力，称为**洛伦兹力**（Lorentz force）。

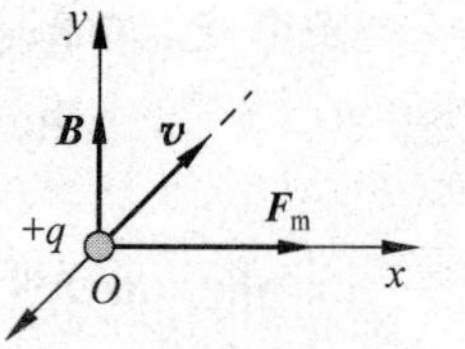

图 11-8　磁感应强度 $\boldsymbol{B}$ 方向的判定

磁感应强度 $\boldsymbol{B}$ 是描述磁场性质的基本物理量。在国际单位制中，磁感应强度 $\boldsymbol{B}$ 的单位为**特斯拉**(T)，根据式(11-6)可以看出

$$1\text{T}=1\text{N}\cdot\text{s}\cdot\text{C}^{-1}\cdot\text{m}^{-1}=1\text{N}\cdot\text{A}^{-1}\cdot\text{m}^{-1}$$

历史上，磁感应强度还用高斯(Gs)作单位，它与特斯拉的换算关系为：$1\text{T}=10^4\text{Gs}$。

地球磁场大约为 5×10^{-5}T，大型的电磁铁能激发的磁感应强度大约为 2T，某些原子核附近的磁场可达 10^4T，人体内部的生物电流也可以激发出微弱的磁场，如心电激发的磁场大约为 3×10^{-10}T，测量身体内的磁场分布已经成为医学中的高级诊断技术。

11.2.3　磁感应线

在静电场中我们曾引入电场线来描述电场的分布，这里为了形象地描绘磁场中磁感应强度的分布，我们引入磁感应线（magnetic induction line）。磁感应线是磁场中所描绘的一簇有向曲线，通常规定：**磁感应线上任一点的切线方向都与该点的磁感应强度 $\boldsymbol{B}$ 的方向一致，而通过垂直于磁感应强度 $\boldsymbol{B}$ 的单位面积上的磁感应线的数目则等于该处的磁感应强度 $\boldsymbol{B}$ 的大小**。可以看出，磁场中磁感应线的疏密程度也能反映该处磁场的强弱，与电场线类似。

图 11-9 是几种典型的电流所激发的磁场的磁感应线的分布图。从中可以看出：**磁感应线的回转方向与电流方向呈右手螺旋关系；磁感应线永不相交；每条磁感应线都是无头无尾的闭合曲线**。这与电场线是完全不同的。

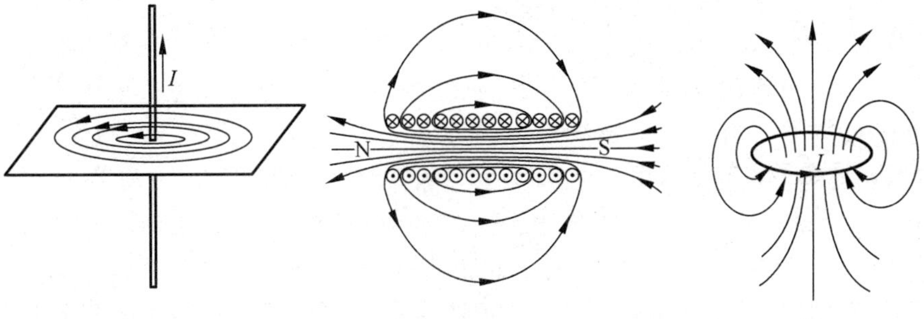

(a)　(b)　(c)

图 11-9　几种不同形状电流所激发的磁场的磁感应线

11.3　毕奥-萨伐尔定律及其应用

这一节我们将介绍恒定电流激发磁场的规律。恒定电流激发的磁场亦称为恒定磁场。在恒定磁场中，任意一点的磁感应强度 $\boldsymbol{B}$ 仅是空间坐标的函数，而与时间无关。

11.3.1　毕奥-萨伐尔定律

在静电场中我们计算任意带电体的电场强度的时候，是把带电体看成由无数个电荷元组成，根据点电荷的电场强度叠加原理计算出该带电体在空间任一点的电场强度的。现在对于载流导线，可以仿照同样的思路，把电流看成是无数个小段电流的集合，各小段电流称为电流元，并用矢量 $I\mathrm{d}\boldsymbol{l}$ 来表示，其中 $\mathrm{d}\boldsymbol{l}$ 表示在载流导线上（沿电流方向）所取的线元，I 为导线中的电流，电流元的方向规定为电流沿线元 $\mathrm{d}\boldsymbol{l}$ 的流向。任意形状的线电流所激发的磁场等于各段电流元所激发磁场的矢量和。

1820 年，法国物理学家毕奥（J. B. Biot，1774—1862）和萨伐尔（F. Savart，1791—1841）通过大量的实验发现，载流直导线周围场点的磁感应强度 B 的大小与电流 I 成正比，与场点到直导线的距离 r 成反比。后来，法国数学家、物理学家拉普拉斯（P. S. Laplace，1749—1827）分析了毕奥和萨伐尔的实验资料，运用物理学的思想方法，从数学上给出了电流元 $I\mathrm{d}\boldsymbol{l}$ 激发的磁场的磁感应强度的数学表达式：

$$\mathrm{d}B = k\,\frac{I\,\mathrm{d}l\sin\theta}{r^2} \tag{11-8}$$

式中，r 是从电流元所在点到 P 点的位矢 $\boldsymbol{r}$ 的大小，θ 为电流元 $I\mathrm{d}\boldsymbol{l}$ 与位矢 $\boldsymbol{r}$ 之间小于 180° 的夹角。$\mathrm{d}\boldsymbol{B}$ 的方向垂直于电流元 $I\mathrm{d}\boldsymbol{l}$ 与位矢 $\boldsymbol{r}$ 之间所组成的平面，指向为由电流元 $I\mathrm{d}\boldsymbol{l}$ 经角 θ 转向位矢 $\boldsymbol{r}$ 时右螺旋前进的方向，如图 11-10 所示。在国际单位制中，式(11-8)中的 $k=\dfrac{\mu_0}{4\pi}=10^{-7}\,\mathrm{T\cdot m/A}$，其中 $\mu_0=4\pi\times10^{-7}\,\mathrm{T\cdot m/A}$，称为真空**磁导率**（permeability of vacuum）。把式(11-8)写成矢量形式为

$$\mathrm{d}\boldsymbol{B}=\frac{\mu_0}{4\pi}\frac{I\mathrm{d}\boldsymbol{l}\times\boldsymbol{e}_r}{r^2} \tag{11-9}$$

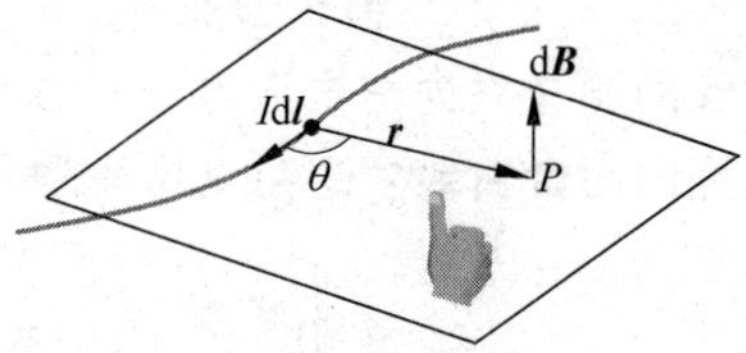

图 11-10　电流元所激发的磁场的磁感应强度

式中，$\boldsymbol{e}_r=\frac{\boldsymbol{r}}{r}$是从电流元所在位置指向场点 P 的单位矢量。式(11-9)称为**毕奥-萨伐尔定律**(Biot-Savart law)，是计算载流导线所激发的磁场的磁感应强度 $\boldsymbol{B}$ 的基本公式。任意形状的导线电流所激发的磁场的总磁感应强度为

$$\boldsymbol{B}=\int_L \mathrm{d}\boldsymbol{B}=\int_L \frac{\mu_0}{4\pi}\frac{I\mathrm{d}\boldsymbol{l}\times\boldsymbol{e}_r}{r^2} \tag{11-10}$$

式(11-10)体现了磁感应强度的叠加原理。毕奥-萨伐尔定律是拉普拉斯从数学上给出的结果，不能由实验直接证明，但是由这个定律出发得出的结果都和实验符合得很好。

11.3.2　运动电荷的磁场

导体中的电流是由大量的载流子作定向运动而形成的。电流激发的磁场从本质上讲是由运动电荷所激发的，磁现象的本质就是运动的电荷激发磁场。下面我们从毕奥-萨伐尔定律出发，求出运动电荷所激发的磁感应强度的大小。

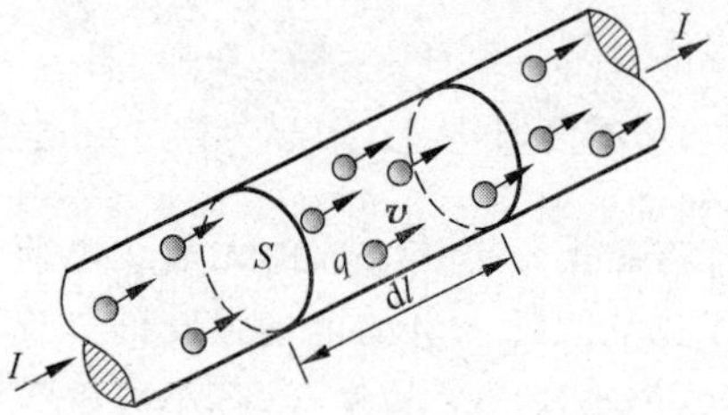

图 11-11　电流元中的运动电荷

如图 11-11 所示，设在导体的单位体积内有 n 个可以自由运动的带电粒子，每个带电粒子带有的电荷量为 q(为了简单起见，这里讨论的带电粒子设为正电荷)，且以速度 $\boldsymbol{v}$ 沿电流元 $I\mathrm{d}\boldsymbol{l}$ 的方向作定向运动。设电流元的横截面积为 S，那么单位时间内通过横截面积 S 的电荷量，即电流大小为

$$I=qnvS$$

由于图示电流元 $I\mathrm{d}\boldsymbol{l}$ 与速度 $\boldsymbol{v}$ 的方向相同，在电流元 $I\mathrm{d}\boldsymbol{l}$ 内有 $\mathrm{d}N=nS\mathrm{d}l$ 个带电粒子以相同速度 $\boldsymbol{v}$ 运动着，所以电流元 $I\mathrm{d}\boldsymbol{l}$ 所激发的磁场 $\mathrm{d}\boldsymbol{B}$ 就是这 $\mathrm{d}N$ 个粒子所激发的合磁场。将电流 I 代入毕奥-萨伐尔定律，并用 $\mathrm{d}\boldsymbol{B}$ 除以 $\mathrm{d}N$ 就可以得到每个载流子所激发的磁感应强度 $\boldsymbol{B}_q$，即

$$\boldsymbol{B}_q=\frac{\mathrm{d}\boldsymbol{B}}{\mathrm{d}N}=\frac{\mu_0}{4\pi}\frac{qnvS\mathrm{d}\boldsymbol{l}\times\boldsymbol{e}_r}{nS\mathrm{d}lr^2}=\frac{\mu_0}{4\pi}\frac{q\boldsymbol{v}\times\boldsymbol{e}_r}{r^2} \tag{11-11}$$

式中，$\boldsymbol{e}_r$ 是运动电荷所在点指向场点 P 的单位矢量；$\boldsymbol{B}_q$ 的方向垂直于粒子速度 $\boldsymbol{v}$ 和单位矢量 $\boldsymbol{e}_r$ 所组成的平面，其指向由右手螺旋定则判定。如果带电粒子的电荷为负，则 $\boldsymbol{B}_q$ 的方向与$\boldsymbol{v}\times\boldsymbol{e}_r$ 用右手螺旋定则判定的指向刚好相反，如图 11-12 所示。运动电荷的磁场表达式(11-11)是非相对论形式的，它只适用于电荷的运动速率 v 远小于光速 c 的情况。

11.3.3　毕奥-萨伐尔定律的应用

根据前面的讨论可以看出，应用毕奥-萨伐尔定律计算载流导线的磁感应强度时，首先

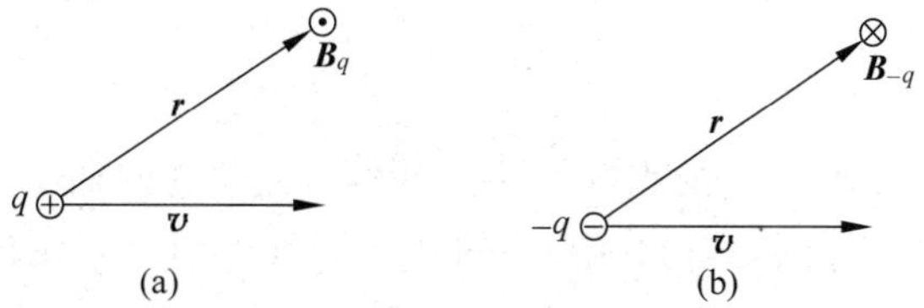

图 11-12 运动电荷的磁场方向

(a) **B** 垂直于纸面向外；(b) **B** 垂直于纸面向内

要将载流导线分割成许多个电流元 $I\mathrm{d}\boldsymbol{l}$，根据式(11-9)计算出任意一电流元在空间某点 P 激发的磁感应强度 $\mathrm{d}\boldsymbol{B}$，再由式(11-10)积分计算出所有电流元在 P 点激发的总磁感应强度。在积分过程中，各个电流元激发的磁感应强度 $\mathrm{d}\boldsymbol{B}$ 的方向可能不同，所以我们必须先把矢量 $\mathrm{d}\boldsymbol{B}$ 按所建立的坐标系进行分解，如在直角坐标系中可将 $\mathrm{d}\boldsymbol{B}$ 分解为

$$\mathrm{d}\boldsymbol{B} = \mathrm{d}B_x\boldsymbol{i} + \mathrm{d}B_y\boldsymbol{j} + \mathrm{d}B_z\boldsymbol{k}$$

再对各个分量进行积分，即

$$B_x = \int \mathrm{d}B_x, \quad B_y = \int \mathrm{d}B_y, \quad B_z = \int \mathrm{d}B_z$$

最后得出 P 点的磁感应强度为

$$\boldsymbol{B} = B_x\boldsymbol{i} + B_y\boldsymbol{j} + B_z\boldsymbol{k}$$

下面我们应用毕奥-萨伐尔定律来讨论几种载流导线所激发的磁场。

例 11-1 载流长直导线的磁场。设真空中有一长为 L 的直导线，通有电流 I。计算距离直导线为 a 的 P 点处的磁感应强度。

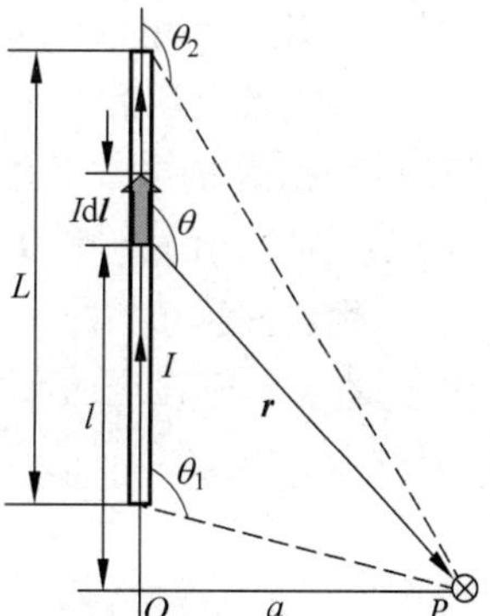

图 11-13 载流长直导线的磁场

解 在直导线上任取一电流元 $I\mathrm{d}\boldsymbol{l}$，如图 11-13 所示。根据毕奥-萨伐尔定律，此电流元在给定点 P 处的磁感应强度 $\mathrm{d}\boldsymbol{B}$ 的大小为

$$\mathrm{d}B = \frac{\mu_0}{4\pi}\frac{I\mathrm{d}l\sin\theta}{r^2}$$

式中，θ 为电流元 $I\mathrm{d}\boldsymbol{l}$ 与矢量 $\boldsymbol{r}$ 之间的夹角。$\mathrm{d}\boldsymbol{B}$ 的方向由 $I\mathrm{d}\boldsymbol{l}\times\boldsymbol{r}$ 来确定，由右手螺旋定则可知，其方向垂直于纸面向内，在图中用⊗表示。由于直导线 L 上每一个电流元在 P 点的磁感应强度 $\mathrm{d}\boldsymbol{B}$ 的方向都是一致的，即均垂直于纸面向里，因此 P 点的磁感应强度大小为各电流元激发的磁感应强度 $\mathrm{d}B$ 的大小之和，即

$$B = \int_L \mathrm{d}B = \frac{\mu_0}{4\pi}\int_L \frac{I\mathrm{d}l\sin\theta}{r^2}$$

式中，l，r，θ 都是变量，需要统一积分，由图 11-13 可以看出它们有如下关系：

$$r = a\csc\theta, \quad l = -a\cot\theta, \quad \mathrm{d}l = a\csc^2\theta\mathrm{d}\theta$$

把它们代入上述积分式可得出

$$B = \int_{\theta_1}^{\theta_2}\frac{\mu_0 I}{4\pi a}\sin\theta\mathrm{d}\theta = \frac{\mu_0 I}{4\pi a}\int_{\theta_1}^{\theta_2}\sin\theta\mathrm{d}\theta$$

积分后可得

$$B=\frac{\mu_0 I}{4\pi a}(\cos\theta_1-\cos\theta_2) \tag{11-12}$$

式中，θ_1 和 θ_2 分别是直导线的起始点和终止点处电流元与它们到 P 点的矢量 $\boldsymbol{r}$ 间的夹角。

对于“无限长”载流直导线，式(11-12)中的 $\theta_1=0$ 和 $\theta_2=\pi$，则式(11-12)为

$$B=\frac{\mu_0 I}{2\pi a} \tag{11-13}$$

此结论与毕奥-萨伐尔早期的实验结果是一致的。

例 11-2 载流圆线圈轴线上的磁场。如图 11-14 所示，半径为 R 的圆线圈通有电流 I，计算垂直于圆线圈平面的轴线上的 P 点的磁感应强度。

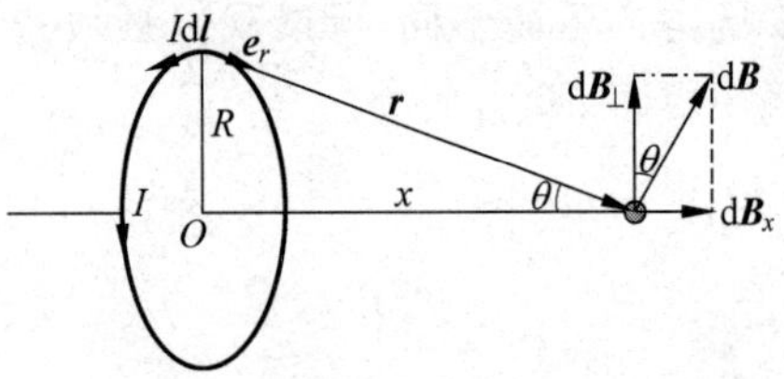

图 11-14 载流圆线圈轴线上的磁场

解 以圆环中心轴为 x 轴，在圆环上选取电流元 $I\mathrm{d}\boldsymbol{l}$，如图 11-14 所示。设电流元到 P 点的位矢为 $\boldsymbol{r}$，它在 P 点所激起的磁感应强度为

$$\mathrm{d}\boldsymbol{B}=\frac{\mu_0}{4\pi}\frac{I\mathrm{d}\boldsymbol{l}\times\boldsymbol{e}_r}{r^2}$$

由于 $I\mathrm{d}\boldsymbol{l}$ 与 $\boldsymbol{r}$ 的单位矢量 $\boldsymbol{e}_r$ 垂直，因此 $\mathrm{d}\boldsymbol{B}$ 的大小为

$$\mathrm{d}B=\frac{\mu_0}{4\pi}\frac{I\mathrm{d}l}{r^2}$$

而 $\mathrm{d}\boldsymbol{B}$ 的方向垂直于电流元 $I\mathrm{d}\boldsymbol{l}$ 与 $\boldsymbol{r}$ 所组成的平面，且与垂直于 x 轴方向的夹角为 θ。由对称性分析可知，各电流元在 P 点的磁感应强度 $\mathrm{d}\boldsymbol{B}$ 的大小都相等，而方向各不相同。但各电流元所激发的 $\mathrm{d}\boldsymbol{B}$ 的方向与轴线的夹角相等。我们把 $\mathrm{d}\boldsymbol{B}$ 分解成沿着 x 轴方向的分量 $\mathrm{d}\boldsymbol{B}_x$ 和垂直于 x 轴方向的分量 $\mathrm{d}\boldsymbol{B}_\perp$。由对称性关系可知，圆环任意直径两端的电流元在 P 点的磁感应强度分量 $\mathrm{d}\boldsymbol{B}_\perp$ 的大小相等、方向相反，因此可以相互抵消；而 $\mathrm{d}\boldsymbol{B}_x$ 分量相互加强。所以 P 点的磁感应强度的大小为各电流元激发的磁感应强度 $\mathrm{d}\boldsymbol{B}$ 沿 x 方向分量 $\mathrm{d}\boldsymbol{B}_x$ 的代数和，即

$$B=\int_L \mathrm{d}B_x=\int_L \mathrm{d}B\sin\theta$$

式中，θ 为 $\boldsymbol{r}$ 与 x 轴之间的夹角。将 $\mathrm{d}B$ 的大小代入上式，积分可得

$$B=\frac{\mu_0}{4\pi}\int_L\frac{I\mathrm{d}l\sin\theta}{r^2}=\frac{\mu_0 I\sin\theta}{4\pi r^2}\int_0^{2\pi R}\mathrm{d}l=\frac{2\pi R\mu_0 I\sin\theta}{4\pi r^2}$$

由图 11-14 可知，$r^2=R^2+x^2$，$\sin\theta=\dfrac{R}{r}=\dfrac{R}{\sqrt{R^2+x^2}}$，所以

$$B=\frac{R^2\mu_0 I}{2r^3}=\frac{R^2\mu_0 I}{2(R^2+x^2)^{3/2}} \tag{11-14}$$

$\boldsymbol{B}$ 的方向在轴线上与圆环的电流方向满足右手螺旋关系，沿水平向右。由式(11-14)讨论两种特殊情况：

(1) 场点 P 在圆心 O 处($x=0$)时，该处的磁感应强度大小为

$$B=\frac{\mu_0 I}{2R} \tag{11-15}$$

(2) 场点 P 远离圆线圈($x \gg R$)时，P 点的磁感应强度大小为

$$B \approx \frac{R^2 \mu_0 I}{2x^3} = \frac{\pi R^2 \mu_0 I}{\pi 2x^3} = \frac{S\mu_0 I}{2\pi x^3} \tag{11-16}$$

式中，$S = \pi R^2$ 为圆线圈的平面面积。

根据安培的假说，分子圆电流相当于基元磁体。为了描述圆电流的磁性质，我们引入**磁矩**(magnetic moment)，用符号 $\boldsymbol{m}$ 表示，则

$$\boldsymbol{m} = IS\boldsymbol{e}_n \tag{11-17}$$

磁矩 $\boldsymbol{m}$ 的大小等于圆电流的电流强度 I 与圆电流所包围的面积 S 的乘积，方向与线圈平面的法向(其法向由线圈中的电流按右手螺旋定则确定)相同，式中，$\boldsymbol{e}_n$ 表示法线方向的单位矢量。如果线圈有 N 匝，则磁场加强 N 倍，这时线圈磁矩的定义为

$$\boldsymbol{m} = NIS\boldsymbol{e}_n$$

引入磁矩后，载流圆线圈轴线上的磁感应强度的表达式(11-16)在考虑方向后可表示为

$$\boldsymbol{B} = \frac{S\mu_0 I}{2\pi x^3}\boldsymbol{e}_n = \frac{\mu_0 \boldsymbol{m}}{2\pi x^3}$$

例 11-3　载流直螺线管内部的磁场。直螺线管是指均匀地密绕在直圆柱面上的螺旋形线圈，如图 11-15 所示。设螺线管的半径为 R，线圈通过的电流为 I，每单位长度上有 n 匝线圈，计算螺线管内轴线上 P 点的磁感应强度。

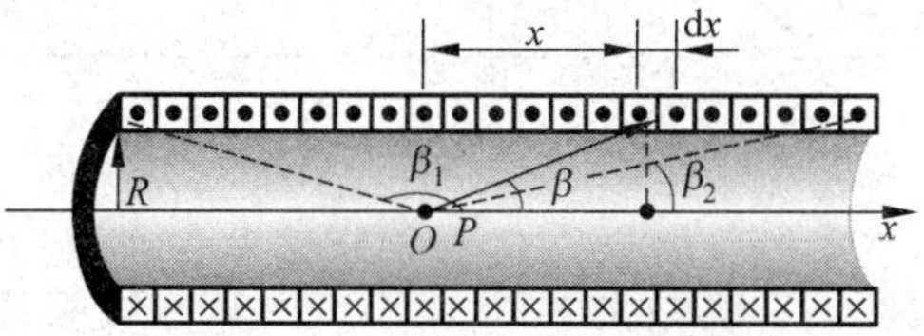

图 11-15　直螺线管内部的磁场

解　建立如图 11-15 所示的坐标系，原点为 P 点所处位置。在螺线管上距场点 P 水平距离为 x 处选取一小段线元 $\mathrm{d}x$，则该线元所包含的匝数为 $n\mathrm{d}x$，由于螺线管上的线圈绕得很紧密，所以可以将它看作电流为 $\mathrm{d}I = In\mathrm{d}x$ 的圆电流。由式(11-14)可以得出该圆电流在轴线上 P 点处所激发的磁感应强度 $\mathrm{d}\boldsymbol{B}$ 的大小为

$$\mathrm{d}B = \frac{R^2 \mu_0 \mathrm{d}I}{2r^3} = \frac{R^2 \mu_0 nI\mathrm{d}x}{2(R^2 + x^2)^{3/2}}$$

$\mathrm{d}\boldsymbol{B}$ 的方向沿着 x 轴正方向。因为螺线管上所有圆环在 P 点产生的磁感应强度的方向都相同，所以整个螺线管在 P 点处所产生的磁感应强度的大小为

$$B = \int \mathrm{d}B = \int \frac{R^2 \mu_0 nI\mathrm{d}x}{2(R^2 + x^2)^{3/2}}$$

为了便于积分，我们引入变量 β 角，从图 11-15 中可以看出对应的几何关系为

$$x = R\cot\beta$$

对上式两边取微分可得

$$\mathrm{d}x = -R\csc^2\beta\mathrm{d}\beta$$

又有

$$R^2+x^2=R^2\csc^2\beta$$

将以上关系式及积分变量代入上述积分式可得

$$B=\int_{\beta_1}^{\beta_2}-\frac{\mu_0}{2}nI\sin\beta\mathrm{d}\beta=\frac{\mu_0}{2}nI(\cos\beta_2-\cos\beta_1)$$

如果螺线管“无限长”，亦即当螺线管的长度较其直径大得多时，有 $\beta_1=\pi,\beta_2=0$，则由上式可得出

$$B=\mu_0 nI \tag{11-18}$$

这一结果说明，任何绕得很紧密的长螺线管内部轴线上的磁感应强度和点的位置无关。如果 P 点在螺线管轴线上的两个端点处，则有 $\beta_1=\pi,\beta_2=\pi/2$，或者 $\beta_1=\pi/2,\beta_2=0$，这两处的磁感应强度的大小均为

$$B=\frac{\mu_0 nI}{2}$$

此结果恰好是内部磁感应强度的一半。长直螺线管所激发的磁感应强度的方向沿着螺线管轴线，其指向可以由右手螺旋定则确定，右手四指环绕方向为电流流向，大拇指指向为磁场方向。轴线上各处磁感应强度的大小分布大致如图 11-16 所示。

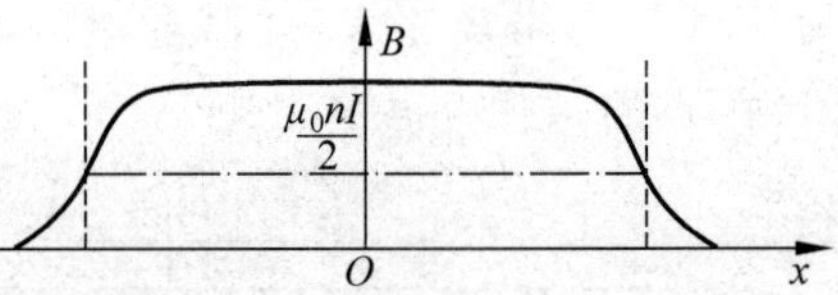

图 11-16　长直螺线管轴线上磁感应强度分布

例 11-4　亥姆霍兹线圈。在实验室中，常应用亥姆霍兹线圈产生所需的不太强的均匀磁场。亥姆霍兹线圈由一对相同半径和匝数的同轴排列的载流线圈串接而成，当它们之间的距离等于它们的半径时，试计算两线圈中心处和轴线上中点的磁感应强度。从计算结果说明，这时在两线圈间轴线上中点附近的场强是近似均匀的。

解　设两个线圈的半径为 R，各有 N 匝，每匝中的电流均为 I，且流向相同，如图 11-17(a)所示。两线圈在轴线上各点的磁感应强度方向均沿轴线向右，在圆心 O_1,O_2 处的磁感应强度相等，大小都是

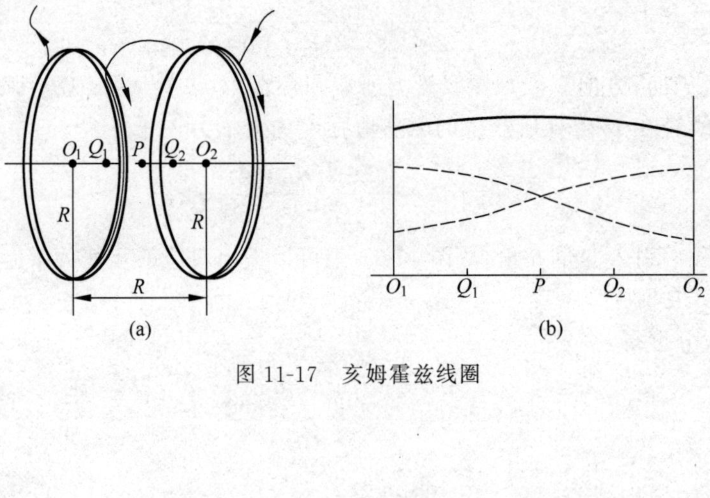

图 11-17　亥姆霍兹线圈

$$B_{O_1}=B_{O_2}=\frac{\mu_0 NI}{2R}+\frac{\mu_0 NIR^2}{2(R^2+R^2)^{3/2}}$$

$$=\frac{\mu_0 NI}{2R}\left(1+\frac{1}{2\sqrt{2}}\right)=0.677\frac{\mu_0 NI}{R}$$

两线圈间轴线上中点 P 处的磁感应强度大小为

$$B_P=2\frac{\mu_0 NIR^2}{2\left[R^2+\left(\frac{R}{2}\right)^2\right]^{3/2}}=\frac{8\mu_0 NI}{5\sqrt{5}R}\left(1+\frac{1}{2\sqrt{2}}\right)$$

$$=0.716\frac{\mu_0 NI}{R}$$

此外，在 P 点两侧各 $R/4$ 处的 Q_1，Q_2 两点处的磁感应强度大小都等于

$$B_Q=\frac{\mu_0 NIR^2}{2\left[R^2+\left(\frac{R}{4}\right)^2\right]^{3/2}}+\frac{\mu_0 NIR^2}{2\left[R^2+\left(\frac{3R}{4}\right)^2\right]^{3/2}}$$

$$=\frac{\mu_0 NI}{2R}\left(\frac{4^3}{17^{3/2}}+\frac{4^3}{5^3}\right)=0.712\frac{\mu_0 NI}{R}$$

在线圈轴线上的其他各点，磁感应强度的量值都介于 B_{O_1}，B_P 之间。由此可见，在 P 点附近轴线上的磁场基本上是均匀的，其分布情况如图 11-17(b)所示。图 11-17(b)中的虚线是每个圆形载流线圈在轴线上所激发的场强分布，实线是代表两线圈所激发场强的叠加曲线。

11.4 恒定磁场的高斯定理与安培环路定理

11.4.1 磁通量 磁场的高斯定理

之前我们讨论过在恒定磁场中，引入磁感应线来描述磁场分布，磁场中某点处垂直于 $\boldsymbol{B}$ 的单位面积上通过的磁感应线的数目(磁感应线密度)等于该点的磁感应强度 $\boldsymbol{B}$ 的大小。类似于静电场中引入 $\boldsymbol{E}$ 通量的概念，现在我们引入磁通量的概念来描述磁场的性质。

磁场中通过某一曲面的磁感应线的条数称为该曲面的磁通量(magnetic flux)，用符号 Φ 表示。

如图 11-18 所示，在磁感应强度为 $\boldsymbol{B}$ 的非均匀磁场中，我们在曲面 S 上任意选取一面积元 $\mathrm{d}\boldsymbol{S}$，$\mathrm{d}\boldsymbol{S}$ 的法线方向与该点处磁感应强度 $\boldsymbol{B}$ 的方向之间的夹角为 θ，根据磁通量的定义，以及关于磁感应强度 $\boldsymbol{B}$ 与磁感应线密度的规定，可得通过该面积元 $\mathrm{d}\boldsymbol{S}$ 的磁通量为

$$\mathrm{d}\Phi=B\cos\theta\mathrm{d}S$$

通过整个曲面 S 的总磁通量为

$$\Phi=\int_S \mathrm{d}\Phi=\int_S B\cos\theta\mathrm{d}S=\int_S \boldsymbol{B}\cdot\mathrm{d}\boldsymbol{S} \qquad (11\text{-}19)$$

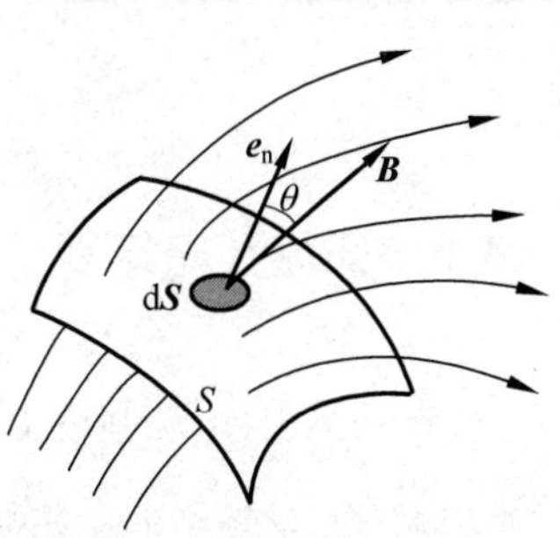

图 11-18 磁通量示意图

磁通量的单位为韦伯(Wb)，$1\mathrm{Wb}=1\mathrm{T}\cdot\mathrm{m}^2$。

对于闭合曲面，我们规定其正法线单位矢量 $\boldsymbol{e}_n$ 的方向垂直于曲面向外。按照这个规定，当磁感应线从曲面内部穿出$\left(\theta<\frac{\pi}{2}\right)$时的 $\boldsymbol{B}$ 通量为正，穿入$\left(\theta>\frac{\pi}{2}\right)$时为负。由于磁感应线是一组闭合曲线，所以对于任何闭合曲面，有多少条磁感应线穿入闭合曲面，就有多少条磁感应线穿出该闭合曲面，通过任一闭合曲面的总磁通量总是零，亦即

$$\oint_S \boldsymbol{B}\cdot \mathrm{d}\boldsymbol{S}=0 \tag{11-20}$$

式(11-20)称为**恒定磁场的高斯定理**(Gauss theorem for magnetism)。它是电磁场理论的基本方程之一，与静电学中的高斯定理$\oint_S \boldsymbol{E}\cdot \mathrm{d}\boldsymbol{S}=\frac{\sum_i q_i}{\varepsilon_0}$相对应。但磁场的高斯定理与静电场的高斯定理在形式上明显不对称，这反映了磁场和静电场是两类不同特性的场，激发静电场的场源电荷是电场线的源头或尾梢，所以静电场是属于发散式的场，可称为有源场；而磁场的磁感应线无头无尾，是闭合的，所以磁场可称为无源场。

磁场的高斯定理与静电场的高斯定理不同，其根本原因是自然界存在自由的正负电荷，而不存在单个磁极，即磁单极子。1913 年，英国物理学家狄拉克曾从理论上预言可能存在磁单极子，并指出磁单极子的磁荷也是量子化的。磁单极子是否存在，与基本粒子的构造、相互作用的“统一理论”，以及宇宙化的问题都有密切关系，因此近几十年来物理学家一直希望在实验中找到磁单极子。然而到目前为止，人们一直都没有找到自由存在的磁单极子。

狄拉克(Paul Adrien Maurice Dirac，1902—1984)，英国理论物理学家，量子力学的奠基者之一，1928 年，他把相对论引入量子力学，建立了相对论形式的薛定谔方程，也就是著名的狄拉克方程。狄拉克方程可以描述费米子的物理行为，并且预测了反物质的存在。1931 年，在一篇题名为《量子化电磁场中的奇点》的文章中，狄拉克探讨了磁单极这个想法。1933 年，延续了其 1931 年的论文，狄拉克证明了单一磁单极的存在就足以解释电荷的量子化。但到目前为止，仍没有磁单极存在的直接证据。1933 年，狄拉克和薛定谔(E. Schrödinger，1887—1961)共同获得了诺贝尔物理学奖。

11.4.2 安培环路定理

在静电场中，电场强度 $\boldsymbol{E}$ 沿任意闭合路径的环路积分为零，$\oint_L \boldsymbol{E}\cdot \mathrm{d}\boldsymbol{l}=0$，说明静电场是保守力场。而磁场中的磁感应强度 $\boldsymbol{B}$ 沿着闭合路径的环路积分为多少呢？我们把磁感应强度 $\boldsymbol{B}$ 沿着任一闭合曲线的积分$\oint_L \boldsymbol{B}\cdot \mathrm{d}\boldsymbol{l}$ 称为 $\boldsymbol{B}$ 的**环流**(circulation of magnetic field)。

现在以长直载流导线激发的磁场为例来具体计算 $\boldsymbol{B}$ 沿任一闭合路径的线积分，并通过

此结果引入磁场的环路定理。已知长直载流导线周围的磁感应线是一组以导线为中心的同心圆，如图 11-19 所示，其方向与电流方向呈右手螺旋关系。若在垂直于长直载流导线的平面上作任意闭合路径 L，则磁感应强度 $\boldsymbol{B}$ 沿该闭合路径 L 的环路积分为

$$\oint_L \boldsymbol{B} \cdot \mathrm{d}\boldsymbol{l} = \oint_L B\cos\theta \mathrm{d}l$$

由图 11-19(a)可知，$\mathrm{d}l\cos\theta = r\mathrm{d}\alpha$，其中，$r$ 为线元 $\mathrm{d}\boldsymbol{l}$ 至长直载流导线的距离，P 点的磁感应强度的大小为 $B=\dfrac{\mu_0 I}{2\pi r}$，将之代入上述积分式可得

$$\oint_L \boldsymbol{B} \cdot \mathrm{d}\boldsymbol{l} = \int_0^{2\pi} \frac{\mu_0 I}{2\pi r} r\mathrm{d}\alpha = \mu_0 I$$

如果闭合曲线 L 不在垂直于导线的平面内，则可将 L 上每一段线元 $\mathrm{d}\boldsymbol{l}$ 分解为平行于磁感应线平面内的分量 $\mathrm{d}\boldsymbol{l}_{/\!/}$ 与垂直于磁感应线平面内的分量 $\mathrm{d}\boldsymbol{l}_{\perp}$，如图 11-19(b)所示，此时有

$$\oint_L \boldsymbol{B} \cdot \mathrm{d}\boldsymbol{l} = \oint_L \boldsymbol{B} \cdot (\mathrm{d}\boldsymbol{l}_{\perp} + \mathrm{d}\boldsymbol{l}_{/\!/}) = \oint_L B\cos 90^\circ \mathrm{d}l_{\perp} + \oint_L B\cos\theta \mathrm{d}l_{/\!/}$$

$$= 0 + \oint_L Br\mathrm{d}\alpha = \int_0^{2\pi} \frac{\mu_0 I}{2\pi r} r\mathrm{d}\alpha = \mu_0 I$$

积分结果与前面相同。

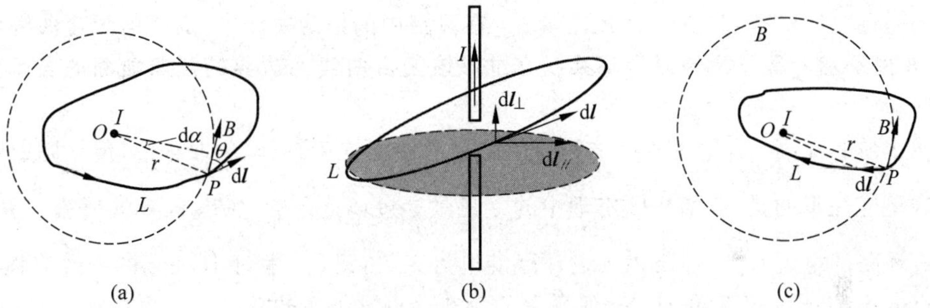

图 11-19　安培环路定理

如果沿任意曲线但改变积分的绕行方向，如图 11-19(c)所示，则有

$$\oint_L \boldsymbol{B} \cdot \mathrm{d}\boldsymbol{l} = \oint_L B\cos(\pi - \theta)\mathrm{d}l$$

$$= -\oint_L B\cos\theta \mathrm{d}l$$

$$= -\int_0^{2\pi} \frac{\mu_0 I}{2\pi r} r\mathrm{d}\alpha = -\mu_0 I$$

积分结果为负值。如果把式中的负号看成电流为负，则 $-\mu_0 I = \mu_0(-I)$，即如果电流流向和积分绕向不满足右手螺旋定则的时候，可以把电流取为负值。

以上结果表明，$\boldsymbol{B}$ 的环流与闭合曲线的形状无关，只与闭合曲线内所包围的电流有关。

再来考虑一种情况，当所选闭合曲线中没有包围电流，如图 11-20 所示，此时可从长直导线出发，引出与闭合路径 L 相切的两条切线，切点把闭合路径 L 分为 L_1 和 L_2 两部分，则

$$\oint_L \boldsymbol{B} \cdot \mathrm{d}\boldsymbol{l} = \int_{L_1} \boldsymbol{B} \cdot \mathrm{d}\boldsymbol{l} + \int_{L_2} \boldsymbol{B} \cdot \mathrm{d}\boldsymbol{l} = \frac{\mu_0 I}{2\pi}\left(\int_{L_1} \mathrm{d}\alpha - \int_{L_2} \mathrm{d}\alpha\right)$$

$$= \frac{\mu_0 I}{2\pi}(\alpha - \alpha) = 0$$

即闭合曲线不包围电流时，$\boldsymbol{B}$ 的环流为零。

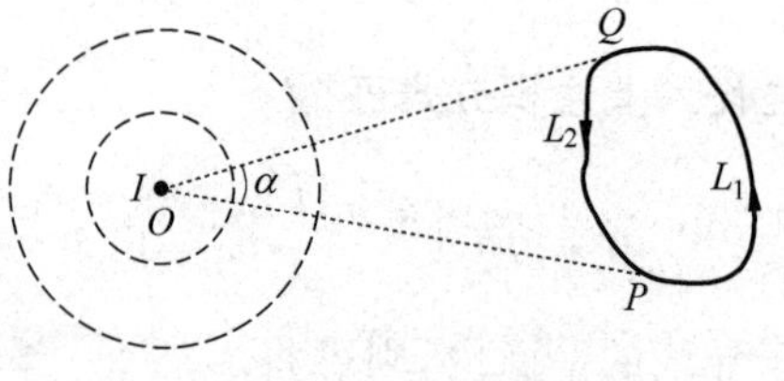

图 11-20　闭合路径不包围载流导线

以上结果虽然是从长直载流导线的磁场的特例导出的，但其结论具有普遍性，对任意形状的通电导线的磁场都是适用的，而且当闭合曲线包围多条载流导线时也同样适用，即

$$\oint_L \boldsymbol{B} \cdot \mathrm{d}\boldsymbol{l} = \mu_0 \sum I \tag{11-21}$$

这就是真空中恒定磁场的**安培环路定理**（Ampère's circulation theorem）。它是电流与它所激发的磁场之间的普遍规律，可表述如下：**在真空中的恒定磁场中，沿任何闭合曲线 $\boldsymbol{B}$ 的线积分（$\boldsymbol{B}$ 的环流），等于真空磁导率乘以穿过以该闭合曲线为边界的任意曲面的各恒定电流的代数和。**

在式(11-21)中，若电流流向与积分回路呈右手螺旋关系，电流取正值，反之则取负值。

这里应注意的是，安培环路定理中的 I 只是穿过环路中的电流，即 $\boldsymbol{B}$ 的环流 $\oint_L \boldsymbol{B} \cdot \mathrm{d}\boldsymbol{l}$ 只与穿过环路的电流有关，而与未穿过环路的电流无关，但是环路上任一点的磁感应强度 $\boldsymbol{B}$ 却是所有电流（无论是否穿过环路）所激发的场在该点叠加后的总磁感应强度。

由安培环路定理可以看出，磁感应强度 $\boldsymbol{B}$ 的环流 $\oint_L \boldsymbol{B} \cdot \mathrm{d}\boldsymbol{l}$ 积分不一定为零，所以恒定磁场的基本性质与电场是不同的。静电场是保守力场，因为 $\boldsymbol{E}$ 的环流恒等于零，所以称静电场为无旋场；而由于 $\boldsymbol{B}$ 的环流并不恒等于零，所以通常称磁场为**有旋场**(curl field)。

11.4.3　安培环路定理的应用

在静电场中，我们可以利用高斯定理求得电场对称分布时的电场强度，同样地，我们也可以利用安培环路定理很方便地计算具有一定对称性分布的载流导线周围的磁场分布。在应用安培环路定理求解磁感应强度时，与应用高斯定理求解电场强度的步骤类似。首先应对电流和磁场的分布有一个定性的分析，根据磁感应强度的分布选择适当的积分回路，使该回路上各点的磁感应强度的大小都相等，或者磁感应强度 $\boldsymbol{B}$ 和环路积分回路上的线元矢量 $\mathrm{d}\boldsymbol{l}$ 的夹角恒定，确保环流积分和磁感应强度 $\boldsymbol{B}$ 的关系能够通过积分建立起来并可直接求积分。如果满足这些条件，通过所选环路内部包围的电流就能很方便地计算出磁感应强度 $\boldsymbol{B}$ 的大小。下面通过几个例子来说明。

例 11-5　求无限长载流圆柱体的磁场。设真空中有一无限长载流圆柱体，其半径为 R，圆柱截面积上均匀地通有沿轴线流动的电流 I，求载流圆柱体周围空间磁场的分布。

解　无限长载流圆柱体周围的磁场具有轴对称性，磁感应线是在垂直于轴线平面内以轴线为中心的同心圆，如图 11-21 所示。设 P 点离轴线的垂直距离为 $r(r>R)$，过 P 点作圆形积分回路 L，在积分回路 L 上各点的磁感应强度 $\boldsymbol{B}$ 的大小都相等，$\boldsymbol{B}$ 的方向沿圆周的切线方向，根据安培环路定理有

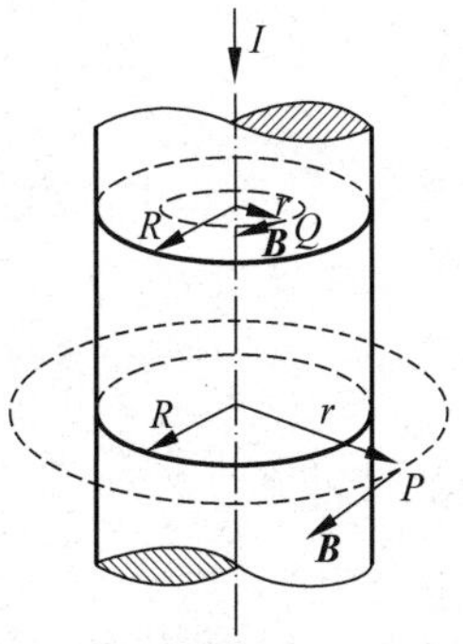

图 11-21　载流圆柱体的磁场计算

$$\oint_L \boldsymbol{B} \cdot \mathrm{d}\boldsymbol{l} = B2\pi r = \mu_0 I$$

因此

$$B = \frac{\mu_0 I}{2\pi r}, \quad r > R \tag{11-22}$$

可见长载流圆柱体外的磁场与长直载流导线激发的磁场相同。

如果 $r<R$，即在载流圆柱体内部(如图 11-21 中的 Q 点)，过 Q 点作半径为 r 的圆形回路 L，同样在回路 L 上各点的磁感应强度 $\boldsymbol{B}$ 的大小均相等，方向沿着积分回路 L 的切线方向，此时回路包围的电流应是 $I'=\dfrac{\pi r^2}{\pi R^2}I$，根据安培环路定理有

$$\oint_L \boldsymbol{B} \cdot \mathrm{d}\boldsymbol{l} = B2\pi r = \mu_0 \frac{\pi r^2}{\pi R^2} I$$

因此可以计算出

$$B = \frac{\mu_0 r}{2\pi R^2} I, \quad r < R \tag{11-23}$$

可见在载流圆柱体内部，磁感应强度与离开轴线的距离 r 成正比。

例 11-6　求载流长直螺线管内的磁场。设真空中有一密绕载流长直螺线管，线圈中通有电流 I，单位长度上密绕 n 匝线圈，求载流长直螺线管内部的磁感应强度。

解　根据电流分布的对称性，长直螺线管内部的磁感应线是一系列与轴线平行的直线，并且在同一条磁感应线上各点的 $\boldsymbol{B}$ 的大小相等，在管的外侧，磁场很弱，可以忽略不计。

过管内的一点 P 作如图 11-22 所示的矩形回路 $abcd$。在线段 cd 上，以及线段 bc，ad 上位于管外的部分，磁场非常弱，所以 $B=0$；在线段 bc，ad 上位于管内的部分，虽然 $B\neq 0$，但是 $\mathrm{d}\boldsymbol{l}$ 与 $\boldsymbol{B}$ 垂直，即 $\boldsymbol{B}\cdot\mathrm{d}\boldsymbol{l}=0$；线段 ab 上各点磁感应强度 $\boldsymbol{B}$ 的大小相等，方向都与积分路径 $\mathrm{d}\boldsymbol{l}$ 一致，即从 a 到 b。所以 $\boldsymbol{B}$ 沿闭合回路 $abcd$ 的线积分为

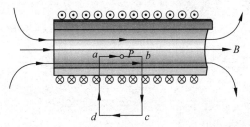

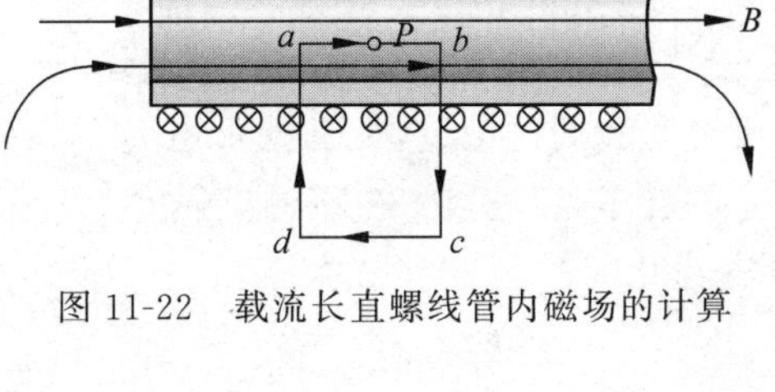

图 11-22　载流长直螺线管内磁场的计算

$$\oint_L \boldsymbol{B} \cdot \mathrm{d}\boldsymbol{l} = \int_{ab} \boldsymbol{B} \cdot \mathrm{d}\boldsymbol{l} + \int_{bc} \boldsymbol{B} \cdot \mathrm{d}\boldsymbol{l} + \int_{cd} \boldsymbol{B} \cdot \mathrm{d}\boldsymbol{l} + \int_{da} \boldsymbol{B} \cdot \mathrm{d}\boldsymbol{l}$$
$$= \int_{ab} \boldsymbol{B} \cdot \mathrm{d}\boldsymbol{l} = B\overline{ab}$$

回路 $abcd$ 所包围的电流总数为 $\overline{ab}\,nI$，并且电流流向和回路积分方向满足右手螺旋定则，因此电流取正，根据安培环路定理有

$$\oint_L \boldsymbol{B} \cdot \mathrm{d}\boldsymbol{l} = B\overline{ab} = \mu_0 nI\overline{ab}$$

因此可得

$$B = \mu_0 nI \tag{11-24}$$

由于矩形回路是任取的，不论线段 ab 在管内的任何位置，式(11-24)都成立。因此，无限长直螺线管内任一点的 $\boldsymbol{B}$ 的大小均相同，方向平行于轴线，即无限长直螺线管内中间部分的磁场是一个均匀磁场。式(11-24)的结果与毕奥-萨伐尔定律计算出的结果相同。

11.5 带电粒子在电场和磁场中的运动

前面的内容主要讨论运动电荷激发的磁场，以及怎样计算载流导线激发的磁场分布。下面我们讨论一下磁场对运动电荷的磁力作用。

11.5.1 洛伦兹力

洛伦兹(H. A. Lorentz，1853—1928)，荷兰理论物理学家、数学家，经典电子论的创立者。他填补了经典电磁场理论与相对论之间的鸿沟，是经典物理和近代物理间的一位承上启下式的科学巨擘，是第一代理论物理学家的领袖。1896 年，洛伦兹用电子论成功地解释了由莱顿大学的塞曼(P. Zeeman，1865—1943)发现的原子光谱磁致分裂现象。他从理论上导出的负电子的荷质比，与汤姆孙翌年从阴极射线实验得到的结果相一致。他还导出了爱因斯坦(Albert Einstein，1879—1955)的狭义相对论基础的变换方程，即现在为人熟知的洛伦兹变换。由于塞曼效应的发现和解释，塞曼和洛伦兹分享了 1902 年度的诺贝尔物理学奖。

在引入磁感应强度的概念时我们讨论过，运动的带电粒子在外磁场中将受到磁场力的作用。若一个带电荷量为 q 的粒子，以速度 $\boldsymbol{v}$ 在磁感应强度为 $\boldsymbol{B}$ 的磁场中运动，磁场对运动电荷作用的磁场力为

$$\boldsymbol{F} = q\boldsymbol{v} \times \boldsymbol{B} \tag{11-25}$$

式中，磁场力 $\boldsymbol{F}$ 叫做**洛伦兹力**(Lorentz force)。洛伦兹力的方向由 $\boldsymbol{v}$ 和 $\boldsymbol{B}$ 的矢积确定，即洛伦兹力 $\boldsymbol{F}$ 的方向垂直于运动电荷的速度 $\boldsymbol{v}$ 和磁感应强度 $\boldsymbol{B}$ 所组成的平面，且符合右手螺旋定则：以右手四指由 $\boldsymbol{v}$ 经小于 180°的角弯向 $\boldsymbol{B}$，垂直于四指的大拇指的指向就是正电荷所受洛伦兹力的方向。对于正电荷，$\boldsymbol{F}$ 的方向与 $\boldsymbol{v}\times\boldsymbol{B}$ 的方向同向；对于负电荷，$\boldsymbol{F}$ 的方向为 $-\boldsymbol{v}\times\boldsymbol{B}$ 的方向。洛伦兹力的大小可表示为

$$F = qvB\sin\theta$$

其中，θ 为 $\boldsymbol{v}$ 和 $\boldsymbol{B}$ 的矢量的夹角。

因为洛伦兹力的方向总是和带电粒子运动速度的方向垂直，所以磁场力只能改变带电粒子的运动方向，而不能改变带电粒子的速率和动能，即洛伦兹力对粒子不做功，这是洛伦兹力的一个重要特征。下面我们分两种情况讨论带电粒子在磁场中的运动规律。

1. 带电粒子在均匀磁场中的运动

设有一均匀磁场，磁感应强度为 $\boldsymbol{B}$，一电荷量为 q、质量为 m 的粒子，以初速度 $\boldsymbol{v}_0$ 进入磁场中。如果 $\boldsymbol{v}_0$ 的方向与 $\boldsymbol{B}$ 相互平行，则由式(11-25)可知，作用于带电粒子的洛伦兹力为零，带电粒子不受磁场的影响，继续作匀速直线运动。如果 $\boldsymbol{v}_0$ 的方向与 $\boldsymbol{B}$ 相互垂直，这时粒子将受到与运动方向垂直的洛伦兹力 $\boldsymbol{F}$ 作用，如图 11-23 所示，$\boldsymbol{F}$ 的大小为 qv_0B。因为洛伦兹力始终与粒子的运动方向垂直，所以带电粒子将在垂直于磁场的平面内作半径为 R 的匀速圆周运动，洛伦兹力起着向心力的作用，即

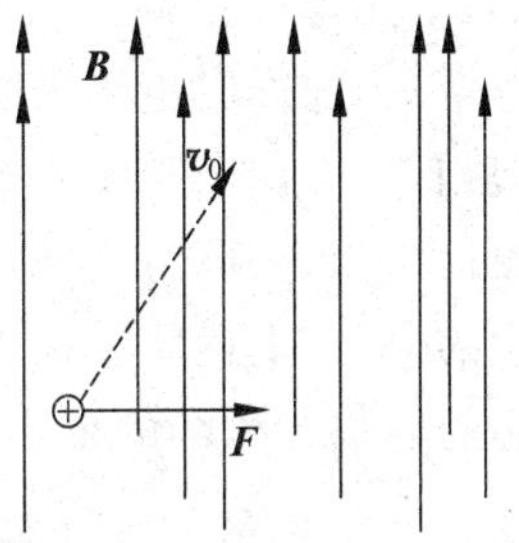

图 11-23　运动电荷在磁场中所受磁场力的方向

$$qv_0B = m\frac{v_0^2}{R}$$

由上式可得，带电粒子相应的轨道半径为

$$R = m\frac{v_0}{qB} \tag{11-26}$$

带电粒子绕圆形轨道一周所需要的时间，即周期是

$$T = \frac{2\pi R}{v_0} = 2\pi\frac{m}{qB} \tag{11-27}$$

由式(11-27)可以看出，带电粒子运动的周期与运动的速度 $\boldsymbol{v}_0$ 无关，这一特点是后面将介绍的磁聚焦和回旋加速器的理论基础，由此可得带电粒子作匀速率圆周运动的角频率是

$$\omega = \frac{2\pi}{T} = \frac{qB}{m} \tag{11-28}$$

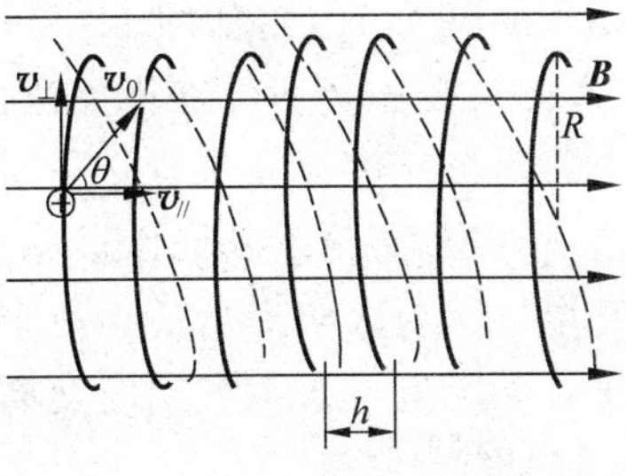

图 11-24　运动电荷在磁场中的螺旋运动

角频率的大小也与速度 $\boldsymbol{v}_0$ 的大小无关。

如果带电粒子的速度 $\boldsymbol{v}_0$ 的方向与 $\boldsymbol{B}$ 成一夹角 θ，如图 11-24 所示，那么我们可以把速度 $\boldsymbol{v}_0$ 分解成平行于 $\boldsymbol{B}$ 的分量 $\boldsymbol{v}_{/\!/}$ 和垂直于 B 的分量 $\boldsymbol{v}_{\perp}$，有

$$v_{/\!/} = v_0\cos\theta,\quad v_{\perp} = v_0\sin\theta$$

由于磁场的作用，带电粒子在垂直于磁场的平面内以 $v_{\perp}$ 作匀速圆周运动，但由于同时有平行于 $\boldsymbol{B}$

的速度分量 $v_{/\!/}$ 不受磁场的影响，所以带电粒子合运动的轨道是一螺旋线。螺旋线的半径是

$$R=m\frac{v_{\perp}}{qB}=m\frac{v_0\sin\theta}{qB}$$

螺距是

$$h=v_{/\!/}T=v_{/\!/}\frac{2\pi R}{v_{\perp}}=\frac{2\pi m v_0\cos\theta}{qB} \tag{11-29}$$

式中，T 为粒子旋转一周的时间。式(11-29)表明，螺距 h 只与平行于磁场的速度分量 $v_{/\!/}$ 有关，与 $v_{\perp}$ 无关。

上述结果可用于磁聚焦。如图 11-25 所示，在阴极射线管中，由阴极出射的电子束在控制极和阳极加速电压的作用下，会聚于 A 点，这时速度近似相等的电子束由于受到库仑力作用而产生发散，但发散角很小。这时在电子束原来的速度方向上加上一个均匀磁场，由于电子的 $\boldsymbol{v}_0$ 方向与 $\boldsymbol{B}$ 的夹角不尽相同，但都很小，于是这些粒子的速度分量 $v_{\perp}$ 略有差异，而速度分量 $v_{/\!/}$ 却近似相等。这样，这些带电粒子沿半径不同的螺旋线运动，但它们的螺距却是近似相等的，即经距离 h 后都相交于屏上同一点 P。这个现象与光束通过光学透镜聚焦的现象很相似，故称为磁聚焦现象（magnetic focusing）。由于均匀磁场通常是由长直螺线管产生的，所以上述装置称为长磁透镜。实际情况下用得更多的是短磁透镜，它利用由短线圈产生的非均匀磁场的聚焦作用，广泛用于电真空器件，尤其是电子显微镜。

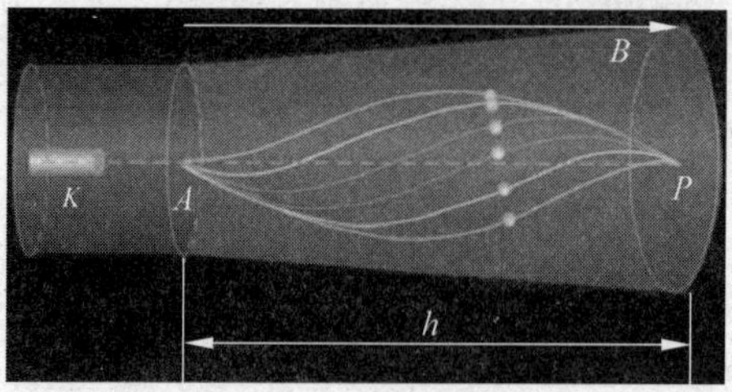

图 11-25　磁聚焦的原理

2. 带电粒子在非均匀磁场中的运动

如图 11-26 所示，当带电粒子在非均匀磁场中由弱磁场向强磁场运动时，螺旋线的半径将随着磁感应强度的增大而减小。同时，此带电粒子在非均匀磁场中受到的洛伦兹力总有一个指向磁场较弱的方向的分力，此分力阻止带电粒子向磁场较强的方向运动。这样，有可能使粒子沿磁场方向的速度减小到零，从而迫使粒子作反向运动，就像光线射到镜面上后反射回来一样。通常把这种磁感应强度逐渐增强的会聚磁场装置称为磁镜（magnetic mirror）。这样，两个线圈就好像两面“镜子”，称为磁瓶（magnetic bottle），如图 11-27 所示。在一定速度范围内的带电粒子进入这个区域后，就会被这样一个磁场所俘获而无法逃脱。地球也可算是一个天然的磁约束捕集器，地球周围的非均匀磁场能够俘获来自宇宙射线和“太阳风”的带电粒子，使它们在地球两磁极之间来回振荡，形成范艾伦（van Allen）辐射带，如图 11-28 所示。另外，我们在高纬地区高空所见到的极光是因为太阳黑子活动使宇宙中高能粒子剧增，这些高能粒子在地磁感应的引导下在地球北极附近进入大气层时使高层空气分子或原子激发或电离，然后辐射发光，从而出现了美丽的极光。

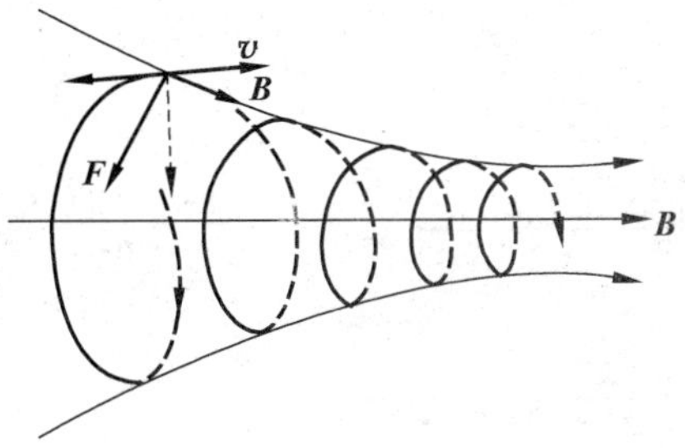

图 11-26　磁镜

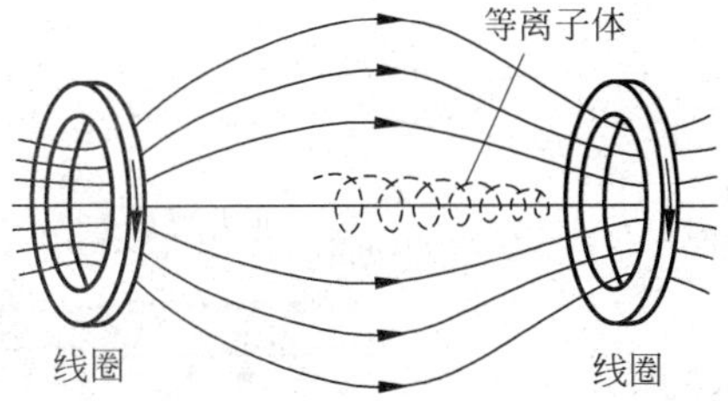

图 11-27　磁瓶

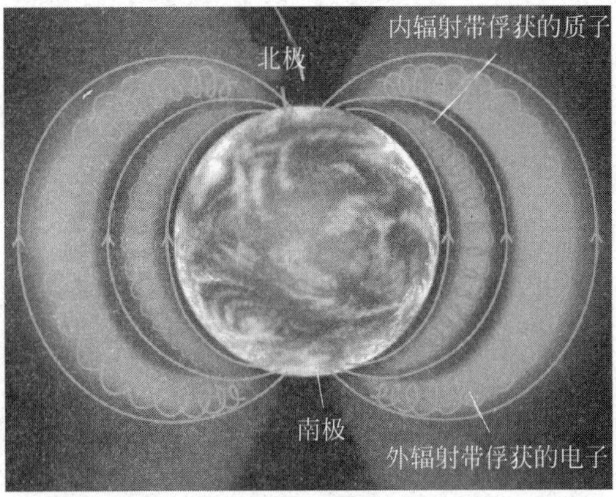

图 11-28　范艾伦辐射带

11.5.2　带电粒子在电磁场中的运动

带电粒子在电场中会受到电场力的作用,相对于磁场运动时会受到磁场力的作用,我们可以利用电场和磁场的共同作用来控制带电粒子的运动,这在现代科学技术中有着广泛的应用。

1. 质谱仪

质谱仪又称为质谱计,是分离和检测各种元素的同位素的仪器。该类仪器是基于带电粒子在电磁场中能够偏转的原理,按物质原子、分子或分子碎片的质量差异进行分离和检测物质组成。仪器的主要装置放在真空中,将物质气化、电离成离子束,经电压加速和聚焦,然后通过磁场、电场区。不同质量的离子受到磁场、电场的作用而引起不同的偏转路径,从而聚焦在不同的位置,由此可获得不同同位素的质量和含量百分率。

从离子源所产生的离子经过加速电场后,进入两板之间的狭缝,在两板之间有一均匀电场 E,同时还有垂直纸面向内的均匀磁场,如图 11-29 所示。带电粒子同时受到方向相反的电场力和磁场力的作用,显然,只有所受的这两种力大小相等的粒子才能通过两板间狭缝,否则,就会落在两板上而不能通过。这一装置叫做速度选择器。首先用互相垂直的均匀电场和均匀磁场对带电粒子联合作用,选择速度适宜的带电粒子。当离子进入两板之间,它们

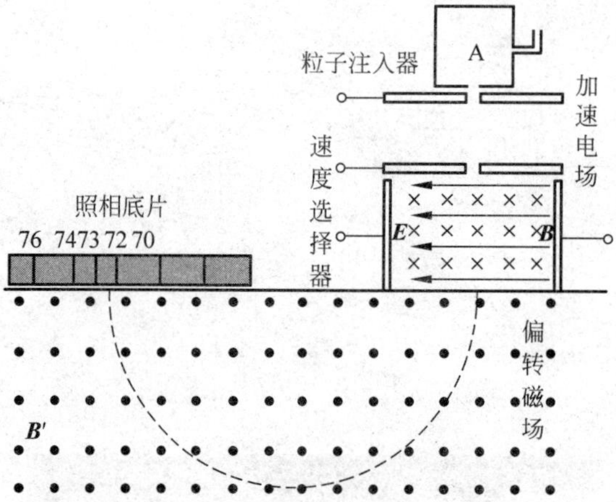

图 11-29 质谱仪的示意图

将受到电场力和磁场力的作用,两力的方向相反,只有速率满足 $qvB=qE$,即 $v=E/B$ 的离子才能无偏转地通过两板间的狭缝,从而继续沿直线运动。

从速度选择器射出的离子进入磁感应强度大小为 B' 的磁场后,受磁场力的作用将作圆周运动,半径为

$$R=\frac{mE}{qB'B}$$

式中,除质量 m 外,其余均为定值,半径 R 与质量 m 成正比,即同位素离子在磁场中作半径不同的圆周运动,这些离子将按照质量的不同而分别射到照相底片上的不同位置,形成若干线谱状的细条,每一细谱线代表不同的质量。

2. 回旋加速器

1929 年,欧内斯特·劳伦斯(E. O. Lawrence,1901—1958)提出回旋加速器的理论,并于 1930 年首次研制成功。它的主要结构是在磁极间的真空室内有两个半圆形的金属扁盒(D 形盒)隔开相对放置,如图 11-30 所示,D 形盒上加交变电压,其间隙处产生交变电场。置于中心的粒子源产生带电粒子并发射出来,带电粒子受到电场加速,在 D 形盒内不受电场力,仅受磁极间磁场的洛伦兹力,在垂直于磁场平面内作圆周运动。绕行半圈的时间为 $\pi m/(qB)$,其中,q 是粒子的电荷,m 是粒子的质量,$\boldsymbol{B}$ 是磁场的磁感应强度。如果 D 形盒上所加的交变电压的频率恰好等于粒子在磁场中作圆周运动的频率,则粒子绕行半圈后正赶上 D 形盒上的电压方向转变,那么粒子仍处于加速状态。由于上述粒子绕行半圈的时间与粒子的速度无关,所以粒子每绕行半圈受到一次加速,使绕行半径增大。经过很多次加速,粒子沿螺旋形轨道从 D 形盒边缘引出,能量可达几十兆电子伏特(MeV)。回旋加速器的能量受制于随粒子速度增大的相对论效应,粒子的质量增大,粒子绕行周期变长,从而逐渐偏离了交变电场的加速状态。回旋加速器的发展经历了两个重要的阶段。前 20 年,人们按照劳伦斯的原理建造了一批所谓的"经典回旋加速器",其中最大可生产 44MeV 的 α 粒子或 22MeV 的质子。但由于相对

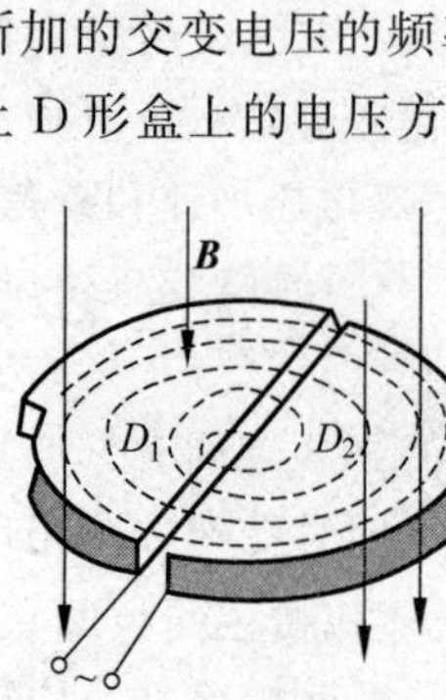

图 11-30 回旋加速器的原理图

论效应所引起的矛盾和限制，经典回旋加速器的能量难以超过每核子二十多兆电子伏特的能量范围。后来，人们基于1938年托马斯(L. H. Thomas)提出的建议，发展了新型的回旋加速器。因此，在1945年研制的同步回旋加速器通过改变加速电压的频率，解决了相对论效应的影响。利用该加速器可使被加速粒子的能量达到700MeV。使用可变的频率，回旋加速器不需要长时间使用高电压，几个周期后也可同样获得最大的能量。在同步回旋加速器中最典型的加速电压是10kV，并且可通过改变加速室的大小(如半径、磁场)，限制粒子的最大能量。

2014年7月4日，中国核工业集团有限公司(中核集团)中国原子能科学研究院自主研发的100MeV质子回旋加速器(图11-31)首次调试出束，这是我国基础核物理研究向前迈出的重要一步。100MeV质子回旋加速器直径为6.16m，总质量为475t，是国际上最大的紧凑型强流质子回旋加速器，也是我国目前自主创新、自行研制的能量最高的质子回旋加速器。在国家国防科技工业局、中核集团的支持下，经过自主创新和协同攻关，该装置于2012年9月开始现场安装，于2013年12月实现中心区调试出束，于2014年6月具备外靶出束条件。100MeV质子回旋加速器的研制成功，表明中国原子能科学研究院掌握了特大型超精密磁工艺技术，大功率高稳定度高频技术，大抽速低温真空技术，强流离子源和高效率注入、引出技术，强流回旋加速器束流动力学三维大规模并行计算等一批质子回旋加速器核心技术。

图11-31 我国自主研发的100MeV质子回旋加速器

3. 霍耳效应

1879年，霍耳(E. H. Hall，1855—1938)发现，把一载流金属导体放在磁场中时，如果磁场方向与电流方向垂直，则金属导体在与磁场和电流两者垂直的方向上将出现横向电势差。这一现象称为霍耳效应，该电势差称为霍耳电势差。

实验指出，在磁场不太强时，霍耳电势差 U 与电流强度 I 和磁感应强度 B 成正比，与板的宽 d 成反比，即

$$U=V_1-V_2=R_H\frac{BI}{d} \tag{11-30}$$

式中，R_H 称为霍耳系数。霍耳效应是由导体中的载流子在磁场中受洛伦兹力的作用发生横向漂移而导致的。下面以金属导体为例，说明其原理。如图11-32所示，金属导体中的载

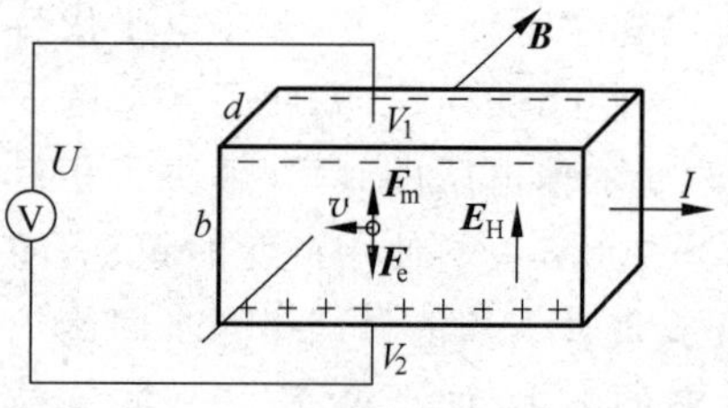

图 11-32 霍耳效应

流子是电子,运动方向与电流流向相反。如果在垂直于电流方向加一均匀磁场,这些自由电子将受洛伦兹力的作用,大小为 $F_{\mathrm{m}}=evB$,方向向上,从而使电子向上漂移,这使得金属薄片上侧有多余负电荷积累,下侧缺少负电荷,有多余正电荷积累,结果在导体内形成附加电场,称为霍耳电场。此电场使电子受到电场力的作用,该电场力与洛伦兹力反向,大小为 $F_{\mathrm{H}}=eE_{\mathrm{H}}$,当 $F_{\mathrm{m}}=F_{\mathrm{H}}$ 时,载流子不再有漂移,正常移动。此时

$$eE_{\mathrm{H}}=evB,\quad E_{\mathrm{H}}=vB$$

霍耳电压为

$$V_1-V_2=-E_{\mathrm{H}}b=-vBb \tag{11-31}$$

导体中单位体积内的带电粒子数为 n,则通过导体的电流为 $I=nebdv$,将之代入式(11-31),再与式(11-30)联立,可得霍耳系数为

$$R_{\mathrm{H}}=-\frac{1}{ne}$$

霍耳系数 R_{H} 仅与材料有关。如果载流子带正电荷 q,则在电流和磁场方向不变的情况下,正电荷在金属薄片上侧积累,负电荷在下侧积累,霍耳系数为

$$R_{\mathrm{H}}=\frac{1}{nq} \tag{11-32}$$

由此可见,根据霍耳系数的正负可以判断载流子的正负情况,如判断半导体材料是空穴型导电(p 型半导体)还是电子型导电(n 型半导体)。通过测定霍耳系数大小,还可以测量材料中载流子数密度 n。霍耳效应被广泛应用于工业生产和科学研究中,例如,可以根据霍耳电压测量磁场,这是现阶段测量磁场的一种比较精确的方法。

11.6 磁场对载流导线的作用

11.5 节我们介绍了运动电荷在磁场中会受洛伦兹力的作用,把通入电流的导体放入磁场中同样会受磁场力的作用。从本质上来说,磁场对载流导线的作用是由磁场对载流导线内部运动电荷的作用,即洛伦兹力引起的,载流导线中定向运动的电子和载流导线中的晶格上的正离子不断碰撞,最终把动量传给了载流导线,从而使整个载流导线在磁场中受到磁力作用。人们根据这一原理发明了电动机。

11.6.1 安培定律

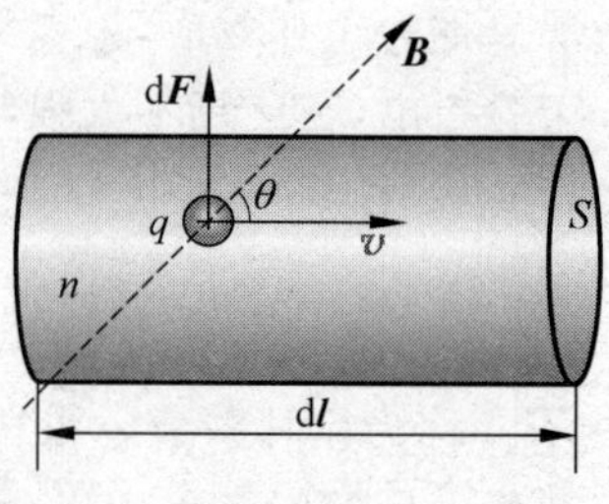

图 11-33 磁场对电流元的作用力

磁场对载流导线的作用力称为安培力。安培在研究电流与电流之间的相互作用时,仿照电荷之间相互作用的库仑定律,把载流导线分割成电流元,得到了电流元之间的相互作用规律,并于 1820 年总结出了电流元受力的安培定律。如图 11-33 所示,设导线横截面积为 S,通过的电

流为 I，导线单位体积中的载流子数为 n，平均漂移速度为 $\boldsymbol{v}$，每个载流子所带的电荷量为 q。在磁感应强度 $\boldsymbol{B}$ 的作用下，每个载流子都将受到洛伦兹力 $\boldsymbol{F}=q\boldsymbol{v}\times\boldsymbol{B}$ 的作用。设想在导线上截取一电流元 $I\mathrm{d}\boldsymbol{l}$，该电流元中的载流子数为 $\mathrm{d}N=nS\mathrm{d}l$，因为作用在每个载流子上的力的大小、方向都相同，所以整个电流元受到的磁场力为

$$\mathrm{d}\boldsymbol{F}=nS\mathrm{d}lq\boldsymbol{v}\times\boldsymbol{B}$$

因为导线内的电流 $I=nSqv$，电荷速度的方向就是电流元的方向，所以上式可以写成

$$\mathrm{d}\boldsymbol{F}=I\mathrm{d}\boldsymbol{l}\times\boldsymbol{B} \tag{11-33}$$

式(11-33)称为**安培定律**(Ampère law)。安培力的方向由 $\mathrm{d}\boldsymbol{l}\times\boldsymbol{B}$ 的方向确定。

任意形状的载流导线 L 在磁场中所受的安培力 $\boldsymbol{F}$，等于各电流元所受安培力的矢量叠加，即

$$\boldsymbol{F}=\int_L \mathrm{d}\boldsymbol{F}=\int_L I\mathrm{d}\boldsymbol{l}\times\boldsymbol{B} \tag{11-34}$$

安培力是作用在整个载流导线 L 上，而不是集中作用于一点上的。

如果载流导线是在非均匀磁场中，则每一小段电流元所受安培力的大小和方向都有可能不同，这时，原则上可以建立直角坐标系，把每一段电流元所受安培力 $\mathrm{d}\boldsymbol{F}$ 先分解为 $\mathrm{d}F_x$，$\mathrm{d}F_y$，$\mathrm{d}F_z$ 三个分量，求出各个方向上的分力：

$$F_x=\int\mathrm{d}F_x,\quad F_y=\int\mathrm{d}F_y,\quad F_z=\int\mathrm{d}F_z$$

最后再根据力的矢量叠加，由各个方向上的分力求出合力：

$$\boldsymbol{F}=F_x\boldsymbol{i}+F_y\boldsymbol{j}+F_z\boldsymbol{k}$$

我们现在考虑一种简单的情况，即载流长直导线放在均匀的恒定磁场中，设导线长度为 l，电流为 I，其方向与磁感应强度 $\boldsymbol{B}$ 的夹角为 θ，则由式(11-34)可得，$F=IlB\sin\theta$，当 $\theta=0°$ 或 $180°$ 时，$F=0$；当 $\theta=90°$ 时，F 最大，此时 $F=IlB$。我们可以根据此式来测定磁感应强度。如图 11-34 所示，通过电流天平对正、反电流的两次测量，测出通电导线所受的安培力，就可以算出磁感应强度的大小。

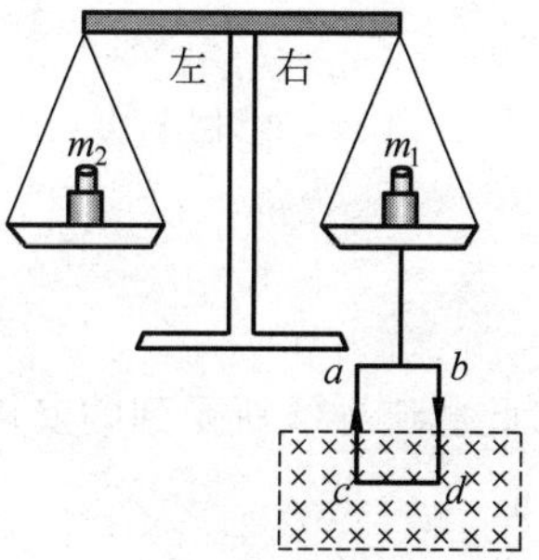

图 11-34　电流天平

例 11-7　设真空中有两条平行的长直载流导线 a 和 b，相距为 d，它们分别通有同向的电流 I_1 和 I_2。试求两导线上单位长度所受到的安培力。

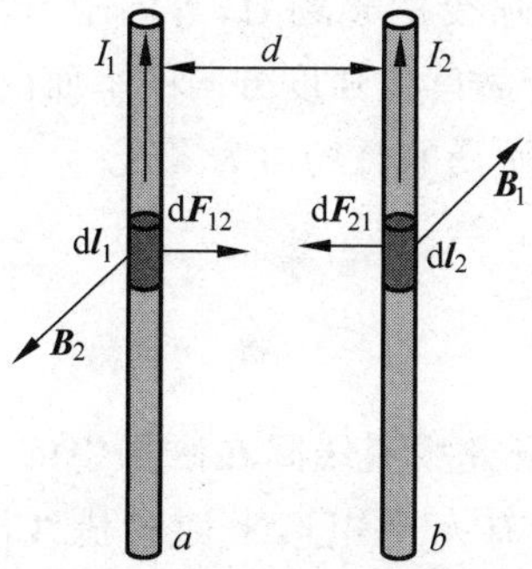

图 11-35　平行长直载流导线之间的作用力

解　在导线 b 上任取一电流元 $I_2\mathrm{d}\boldsymbol{l}_2$。根据安培定律，该电流元所受的磁场力 $\mathrm{d}\boldsymbol{F}_{21}$ 的大小为

$$\mathrm{d}F_{21}=B_1I_2\mathrm{d}l_2$$

式中，B_1 是导线 a 在电流元 $I_2\mathrm{d}\boldsymbol{l}_2$ 处的磁感应强度，大小为

$$B_1=\frac{\mu_0I_1}{2\pi d}$$

因此有

$$\mathrm{d}F_{21}=\frac{\mu_0I_1}{2\pi d}I_2\mathrm{d}l_2$$

$\mathrm{d}\boldsymbol{F}_{21}$ 的方向由右手螺旋定则可判断出在两平行导线的平面内由导线 b 指向导线 a。因此单位长度导线所受磁场力的大

小为

$$\frac{\mathrm{d}F_{21}}{\mathrm{d}l_2}=\frac{\mu_0 I_1 I_2}{2\pi d} \tag{11-35}$$

同理，可以求得载流导线 a 上单位长度所受磁场力的大小也是

$$\frac{\mathrm{d}F_{12}}{\mathrm{d}l_1}=\frac{\mu_0 I_1 I_2}{2\pi d}$$

方向为由导线 a 指向导线 b。由此可见，两条通有同向电流的长直导线，通过磁场的作用，互相吸引；两条通有反向电流的长直导线，通过磁场的作用，互相排斥。

在国际单位制中，电流的单位——安培曾是由式(11-35)来定义的：**真空中相距为 1m 的两条平行长直导线，横截面积都非常小，通有相同的恒定电流，当导线每米长度上所受的作用力恰好为 2×10^{-7}N 时，定义每条导线中通有的电流为 1A**。根据上述规定，我们还可以由式(11-35)导出真空磁导率为 $\mu_0=4\pi\times10^{7}\,\mathrm{N\cdot A^{-2}}$。

例 11-8 如图 11-36 所示，在 Oxy 平面内有一段形状不规则的载流导线，通有电流 I，ab 两点间的距离为 L，载流导线放在磁感应强度为 $\boldsymbol{B}$ 的均匀磁场中，求它所受的磁场力。

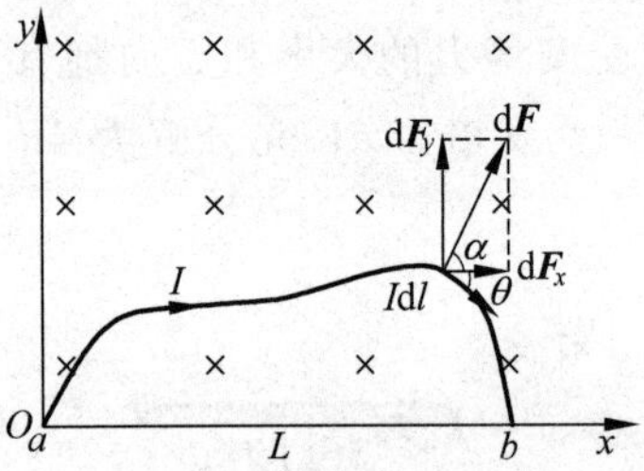

图 11-36　例 11-8 用图

解　建立如图 11-36 所示的坐标系，在载流导线上任取电流元 $I\mathrm{d}\boldsymbol{l}$，根据安培定律，电流元所受的安培力为

$$\mathrm{d}\boldsymbol{F}=I\mathrm{d}\boldsymbol{l}\times\boldsymbol{B}$$

磁场力沿着 x 轴和 y 轴的分量分别为

$$\mathrm{d}F_x=\mathrm{d}F\cos\alpha=\mathrm{d}F\sin\theta=IB\,\mathrm{d}l\sin\theta=-IB\,\mathrm{d}y$$

$$\mathrm{d}F_y=\mathrm{d}F\sin\alpha=IB\,\mathrm{d}x$$

因此载流导线所受到的安培力沿着各个方向的分力分别为

$$F_x=\int_l \mathrm{d}F_x=-IB\int_{y_a}^{y_b}\mathrm{d}y=0$$

$$F_y=\int_l \mathrm{d}F_y=IB\int_{x_a}^{x_b}\mathrm{d}x=IBL$$

于是，载流导线所受的磁场力为

$$\boldsymbol{F}=IBL\boldsymbol{j}$$

由上述结果可以看出，在均匀磁场中，任意形状的平面载流导线所受的磁场力，等同于与其起点和终点相同的载流长直导线所受的磁场力。另外，在垂直于磁感应强度方向的平面内，若导线的起点与终点重合在一起，即构成闭合回路，则闭合回路所受的磁场力为零。

11.6.2　磁场作用于载流线圈的磁力矩

在讨论了载流导线在磁场中的受力规律后，我们将进一步研究载流线圈在磁场中的受力规律。如图 11-37 所示，在磁感应强度为 $\boldsymbol{B}$ 的均匀磁场中，有一个矩形平面载流线圈 $abcd$，其边长分别为 l_1 和 l_2，电流为 I，设线圈平面法向的单位矢量 $\boldsymbol{e}_\mathrm{n}$ 的方向与磁感应强度 $\boldsymbol{B}$ 之间的夹角为 θ，根据安培定律，导线 bc 和 da 所受磁场力的大小分别为

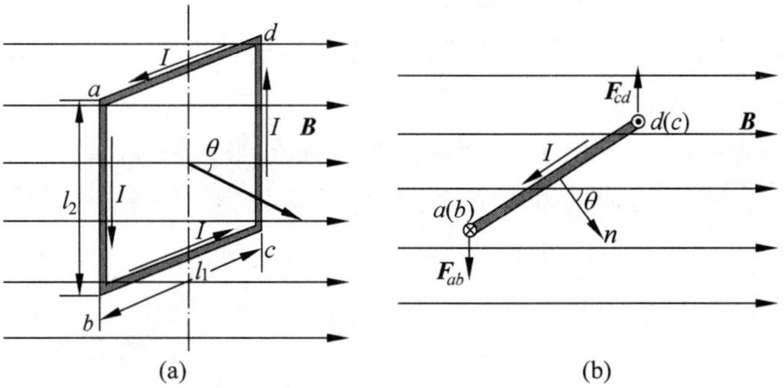

图 11-37 平面载流线圈在均匀磁场中的受力

$$F_{da}=IBl_1\sin\left(\frac{\pi}{2}+\theta\right)=IBl_1\cos\theta,\quad F_{bc}=IBl_1\sin\left(\frac{\pi}{2}-\theta\right)=IBl_1\cos\theta$$

这两个力在同一直线上，大小相等而方向相反，从而相互抵消。

导线 ab 和 cd 所受磁场力的大小为

$$F_{ab}=F_{cd}=IBl_2$$

这两个力方向相反，但不在同一直线上，如图 11-37(b)所示，因此形成一力偶，力 F_{ab} 和力 F_{cd} 对应的力臂均为$\frac{1}{2}l_1\sin\theta$，所以该线圈所受到的磁力矩大小为

$$M=\frac{1}{2}l_1\sin\theta F_{ab}+\frac{1}{2}l_1\sin\theta F_{cd}$$
$$=IBl_2l_1\sin\theta$$

式中，$S=l_1l_2$ 为线圈面积。所以上式可以写为

$$M=IBS\sin\theta$$

如果线圈有 N 匝，那么其所受的磁力矩大小为

$$M=NISB\sin\theta=mB\sin\theta \tag{11-36}$$

式中，$m=NIS$ 是线圈的磁矩大小，它的方向是载流线圈平面法线的正方向，和线圈内的电流流向满足右手螺旋关系，用矢量表示为 $\boldsymbol{m}=NIS\boldsymbol{e}_n$。磁力矩的方向为 $\boldsymbol{m}\times\boldsymbol{B}$ 的方向。所以式(11-36)也可写成矢量式：

$$\boldsymbol{M}=\boldsymbol{m}\times\boldsymbol{B} \tag{11-37}$$

式(11-37)的结果虽然是从均匀磁场中的矩形载流线圈推出的，但是，对于均匀磁场中任意形状的平面线圈也同样成立。甚至对于带电粒子沿闭合回路的运动，以及带电粒子的自旋，也都可以用上述公式计算它们在磁场中所受的磁力矩。

由式(11-37)可知，当 $\theta=\frac{\pi}{2}$，即线圈平面与磁场方向相互平行时，线圈所受到的磁力矩最大。当 $\theta=0$，即线圈平面与磁场方向垂直时，线圈磁矩 $\boldsymbol{m}=NIS\boldsymbol{e}_n$ 的方向与磁场同向，线圈所受到的磁力矩为零，这是线圈稳定平衡的位置。

平面载流线圈在均匀磁场中任意位置上所受的合力均为零，仅受力矩的作用。因此在均匀磁场中的平面载流线圈只会发生转动，不会发生整个线圈的平动。如果平面载流线圈处在非均匀磁场中，各个电流元所受到的作用力，其大小和方向一般也都不可能相同，那么

合力和合力矩一般都不为零，所以线圈除转动外还有平动。

磁场对载流线圈作用力矩的规律是制成各种电动机、电流计等机电设备和仪表的基本原理。

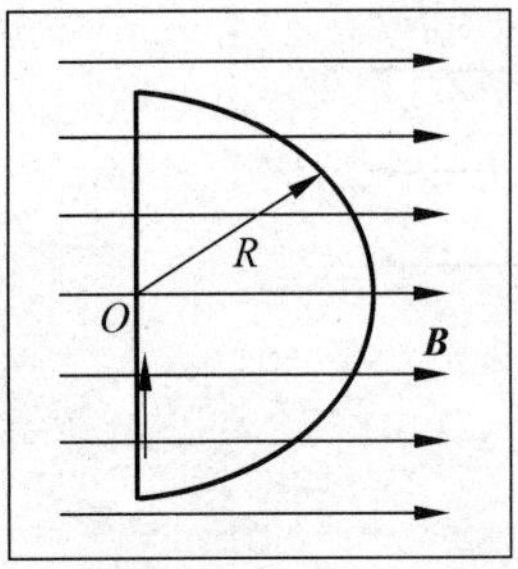

图 11-38　例 11-9 用图

例 11-9　有一半径为 R 的 N 匝闭合载流线圈，通入顺时针方向的电流 I。今把它放在均匀磁场中，其磁感应强度为 $\boldsymbol{B}$，方向与线圈平面平行，如图 11-38 所示。求以直径为转轴，线圈所受磁力矩的大小和方向。

解　根据式(11-37)可知，磁力矩的大小为

$$M = mB\sin\theta$$

因为 $\theta=90°$，$m=NI\dfrac{\pi R^2}{2}$，所以 $M=\dfrac{1}{2}N\pi IBR^2$。

由右手螺旋定则可以判断出磁矩 $\boldsymbol{m}$ 的方向为垂直线圈平面向内，再由式(11-37)可判断出磁力矩 $\boldsymbol{M}$ 的方向为沿着直径竖直向下。

阅读材料

安培力的应用——磁悬浮

磁悬浮列车是一种靠磁悬浮力使车辆在导轨上运行的交通工具。它通过电磁力实现列车与轨道之间的无接触的悬浮和导向，再利用直线电机产生的电磁力牵引列车运行。磁悬浮列车车厢下部装有电磁铁，当电磁铁通电被钢轨吸引时就会悬浮起来。列车上还安装一系列极性不变的电磁铁，钢轨内侧装有两排推进线圈，线圈通有交变电流，总会使前方线圈对列车磁体产生吸引力，后方线圈对列车磁体产生排斥力，这一推一吸的合力便驱使列车高速前进，如图 11-39 所示。强大的磁力可使列车悬浮 1～10cm，与轨道脱离接触，消除了列车运行时与轨道的摩擦阻力，运行时不同于其他列车需要接触地面，而是只受来自空气的阻力，因此高速磁悬浮列车的速度可达 500km/h 以上，中低速磁悬浮列车的速度则多数在 100～200km/h。

1922 年，德国工程师肯佩尔（Hermann Kemper）提出了电磁悬浮原理，继而申请了专利。20 世纪 70 年代以后，随着工业化国家经济实力的不断增强，为提高交通运输能力以适应其经济发展和民生需要，德国、日本、美国等国家相继开展了磁悬浮运输系统的研发。

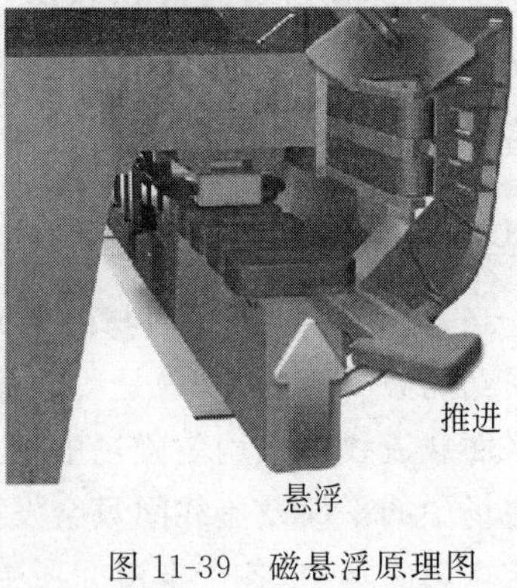

图 11-39　磁悬浮原理图

我国第一辆磁悬浮列车（购自德国）于 2003 年 1 月开始在上海磁浮线运行。2015 年 10 月，中国首条国产磁悬浮线路——长沙磁浮线成功试运行。2016 年 5 月 6 日，中国首条具有完全自主知识产权的中低速磁悬浮商业运营示范线——长沙磁浮快线开通试运营。该线路也是世界上最长的中低速磁浮运营线。2019 年 5 月，我国首辆时速 600km 的高速磁浮试验样车在青岛下线，如图 11-40 所示。该项目启动于 2016 年 7 月，高速磁浮课题负责人、中车青岛四方机车车辆

股份公司副总工程师丁叁叁表示，高速磁浮拥有“快起快停”的技术优点，能发挥出速度优势，也适用于中短途客运，可用于大城市市域通勤或连接城市群内的相邻城市，大幅提升城市通勤效率，促进城市群“一体化”“同城化”发展。

图 11-40 我国自主研发的高速磁悬浮列车

11.7 磁介质

11.7.1 磁介质分类

之前讨论电流激发的磁场时，我们都假定载流导线周围是真空状态，然而在实际应用中，磁场周围总是有介质或磁性材料存在的。例如，变压器、电动机、发电机的线圈附近总是存在一些介质或磁性材料；录音磁带和计算机磁盘都直接依赖于磁性材料的性质，将信息数据存储在磁盘或磁带中时，这些磁盘或磁带表面的磁性材料性质将按照信息发生相应的变化，从而将信息数据记录下来。介质与磁场是互相影响的，处在磁场中的介质会被磁化。一切能磁化的物质称为**磁介质**(magnetic material)。而磁化的磁介质也会激发附加磁场，对原有的磁场产生影响。

磁介质对磁场的影响比电介质对电场的影响要复杂得多。不同的磁介质在磁场中的表现是很不同的。设某一载流导线在真空中激发的磁场的磁感应强度为 $\boldsymbol{B}_0$，当磁场中放入某种磁介质时，磁介质会被磁化，从而激发附加磁场 $\boldsymbol{B}'$，这时磁场中任一点的磁感应强度 $\boldsymbol{B}$ 就等于 $\boldsymbol{B}_0$ 和 $\boldsymbol{B}'$ 的矢量和，即

$$\boldsymbol{B}=\boldsymbol{B}_0+\boldsymbol{B}'$$

由于不同磁介质的磁化特性不同，我们可以把磁介质分成不同的种类。实验发现：磁介质内的磁感应强度是真空时的 μ_r 倍，即

$$\boldsymbol{B}=\mu_r\boldsymbol{B}_0$$

式中，μ_r 定义为磁介质的**相对磁导率**(relative permeability)，根据相对磁导率的大小可以将磁介质分为四类。

(1) 顺磁质($\mu_r>1$)(paramagnetic material)，磁介质磁化后使得磁介质中的磁感应强度 B 稍大于 B_0，即 $B>B_0$，如锰、铬、铂、氮等。

(2) 抗磁质($\mu_r<1$)(diamagnetic material)，磁介质磁化后使得磁介质中的磁感应强度

B 稍小于 B_0,即 $B<B_0$,如水银(汞)、铜、铋硫、氯、银、金等。

(3) 铁磁质($\mu_r \gg 1$)(ferromagnetic material),磁介质磁化后所激发的附加磁场 B' 远大于 B_0,使得 $B \gg B_0$,这类物质能显著地增强磁场,如铁、钴、镍,以及这些金属的合金。

(4) 完全抗磁体($\mu_r=0$),磁介质被磁化后,内部的磁场等于零,如超导体等。

一切抗磁质,以及大多数顺磁质都有一个共同点,即它们所激发的附加磁场极其微弱,B 和 B_0 相差极小,而铁磁质可以使磁场大大增强,如表 11-1 所示。

表 11-1　不同磁介质的相对磁导率

磁介质种类		温度/K	相对磁导率 μ_r
抗磁质 $\mu_r<1$	铋	293	0.999 834
	汞	293	0.999 971
	铜	293	0.999 990
	氢(气)		0.999 961
顺磁质 $\mu_r>1$	氧(液)	90	1.007 699
	氧(气)	293	1.003 949
	铝	293	1.000 016
	铂	293	1.000 260
铁磁质 $\mu_r \gg 1$	铸钢		2.2×10^3(最大值)
	铸铁		4×10^2(最大值)
	硅钢		7×10^2(最大值)
	坡莫合金		1×10^5(最大值)
完全抗磁体 $\mu_r=0$	汞	小于 4.15	0
	铌	小于 9.26	0

根据物质的电结构,所有物质都是由分子或原子组成,每个原子中都有若干的电子绕着原子核作轨道运动;除此之外,电子自身还有自旋。无论是电子的轨道运动,还是自旋,都会形成磁矩,对外产生磁效应。我们把分子或原子中的所有电子对外界产生的磁效应总和,用一个等效圆电流来代替,这个等效圆电流就是分子电流。分子电流形成的磁矩,称为**分子磁矩**(molecular magnetic moment),用 $\boldsymbol{m}$ 表示。在没有外磁场的情况下,分子所具有的磁矩 $\boldsymbol{m}$ 称为固有磁矩。分子电流与导体中导电的传导电流是有区别的,构成分子电流的电子只作绕核运动,它们不是自由电子。

在顺磁质中,虽然每个分子都具有磁矩 $\boldsymbol{m}$,在没有外磁场时,各分子磁矩 $\boldsymbol{m}$ 的取向是无规则的,因而在顺磁质中任一宏观小体积内,所有分子磁矩的矢量和为零,致使顺磁质对外不显现磁性,处于未被磁化的状态。当顺磁质处在外磁场中时,各个分子磁矩都要受到磁力矩的作用,就如同通电线圈放在磁场中会受到力矩的作用一样,在磁力矩的作用下,各分子磁矩的取向都具有转到与外磁场方向相同的趋势,这样,顺磁质就被磁化了。显然,顺磁质被磁化后产生的附加磁场 $\boldsymbol{B}'$ 与原有磁场 $\boldsymbol{B}_0$ 同向,所以原有磁场增强了。

对抗磁质来说,在没有外磁场的作用时,虽然分子中每个电子的轨道磁矩与自旋磁矩都不等于零,但分子中全部电子的轨道磁矩和自旋磁矩的矢量和却等于零,所以没有外磁场时,抗磁质也不显现磁性。但在外磁场的作用下,分子中每个电子的轨道运动和自旋运动都将发生变化,从而引起附加磁矩 $\Delta\boldsymbol{m}$,并且附加磁矩 $\Delta\boldsymbol{m}$ 的方向与外磁场 $\boldsymbol{B}_0$ 的方向相反。

11.7.2 磁化强度

由上面的讨论可知，无论是顺磁质还是抗磁质，在未加外磁场时，磁介质宏观上的任一小体积内，各个分子磁矩的矢量和等于零，因此磁介质在宏观上不产生磁效应。但是当磁介质在外磁场中被磁化后，磁介质中任一小体积内，各个分子磁矩的矢量和将不再为零。顺磁质中分子的固有磁矩排列得越整齐，其矢量和就越大；抗磁质中分子附加磁矩越大，其矢量和也越大。为了表征磁介质磁化的程度，我们引入一个物理量，叫做**磁化强度**(magnetization intensity)。它等于磁介质中单位体积内分子的磁矩矢量和，用符号 $\boldsymbol{M}$ 表示。在均匀磁介质中取一小体积 ΔV，在此体积内分子磁矩的矢量和为 $\sum \boldsymbol{m}_i$，因此磁化强度为

$$\boldsymbol{M}=\frac{\sum \boldsymbol{m}_i}{\Delta V} \tag{11-38}$$

在国际单位制中，磁化强度的单位为安培每米($\mathrm{A\cdot m^{-1}}$)。

11.7.3 磁介质中的安培环路定理

我们首先以无限长直螺线管来讨论磁化强度和磁化电流间的关系。如图 11-41(a)所示，设在单位长度内有 n 匝线圈的长直螺线管内充满各向同性的均匀磁介质，线圈内通有电流 I，电流 I 在螺线管内激发均匀磁场，磁介质在磁场中将被磁化，从而使得磁介质内的分子磁矩在磁场的作用下有规则地排列，如图 11-41(b)所示。从图中可以看出，在磁介质内部各处总是有两个方向相反的分子电流通过，它们相互抵消，只在边缘上形成近似环形电流，称这个电流为**磁化电流**(magnetization current)。

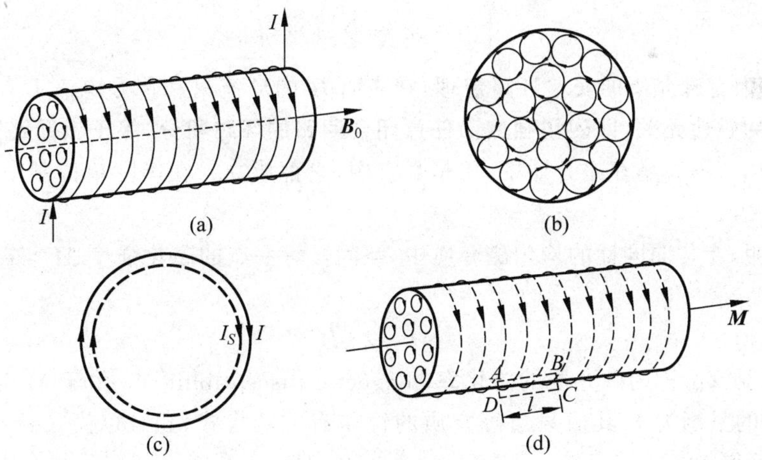

图 11-41 均匀磁化的磁介质中的分子电流

我们把圆柱形磁介质表面上沿圆柱体母线方向上单位长度的磁化电流，称为磁化电流面密度 I_S，如图 11-41(c)所示。因此，在长为 l、横截面积为 S 的磁介质里，由于磁化而具有的磁矩大小为 $\sum m_i = I_S lS$。于是由磁化强度的定义式可得磁化电流面密度和磁化强度之间的关系为

$$I_S = M \tag{11-39}$$

如图 11-41(d)所示，在圆柱形磁介质的边界附近，取一个长方形闭合回路 $ABCD$，线段 AB 在磁介质内部，它平行于柱体轴线，长度为 l，而线段 BC，AD 则垂直于柱面。在磁介质内部各点处，$\boldsymbol{M}$ 都沿 AB 方向，大小相等，在柱外各点处，$\boldsymbol{M}=\boldsymbol{0}$。所以 $\boldsymbol{M}$ 沿线段 BC，CD，DA 的积分为零，因而 $\boldsymbol{M}$ 对闭合回路 $ABCD$ 的积分等于 $\boldsymbol{M}$ 沿线段 AB 的积分，即

$$\oint \boldsymbol{M}\cdot \mathrm{d}\boldsymbol{l} = \int_A^B \boldsymbol{M}\cdot \mathrm{d}\boldsymbol{l} = M\overline{AB} = Ml$$

将式(11-39)代入上式可得

$$\oint \boldsymbol{M}\cdot \mathrm{d}\boldsymbol{l} = Ml = I_S l \tag{11-40}$$

另外，对 $ABCD$ 环路，由安培环路定理可得

$$\oint \boldsymbol{B}\cdot \mathrm{d}\boldsymbol{l} = \mu_0 \sum (I_i + I_S) = \mu_0 \sum I_i + \mu_0 I_S l$$

此时，要考虑环路内的传导电流 I_i 之和，还要考虑环路内的磁化电流 I_S 之和，根据式(11-40)，上述积分式可化为

$$\oint \boldsymbol{B}\cdot \mathrm{d}\boldsymbol{l} = \mu_0 \sum I_i + \mu_0 \oint \boldsymbol{M}\cdot \mathrm{d}\boldsymbol{l}$$

$$\oint \left(\frac{\boldsymbol{B}}{\mu_0} - \boldsymbol{M}\right)\cdot \mathrm{d}\boldsymbol{l} = \sum I_i$$

引入辅助物理量 $\boldsymbol{H}$，$\boldsymbol{H}$ 称为**磁场强度**(magnetic intensity)，令

$$\boldsymbol{H} = \frac{\boldsymbol{B}}{\mu_0} - \boldsymbol{M} \tag{11-41}$$

可得

$$\oint \boldsymbol{H}\cdot \mathrm{d}\boldsymbol{l} = \sum I_i = I \tag{11-42}$$

式(11-42)称为有磁介质的安培环路定理，它表明 $\boldsymbol{H}$ 的环流只和传导电流 I 有关，而在形式上与磁介质的磁性无关，即**磁场强度沿任意闭合回路的环路积分，等于该回路所包围的传导电流的代数和**。不管是在磁介质中，还是真空中，它都成立。在国际单位制中，磁场强度 $\boldsymbol{H}$ 的单位是 $\mathrm{A\cdot m^{-1}}$。

实验表明，在各向同性的均匀磁介质中，空间任意一点的磁化强度 $\boldsymbol{M}$ 与磁场强度 $\boldsymbol{H}$ 成正比，即

$$\boldsymbol{M} = \chi_{\mathrm{m}} \boldsymbol{H} \tag{11-43}$$

式中，比例系数 χ_{m} 称为磁介质的**磁化率**(magnetic susceptibility)。由于 $\boldsymbol{M}$ 与 $\boldsymbol{H}$ 的单位相同，所以 χ_{m} 的量纲为 1，其值只与磁介质的性质有关。将式(11-43)代入磁场强度的定义式(11-41)，可得

$$\boldsymbol{B} = \mu_0 (1 + \chi_{\mathrm{m}}) \boldsymbol{H}$$

令

$$\mu_{\mathrm{r}} = 1 + \chi_{\mathrm{m}} \tag{11-44}$$

μ_{r} 就是磁介质的**相对磁导率**。因此磁介质中的磁感应强度可表示为

$$\boldsymbol{B} = \mu_0 \mu_{\mathrm{r}} \boldsymbol{H} = \mu \boldsymbol{H} \tag{11-45}$$

式中，$\mu = \mu_0 \mu_{\mathrm{r}}$ 称为磁介质的**磁导率**(magnetic permeability)。

对于真空中的磁场,因为 $M=0$,所以真空中的 $\mu_r=1$,即 $\boldsymbol{B}=\mu_0\boldsymbol{H}$。顺磁质的磁化率 $\chi_m>0$,所以 $\mu_r>1$;抗磁质的磁化率 $\chi_m<0$,所以 $\mu_r<1$。

在静电场中引入电位移矢量后,能够很方便地根据自由电荷的分布和电场的对称性运用有介质的高斯定理求解电场强度。同样,在引入磁场强度 $\boldsymbol{H}$ 这个辅助物理量后,在磁介质中,可以根据传导电流和磁介质的对称分布,先由磁介质的安培环路定理求出磁场强度 $\boldsymbol{H}$ 的分布,再根据式(11-45)中 $\boldsymbol{B}$ 与 $\boldsymbol{H}$ 的关系进一步求出磁感应强度 $\boldsymbol{B}$ 的分布。

例 11-10　在均匀密绕的螺绕环内充满均匀的顺磁质,已知螺绕环中的传导电流为 I,单位长度内的匝数为 n,环的横截面半径比环的平均半径小得多,磁介质的相对磁导率为 μ_r。求环内的磁场强度和磁感应强度。

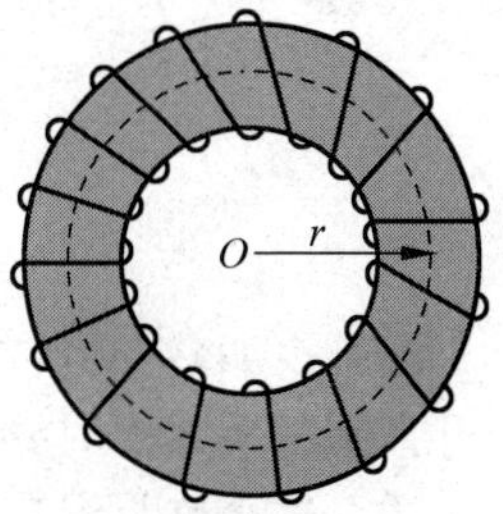

图 11-42　例 11-10 用图

解　在环内任取一点,过该点作一和环同心、半径为 r 的圆形回路,如图 11-42 所示。则根据式(11-42),可得

$$\oint \boldsymbol{H}\cdot \mathrm{d}\boldsymbol{l}=NI$$

式中,N 为螺绕环上线圈的总匝数。由对称性可知,在所取圆形回路上各点的磁场强度的大小相等,方向都沿切线,则

$$H2\pi r=NI$$

$$H=\frac{NI}{2\pi r}=nI$$

由式(11-45)可得环内的磁感应强度为

$$B=\mu H=\mu_0\mu_r H=\mu_0\mu_r nI$$

11.7.4　铁磁质

铁磁质是各类磁介质中应用最广泛的磁性物质,如电磁铁、电动机、变压器和电表的线圈中都要放置铁磁质,用来增强磁场和磁性。铁磁质的磁化机制与顺磁质、抗磁质完全不同,在室温下,其磁导率比真空磁导率大几百倍,甚至上千倍。下面我们从实验出发介绍铁磁质的磁化特点。

1. 磁畴

铁磁质的磁性和一般的顺磁质不同,从微观角度来看,在铁磁质中相邻原子中的电子间存在着非常强的交换耦合作用,这个相互作用促使相邻原子中的电子的自旋磁矩平行排列起来,形成一个达到自发磁化饱和状态的微小区域,这些自发磁化的微小区域称为磁畴(magnetic domain)。在每一个磁畴中,各个电子的自旋磁矩排列得很整齐,因此它具有很强的磁性。磁畴的体积为 $10^{-12}\sim10^{-9}\,\mathrm{m}^3$,内含 $10^{17}\sim10^{20}$ 个原子。在没有外磁场的作用时,由于热运动,铁磁质内各个磁畴的排列方向是无序的,所以铁磁质对外不显磁性,如图 11-43(a)所示。当铁磁质处于外磁场时,各个磁畴的磁矩在外磁场的作用下都趋于外磁场方向排列,如图 11-43(b)所示,直至所有磁畴都沿着外磁场方向排列整齐时,铁磁质就达到磁饱和状态。铁磁质在外磁场中的磁化强度是非常大的,比外磁场大几十倍到数千倍。如果外磁场撤去,由于被磁化的铁磁质受到体内杂质和内应力的阻碍,并不能恢复到磁化前的状态，从而出现了剩磁。去除这种剩磁可以用振动和加热的方法，通过分子热运动或振动，破坏磁体中磁畴的规则排列。

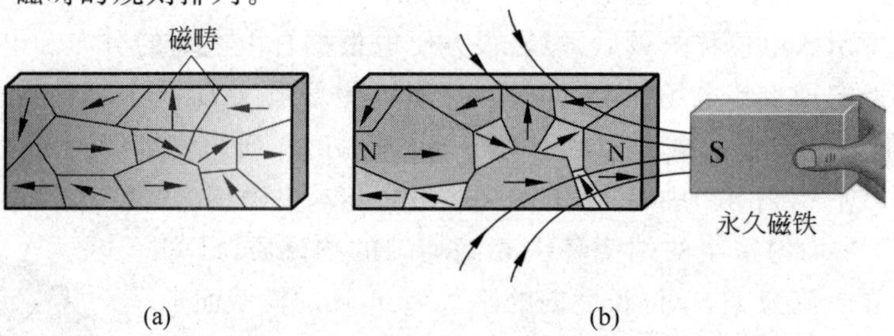

图 11-43　磁畴

实验表明，铁磁质的磁化和温度有关。随着温度的升高，铁磁质的磁化能力逐渐减小，当升高到某一温度时，剧烈的热运动使得磁畴全部瓦解，铁磁性就完全消失，铁磁质退化成顺磁质。这个临界温度称为铁磁质的**居里温度**(Curie temperature)或居里点。实验上，铁的居里温度是 1043K，镍的居里温度是 633K。

2. **磁滞回线**

顺磁质的磁导率很小，却是一个常量，即不会随外磁场的改变而变化，因此顺磁质的磁感应强度 B 和磁场强度 H 的关系是线性的。但铁磁质不同，它的磁导率比顺磁质大很多，并且当外磁场改变时，它的磁导率也会随着磁场强度 H 的变化而变化。

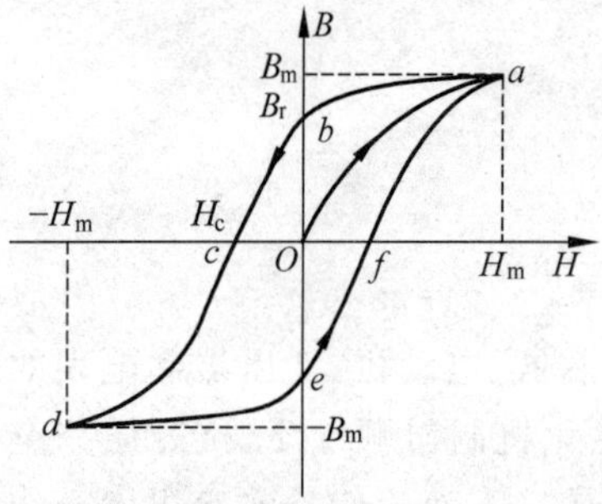

图 11-44　起始磁化曲线和磁滞回线

将没有磁化的铁磁质样品放入磁场中磁化。实验发现随着磁场强度 H 的增加，铁磁质内部的磁感应强度 B 随之非线性增大，这就意味着铁磁质开始被磁化了，当磁场强度 H 增大到某一数值 H_m 后，磁感应强度 B 将进入饱和状态，这时继续增大 H 值，B 也不会发生变化，此时的磁感应强度 B_m 称为饱和磁感应强度，如图 11-44 所示，图中 Oa 段是实验得出的起始磁化时的 B-H 关系曲线，称为**起始磁化曲线**。

铁磁质被磁化达到饱和后，逐渐减小外磁场强度 H，直至为零。在此过程中，铁磁质中的磁感应强度 B 并不是按原曲线返回至零，而是沿另一曲线至 b，即当 H 为零时，B 并不等于零，这时铁磁质内保留的磁感应强度 B_r 称为剩磁，铁磁质成了永久磁铁。要想把剩磁完全消除，需要外加一个反向磁场 H，当磁场强度达到 $-H_c$ 时，才可以使铁磁质中的磁感应强度回到零。这一过程称为退磁，这时的反向磁场强度 H_c 称为**矫顽力**(coercive force)。

进一步反向增加外磁场强度 H，使铁磁质的磁感应强度在相反的方向上达到饱和值 $-B_m$。如果再继续减小反向磁场强度 H，磁化曲线将沿着下部曲线 de 上升，当 H 再度为零时，曲线达到 e 点，铁磁质具有 $-B_r$ 的反向剩磁。继续增加正向磁场强度 H，铁磁质的磁感应强度将沿着曲线 efa 再度达到饱和磁感应强度，这样磁化曲线就构成一个闭合曲线。铁磁质中的磁感应强度 B 的变化总是滞后于外加磁场强度 H 的变化的现象称为**磁滞**现象(hysteresis)。图 11-44 中的闭合曲线称为磁滞回线。

磁滞回线的大小和形状反映了磁性材料的特性，通常把磁性材料分为软磁、硬磁和矩磁材料。

软磁材料的磁滞回线如图 11-45(a)所示，其矫顽力很小($H_c < 10^2 \text{A}\cdot\text{m}^{-1}$)，磁滞回线窄，所围的面积小，磁滞损耗小，易磁化，也易退磁。软磁材料适用于交变磁场中，常用作变压器、继电器、电动机、电磁铁和发电机的铁芯。软磁材料有金属材料，也有非金属铁氧体材料。后者在信息技术和电子技术中有重要、广泛的用途。当铁磁材料在交变磁场的作用下反复磁化时，由于磁体内分子状态的不断改变，分子振动加剧导致磁体发热，温度升高，损耗了磁化电流的能量。这种在反复磁化过程中的能量损失叫做磁滞损耗。磁滞回线所围的面积越大，磁滞损耗也越大。软磁材料的磁滞损耗较小。

硬磁材料的磁滞回线如图 11-45(b)所示，矫顽力大，剩磁大，磁滞回线宽，所围的面积大，磁滞损耗大。硬磁材料包括碳钢、钨钢、铝镍钴合金等。硬磁材料磁化后能保持很强的磁性，适用于制成各种类型的永久磁铁。

矩磁材料的磁滞回线如图 11-45(c)所示，磁滞回线接近于矩形，比硬磁材料具有更高的剩磁、更大的矫顽力。其特点是剩磁 B_r 接近饱和值 B_m，当矩磁材料在不同方向的外磁场磁化后，总是处于 $-B_m$ 和 B_m 两种剩磁状态，可用作电子计算机的"记忆"元件。

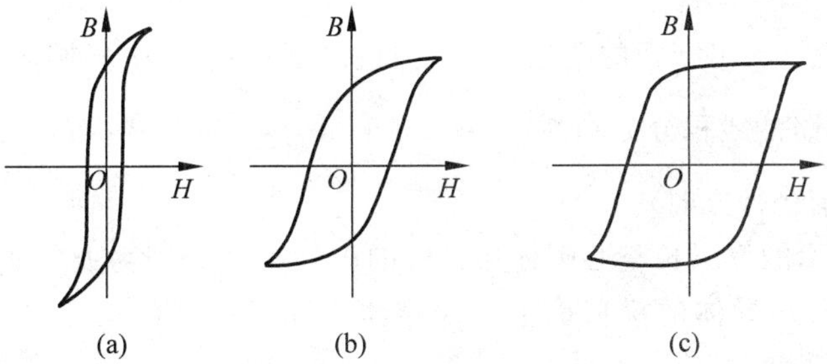

图 11-45　不同材料的磁滞回线

(a) 软磁材料；(b) 硬磁材料；(c) 矩磁材料

习　题

11-1　在直角坐标系 $Oxyz$ 中，一均匀磁场沿 x 轴正方向，磁感应强度 $B=1\text{Wb/m}^2$。求在下列情况下，穿过面积为 2m^2 的平面的磁通量：(1)平面与 Oyz 面平行；(2)平面与 Oxz 面平行；(3)平面与 y 轴平行，且与 x 轴成 45°。

11-2　如图所示，几种载流导线在平面内，电流均为 I，求它们在 O 点的磁感应强度。

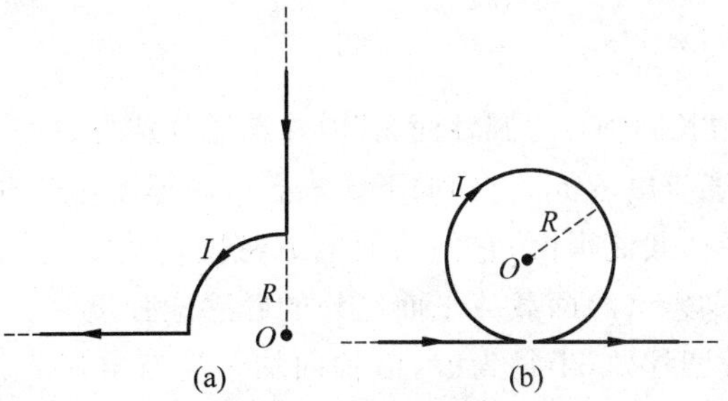

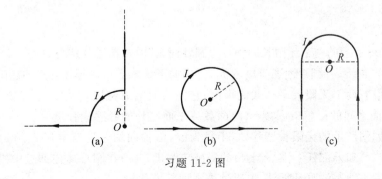

习题 11-2 图

11-3 一无限长直导线折成如图所示的形状，已知 $I=10\mathrm{A}$，$PA=2\mathrm{cm}$，$\theta=60°$，求 P 点的磁感应强度。

11-4 如图所示，两条无限长直导线互相平行地放置在真空中，其中通以同向的电流 $I_1=I_2=10\mathrm{A}$，已知 $PM=PN=0.5\mathrm{m}$，PM 垂直于 PN，求 P 点的磁感应强度。

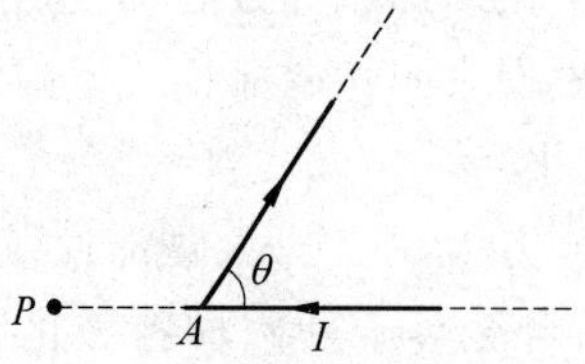

习题 11-3 图

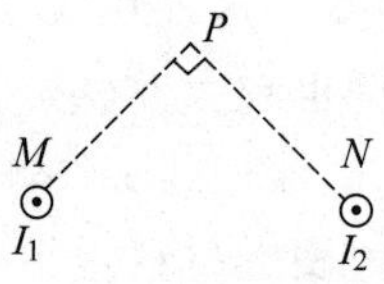

习题 11-4 图

11-5 一质点带有电荷 $q=8.0\times10^{-19}\mathrm{C}$，以速度 $v=3.0\times10^{5}\mathrm{m/s}$ 作匀速圆周运动，轨道半径 $R=6.0\times10^{-8}\mathrm{m}$，求：(1)该质点在轨道圆心产生的磁感应强度的大小；(2)质点运动产生的磁矩。

11-6 如图所示，流出纸面的电流为 $2I$，流进纸面的电流为 I，则电流产生的磁感应强度沿着 3 个闭合环路的线积分分别为：$\oint_1 \boldsymbol{B}\cdot\mathrm{d}\boldsymbol{l}=$________，$\oint_2 \boldsymbol{B}\cdot\mathrm{d}\boldsymbol{l}=$________，$\oint_3 \boldsymbol{B}\cdot\mathrm{d}\boldsymbol{l}=$________（箭头表示绕行方向）。

11-7 如图所示的无限长空心圆柱形导体的内外半径分别为 R_1 和 R_2，导体内通有电流 I，电流均匀分布在导体的横截面上。求导体内部任一点（$R_1<r<R_2$）和外部任一点（$r>R_2$）的磁感应强度。

11-8 如图所示，两根彼此平行的长直载流导线相距 $d=0.40\mathrm{m}$，电流 $I_1=I_2=10\mathrm{A}$（方向相反），求通过图中阴影面积的磁通量（已知 $a=0.1\mathrm{m}$，$b=0.25\mathrm{m}$）。

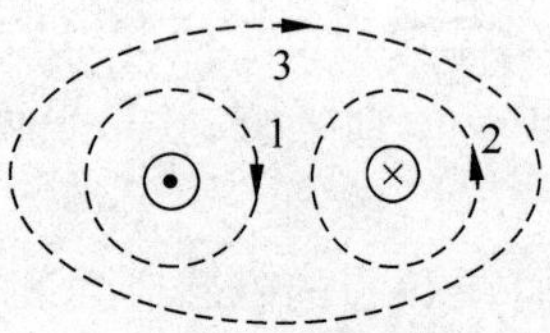

习题 11-6 图

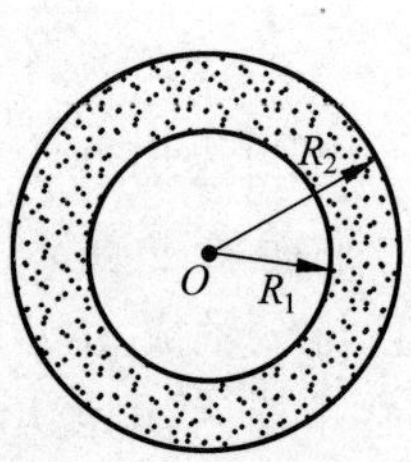

习题 11-7 图

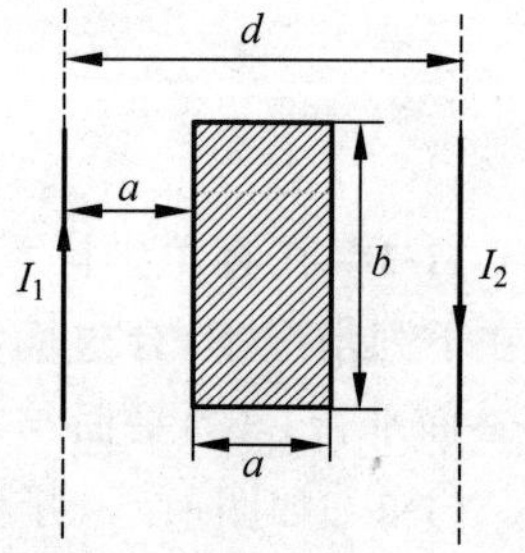

习题 11-8 图

11-9 如图所示的两个无限长同轴空心圆柱面，其内外半径分别为 R_1 和 R_2，内圆柱面通有电流 I_1，方向向上，外圆柱面通有电流 I_2，方向向下。求导体内部任一点的磁感应强度。

11-10 设有两个无限大平行载流平面，它们的面电流密度均为 j，电流方向相反。求：(1)两载流平面之间的磁感应强度；(2)两载流平面之外的磁感应强度。

11-11 如图所示的无限长圆柱体，半径为 R，沿轴向均匀流有电流 I。(1)求圆柱体内部任一点（$r<R$）和外部任一点（$r>R$）的磁感应强度；(2)在圆柱体内部过中心轴作一长度为 h、宽度为 R 的平面，如图所示，求通过该平面的磁通量。

11-12 电流回路如图所示，弧 $\widehat{AD}$，$\widehat{BC}$ 为同心半圆环，半径分别为 R_1，R_2，电流强度为 I，某时刻一电子以速度 $\boldsymbol{v}$ 沿水平向左的方向通过圆心 O，求电子在该点受到的洛伦兹力的大小和方向。

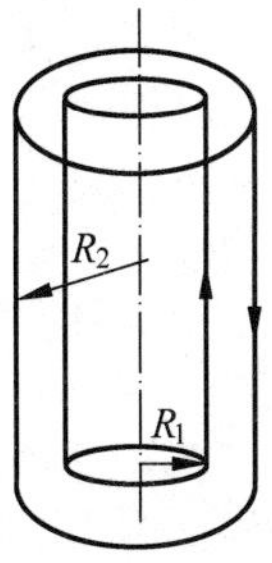

习题 11-9 图

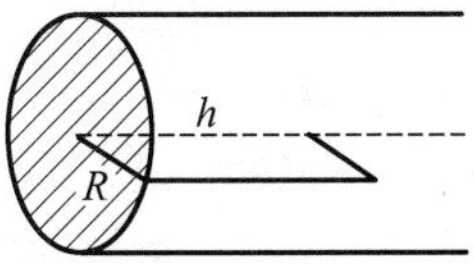

习题 11-11 图

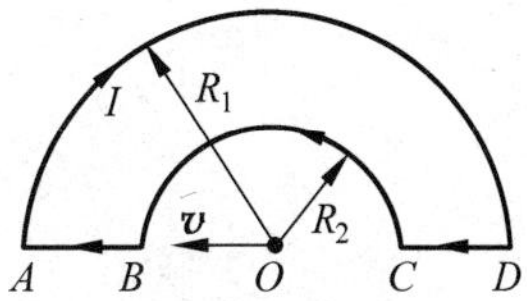

习题 11-12 图

11-13 从太阳射来的速率为 $0.8\times10^7\,\mathrm{m\cdot s^{-1}}$ 的电子进入地球赤道上空高层范艾伦辐射带中，该处磁场为 4.0×10^{-7}T，则此电子回旋轨道的半径为多大？若电子沿着地球磁场的磁感应线旋进到地磁北极附近，地磁北极附近的磁场为 2.0×10^{-5}T，其轨道半径又为多少？

11-14 如图所示的一无限长直导线通有电流 I_1，其旁有一直角三角形线圈，通有电流 I_2，线圈与直导线在同一平面内，且 $ab=bc=l$，ab 边与直导线平行，求此线圈每一条边受到 I_1 的磁场的作用力的大小和方向，以及线圈所受的合力。

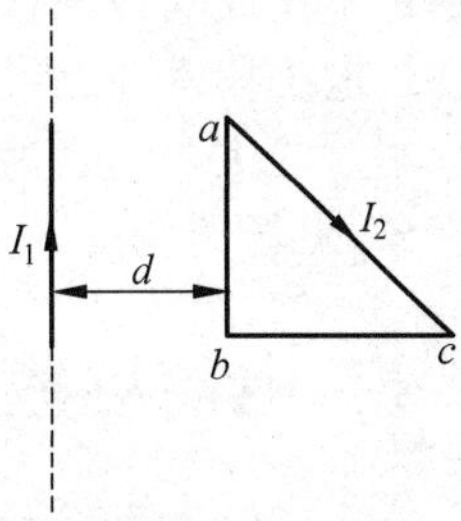

习题 11-14 图

11-15 如图所示的半圆弧形导线，通有电流 I，放在与均匀磁场 $\boldsymbol{B}$ 垂直的平面上，求此导线受到的安培力的大小和方向。

11-16 如图所示，半径为 R 的半圆形闭合线圈共有 N 匝，通有电流 I，放在磁感应强度沿水平方向分布、大小为 B 的均匀磁场中，并绕过线圈直径的竖直轴转动。某一时刻，线圈平面与磁场方向平行。求：(1)线圈磁矩的大小和方向；(2)线圈所受磁力矩的大小和方向(以直径为转轴)。

11-17 如图所示，一边长为 6cm 的正方形线圈可绕 y 轴转动，线圈中通有电流 0.1A，放在磁感应强度 $B=0.5$T 的均匀磁场中，磁场方向平行于 x 轴，求线圈受到的磁力矩。

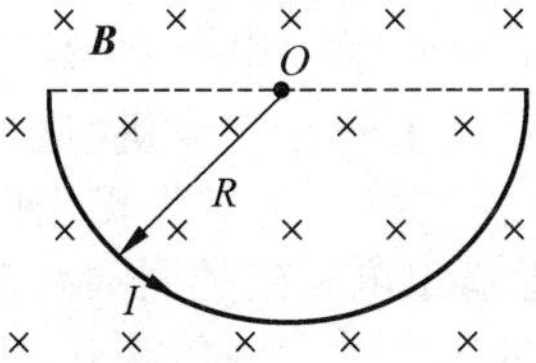

习题 11-15 图

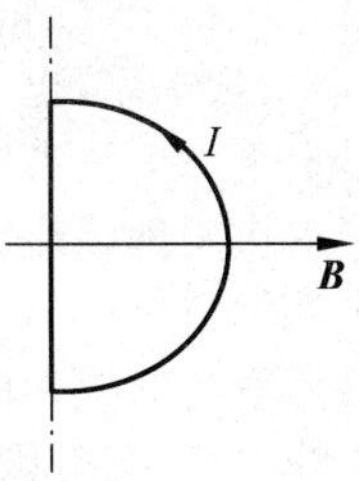

习题 11-16 图

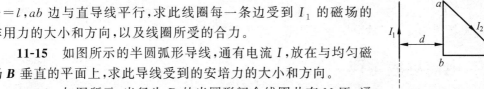

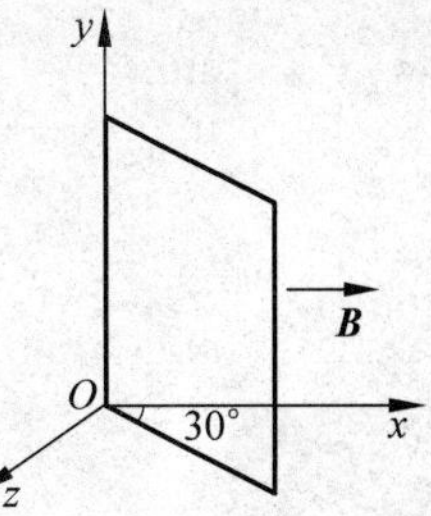

习题 11-17 图

11-18 螺绕环中心半径为 2.9cm，环上均匀绕线圈 400 匝。如果要在环内产生磁感应强度为 0.35T 的磁场，在下述条件下需要在导线中通有多大的电流：(1)螺绕环铁芯由退火的铁制成($\mu_r=1400$)；(2)螺绕环铁芯由硅钢片($\mu_r=5200$)制成。

第12章

电磁感应

奥斯特发现电流的磁效应以后，法拉第重复了他和安培的实验。法拉第和奥斯特一样，相信自然界中的自然力是统一的。1824年，法拉第提出"磁能否产生电"的想法。7年后，法拉第发现了电磁感应现象。电磁感应定律的发现，以及麦克斯韦的位移电流概念的提出，阐明了变化磁场能够激发电场，变化电场能够激发磁场，充分揭示了电场和磁场的内在联系及依存关系。在此基础上，麦克斯韦以方程组的形式总结了普遍而完整的电磁场理论。电磁场理论不仅成功地预言了电磁波的存在，揭示了光的电磁本质，其辉煌的成就还极大地推动了现代电工技术和无线电技术的发展，为人类广泛利用电能开辟了道路。

本章的主要内容为：电磁感应现象及其基本规律，动生电动势和感生电动势，自感和互感现象，磁场的能量。最后介绍麦克斯韦方程组所揭示的电磁场理论。

12.1 电磁感应定律

12.1.1 电磁感应现象

奥斯特发现的电流的磁效应，揭示了电现象和磁现象之间的联系。既然电流可以产生磁场，从方法论中的对称性原理出发，磁场是否也能产生电流呢？在这种思想的指引下，法拉第开始在这方面进行了系统的探索。

法拉第（Michael Faraday，1791—1867），英国物理学家、化学家，也是著名的自学成才的科学家。法拉第出生于一个贫苦铁匠家庭，仅上过小学。1831年，法拉第首次发现电磁感应现象，并发明了圆盘发电机，这是人类创造出的第一台发电机。法拉第也是最先提出电场和磁场的概念的物理学家，他指出电和磁的周围都有场的存在，这打破了牛顿力学"超距作用"的传统观念。法拉第还发现了电解定律、物质的抗磁性和顺磁性、光的偏振面在磁场中的旋转。法拉第的肖像被印在1991—2001年间20英镑的纸币上。南极洲的前英国实验室——法拉第气候研究站以他的名字命名，而电容则以他的名字作为单位符号。

经过近10年的艰苦工作，在经历了一次次的失败后，法拉第终于在1831年从实验上证实磁场可以产生电流。下面我们通过几个实验来说明电磁感应现象，以及产生电磁感应现象的条件。

实验1 如图12-1所示，一个线圈与电流计的两端接成闭合回路，当用一个条形磁铁棒的N极或者S极插入线圈时，可以观察到电流计指针发生偏转，表明线圈中有电流通过，这种电流称为**感应电流**(induced current)。当磁铁棒与线圈相对静止时，电流指针就不动；当把磁铁棒从线圈中抽出时，电流计指针又发生偏转，但这时电流计指针偏转的方向与磁铁棒插入线圈时的方向相反，这表明线圈中的感应电流与磁铁棒插入线圈时的流向相反。实验表明：只有当磁铁棒与线圈间有相对运动时，线圈中才会出现感应电流，相对运动的速度越大，感应电流也越大。

实验2 如图12-2所示，有两个彼此靠得很近但相对静止的线圈，线圈1与电流计相连接，线圈2与一个电源和滑动变阻器R相连接。当线圈2中的电路接通、断开的瞬间，或改变滑动变阻器值时，可以观察到电流计指针发生偏转，即在线圈1中产生感应电流。实验表明：只有在线圈2中的电流发生变化时，才能在线圈1中出现感应电流。如果在线圈中加入一铁芯，重复上述实验过程，则发现感应电流大大增加，说明上述现象还与磁介质有关。

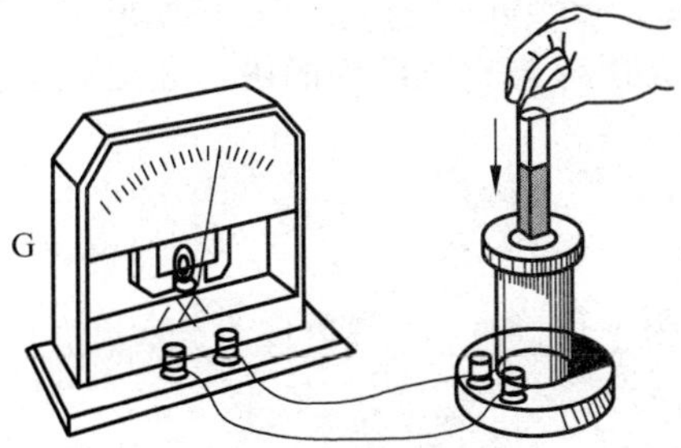

图12-1 磁铁棒与线圈有相对运动时的电磁感应现象

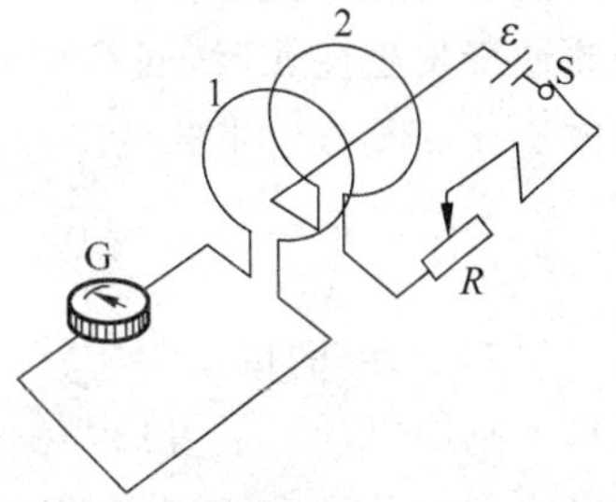

图12-2 线圈2的电流改变时在线圈1中产生感应电流

实验3 如图12-3所示，将一根与电流计连成闭合回路的金属导体棒AB放置在磁铁的两极之间，当AB棒在磁极之间垂直于磁场和棒长的方向运动时，电流计的指针就会发生偏转，说明在回路中出现了感应电流。AB棒运动得越快，回路中的感应电流也越大。

从上述实验可以看出，无论是使闭合回路保持不动而闭合回路或线圈中的磁场发生变化(如上述实验1和实验2)，还是磁场保持不变而闭合回路或线圈在磁场中运动(如实验

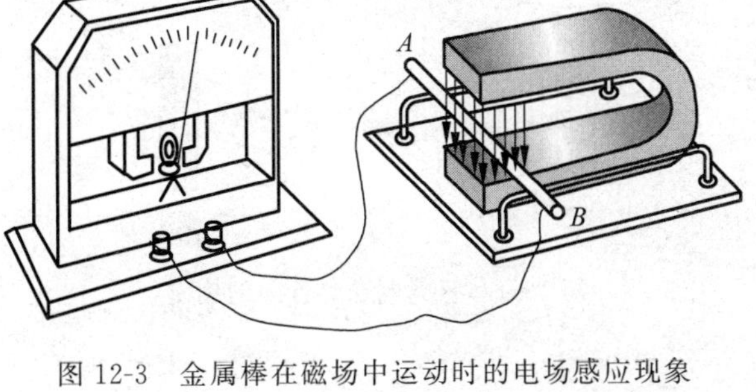

图12-3 金属棒在磁场中运动时的电场感应现象

3),都可以在闭合回路中产生感应电流,出现电磁感应现象。这说明,尽管在闭合回路或线圈中产生感应电流的方式有所不同,但都可归结出一个共同点,即通过闭合回路或线圈的磁通量都发生了变化。于是我们得出如下结论:**当穿过一个闭合导体回路所包围的面积内的磁通量发生变化时,不管这种变化是由什么原因引起的,在导体回路中都会产生感应电流。**这种现象称为**电磁感应**(electromagnetic induction)现象。回路中所出现的电流称为**感应电流**。回路中有感应电流说明回路中有电动势存在,这种在回路中由磁通量变化而引起的电动势,叫做**感应电动势**。

感应电动势比感应电流更能反映电磁感应现象的本质,感应电流只是回路中存在感应电动势的外在表现,如果导体回路不闭合就不会有感应电流,但是感应电动势仍然存在。

12.1.2 法拉第电磁感应定律

法拉第在大量实验结果的基础上,只是定性地用文字表述了电磁感应现象。1845 年,德国物理学家诺伊曼(F. E. Neumann,1798—1895)从理论上对法拉第的工作作出表述,并写出了电磁感应定律的定量表达式,称为法拉第电磁感应定律,表述为:**当穿过回路所包围面积的磁通量发生变化时,回路中产生的感应电动势 ε_i 与穿过回路的磁通量对时间变化率的负值成正比。**其数学形式为

$$\varepsilon_i = -\frac{\mathrm{d}\Phi}{\mathrm{d}t} \tag{12-1}$$

在国际单位制中,ε_i 的单位为伏特(V),Φ 的单位为韦伯(Wb),t 的单位为 s。式(12-1)中的负号反映了感应电动势的方向与磁通量变化之间的关系。

这里说明一下确定感应电动势方向的规则。首先,在回路上任意选定一个方向作为回路的绕行方向,再用右手螺旋定则确定此回路所包围面积的正法线单位矢量 $\boldsymbol{e}_n$ 的方向,如图 12-4 所示。然后,确定通过回路面积的磁通量的正、负,凡穿过回路面积的磁感应强度 $\boldsymbol{B}$ 的方向与正法线方向相同者为正,相反者为负。最后,分析磁通量 Φ 的变化,当磁铁棒插入线圈时,穿过线圈的磁通量增加,故磁通量随时间的变化率 $\mathrm{d}\Phi/\mathrm{d}t>0$,如图 12-4(a)所示。

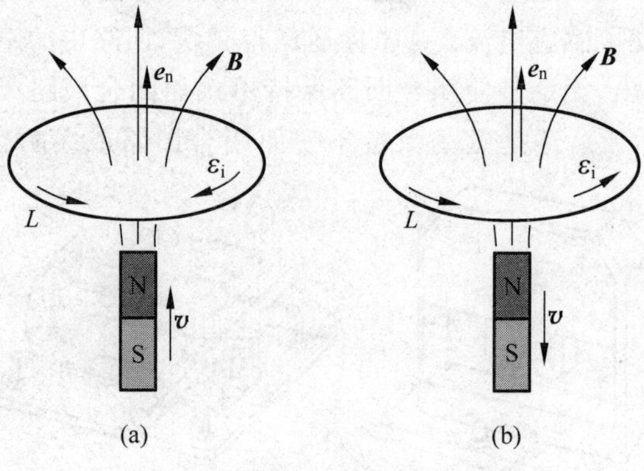

图 12-4 感应电动势方向的确定

(a) $\Phi>0,\frac{\mathrm{d}\Phi}{\mathrm{d}t}>0,\varepsilon_i<0$;(b) $\Phi>0,\frac{\mathrm{d}\Phi}{\mathrm{d}t}<0,\varepsilon_i>0$

由式(12-1)可知,感应电动势 $\varepsilon_i<0$,即 ε_i 与回路的绕行方向相反。此时线圈中感应电流所激发的磁场与 $\boldsymbol{B}$ 的方向相反,它阻碍磁铁棒运动。当磁铁棒从线圈中抽出时,穿过线圈的磁通量虽仍为正值,但因为磁铁棒是从线圈中抽出的,所以穿过线圈的磁通量将有所减少,故 $\mathrm{d}\Phi/\mathrm{d}t<0$,如图 12-4(b)所示。由式(12-1)可知,感应电动势 $\varepsilon_i>0$,即 ε_i 和回路的绕行方向相同。感应电流所激发的磁场与 $\boldsymbol{B}$ 的方向相同,它阻碍磁铁棒远离线圈运动。

当导体回路是由 N 匝导线构成的线圈时,整个线圈的总感应电动势就等于各匝导线回路所产生的感应电动势之和。设穿过各匝线圈的磁通量为 $\Phi_1,\Phi_2,\cdots,\Phi_N$,则线圈中的总感应电动势为

$$\varepsilon_i=-\frac{\mathrm{d}}{\mathrm{d}t}(\Phi_1+\Phi_2+\cdots+\Phi_N)=-\frac{\mathrm{d}}{\mathrm{d}t}\Big(\sum_{i=1}^{N}\Phi_i\Big)=-\frac{\mathrm{d}\Psi}{\mathrm{d}t} \tag{12-2}$$

式中,$\Psi=\sum_{i}^{N}\Phi_i$ 是穿过 N 匝线圈的总磁通量,称为全磁通。当穿过各匝线圈的磁通量相等时,N 匝线圈的全磁通为 $\Psi=N\Phi$,称为**磁链**(magnetic flux linkage),此时应有

$$\varepsilon_i=-N\frac{\mathrm{d}\Phi}{\mathrm{d}t} \tag{12-3}$$

如果闭合回路的电阻为 R,根据闭合回路的欧姆定律 $\varepsilon=IR$ 可知,通过线圈的感应电流为

$$I_i=\frac{\varepsilon_i}{R}=-\frac{1}{R}\frac{\mathrm{d}\Psi}{\mathrm{d}t} \tag{12-4}$$

利用电流的定义式 $I_i=\frac{\mathrm{d}q}{\mathrm{d}t}$,可以计算出在 $t_1\sim t_2$ 的时间间隔内,通过导线任一横截面的感应电荷为

$$q=\int_{t_1}^{t_2}I_i\mathrm{d}t=-\frac{1}{R}\int_{\Psi_1}^{\Psi_2}\mathrm{d}\Psi=-\frac{1}{R}(\Psi_2-\Psi_1) \tag{12-5}$$

式中,Ψ_1 和 Ψ_2 分别是 t_1 和 t_2 时刻穿过线圈回路的全磁通。式(12-5)表明:在 $t_1\sim t_2$ 的时间间隔内,感应电荷量与线圈回路中全磁通的变化量成正比,而与全磁通的变化快慢无关。对于给定电阻 R 的闭合回路,如果从实验中测量出流过此回路的电荷量 q,那么就可以知道此回路中磁通量的变化。这就是磁强计的设计原理。在地质探测和地震监测等部门中,常用磁强计来探测磁场的变化。

12.1.3 楞次定律

1833 年,俄国物理学家楞次(H. F. E. Lenz, 1804—1865)获悉法拉第发现电磁感应现象后,做了很多实验,通过分析实验资料给出了一个能方便判断感应电流方向的法则,后来被称为**楞次定律**(Lenz's law)。其表述为:**闭合回路中感应电流的方向,总是使得它自己激发的磁场来阻止引起感应电流的磁通量的变化**。

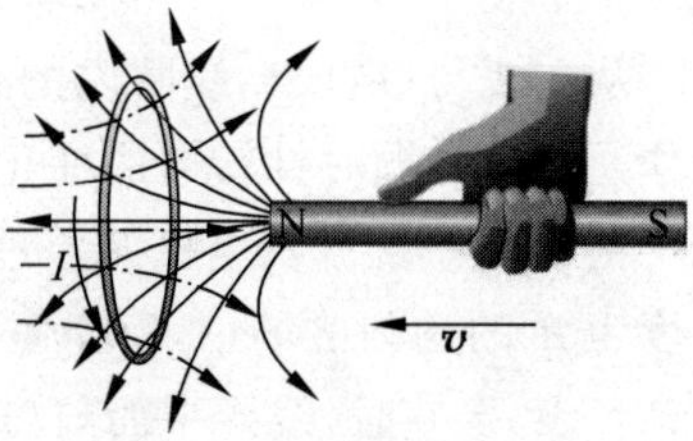

图 12-5 感应电流的方向

如图 12-5 所示,当磁铁棒以 N 极插向线圈时,通过线圈的磁通量增加,按楞次定律,线圈中感应电流所激发

的磁场方向要反抗这个磁通量的增加，所以线圈中感应电流所产生的磁感应线的方向与磁铁棒的磁感应线的方向相反，如图 12-5 中的虚线方向，再根据右手螺旋定则，可确定线圈中感应电流的方向如图 12-5 中的箭头所示。反之，如果磁铁棒的运动方向相反时，通过线圈的磁通量减少，按楞次定律，线圈中感应电流所激发的磁场方向要去补偿线圈内磁通量的减少，因此它所产生的磁感应线的方向与磁铁棒的磁感应线的方向相同，由右手螺旋定则可以判断出此时的感应电流方向与图 12-5 中的电流方向相反。

楞次定律实质上是能量守恒定律的一种体现。在上述实验中可以看到，当磁铁棒的 N 极向线圈运动时，线圈中的感应电流所激发的磁场等效于一根磁铁棒，它的 N 极与插入的磁铁棒的 N 极相互排斥，其效果是阻碍磁铁棒的运动，因此，在磁铁棒向前运动的过程中，外力必须克服斥力而做功；当磁铁棒背离线圈运动时，则外力必须克服引力而做功。这时，外力做功转化为线圈中感应电流的电能，并转化为电路中的焦耳热。反之，设想如果感应电流的方向不是阻碍磁铁棒运动而是使它加速运动，那么在上述实验中将磁铁棒插入或拔出的过程中就无须外力做功，却能获得电能和焦耳热，这是违反能量守恒定律的。

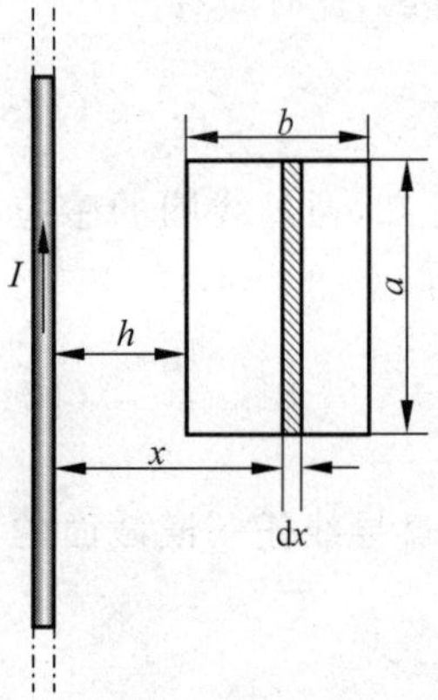

图 12-6　例 12-1 用图

例 12-1　如图 12-6 所示，一长直导线中通有交变电流 $I=I_0\sin(\omega t)$，式中，I 表示瞬时电流，I_0 是电流振幅，ω 是角频率，I_0 和 ω 是常量。在长直导线旁平行放置一矩形线圈，线圈平面与长直导线在同一平面内。已知线圈长为 a，宽为 b，线圈的一边与长直导线的距离为 h。求任一瞬时线圈中的感应电动势。

解　无限长直电流任意时刻在距离导线为 x 处所激发的磁感应强度的大小为

$$B=\frac{\mu_0 I}{2\pi x}$$

规定顺时针方向为回路正方向，则在 t 时刻通过图 12-6 中阴影面积的磁通量为

$$\mathrm{d}\Phi=B\,\mathrm{d}S\cos 0=\frac{\mu_0 I}{2\pi x}a\,\mathrm{d}x$$

在时刻 t，通过整个矩形线圈的磁通量为

$$\Phi=\int\mathrm{d}\Phi=\int_h^{h+b}\frac{\mu_0 I}{2\pi x}a\,\mathrm{d}x=\frac{\mu_0 a I_0\sin(\omega t)}{2\pi}\ln\frac{h+b}{h}$$

因此线圈中的感应电动势为

$$\varepsilon_i=-\frac{\mathrm{d}\Phi}{\mathrm{d}t}=-\frac{\mu_0 a I_0}{2\pi}\ln\frac{h+b}{h}\frac{\mathrm{d}}{\mathrm{d}t}\sin(\omega t)=-\frac{\mu_0 a I_0\omega}{2\pi}\ln\frac{h+b}{h}\cos(\omega t)$$

从上式可以看出，线圈内的感应电动势随时间按余弦规律变化，其方向也随余弦值的正负作逆时针和顺时针转向的变化。

例 12-2　交流发电机的原理。如图 12-7 所示，这是一个简单的交流发电机。在磁感应强度为 $\boldsymbol{B}$ 的均匀磁场中，一个匝数为 N、面积为 S 的矩形线圈绕固定轴以角速度 ω 作匀速转动。设 $t=0$ 时，线圈平面与磁场垂直，求线圈中的感应电动势。

解　设在任意时刻 t，线圈平面的法线方向和磁感应强度 $\boldsymbol{B}$ 之间的夹角为 θ，由题意可

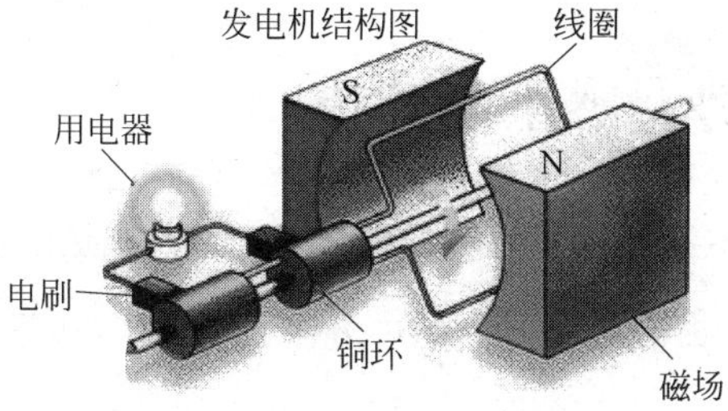

图 12-7　交流发电机

知 $\theta=\omega t$，则该时刻穿过线圈的磁通量为

$$\Psi=N\Phi=NBS\cos\theta=NBS\cos(\omega t)$$

由式(12-2)可得线圈中的感应电动势为

$$\varepsilon_i=-\frac{d\Psi}{dt}=NBS\omega\sin(\omega t)$$

令 $\varepsilon_m=NBS\omega$，则上式可改写为 $\varepsilon_i=\varepsilon_m\sin(\omega t)$。设线圈单位时间转动的圈数为 ν，则 $\omega=2\pi\nu$，将之代入上式可得

$$\varepsilon_i=\varepsilon_m\sin(2\pi\nu t)$$

由上式的结果可知，感应电动势随时间的变化曲线是正弦曲线，这种电动势称为**交变电动势**(alternating electromotive force)。当外电路的电阻 R 比线圈的电阻大很多时，根据欧姆定律可得，闭合回路中的感应电流为

$$I_i=\frac{\varepsilon}{R}=\frac{\varepsilon_m}{R}\sin(2\pi\nu t)$$

这种电流称为交流电(alternating current，AC)。交变电动势的大小和方向都在不断变化，当线圈转动一周后，电动势发生一次完全变化。电动势发生一次完全变化所需的时间叫做交流电的周期，ν 叫做交流电的频率。在我国，工业和民用交流电的频率一般是 50Hz。

这里是简单分析交流发电机的基本原理。实际上，大功率的交流发电机输出交流电的线圈是固定不动的，转动的部分是提供磁场的电磁铁线圈(即转子)，它以角速度 ω 绕固定轴转动，形成旋转磁场。这种结构的发电机是由特斯拉发明的。

特斯拉(Nikola Tesla，1856—1943)，塞尔维亚裔美籍发明家、物理学家、机械工程师、电气工程师。1891 年，特斯拉取得了“高频率”(15 000Hz)交流发电机的专利。1895 年，他为美国尼亚加拉发电站制造发电机组，该发电站至今仍是世界著名水电站之一。1897 年，他使马可尼的无线电通信理论成为现实。特斯拉最终独自取得 700 多项发明专利。为了献身科学研究事业，他终身不娶。特斯拉不但是一位科学家，还是诗人、哲学家、音乐鉴赏家、语言学家。他精通八种语言。磁感应强度的单位以特斯拉命名，以纪念他在磁学上的贡献。

12.2 动生电动势 感生电动势

法拉第电磁感应定律告诉我们，只要穿过导体回路的磁通量发生变化，回路中就会产生感应电动势和感应电流。由磁通量 $\Phi=\iint_S \boldsymbol{B}\cdot \mathrm{d}\boldsymbol{S}$ 可知，使磁通量发生变化的方法可归纳为两类：一类是磁场保持不变，导体回路或导体在磁场中运动引起磁通量的变化，由此产生的感应电动势称为**动生电动势**(motional electromotive force)；另一类是导体回路不动，磁场变化而引起磁通量的变化，由此产生的电动势称为**感生电动势**(induced electromotive force)。下面我们分别讨论这两种电动势。

12.2.1 动生电动势

如图 12-8 所示，在磁感应强度为 $\boldsymbol{B}$ 的均匀磁场中，有一长为 l 的导体棒 ab 放置在光滑的 U 形导轨上，和导轨构成一回路。导体棒以速度 $\boldsymbol{v}$ 向右运动，且 $\boldsymbol{v}$ 与 $\boldsymbol{B}$ 垂直，U 形导轨不动。在导体棒运动过程中，导体棒内每个自由电子都受到洛伦兹力 $\boldsymbol{F}_{\mathrm{m}}$ 的作用：

$$\boldsymbol{F}_{\mathrm{m}}=-e\boldsymbol{v}\times\boldsymbol{B}$$

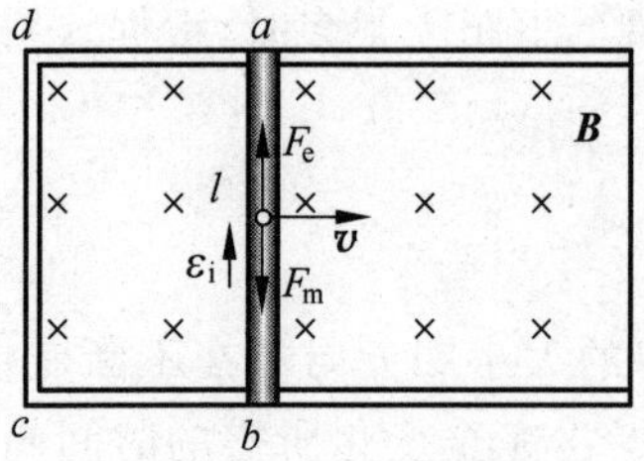

图 12-8 动生电动势

其方向为由 a 指向 b。电子在洛伦兹力的作用下沿导体向下运动，于是在导体棒的 b 端出现负电荷的积累，而 a 端积累正电荷，从而在导体棒内建立静电场，这时电子还受到一个电场力 $\boldsymbol{F}_{\mathrm{e}}$ 的作用。随着电荷的积累，电场强度逐渐增加，当作用在电子上的电场力 $\boldsymbol{F}_{\mathrm{e}}$ 与洛伦兹力 $\boldsymbol{F}_{\mathrm{m}}$ 相平衡时，a，b 两端便形成恒定的电势差。由于洛伦兹力是非静电场力，所以，如以 $\boldsymbol{E}_{\mathrm{k}}$ 表示非静电场的电场强度，则有

$$\boldsymbol{E}_{\mathrm{k}}=\frac{\boldsymbol{F}_{\mathrm{m}}}{-e}=\boldsymbol{v}\times\boldsymbol{B}$$

根据电动势的定义式(11-5)可得，在磁场中运动的导体棒 ab 两端所产生的动生电动势为

$$\varepsilon_{\mathrm{i}}=\int_b^a \boldsymbol{E}_{\mathrm{k}}\cdot \mathrm{d}\boldsymbol{l}=\int_b^a \boldsymbol{v}\times\boldsymbol{B}\cdot \mathrm{d}\boldsymbol{l} \tag{12-6}$$

对于如图 12-8 所示的特例，可以看到 $\boldsymbol{v}\times\boldsymbol{B}$ 与 $\mathrm{d}\boldsymbol{l}$ 方向相同，由此可得

$$\varepsilon_{\mathrm{i}}=\int_b^a vB\,\mathrm{d}l=Blv$$

电动势大于零，说明电动势的方向和积分方向相同，即由 b 指向 a。我们还可以用法拉第电磁感应定律来求解图 12-8 中的电动势。当 ab 边距离 cd 边为 x 时，回路 $abcd$ 所包围的面积中的磁通量为 $\Phi=Blx$，由式(12-1)可得

$$\varepsilon_{\mathrm{i}}=\left|\frac{\mathrm{d}\Phi}{\mathrm{d}t}\right|=Bl\,\frac{\mathrm{d}x}{\mathrm{d}t}=Blv$$

可以看出，由于 U 形导轨固定不动，只有 ab 棒相对磁场运动，所以 ab 棒可以看作一个电源，整个回路中的电动势就等于 ab 棒两端的电动势。

一般情况下，磁场可以不均匀，导线在磁场中运动时各部分的速度也可以不同，$\boldsymbol{v}$，$\boldsymbol{B}$ 和

d$\boldsymbol{l}$ 也可以互不垂直，此时 $|\boldsymbol{v}\times\boldsymbol{B}|=vB\sin\theta$，$\boldsymbol{v}\times\boldsymbol{B}$ 的方向也可能与 d$\boldsymbol{l}$ 不在同一方向上，因此需要先计算出任意段线元 d$\boldsymbol{l}$ 产生的动生电动势：

$$\mathrm{d}\varepsilon_{\mathrm{i}}=\boldsymbol{v}\times\boldsymbol{B}\cdot\mathrm{d}\boldsymbol{l}$$

然后通过如下积分计算运动导线内的总动生电动势：

$$\varepsilon_{\mathrm{i}}=\int_L \boldsymbol{v}\times\boldsymbol{B}\cdot\mathrm{d}\boldsymbol{l} \tag{12-7}$$

例 12-3 有一根长度为 L 的金属细棒 OA，在磁感应强度为 $\boldsymbol{B}$ 的均匀磁场中，以角速度 ω 在与磁场方向垂直的平面内绕棒的一端点 O 作匀速转动，如图 12-9 所示，试求金属棒两端 OA 的感应电动势。

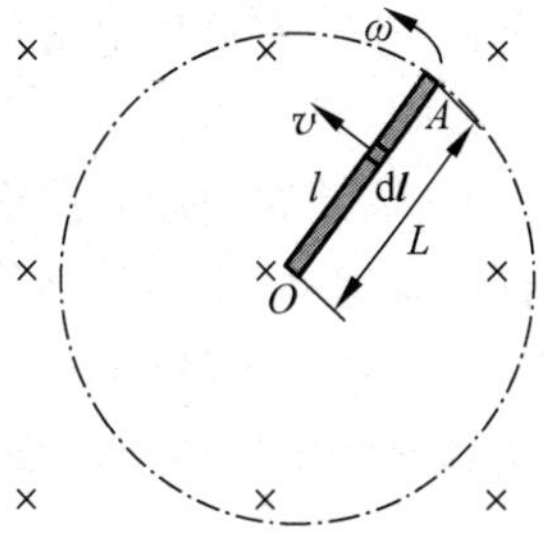

图 12-9 例 12-3 用图

解 在金属棒上距离 O 端为 l 处取一线元 d$\boldsymbol{l}$，方向由 O 指向 A，设其速度为 $\boldsymbol{v}$，因为 $\boldsymbol{v}$，$\boldsymbol{B}$，d$\boldsymbol{l}$ 互相垂直，并且 $\boldsymbol{v}\times\boldsymbol{B}$ 的方向与 d$\boldsymbol{l}$ 方向相反，所以有

$$\mathrm{d}\varepsilon_{\mathrm{i}}=\boldsymbol{v}\times\boldsymbol{B}\cdot\mathrm{d}\boldsymbol{l}=-vB\,\mathrm{d}l$$

其中，$v=\omega l$，于是可得金属棒 OA 两端的感应电动势为

$$\varepsilon_{\mathrm{i}}=\int_L \mathrm{d}\varepsilon_{\mathrm{i}}=\int_0^L -\omega lB\,\mathrm{d}l=-\frac{1}{2}B\omega L^2$$

式中的负号说明感应电动势的方向与积分路径的方向相反，由 A 指向 O，所以 O 端带正电，A 端带负电。

例 12-4 如图 12-10 所示，一长直导线通有电流 I，在其附近有一长度为 L 的导体棒 AB 以速度 $\boldsymbol{v}$ 平行于长直导线作匀速运动。已知导体棒的 A 端距离长直导线的距离为 h，求在导体棒 AB 中的动生电动势。

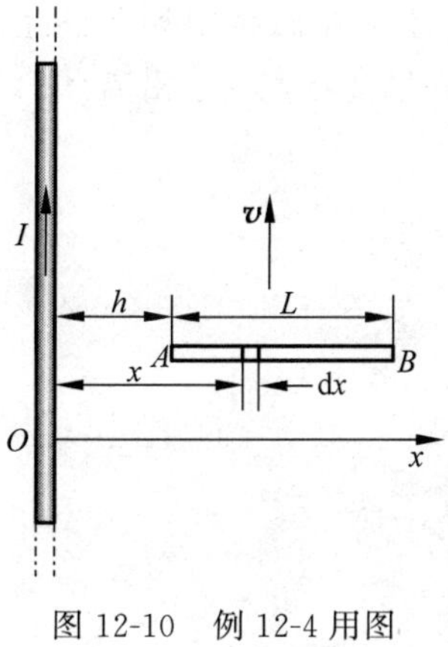

图 12-10 例 12-4 用图

解 由于长直导线附近的磁场是非均匀的，因此必须选择线元积分来计算动生电动势。如图 12-10 所示，在距离长直导线为 x 处的导体棒上选取长为 dx 的线元，方向水平向右，因为线元 dx 是个微分量，所以线元上的磁场可以看成是均匀的，其大小为

$$B=\frac{\mu_0 I}{2\pi x}$$

则 d$\boldsymbol{x}$ 上的动生电动势为

$$\mathrm{d}\varepsilon_{\mathrm{i}}=\boldsymbol{v}\times\boldsymbol{B}\cdot\mathrm{d}\boldsymbol{x}=-vB\,\mathrm{d}x=-v\,\frac{\mu_0 I}{2\pi x}\mathrm{d}x$$

整个导体棒中的动生电动势为

$$\varepsilon_{\mathrm{i}}=\int_L \mathrm{d}\varepsilon_{\mathrm{i}}=\int_h^{h+L} -v\,\frac{\mu_0 I}{2\pi x}\mathrm{d}x=-v\,\frac{\mu_0 I}{2\pi}\ln\frac{h+L}{h}$$

方向与 x 轴的正方向相反，由 B 指向 A，即 A 点的电势高于 B 点的电势。

12.2.2 感生电动势

在介绍电磁感应现象的时候,我们讨论了当导体回路不动,由回路中的磁场变化而引起的闭合回路中的磁通量的变化,从而在回路中激发感应电流。那么,产生感生电动势的非静电场力是什么力呢?这种力是怎么产生的?我们知道,要形成电流,不仅要有可以自由移动的电荷,还要有迫使电荷作定向运动的电场。如图12-11所示,在一长直螺线管外套有一个闭合线圈,线圈连接一个电流计,当螺线管内的电流发生变化时,线圈内的电流计指针就会发生偏转,回路内激起感应电流。很显然,线圈回路内自由电子没有受到静电场力,因线圈一直没有运动,也不是洛伦兹力。可见这是一种我们尚未认知的力。为此麦克斯韦在1861年提出了感生电场(induced electric field)的假设,即**变化的磁场在其周围空间将激发出感生电场**。感生电场用符号 $\boldsymbol{E}_k$ 表示。

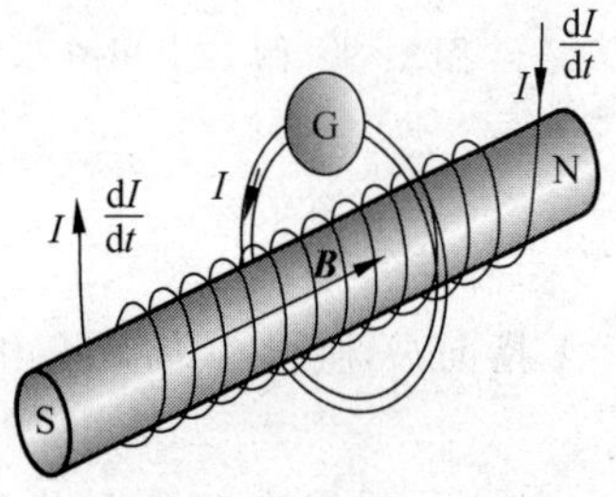

图12-11 感生电动势

应当注意的是,对于麦克斯韦的假设,只要有变化的磁场,周围空间就会出现感生电场,不管有无导体,也不管是在真空还是在介质中,这个假设已经被实验证实。

感生电场与静电场都对电荷有力的作用,两者的不同之处是:静电场存在于静止电荷周围的空间内,感生电场则由变化磁场所激发,不是由电荷所激发;静电场的电场线是始于正电荷、终于负电荷的,而感生电场的电场线则是闭合的。正是由于感生电场的存在,才会在回路中形成感生电动势。由电动势的定义式(11-5)可知,感生电动势的大小可以由感生电场 $\boldsymbol{E}_k$ 沿着闭合回路积分求得,即

$$\varepsilon_i=\oint_l \boldsymbol{E}_k\cdot d\boldsymbol{l}=-\frac{d\Phi}{dt} \tag{12-8}$$

因为磁通量为

$$\Phi=\int_S \boldsymbol{B}\cdot d\boldsymbol{S}$$

所以式(12-8)可表示为

$$\varepsilon_i=\oint_l \boldsymbol{E}_k\cdot d\boldsymbol{l}=-\frac{d}{dt}\int_S \boldsymbol{B}\cdot d\boldsymbol{S}$$

若闭合回路不动,则其所包围的面积 S 不随时间变化,因此上式亦可变化为

$$\varepsilon_i=\oint_l \boldsymbol{E}_k\cdot d\boldsymbol{l}=-\int_S \frac{\partial \boldsymbol{B}}{\partial t}\cdot d\boldsymbol{S} \tag{12-9}$$

式中,S 表示以 l 为边界所包围的面积。式(12-9)表明,感生电场沿回路 l 的线积分等于穿过回路所包围面积的磁通量变化率的负值。当选定了积分回路的绕行方向后,面积的法线方向与绕行方向满足右手螺旋关系。磁感应强度 $\boldsymbol{B}$ 的方向若与回路面积的法线方向一致,则其磁通量 Φ 为正。式(12-9)中的负号表示 $\boldsymbol{E}_k$ 的方向与磁通量的增量方向或与磁感应强度 $\boldsymbol{B}$ 的变化率 $d\boldsymbol{B}/dt$ 成左手螺旋关系。式(12-9)是电磁场的基本方程之一。

例12-5 如图12-12所示,在半径 $R=1\text{m}$ 的无限长直螺线管内部有一垂直纸面向里的

磁场以$\frac{dB}{dt}=0.5T/s$的速率增加。求在距离螺线管中心分别为$r_1=0.5m$和$r_2=1.5m$处的感生电场。

解　由磁场的轴对称分布可知，变化的磁场在周围空间所激发的感生电场也是轴对称的，感生电场线是一系列关于轴对称的同心圆周，感生电场$\boldsymbol{E}_k$在同一圆周上的大小相等，方向沿着圆周的切向。如图12-12所示，在管内以$r_1=0.5m$为半径作圆形回路l，设回路所包围面积的正法线方向垂直纸面向里，则由式(12-9)可得，距离螺线管中心为$r_1=0.5m$处的感生电场满足

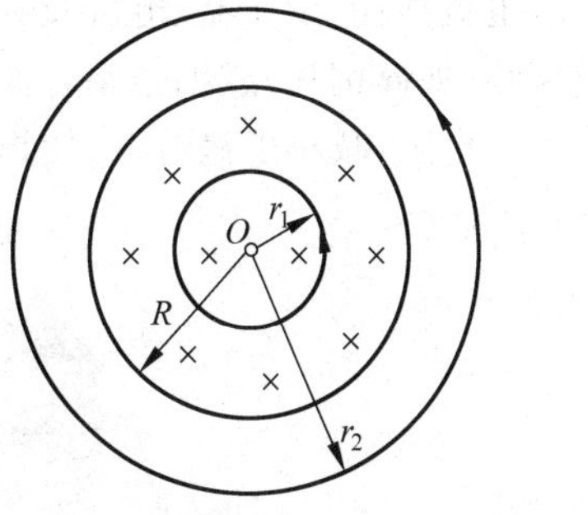

图12-12　螺线管内外的感生电场

$$\oint_l \boldsymbol{E}_k \cdot d\boldsymbol{l} = -\int_S \frac{\partial \boldsymbol{B}}{\partial t} \cdot d\boldsymbol{S}$$

$$2\pi r_1 E_k = -\pi r_1^2 \frac{dB}{dt}$$

因此有

$$E_k = -\frac{r_1}{2}\frac{dB}{dt} = -0.125N \cdot C^{-1}$$

$\boldsymbol{E}_k$的方向由左手定则可以判断为沿逆时针方向。同样，在管外以$r_2=1.5m$为半径作圆形回路，则

$$\oint_l \boldsymbol{E}_k \cdot d\boldsymbol{l} = -\int_S \frac{\partial \boldsymbol{B}}{\partial t} \cdot d\boldsymbol{S}$$

$$2\pi r_2 E_k = -\pi R^2 \frac{dB}{dt}$$

可得管外距离螺线管中心为$r_2=1.5m$处的感生电场的大小为

$$E_k = -\frac{R^2}{2r_2}\frac{dB}{dt} = -0.167N \cdot C^{-1}$$

由左手定则可判断出，在管外感生电场的方向同样沿逆时针方向。

12.2.3　涡电流

感应电流不仅能够在导电回路中出现，而且当较大面积的导体与磁场有相对运动或处在变化的磁场中时，在导体中也会激起感应电流。这种在导体内流动的感应电流叫做**涡电流**(eddy current)。涡电流在工程技术中有着广泛的应用。

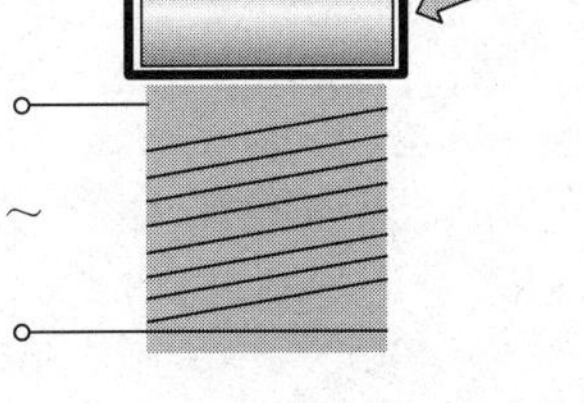

图12-13　电磁灶加热原理

家用电磁灶就是利用涡电流的热效应来加热和烹饪食物的，如图12-13所示，电磁灶的核心是一个高频载流线圈，高频电流产生高频变化的磁场，于是在铁锅中产生涡电流，通过电流的热效应来加热食物。同样，在钢铁厂用电磁感应炉进行冶炼。感应炉中的铁矿石或废铁本身就是导体，大功率高频交流电产生高频变化磁场，从而在铁矿石中形成较强涡电流，利用涡电流的热效应使金属熔化。

涡电流产生的热效应虽然有着广泛的应用，但是在有些情况下也是有很大危害的。例如，变压器或其他电机的铁芯常常因涡电流而产生无用的热量，如图 12-14(a)所示，这不仅消耗了部分电能，降低了电机的效率，而且可能因铁芯严重发热而不能正常工作。为了减少涡电流损耗，变压器、电机及其他交流仪器的铁芯一般不采用整块材料，而是用互相绝缘的薄片（如硅钢片）或细条叠合而成，使涡电流受绝缘的限制，只能在薄片范围内流动，于是增大了电阻，减小了涡电流，使损耗降低，如图 12-14(b)所示。

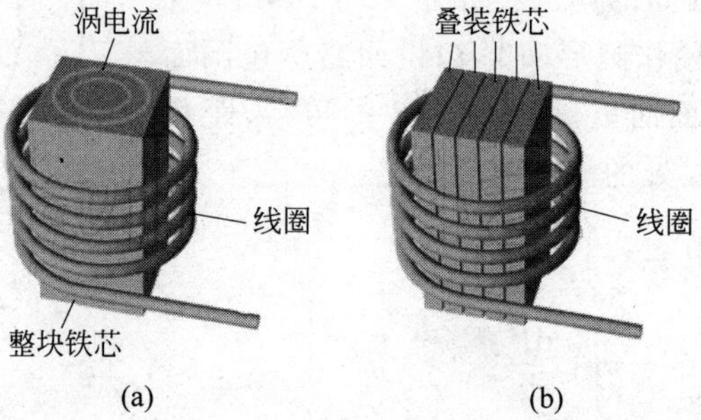

图 12-14　涡电流与变压器中的铁芯

12.3 自感和互感

自感和互感作为法拉第电磁感应现象的两个特例，在工程技术中有着广泛的用途。这一节我们详细介绍自感和互感。

12.3.1 自感

根据法拉第电磁感应定律，我们知道，不论以什么方式，只要能使穿过闭合回路的磁通量发生变化，此闭合回路内就一定有感应电动势出现。当闭合回路自身的电流变化时，变化的电流产生的变化的磁场也将使穿过闭合回路自身的磁通量发生变化，从而在自身回路中产生感应电动势和感应电流，如图 12-15 所示。我们把这种由回路本身电流的变化，而在自身回路中引起的感应电动势的现象，称为**自感**(self-induction)，相应的电动势称为自感电动势。

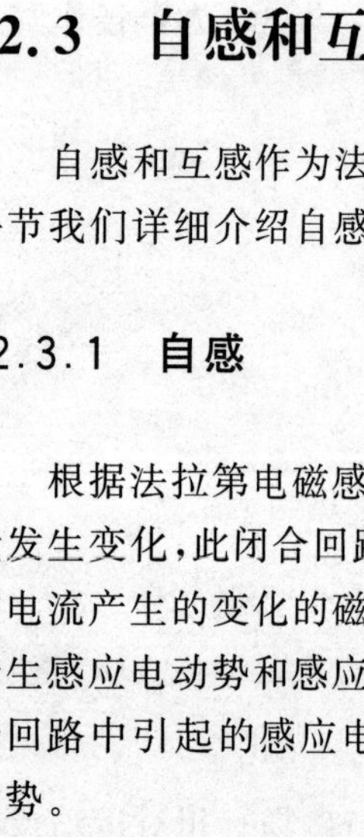

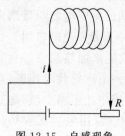

图 12-15　自感现象

设有一无铁芯的长直螺线管，长为 l，横截面半径为 R，螺线管上绕有 N 匝线圈，通有电流 I，根据第 11 章我们利用安培环路定理计算的结果可知，此时线圈内为均匀磁场，磁感应强度的大小为

$$B=\frac{\mu_0 NI}{l}$$

则穿过每匝线圈的磁通量为

$$\Phi=BS=\frac{\mu_0 NI}{l}\pi R^2$$

穿过 N 匝线圈的磁链为 $\Psi=N\Phi=\frac{\mu_0 N^2 I}{l}\pi R^2$，当线圈中的电流 I 发生变化时，根据式(12-3)，在 N 匝线圈中产生的感应电动势为

$$\varepsilon_L=-N\frac{\mathrm{d}\Phi}{\mathrm{d}t}=-\frac{\mu_0 N^2\pi R^2}{l}\frac{\mathrm{d}I}{\mathrm{d}t}$$

将上式改写成

$$\varepsilon_L=-L\frac{\mathrm{d}I}{\mathrm{d}t}\tag{12-10}$$

式中，$L=\frac{\mu_0 N^2\pi R^2}{l}$，它体现了回路产生自感电动势反抗电流变化的能力，称为该回路的**自感系数**(self-inductance)，简称**自感**。自感 L 的大小与回路的几何形状、匝数、大小及周围磁介质分布等因素有关，是由回路自身的特征决定的电路参数，与回路中的电流无关。自感通常由实验测定，只是在某些简单的情况下才可以由其定义计算出来。

现在考虑一般的情况，对于一个任意形状的回路，回路中因电流变化引起通过回路中磁链的变化而出现的感应电动势为

$$\varepsilon_L=-\frac{\mathrm{d}\Psi}{\mathrm{d}t}=-\frac{\mathrm{d}\Psi}{\mathrm{d}I}\frac{\mathrm{d}I}{\mathrm{d}t}=-L\frac{\mathrm{d}I}{\mathrm{d}t}\tag{12-11}$$

式中，$L=\frac{\mathrm{d}\Psi}{\mathrm{d}I}$定义为回路的**自感**，单位是亨利，用符号 H 表示。它**在数值上等于回路中的电流随时间的变化为一个单位时，在回路中所引起的自感电动势的绝对值**。在国际单位制中，$1\mathrm{H}=1\mathrm{Wb}\cdot\mathrm{A}^{-1}$。由于亨利的单位较大，实际中常用毫亨(mH)与微亨(μH)作为自感的单位，其换算关系为

$$1\mathrm{H}=10^3\mathrm{mH}=10^6\mu\mathrm{H}$$

式(12-11)中的负号，是楞次定律的数学表示。它指出，自感电动势将反抗回路中电流的改变。当回路中的电流增大时，自感电动势激发的感应电流与原来电流的方向相反；当电流减小时，自感电动势激发的感应电流与原来电流的方向相同。必须指出的是，自感电动势只是反抗电流的变化，而不是电流本身。

在工程技术和日常生活中，自感现象的应用是非常广泛的，日光灯上的镇流器就是利用线圈自感现象的一个例子。无线电设备中常用自感线圈和电容器来构成谐振电路和滤波器等。在有些情况下，自感现象是非常有害的。例如，在有较大自感的电网中，当电路突然断开时，由于自感而产生很大的自感电动势，在电网的电闸开关瞬间形成一较高的电压，电压常大到使空气"击穿"而导电，产生电弧，对电网有损坏作用。为了减小这种危险，一般是先增加回路电阻使电流减小，再断开电路，因此大电流电力系统中的开关都附加有"灭弧"的装置。生活中，我们把家用电器的插头迅猛地从插座中拔出时，常会看到有电火花从插座里飞出，这就是由回路中的电流突然变化产生的很高的自感电动势所引起的。

例 12-6　有一电缆，由两个无限长的同轴圆桶状导体组成，其间充满磁导率为 μ 的磁介质，电流 I 从内桶流进，外桶流出(图 12-16)。设内、外桶半径分别为 R_1 和 R_2，求长为 l 的一段导线的自感系数。

解　由安培环路定理可得，在内、外圆筒之间距离轴线为 r 处的磁感应强度的大小为

$$B=\frac{\mu I}{2\pi r}$$

通过长度为 l 的电缆纵向横截面积的磁通量为

$$\Phi=\int_S \boldsymbol{B}\cdot \mathrm{d}\boldsymbol{S}=\int_{R_1}^{R_2} Bl\,\mathrm{d}r=\int_{R_1}^{R_2}\frac{\mu I}{2\pi r}l\,\mathrm{d}r$$

$$=\frac{\mu Il}{2\pi}\ln\frac{R_2}{R_1}$$

由自感的定义可知

$$L=\frac{\Phi}{I}=\frac{\mu l}{2\pi}\ln\frac{R_2}{R_1}$$

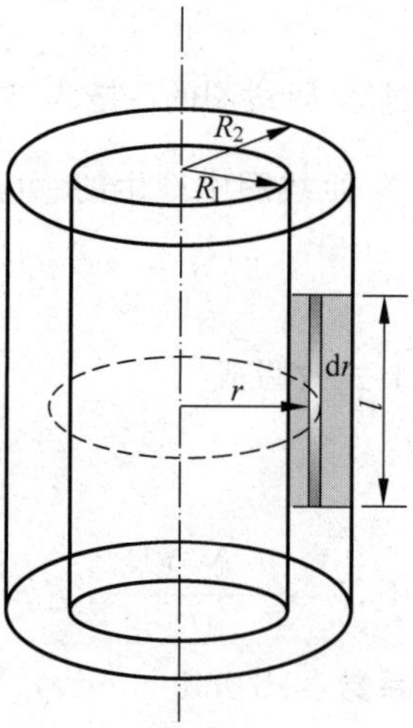

图 12-16　例 12-6 用图

12.3.2　互感

设有两个邻近的回路线圈 1 和线圈 2，如图 12-17 所示，当一个线圈中的电流发生变化时，在其周围会激发变化的磁场，从而在另一个线圈中产生感生电动势，这种现象称为**互感现象**(mutual induction)，产生的电动势称为**互感电动势**。

设图 12-17 中的两个线圈中分别通入电流 I_1 和 I_2。由毕奥-萨伐尔定律可知，电流 I_1 产生的磁感应强度 B 正比于 I_1，因此穿过线圈 2 的磁通量 Φ_{21} 也正比于电流 I_1，即

$$\Phi_{21}=M_{21}I_1 \tag{12-12}$$

同样，电流 I_2 产生的磁场穿过线圈回路 1 的磁通量 Φ_{12} 也正比于电流 I_2，即

$$\Phi_{12}=M_{12}I_2 \tag{12-13}$$

式中，M_{21} 和 M_{12} 为比例系数，它们与两个线圈回路的形状、大小、匝数、相对位置，以及周围磁介质的磁导率有关。理论和实验都可以证明，对于一对给定的导体回路，都有

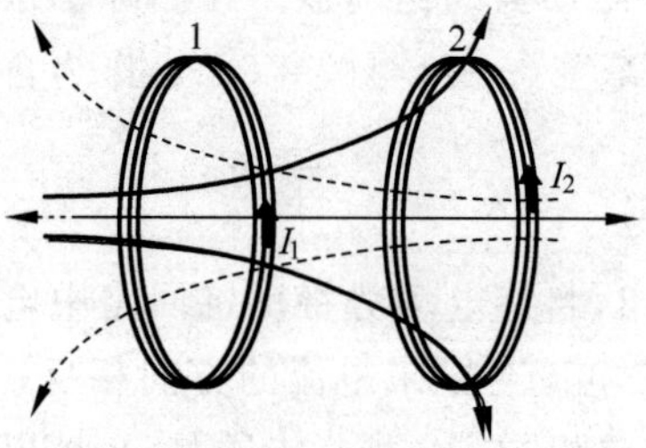

图 12-17　互感

$$M_{21}=M_{12}=M$$

M 称为两个回路之间的**互感**(mutual inductance)。

根据法拉第电磁感应定律，在 M 一定的条件下，回路中的互感电动势为

$$\varepsilon_{21}=-\frac{\mathrm{d}\Phi_{21}}{\mathrm{d}t}=-\frac{\mathrm{d}(MI_1)}{\mathrm{d}t}=-\left(M\frac{\mathrm{d}I_1}{\mathrm{d}t}+I_1\frac{\mathrm{d}M}{\mathrm{d}t}\right)$$

$$\varepsilon_{12}=-\frac{\mathrm{d}\Phi_{12}}{\mathrm{d}t}=-\frac{\mathrm{d}(MI_2)}{\mathrm{d}t}=-\left(M\frac{\mathrm{d}I_2}{\mathrm{d}t}+I_2\frac{\mathrm{d}M}{\mathrm{d}t}\right)$$

若回路中的互感不变，则有

$$\varepsilon_{21}=-M\frac{\mathrm{d}I_1}{\mathrm{d}t} \tag{12-14a}$$

$$\varepsilon_{12}=-M\frac{\mathrm{d}I_2}{\mathrm{d}t} \tag{12-14b}$$

由式(12-14a)和式(12-14b)可以看出，互感 M 的意义也可以这样理解：**两个线圈的互感**

M，在数值上等于一个线圈中的电流随时间的变化率为一个单位时，在另一个线圈中所引起的互感电动势的绝对值。式(12-14a)和式(12-14b)中的负号表示，在一个线圈中所引起的互感电动势要反抗另一个线圈回路中的电流的变化。另外还可以看出，当一个线圈中的电流随时间的变化率恒定时，互感越大，则在另一个线圈中引起的互感电动势就越大；反之，互感越小，在另一个回路中引起的互感电动势就越小。所以，互感是表明两个回路相互感应强弱的一个物理量，或者说是两个回路耦合程度的量度。互感的单位用亨利表示，符号为 H。

互感现象在各种电器设备和无线电技术中有着广泛的应用。比如，发电厂输出的高压电流供居民使用时，为了安全，就需要先用变压器把高电压变换成较低的电压。而变压器的工作原理就是利用了互感的规律。互感现象也有不利的一面，比如，有线电话有时会因为两条线路之间互感而造成串音，从而信息在传送过程中的安全性会降低，容易造成泄密。

互感通常用实验测定，只有对于一些比较简单的情况，才可以用计算的方法求得。

例 12-7　一密绕的螺绕环，单位长度的匝数为 $n=2000$ 匝/米，螺绕环的横截面积为 $S=10\text{cm}^2$，另有一个 $N=10$ 匝的小线圈绕在环上，如图 12-18 所示。(1)求两个线圈间的互感；(2)当螺绕环中的电流变化率为 $\mathrm{d}I/\mathrm{d}t=10\text{A/s}$ 时，求在小线圈中产生的互感电动势的大小。

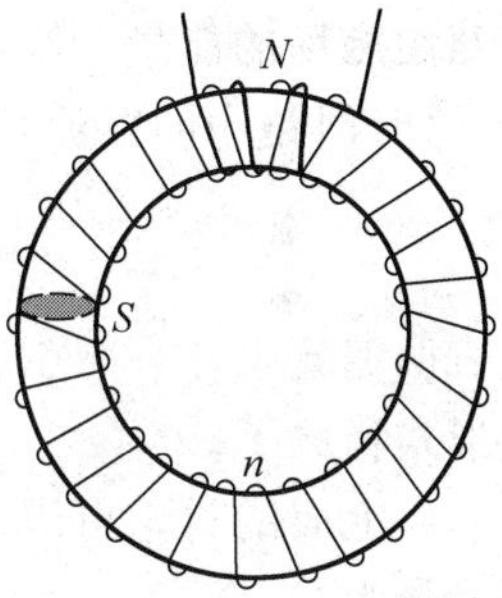

图 12-18　例 12-7 用图

解　(1) 设螺绕环中线圈通有电流 I，则螺绕环中磁感应强度的大小为

$$B=\mu_0 nI$$

通过螺绕环上各匝线圈的磁通量等于通过小线圈各匝的磁通量，所以，通过 N 匝小线圈的磁链为

$$\Psi=N\Phi=N\mu_0 nIS$$

根据互感的定义可得，螺绕环与小线圈间的互感为

$$M=\frac{\Psi}{I}=N\mu_0 nS\approx 2.51\times10^{-5}\,\text{H}=25.1\mu\text{H}$$

(2) 小线圈中产生的互感电动势为

$$\varepsilon_{21}=\left|-M\frac{\mathrm{d}I_1}{\mathrm{d}t}\right|=251\mu\text{V}$$

12.4　磁场的能量

静电场中，电容器在充电过程中，外力必须克服静电场力做功，根据功能原理，外力做功所消耗的能量最后转化为电荷系统或电场的能量。同样，在如图 12-19 的回路系统中，当开关处于触点 1 的位置时，接通电流，由于回路中有线圈自感的作用，回路中的电流要经历一个从零到稳定值的变化过程，灯泡是慢慢变明亮的，在这个过程中，电源提供的能量一部分损耗在电阻上，转化为热能，另一部分用于克服自感电动势做功而转化为磁场的能量，在线圈中建立起磁场。设回路中的电源电动势为 ε，线圈的自感为 L，灯泡的电阻为 R，当回路中某一时刻的电流为 I 时，自感电动势的大小为 $-L\dfrac{\mathrm{d}I}{\mathrm{d}t}$，根据回路的欧姆定律可得

$$\varepsilon - L\frac{\mathrm{d}I}{\mathrm{d}t} = IR$$

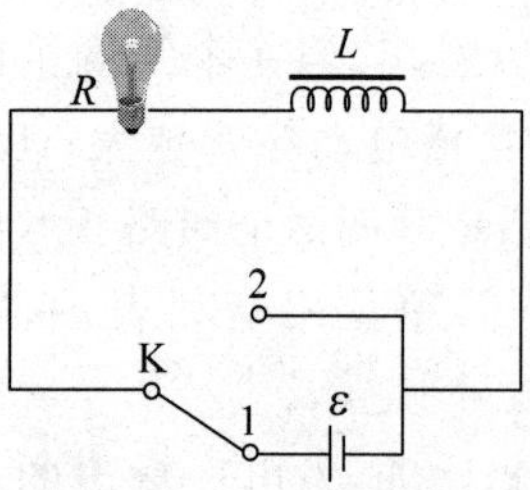

图 12-19　线圈中存储的磁场能

如果从 $t=0$ 开始，经过足够长的时间 t，回路中的电流从零增长到稳定值 I_0，则这段时间内回路的欧姆定律的积分形式可写为

$$\int_0^t \varepsilon I\,\mathrm{d}t - \int_0^{I_0} IL\,\mathrm{d}I = \int_0^t I^2 R\,\mathrm{d}t$$

自感 L 与电流无关，则

$$\int_0^t \varepsilon I\,\mathrm{d}t = \int_0^t I^2 R\,\mathrm{d}t + \frac{1}{2}LI_0^2$$

上式说明电源电动势所做的功转化为两部分能量，其中，$\int_0^t I^2R\,\mathrm{d}t$ 是 t 时间内消耗在电阻上的焦耳热；$\frac{1}{2}LI_0^2$ 是回路中电流变化时电源反抗自感电动势所做的功，这部分能量转化为回路中磁场的能量。当回路中的电流达到稳定值 I_0 后，断开开关 K，并将开关接在触点 2 上，这时回路中的电流将从 I_0 慢慢衰减。自感电动势反抗电流减小所做的功为

$$W = \int_0^t \varepsilon_L I\,\mathrm{d}t = \int_{I_0}^0 -LI\,\mathrm{d}I = \frac{1}{2}LI_0^2$$

这表明随着电流衰减引起的磁场消失，原来储存在磁场中的能量又反馈到回路中以焦耳热的形式释放了。

由上面的讨论可以看出，一个自感为 L 的回路，当其中通有电流 I 时，其周围空间磁场的能量为

$$W_{\mathrm{m}} = \frac{1}{2}LI^2 \tag{12-15}$$

对于载流导线所激发的磁场能量，我们还可以用磁感应强度 $\boldsymbol{B}$ 来表示。为了简单起见，我们以长直螺线管为例进行讨论。设螺线管的体积为 V，通有电流 I，管内充满磁导率为 μ 的均匀磁介质，则管内会激发一个磁感应强度大小为 $B=\mu nI$ 的均匀磁场，由 12.3 节可知，它的自感 $L=\frac{\mu_0 N^2 \pi R^2}{l}=\mu n^2 V$，式中，$n$ 为螺线管单位长度的匝数。把自感 L 和电流 $I=\frac{B}{\mu n}$ 代入式(12-15)可得

$$W_{\mathrm{m}} = \frac{1}{2}LI^2 = \frac{1}{2}\mu n^2 V\left(\frac{B}{\mu n}\right)^2 = \frac{1}{2}\frac{B^2}{\mu}V = \frac{1}{2}BHV$$

由此我们可以得出磁场能量密度(magnetic energy density)是

$$w_{\mathrm{m}} = \frac{W_{\mathrm{m}}}{V} = \frac{1}{2}BH = \frac{1}{2}\frac{B^2}{\mu} \tag{12-16}$$

磁场能量密度的公式(12-16)是从长直螺线管导出的，但是对于任意磁场都普遍适用。磁场能量密度公式表明任何磁场都具有能量，磁能存储在整个磁场中。利用式(12-16)可以求出任意磁场中储存的总能量为

$$W_{\mathrm{m}} = \int_V w_{\mathrm{m}}\,\mathrm{d}V = \frac{1}{2}\int_V BH\,\mathrm{d}V \tag{12-17}$$

例 12-8　如图 12-20 所示，一条长直同轴电缆，由半径为 R_1 和 R_2 的两同轴圆筒组成，中间充以磁导率为 μ 的磁介质，电缆中有恒定电流 I，经内层流进，外层流出形成回路。试

计算长为 l 的一段电缆内的磁场能量。

解　根据安培环路定理可知，电缆内筒内、外筒外区域的磁感应强度都为零，只有两筒面中间区域有磁场，由安培环路定理可得，电缆中距离轴线为 r 处的磁感应强度的大小为

$$B=\frac{\mu I}{2\pi r}$$

该处的磁场能量密度为

$$w_{\mathrm{m}}=\frac{1}{2}\frac{B^2}{\mu}=\frac{\mu I^2}{8\pi^2 r^2}$$

由磁场分布的柱对称性，取如图 12-20 所示的体积元积分可得

$$W_{\mathrm{m}}=\int_V w_{\mathrm{m}}\mathrm{d}V=\int_{R_1}^{R_2}\frac{\mu_0 I^2}{8\pi^2 r^2}\cdot 2\pi l r\,\mathrm{d}r$$

$$=\frac{\mu_0 I^2 l}{4\pi}\ln\frac{R_2}{R_1}$$

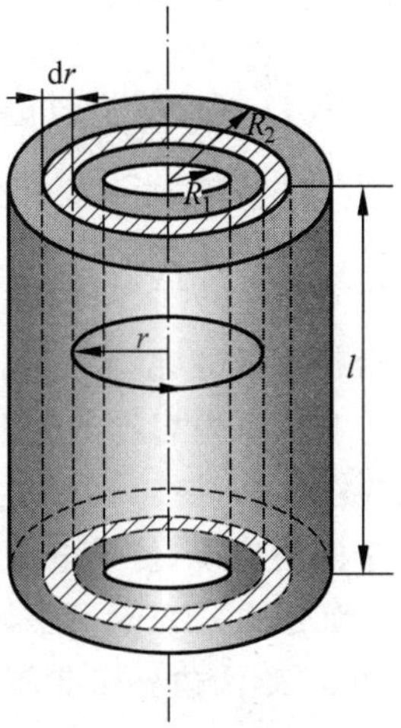

图 12-20　例 12-8 用图

12.5　位移电流

在感生电动势一节中，我们知道变化的磁场可以激发感生电场，那么变化的电场能否激发磁场呢？在继感生电场的假设后，麦克斯韦于 1862 年又提出了随时间变化的电场产生磁场的假设，从而进一步揭示了电场和磁场之间的内在联系。在奥斯特、安培、法拉第、亨利等工作的基础上，麦克斯韦对电磁学的研究进行了全面的总结，于 1864 年建立了完整的电磁场基本方程，即麦克斯韦方程组。在此基础上麦克斯韦还预言了电磁波的存在，并指出电磁波在真空中的传播速度为 $c=\frac{1}{\sqrt{\mu_0\varepsilon_0}}$，其中，$\mu_0$ 和 ε_0 分别为真空磁导率和真空电容率，计算可得 $c\approx 3\times 10^8\,\mathrm{m/s}$，这个值与真空中的光速是相同的。

麦克斯韦(J. C. Maxwell，1831—1979)，英国物理学家、数学家。他在前人成就的基础上，将电磁场理论用简洁、对称、完美的形式表示出来。1865 年，他预言了电磁波的存在，并推导出电磁波的传播速度等于光速，同时提出光是一种电磁波。1888 年，德国物理学家赫兹用实验验证了电磁波的存在。在热力学与统计物理学方面，麦克斯韦也做出了重要贡献，他是气体动理论的创始人之一。1859 年，他首次用统计规律得出麦克斯韦速度分布律，从而找到了由微观量求统计平均值的更确切的途径。1867 年，引入了“统计力学”这个术语。麦克斯韦非常重视实验，由他负责建立起来的卡文迪什实验室，在他和以后几位主任的领导下，发展成为举世闻名的学术机构。

12.5.1 位移电流定义

第 11 章中我们讨论过恒定电流磁场的安培环路定理：

$$\oint \boldsymbol{H} \cdot \mathrm{d}\boldsymbol{l} = \sum I_i$$

式中，$\sum I_i$ 是穿过回路的传导电流的代数和。那么在非恒定电流激发的磁场中，这个定律是否仍然成立呢？

我们从电容器的充电、放电过程开始讨论。在一个含有电容器的电路中，当电容器在充电、放电时，导线内的传导电流将随时间变化，传导电流不能在电容器两极板间通过，因此对整个电路来说，传导电流是不连续的。

如图 12-21(a)所示，电容器在充电过程中，某一时刻回路电流为 I_0，现作一闭合回路 L，并以 L 为边界作曲面 S_1，根据安培环路定理可知

$$\oint \boldsymbol{H} \cdot \mathrm{d}\boldsymbol{l} = I_0$$

其中，I_0 是穿过曲面 S_1 的传导电流。若以同一回路 L 为边界作另一曲面 S_2，使传导电流通过电容器两极板之间(图 12-21(a))。由于此时没有传导电流穿过曲面 S_2，则由安培环路定理可得 $\oint \boldsymbol{H} \cdot \mathrm{d}\boldsymbol{l} = 0$。显然，在非恒定电流的磁场中安培环路定理出现了矛盾，不再适用。

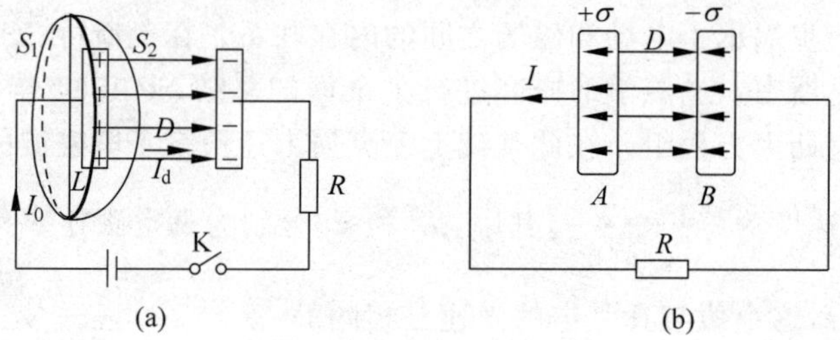

图 12-21　含电容器的电路
(a) 充电；(b) 放电

为了解决这个问题，麦克斯韦提出位移电流的假设，修正了恒定电流的安培环路定理，使之适用于非恒定电流的情况。在上述电路中，当电容器充电时，传导电流在电容器极板处中断，与此同时，电容器极板上的电荷不断积累。设 $\mathrm{d}t$ 时间段内极板上增加 $\mathrm{d}q$ 的电荷量，由电流强度的定义可得，此时回路中的传导电流的大小为

$$I_0 = \frac{\mathrm{d}q}{\mathrm{d}t}$$

虽然传导电流在电容器的极板上终止，但是电容器极板上的电荷不断增加，因此两极板间建立起一个不断增大的电场。设电容器极板上自由电荷的面密度为 σ，由第 10 章的讨论可知，极板间电场的电位移矢量的大小为 $D=\sigma$。设电容器极板面积为 S，则两极板间电位移矢量通量为 $\Psi = DS = \sigma S = q$。因此，电容器两极板间的电位移矢量通量随时间的变化率为

$$\frac{\mathrm{d}\Psi}{\mathrm{d}t} = \int_S \frac{\partial \boldsymbol{D}}{\partial t} \cdot \mathrm{d}\boldsymbol{S} = \frac{\mathrm{d}q}{\mathrm{d}t} = I_0$$

设回路中的传导电流密度为 $\boldsymbol{j}_0$，则 $I_0=\int_S \boldsymbol{j}\cdot \mathrm{d}\boldsymbol{S}$，将之代入上式可得

$$\int_S \frac{\partial \boldsymbol{D}}{\partial t}\cdot \mathrm{d}\boldsymbol{S}=\int_S \boldsymbol{j}\cdot \mathrm{d}\boldsymbol{S}$$

故 $\frac{\partial \boldsymbol{D}}{\partial t}=\boldsymbol{j}$。

从上述结果可以看出，电容器两极板间的电位移矢量随时间的变化率在数值上等于极板内传导电流的密度；两极板间电位移矢量通量随时间的变化率在数值上等于极板内的传导电流。当电容器放电时，如图 12-21(b)所示，由于极板上的电荷面密度 σ 在减小，两极板间的电场在减弱，$\mathrm{d}\boldsymbol{D}/\mathrm{d}t$ 的方向与 $\boldsymbol{D}$ 的方向相反，电位移矢量 $\boldsymbol{D}$ 的方向向右，因而 $\mathrm{d}\boldsymbol{D}/\mathrm{d}t$ 的方向向左，恰好与此时极板内的传导电流密度方向一致。因此如果以 $\mathrm{d}\boldsymbol{D}/\mathrm{d}t$ 表示某种电流密度，那么它就可以代替在极板中间中断的传导电流密度，从而保持了电流的连续性。

由于 $\frac{\mathrm{d}\Psi}{\mathrm{d}t}$ 的量纲同电流一致，麦克斯韦引入**位移电流**(displacement current)的概念：通过电场中某一横截面的位移电流等于通过该横截面电位移矢量通量对时间的变化率；电场中某一点的电位移矢量对时间的变化率等于该点的位移电流密度。其数学形式为

$$I_\mathrm{d}=\frac{\mathrm{d}\Psi}{\mathrm{d}t} \tag{12-18}$$

$$\boldsymbol{j}_\mathrm{d}=\frac{\mathrm{d}\boldsymbol{D}}{\mathrm{d}t} \tag{12-19}$$

麦克斯韦大胆地提出假设：位移电流和传导电流一样，也会在周围空间激发磁场。由此可见，在电容器电路中，极板表面中断的传导电流 I_0 可以由位移电流 I_d 替代而继续下去，两者一起维持了电流的连续性。麦克斯韦认为传导电流和位移电流可以同时存在，两者之和称为全电流，用 I_s 表示，即 $I_\mathrm{s}=I_0+I_\mathrm{d}$。

引入位移电流后，麦克斯韦把从恒定电流的磁场中总结出的安培环路定理推广到非恒定电流情况下的更一般形式，即

$$\oint \boldsymbol{H}\cdot \mathrm{d}\boldsymbol{l}=I_0+I_\mathrm{d}=I_\mathrm{s}=I_0+\int_S \frac{\partial \boldsymbol{D}}{\partial t}\cdot \mathrm{d}\boldsymbol{S} \tag{12-20}$$

式(12-20)表明，**磁场强度 $\boldsymbol{H}$ 沿任意闭合回路的线积分等于穿过此闭合回路所包围曲面的全电流**，这就是**全电流的安培环路定理**。它是电磁场的基本方程之一。式(12-20)说明，传导电流和位移电流所激发的磁场都是涡旋磁场。

法拉第电磁感应定律表明变化的磁场可以产生涡旋电场，位移电流假设则表明变化的电场可以产生涡旋磁场，变化的电场和变化的磁场相互作用，互相激发，形成一个统一的电磁场。电场和磁场的关系反映了自然界对称性的美。

最后需要说明的是，传导电流和位移电流虽然都可以激发涡旋磁场，但是它们的本质不同。传导电流是由大量自由电荷宏观定向运动形成的，位移电流是由电场的变化产生的。传导电流通过电阻时会产生焦耳热，而位移电流没有热效应。

例 12-9　如图 12-22 所示，半径为 $R=0.1\mathrm{m}$ 的两块圆板构成平行板电容器，由圆板中心处引入两条长直导线给电容器匀速充电，使电容器两极板间电场的变化率为 $\mathrm{d}E/\mathrm{d}t=10^{13}\ \mathrm{V\cdot m^{-1}\cdot s^{-1}}$。求电容器两极板间的位移电流，并计算电容器内离两极板中心连线

$r(r<R)$处的磁感应强度 B_r 和 R 处的磁感应强度 B_R。

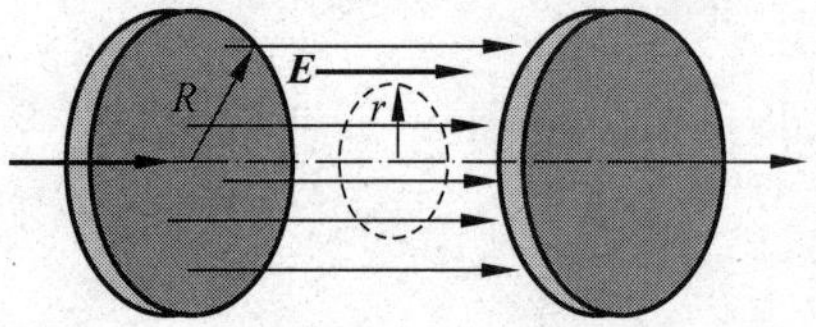

图 12-22 例 12-9 用图

解 由式(12-18)可知，电容器两极板间的位移电流为

$$I_d=\frac{d\Psi}{dt}=S\frac{dD}{dt}=\pi R^2\varepsilon_0\frac{dE}{dt}=2.8A$$

电容器两极板中心连线 $r(r<R)$处各点的磁感应强度为 B_r，应用安培环路定理可得

$$\oint \boldsymbol{H}\cdot d\boldsymbol{l}=\frac{1}{\mu_0}B_r 2\pi r=\int_S \frac{\partial \boldsymbol{D}}{\partial t}\cdot d\boldsymbol{S}=\varepsilon_0\frac{d}{dt}\int_S \boldsymbol{E}\cdot d\boldsymbol{S}=\varepsilon_0\frac{dE}{dt}\pi r^2$$

因此，

$$B_r=\frac{\mu_0\varepsilon_0}{2}r\frac{dE}{dt}$$

当 $r=R=0.1m$ 时，

$$B_R=\frac{\mu_0\varepsilon_0}{2}R\frac{dE}{dt}=5.6\times10^{-6}T$$

要说明的是，在上述计算中只用到了两极板间的位移电流，但它是导线中的传导电流的延续，极板外导线中的传导电流和极板间的位移电流构成的连续的全电流，相当于一个长直电流激发的轴对称分布的磁场，因此例 12-9 所求得的 **B** 实际上是全电流激发的总磁场，并不是两极板间位移电流单独激发的。

12.5.2 麦克斯韦方程组

这里我们根据前面章节所学的静电场和恒定磁场的一些基本规律，以及变化的电磁场所产生的感生电场和位移电流，给出由麦克斯韦总结出的麦克斯韦方程组(Maxwell's equations)。

(1) 电场性质：

$$\oint_S \boldsymbol{D}\cdot d\boldsymbol{S}=\int_V \rho dV=q \tag{12-21a}$$

(2) 磁场性质：

$$\oint_S \boldsymbol{B}\cdot d\boldsymbol{S}=0 \tag{12-21b}$$

(3) 变化电场和磁场的联系：

$$\oint_l \boldsymbol{E}\cdot d\boldsymbol{l}=-\int_S \frac{\partial \boldsymbol{B}}{\partial t}\cdot d\boldsymbol{S} \tag{12-21c}$$

(4) 变化磁场和电场的联系：

$$\oint \boldsymbol{H}\cdot d\boldsymbol{l}=I_0+I_d=I_0+\int_S \frac{\partial \boldsymbol{D}}{\partial t}\cdot d\boldsymbol{S} \tag{12-21d}$$

这四个方程就是麦克斯韦方程组的积分形式。

麦克斯韦方程组的形式既简洁又优美，它全面反映了电场和磁场的基本性质，把电磁场作为统一的整体，阐明了电场和磁场之间的联系。麦克斯韦方程组的建立是 19 世纪物理学发展史上又一个重要的里程碑。正如爱因斯坦所说,"这是自牛顿以来物理学所经历的最深刻和最后成果的一项真正观念上的变革。"麦克斯韦常被称为"电磁学上的牛顿"。

12.6　电磁振荡　电磁波

由麦克斯韦方程组可以看出,变化的磁场要产生电场,同时变化的电场也会产生磁场,电场和磁场相互激发,以波动的形式在空间传播,从而形成电磁波(electromagnetic wave)。麦克斯韦理论最卓越的成就之一就是预言了电磁波的存在,这在当时并没有得到实验的支持,只是他的理论推断。直到二十多年后,德国物理学家赫兹从实验上首次证实了电磁波的存在。

12.6.1　电磁振荡

要形成电磁波必须要有波源,这里我们从最基本的 LC 振荡电路开始讨论。该电路是由一个电容器与一个自感线圈串联而成的,如图 12-23 所示。首先让电源给电容器充电,充电完毕后,能量以电场的形式储存在电容器两极板间。然后转换开关,使电容器 C 和自感线圈 L 相连,这时电容器开始放电。电流沿着图 12-23 中的逆时针方向逐渐增大,反抗线圈中的自感电动势做功,在电容器放电结束的瞬间电路中的电流达到最大,这时电能完全转化为线圈周围的磁能。线圈中的电流达到最大值后,将对电容器反向充电,由于自感作用,反向充电是一个缓慢的过程,电流是逐渐减弱的。当电路中的电流为零时,电容器极板上的电荷量达到最大。此时,磁场能量又转化为电容器内部的电场能量。然后电容器又开始通过线圈放电,和上述过程相反,电流沿着顺时针方向,电能又转化为磁能,此后再对电容器充电,磁场再次转化为电能,最后回到它的起始状态,完成一个振荡周期。如果忽略 LC 回路中的电阻,那么电磁振荡会一直进行下去。

由图 12-23 可知,接通 LC 回路后,电容器的端电压始终等于线圈的自感电动势,即

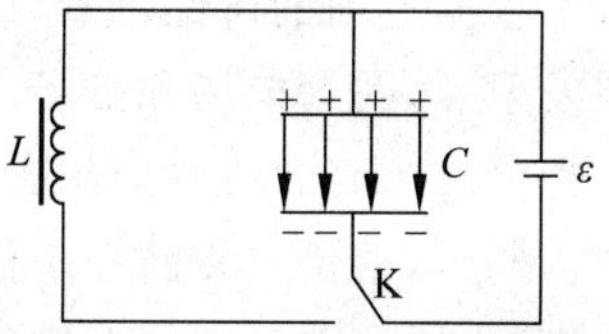

图 12-23　LC 振荡电路

$$-L\frac{\mathrm{d}I}{\mathrm{d}t}=\frac{q}{C}$$

因 $I=\frac{\mathrm{d}q}{\mathrm{d}t}$,代入上式可得

$$\frac{\mathrm{d}^2q}{\mathrm{d}t^2}+\frac{q}{LC}=0$$

上式称为 LC 振荡电路中关于电荷量变化的微分方程,它的形式和机械振动中简谐振动系统的微分方程一样,因此通过比较可知,上式的通解为

$$q=q_0\cos(\omega t+\varphi) \tag{12-22}$$

其中,

$$\omega=\sqrt{\frac{1}{LC}} \tag{12-23}$$

因此,回路中的电流方程为

$$I=\frac{\mathrm{d}q}{\mathrm{d}t}=-\omega q_0\sin(\omega t+\varphi)=-I_0\sin(\omega t+\varphi) \tag{12-24}$$

式中，q_0 为电容器极板上电荷量的最大值；$I_0=q_0\omega$ 是电流的振幅；φ 是振动的初相位，由初始条件决定；ω 称为振荡角频率，由电路本身的性质决定。根据角频率的大小可求得回路的固有振荡频率为

$$\nu=\frac{\omega}{2\pi}=\frac{1}{2\pi\sqrt{LC}} \tag{12-25}$$

由第 10 章平行板电容器的能量公式可得，LC 振荡电路中的电能为

$$W_e=\frac{q^2}{2C}=\frac{q_0^2}{2C}\cos^2(\omega t+\varphi) \tag{12-26}$$

自感线圈的磁能为

$$W_m=\frac{1}{2}LI^2=\frac{L\omega^2 q_0^2}{2}\sin^2(\omega t+\varphi)$$

$$=\frac{q_0^2}{2C}\sin^2(\omega t+\varphi)$$

LC 回路中的总能量为

$$W=W_e+W_m=\frac{q_0^2}{2C} \tag{12-27}$$

上述讨论过程忽略了电磁阻尼，因此在振荡过程中总能量保持不变，这样的 LC 振荡电路称为无阻尼自由振荡电路。事实上电路中都存在电阻，因此有一部分能量要转化成电阻上的焦耳热，电路中电流振荡的振幅会不断衰减，回路中的总能量会不断减小，即真实的阻尼振荡。

12.6.2 电磁波

根据上面的讨论可知，LC 回路中能产生电磁振荡，但是它还不能作为一个有效的电磁波发射源，因为电场和磁场能量都聚集在回路中的电容和线圈元件上无法向外界辐射。为了把电磁能有效地发射出去，必须改造电路，使其尽可能开放，电磁能尽可能发散到空间中去。同时，由于电磁波在单位时间内辐射的能量与振荡频率的 4 次方成正比，由式(12-25)可知，为了有效地把回路中的电磁能发射出去，必须尽量减小线圈的自感系数 L 和电容器的电容 C。由 12.3 节的讨论我们知道，线圈的自感系数为 $L=\frac{\mu_0 N^2\pi R^2}{l}$，而平行板电容器的电容为 $C=\frac{\varepsilon_0\varepsilon_r S}{d}$，因此要提高 LC 回路的振荡频率可以通过减少线圈匝数 N、减小平行板电容器的面积 S、增加平行板之间的距离 d 来实现。如图 12-24 所示，通过图示的改造把 LC 回路拉成一条直导线，就是一个有效的电磁波发射源，这就是我们熟知的天线(antenna)。电流在天线内往复振荡，天线两端出现正负交替的等量异种电荷，形成振荡偶极子(oscillating dipole)。电视台和广播台的电线就是这样的振荡偶极子。

振荡偶极子所发射的电场和磁场的波动表达式可以通过求解麦克斯韦方程组得到，这里我们只对结果作定性讨论，并假定振荡偶极子的电偶极矩的大小随时间按余弦规律变化，即 $\boldsymbol{P}=\boldsymbol{P}_0\cos(\omega t)$。如图 12-25(a)所示，以振荡偶极子所在位置为坐标原点 O，以振荡偶极

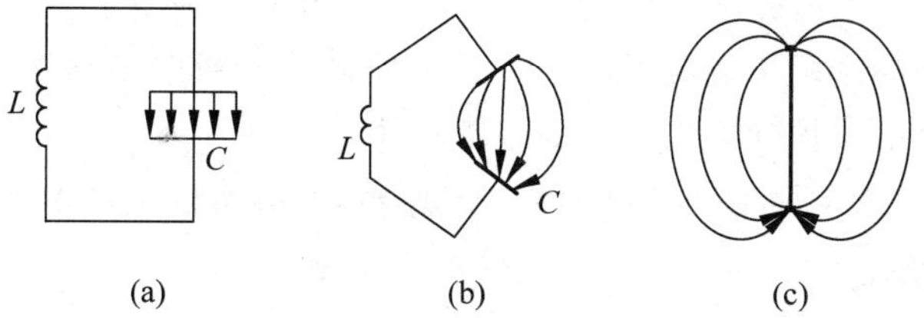

图 12-24 开放 LC 振荡电路的改造

子的取向为极轴,球面上任意点 P 的位矢 $\boldsymbol{r}$ 沿着电磁波的传播方向,与极轴间的夹角为 θ,则电场和磁场的波动表达式为

$$E(r,t)=\frac{\mu p_0\omega^2\sin\theta}{4\pi r}\cos\omega\left(t-\frac{r}{u}\right) \tag{12-28a}$$

$$H(r,t)=\frac{\sqrt{\varepsilon\mu}\,p_0\omega^2\sin\theta}{4\pi r}\cos\omega\left(t-\frac{r}{u}\right) \tag{12-28b}$$

式中,u 为电磁波的传播速度。P 点处的电场强度和磁场强度以及位矢两两互相垂直,构成右手螺旋关系。辐射电磁波的电场和磁场的分布曲线如图 12-25(b)所示。

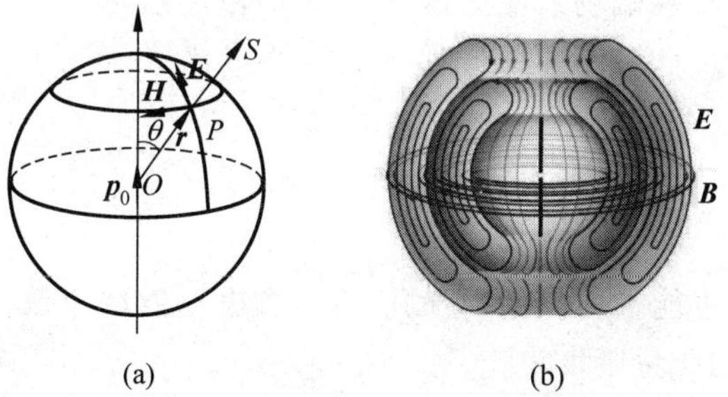

图 12-25 振荡偶极子附近的电磁场分布

在距离振荡偶极子很远处的一个小局域内,θ 和 r 的变化量很小,从而可忽略不计,$\boldsymbol{E}$ 和 $\boldsymbol{H}$ 的振幅可分别看成常量。则式(12-28a)和式(12-28b)可改写为

$$E(r,t)=E_0\cos\omega\left(t-\frac{r}{u}\right) \tag{12-29a}$$

$$H(r,t)=H_0\cos\omega\left(t-\frac{r}{u}\right) \tag{12-29b}$$

通过求解麦克斯韦方程组可以得出电磁波的传播速度为

$$u=\frac{1}{\sqrt{\varepsilon\mu}} \tag{12-30}$$

在真空中电磁波的传播速度为

$$c=\frac{1}{\sqrt{\varepsilon_0\mu_0}}=\frac{1}{\sqrt{8.854\times10^{-12}\times4\pi\times10^{-7}}}$$
$$=2.998\times10^8\,\mathrm{m\cdot s^{-1}}\approx3.0\times10^8\,\mathrm{m\cdot s^{-1}}$$

这个结果与目前利用气体激光器测定的真空中的光速最精确的实验值 $c=299\,792\,458\,\mathrm{m\cdot s^{-1}}$

非常接近，这是麦克斯韦电磁场理论的辉煌成就。在电磁波尚未被人们知道之前，麦克斯韦就作出此预言，引领赫兹后来发现电磁波。这个预言让人们把光学作为电磁学的一部分来讨论，并根据麦克斯韦方程推导出光学的基本定律。

自由空间中传播的平面电磁波如图 12-26 所示，并具有以下基本性质。

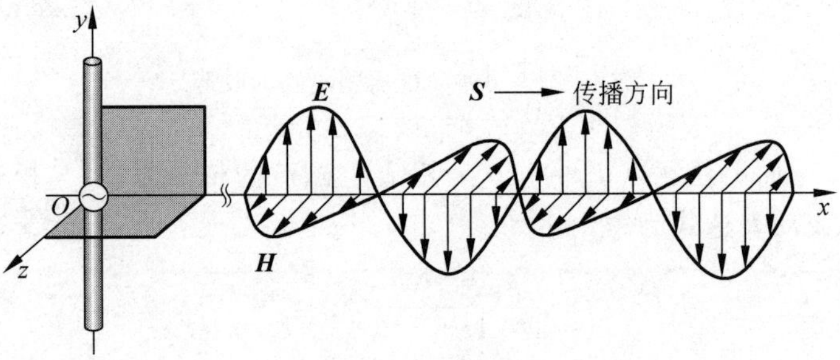

图 12-26　平面电磁波

(1) 电磁波是横波。电磁波中的电场强度矢量 $\boldsymbol{E}$ 和磁场强度矢量 $\boldsymbol{H}$ 互相垂直，$\boldsymbol{E}\times\boldsymbol{H}$ 的方向为电磁波传播的方向。

(2) 电场强度矢量 $\boldsymbol{E}$ 和磁场强度矢量 $\boldsymbol{H}$ 的振动相位相同。

(3) 电场强度矢量 $\boldsymbol{E}$ 和磁场强度矢量 $\boldsymbol{H}$ 的大小成比例，满足

$$\sqrt{\varepsilon}E=\sqrt{\mu}H \tag{12-31}$$

(4) 电磁波的传播速度为 $u=\dfrac{1}{\sqrt{\varepsilon\mu}}$。

电磁波的传播伴随着能量的传递，它的能量包含电场能量和磁场能量两部分，由前面章节的学习可知，电磁波的能量密度为

$$w=w_{\mathrm{e}}+w_{\mathrm{m}}=\frac{1}{2}\varepsilon E^2+\frac{1}{2}\mu H^2 \tag{12-32}$$

电磁波的能流密度称为坡印廷矢量(Poynting vector)，用 $\boldsymbol{S}$ 表示，它的方向为沿电磁波的传播方向，大小为 $S=\omega u$。因电磁波速度 $u=\dfrac{1}{\sqrt{\varepsilon\mu}}$，由式(12-31)和式(12-32)可得

$$S=EH \tag{12-33}$$

由于电磁波中电场强度 $\boldsymbol{E}$ 和磁场强度 $\boldsymbol{H}$ 与波的传播方向满足右手螺旋关系，因此坡印廷矢量可表示为

$$\boldsymbol{S}=\boldsymbol{E}\times\boldsymbol{H} \tag{12-34}$$

式(12-34)说明，电磁场的能量总是伴随着电磁波向前传播。在实际应用中常取其平均能流密度，即波的强度来反映电磁波的能量传递。对于平面简谐波，其平均能流密度为

$$\bar{S}=\frac{1}{2}E_0H_0$$

式中，E_0 和 H_0 分别是式(12-29)中的电场强度和磁场强度的振幅。

12.6.3　电磁波谱

麦克斯韦于1864年提出的电磁场理论是如此深刻、完美和新颖。但是，他对电磁波的预言以及光是电磁波的论断在开始时并未得到实验的证明，所以他的理论在问世以后很长的一段时间内并不为人们完全接受。1879年，德国柏林科学院向当时的科学界悬赏对麦克斯韦理论的实验验证，1888年，赫兹在亥姆霍兹的指导下，通过振荡电流在实验上发现了电磁波的真实存在。

赫兹(H. R. Hertz，1857—1894)，德国物理学家。1888年，赫兹通过实验证实了电磁波的存在。他证明了无线电辐射具有波的所有特性，并发现电磁场方程可以用偏微分方程表达，通常称为波动方程。接着，赫兹还通过实验确认了电磁波是横波，具有与光类似的特性，如反射、折射、衍射等，并且进行了两列电磁波的干涉实验，同时证实了在直线传播时，电磁波的传播速度与光速相同，从而全面验证了麦克斯韦的电磁场理论的正确性。为了纪念赫兹对电磁学的贡献，频率的国际单位以赫兹命名。

电磁波的范围很广，其频率和波长不受限制，从长波段的无线电波、微波、红外线到紫外线、X射线和γ射线等都是电磁波。不同波段的电磁波产生的机理不同，但本质相同，在真空中的传播速度都是 c。波长、频率和波速的关系均满足 $c=\lambda\nu$，电磁波按照频率高低或波长大小排列形成的电磁波谱，如图12-27所示。

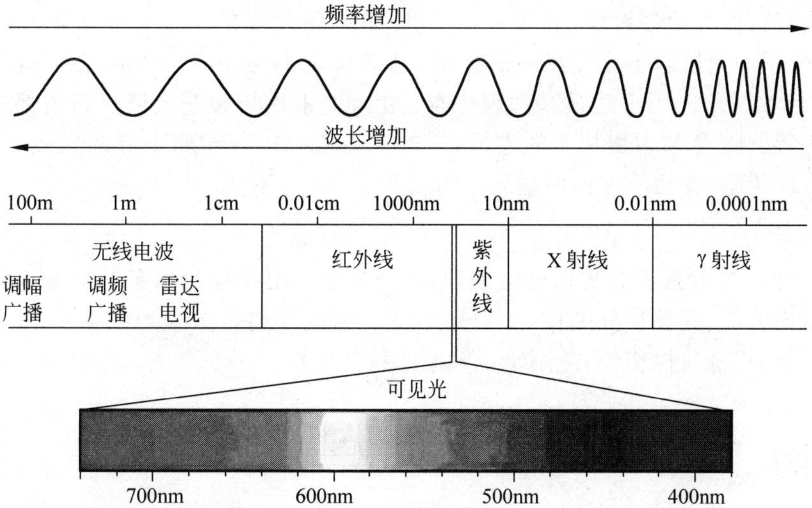

图12-27　电磁波谱

从图 12-27 中可知，整个电磁波谱大致可以分为以下几个区域。

1. 无线电波

无线电波通常由天线上的电磁振荡发射出去，它是电磁波谱中波长最长的一段。由于电磁波的辐射强度随频率的减小而急剧下降，所以波长为几千米的低频电磁波通常不被人们注意到。通常使用的无线电波的波长范围为 1mm～30km。不同波长范围的电磁波其特点不同，因此用途也不同。从传播特点来看，长波、中波因波长很长，衍射能力强，适合传送电台和广播信号。短波由于衍射能力小，靠电离层向地面反射来传播，传播距离远。微波由于波长很短，在空间按直线传播，容易为障碍物反射，其远距离传播时要用中转站，适合于电视和无线电定位(雷达)以及无线电导航技术。

2. 红外线

红外线波长范围为 0.6mm～760nm，它的波长比红光更长。红外线主要来源于炽热物体的热辐射，给人以热的感觉。它能透过浓雾或较厚的大气层，而不易被吸收。红外线虽然看不见，但是可以通过特制的透镜成像。根据这些性质可制成红外夜视仪，在夜间观察物体。20 世纪下半叶以来，由于微波无线电技术和红外技术的发展，两者之间不断拓展，目前微波和红外线的分界已不存在，并且有一定的重叠范围。

3. 可见光

可见光在整个电磁波谱中所占的波段范围很窄，其波长在 400～760nm。因为这些波长的电磁波能使人眼产生光感，所以称之为光波。

4. 紫外线

波长范围在 5～400nm 的电磁波称为紫外线，它比紫光的波长稍短，人眼看不见。当炽热物体(如太阳)的温度很高时，就会辐射紫外线。由于紫外线的能量与一般化学反应所涉及的能量相当，所以它有明显的化学效应和荧光效应，有较强的杀菌本领。无论是紫外线、可见光，还是红外线，它们都是由发射源内部原子的外层电子受激发跃迁而产生的。

5. X 射线

X 射线曾被称为伦琴射线，它是由伦琴在 1895 年发现的。X 射线比紫外线的波长更短，它是由原子中内层电子受激发后产生的，其波长范围为 10^{-3}～2nm。X 射线具有很强的穿透能力，在医疗上用于透视和病理检查；在工业上用于检查金属材料内部的缺陷和分析晶体结构等。随着 X 射线技术的发展，它的波长范围也朝着两个方向发展，在长波方向与紫外线有所重叠，在短波方向则进入 γ 射线领域。

6. γ 射线

这是一种比 X 射线波长更短的电磁波，它来自宇宙射线或是由某些放射性元素在衰变过程中辐射出来的，其波长范围在 0.04nm 以下。它的穿透力比 X 射线更强，对生物的破坏力很大，除了用于金属探伤外，还用于了解原子核的结构。

习　题

12-1　在一个物理实验中，有一个 200 匝的线圈，其平面面积为 12cm^2，在 0.04s 内线圈平面从垂直于磁场方向旋转至平行于磁场方向。假定磁感应强度为 6.0×10^{-5}T，求线圈中产生的平均感应电动势。

12-2 测量磁场用的一个探测线圈绕有 200 匝，线圈的半径为 2cm。将该线圈在磁场中旋转 180°，测出有 10^{-5}C 的最大电荷量流过电流计，若整个回路的电阻为 50Ω，则此时磁感应强度为多大？

12-3 两条无限长平行直导线载有大小相等、方向相反的电流 I，并各以 $\mathrm{d}I/\mathrm{d}t$ 的变化率增长，一矩形线圈位于导线平面内（如图所示），则线圈中的感应电流是什么方向？

12-4 有一圆形单匝线圈放在磁场中，磁场方向与线圈平面垂直，如通过线圈的磁通量按 $\Phi=6t^2+7t+1$ 的关系随时间变化，求 $t=2$s 时，线圈回路中感应电动势的大小。

12-5 如图所示，在两平行长直导线所在平面内，有一矩形线圈，如长直导线中电流大小随时间的变化关系是 $I=I_0\cos(\omega t)$，求线圈中的感应电动势随时间的变化关系。

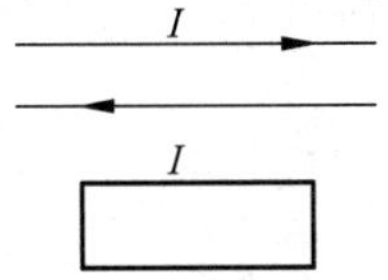

习题 12-3 图

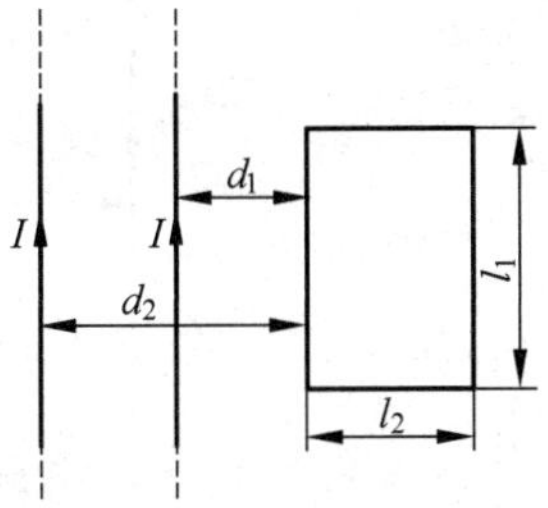

习题 12-5 图

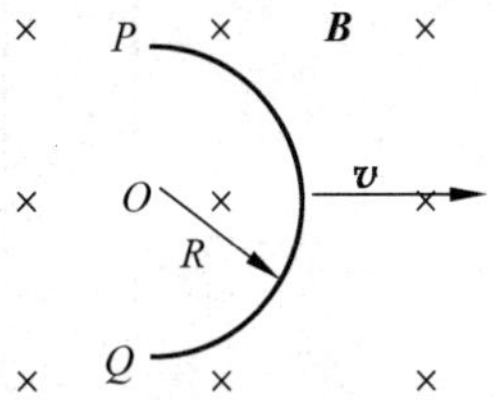

习题 12-6 图

12-6 如图所示，把一个半径为 R 的半圆形导线 PQ 置于磁感应强度为 $\boldsymbol{B}$ 的均匀磁场中，当导线 PQ 以匀速率 $\boldsymbol{v}$ 向右移动时，求导线中感应电动势 ε 的大小，并分析哪一端的电势较高。

12-7 一面积为 S 的单匝平面线圈，以恒定角速度 ω 在磁感应强度 $\boldsymbol{B}=B_0\cos(\omega t)\boldsymbol{k}$ 的均匀磁场中转动，转轴与线圈共面且与 $\boldsymbol{B}$ 垂直。如 $t=0$ 时线圈法线方向沿 $\boldsymbol{k}$ 方向，求任一时刻 t 时线圈中的感应电动势。

12-8 AB 和 BC 两段导线，其长度均为 10cm，在 B 处相接成 30°，若导线在均匀磁场中以速度 $v=1.5$m/s 运动，方向如图所示，磁场方向垂直纸面向内，磁感应强度为 2.5×10^{-2}T。求 A，C 两端的电势差，并分析哪一端的电势高。

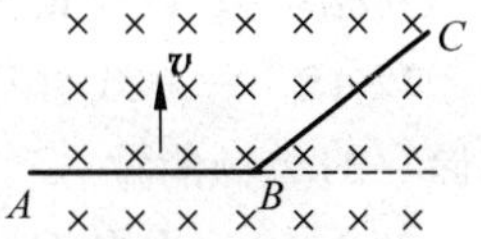

习题 12-8 图

12-9 一导线被弯成如图所示形状，acb 为半径为 R 的 3/4 圆弧，oa 长亦为 R，若此导线以角速度 ω 在纸平面内绕 O 点匀速转动，磁感应强度 $\boldsymbol{B}$ 的方向垂直纸面向内，大小为 B，求此导线中的动生电动势，并分析哪点的电势高。

12-10 两相互平行的无限长直导线通有大小相等、方向相反的电流。长度为 b 的金属杆 CD 与两导线共面且垂直，相对位置如图所示。CD 杆以速度 $\boldsymbol{v}$ 平行于长直导线运动，求 CD 杆中的感应电动势，并判断 C，D 两端哪一端电势较高。

12-11 矩形回路与无限长直导线共面，且矩形一边与直导线平行。导线中通有电流 $I=I_0\cos(\omega t)$，回路以速度 $\boldsymbol{v}$ 垂直地离开直导线，如图所示。求任意时刻回路中的感应电动势。

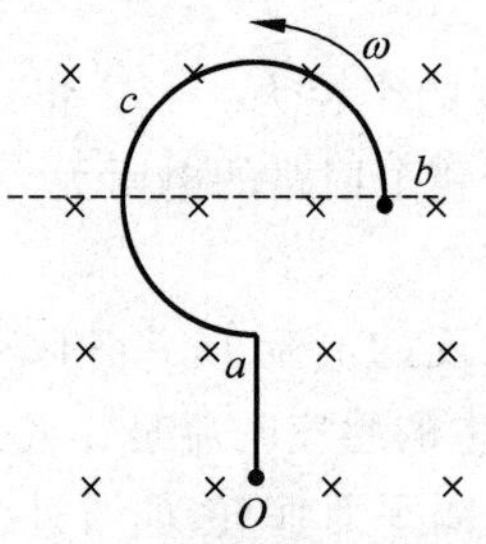

习题 12-9 图

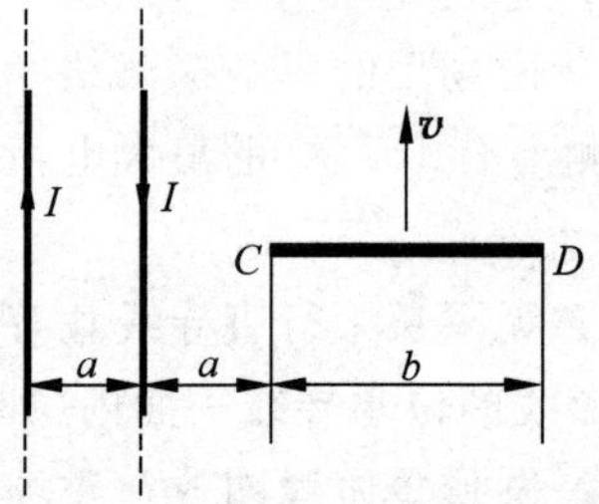

习题 12-10 图

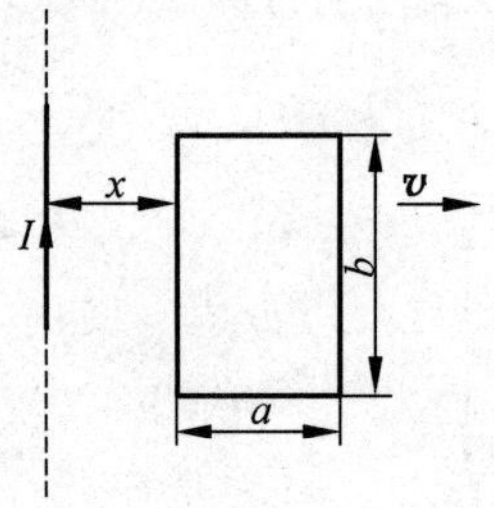

习题 12-11 图

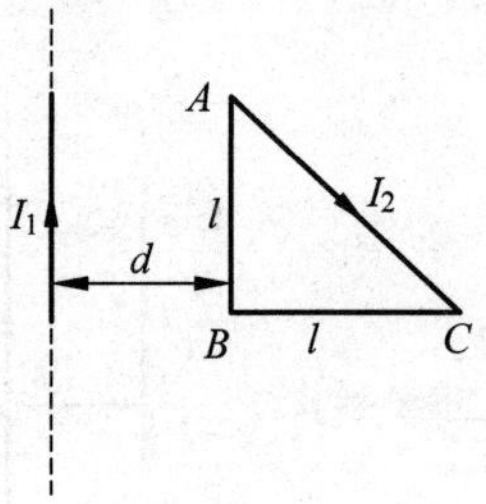

习题 12-12 图

12-12 一直角三角形线圈 ABC 与无限长导线共面,其中 AB 边与长直导线平行,位置和尺寸如图所示,求两者的互感。

12-13 有两条半径均为 a 的圆柱形长直导线,它们的中心距离为 d。试求这一对导线单位长度的自感(导线内部的磁通量可以忽略不计)。

12-14 如图所示,环芯的相对磁导率 $\mu_r=600$ 的螺绕环,截面积 $S=2\times10^{-3}\text{m}^2$,单位长度上的匝数 $n=5000$ 匝。在环上有一匝数为 $N=5$ 的线圈 C,电阻 $R=2\Omega$。调节可变电阻使电流 I 每秒降低 20A。求两个线圈之间的互感系数,C 中的感应电动势 ε_i 和感应电流 I_i。

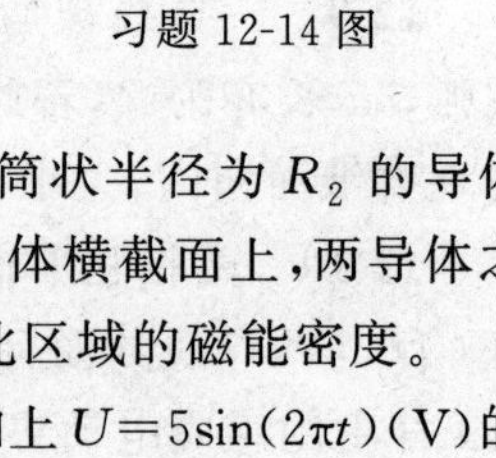

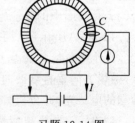

习题 12-14 图

12-15 一螺线管的自感系数为 10mH,通过的电流为 4A,求它储存的磁场能量。

12-16 一无限长直导线的横截面上的电流均匀分布,总电流为 I,求单位长度导线内所储藏的磁场能量(设导体的相对磁导率 $\mu_r=1$)。

12-17 一长直电缆由一个半径为 R_1 的圆柱导体和一个共轴圆筒状半径为 R_2 的导体组成,两导体中通过的电流均为 I,但是方向相反,电流均匀分布在导体横截面上,两导体之间充满磁导率为 μ 的磁介质。求磁介质内磁感应强度的分布,以及此区域的磁能密度。

12-18 有一个电容为 $C=0.1\text{F}$ 的平行板电容器,若在两极板间加上 $U=5\sin(2\pi t)$(V)的交变电压,求电容器两极板间的位移电流。

第13章

波动光学

人类依靠光来认知自然界，光是人类生活不可或缺的重要元素。现在我们知道光是一种电磁波，但关于光的本质认识经历了漫长的过程。在17世纪，关于光的本性有两种不同的学说。一种是牛顿所主张的光的“微粒说”，认为光是从发光体发出的以一定速度向空间传播的微粒。另一种学说是惠更斯所倡议的光的“波动说”，认为光是在介质中传播的一种波动。“微粒说”与“波动说”都可以解释光的反射与折射现象，但是在解释光从空气进入水中的折射现象时，两种学说发生了矛盾，“波动说”认为水中的光速小于空气中的光速，而“微粒说”恰恰相反。当时的实验无法验证这个问题，后来的实验表明水中的光速小于空气中的光速，为“波动说”提供了重要的实验依据。19世纪60年代，麦克斯韦建立了电磁场理论，认识到光是一种电磁波。光除了波动性以外还具有粒子性，这里的粒子不是牛顿提出的“微粒说”中的“微粒”，而是光的量子性，比如它在光电效应中表现出的特性。因此光具有波粒二象性。本章主要讨论光的波动性，即波动光学。波动光学主要是利用波动理论研究光的传播特性。

光的波动性主要是它的干涉、衍射、偏振等。本章内容包括杨氏双缝干涉、薄膜干涉、单缝衍射、圆孔衍射、光栅衍射，最后讨论光的偏振现象、双折射现象及相关的应用。

13.1 光源 相干光

13.1.1 光源

一般来说，发射光波的物体称为**光源**。不同光源其发光机理不同。普通光源(非激光光源)的发光机理是，光源中的原子吸收了外界能量而处于激发态，这些激发态的原子(或分子)是极不稳定的，会自发地回到低激发态或基态，在这个过程中，向外界辐射电磁波(光波)，这就是**自发辐射**(spontaneous radiation)，如图13-1所示。在自发辐射的过程中，电子在激发态上存在的平均时间只有$10^{-11}\sim10^{-8}$ s，每次发光的时间极其短暂，也就是说，每次自发辐射所发出的波列是有限长的。一个原子在发射一个波列之后，只有重新获得足够的能量，才能再次达到激发态，继而再次发生跃迁，产生第二个波列。普通光源中，各个原子的激发和辐射参差不齐，相互独立。同一个原子在不同时间发射的波列，其频率、振动方向、相位也是不同的。同样，不同原子的跃迁所发射的波列也是不相同的，如图13-2所示。

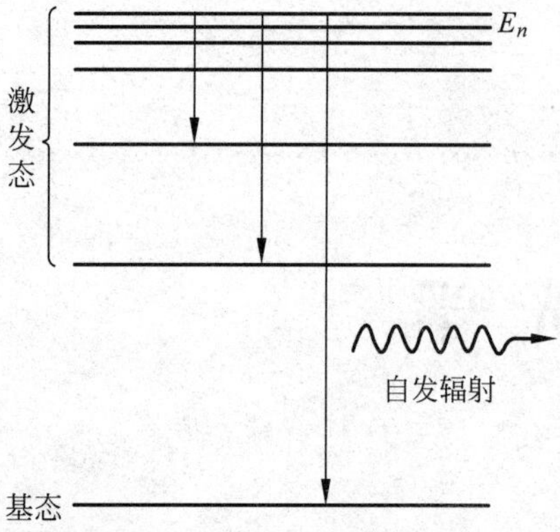

图 13-1　自发辐射

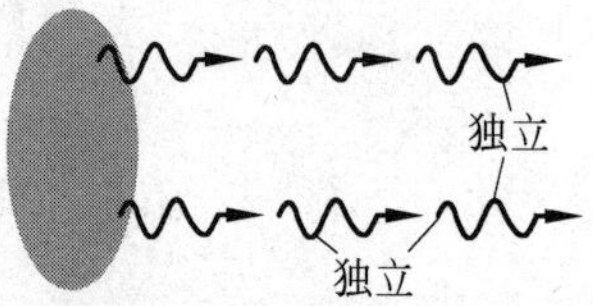

图 13-2　光波列的独立

13.1.2　相干光

我们知道，光波是一种电磁波，传播的是交变的电磁场，即电场强度 $\boldsymbol{E}$ 和磁场强度 $\boldsymbol{H}$。这两个物理量中，能引起视觉或对感光设备起作用的主要是电场强度矢量 $\boldsymbol{E}$，也称为**光矢量**。因此，以后我们提到光波中的振动矢量时，用电场强度 $\boldsymbol{E}$ 表示。

在各向同性且均匀的介质中，光线沿直线传播，在真空中，光的传播速度，即光速的大小为

$$c=\frac{1}{\sqrt{\varepsilon_0\mu_0}}\approx 3.0\times 10^8\,\mathrm{m\cdot s^{-1}}$$

而在折射率为 n 的均匀介质中，其传播速度为 $v=\dfrac{c}{n}$。

实验表明，电磁波的范围很广，波长涵盖所有区间，包括无线电波、微波、红外线、可见光、紫外线、X 射线和 γ 射线等。它们的本质完全相同，只是波长（或频率）不同。为了对各种电磁波有全面了解，人们按照波长（或频率、波数、能量）的顺序把这些电磁波排列起来，这就是电磁波谱，如图 13-3 所示。人眼能够观察到的可见光，其波长为 400～760nm，相应的频率为 $7.5\times10^{14}\sim4.3\times10^{15}$ Hz。具有单一频率（或波长）的光称为单色光，严格的单色光是不存在的，任何光源所发出的光都有一定的波长范围，对应的谱线宽度越窄，单色性越好。例如，钠灯的谱线宽度为 $0.1\sim10^{-3}$ nm，激光的谱线宽度为 10^{-9} nm，所以激光的单色性就很好。而具有多种频率的光称为复色光，如太阳光、白炽灯光等。

在学习机械波的干涉时，我们知道，振动频率相同、振动方向相同和相位差恒定的机械波相遇后可以产生干涉现象。光波也有干涉现象，且两列光波的干涉条件和机械波的干涉条件完全相同。我们把两列满足相干条件（振动频率相同、振动方向相同和相位差恒定）的光波列称为**相干光**。通常我们所见的相同颜色的不同光源发出的光线相遇叠加时，并没有产生干涉条纹。这是因为普通光源是自发辐射，每列光波都是相互独立的，不满足干涉条件。

下面我们讨论光的干涉叠加原理。

设两列振动频率相同、振动方向相同的单色光在空间传播时，在空间某一点相遇，如图 13-4 所示，两列波所产生的光矢量的大小分别为

彩图

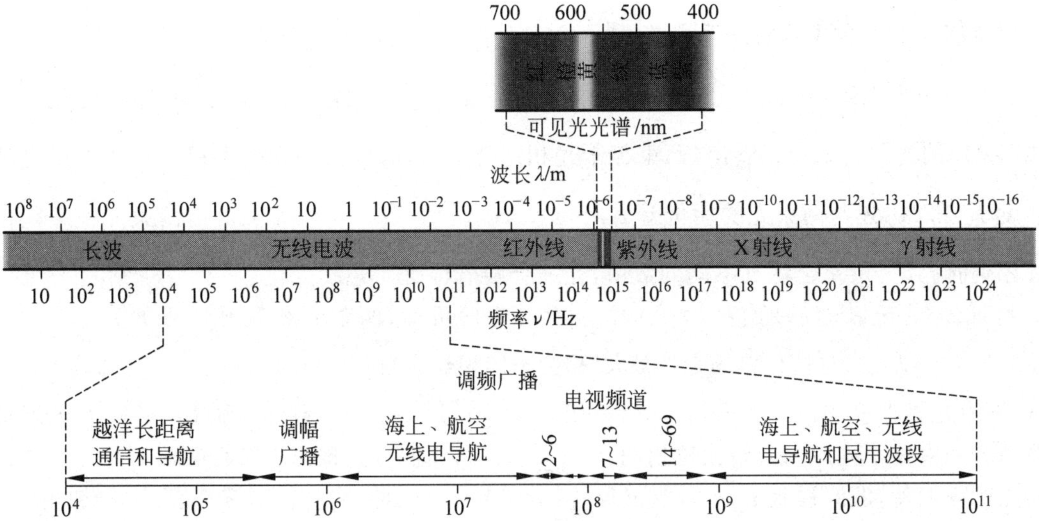

图 13-3 电磁波谱

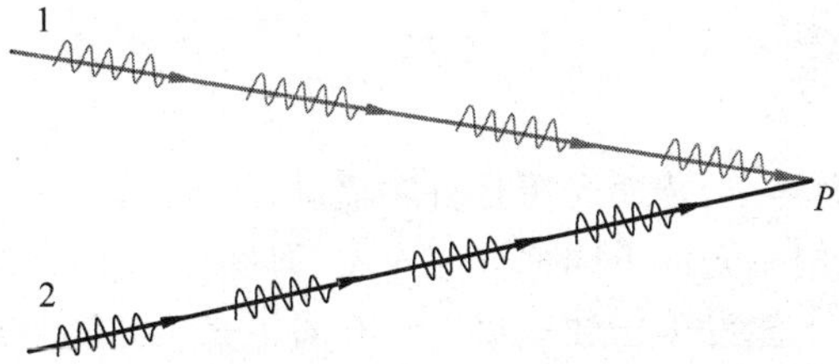

图 13-4 相干光的叠加

$$E_1=E_{10}\cos\left[\omega\left(t-\frac{r_1}{u}\right)+\varphi_{10}\right]$$

$$E_2=E_{20}\cos\left[\omega\left(t-\frac{r_2}{u}\right)+\varphi_{20}\right]$$

它们相遇叠加后的光矢量为 $\boldsymbol{E}=\boldsymbol{E}_1+\boldsymbol{E}_2$。因为两个光矢量同向，所以合成后的光矢量的大小为

$$E=E_0\cos(\omega t+\varphi_0)$$

其中，

$$E_0=\sqrt{E_{10}^2+E_{20}^2+2E_{10}E_{20}\cos\left[\varphi_{20}-\varphi_{10}-\frac{2\pi}{\lambda}(r_2-r_1)\right]}$$

因为光波的强度 I 正比于光矢量振幅的平方，即 E_0^2，所以合成后的光强为

$$I=I_1+I_2+2\sqrt{I_1I_2}\cos\left[\varphi_{20}-\varphi_{10}-\frac{2\pi}{\lambda}(r_2-r_1)\right] \tag{13-1}$$

式中，I_1 和 I_2 为两束光分别照射时的光强。

对于普通光源，由于原子或分子发光的随机性和间歇性，它们的相位差 $\Delta\varphi=\varphi_{20}-\varphi_{10}-\frac{2\pi}{\lambda}(r_2-r_1)$会从 0 到 2π 随机变化，因此，在观察时间内的平均值为

$$\overline{\cos\Delta\varphi}=0$$

所以我们看到的合成后的光强为 $I=I_1+I_2$，不会形成明暗相间的条纹。

对于相干光源，相位差 $\Delta\varphi=\varphi_{20}-\varphi_{10}-\frac{2\pi}{\lambda}(r_2-r_1)$ 恒定，即不会随时间变化。由式(13-1)的光强公式可以看出，两束相干光相遇叠加后，合成后的光强不仅取决于两束光的强度 I_1 和 I_2，还与两束光的相位差 $\Delta\varphi=\varphi_{20}-\varphi_{10}-\frac{2\pi}{\lambda}(r_2-r_1)$ 有关。当两束光在不同位置相遇时，其相位差也将有不同的数值，光强会随着位置而连续变化。

当 $\Delta\varphi=\pm 2k\pi(k=0,1,2,\cdots)$ 时，由式(13-1)可知，两束光相遇叠加后的光强为 $I=I_1+I_2+2\sqrt{I_1I_2}$，这些位置的光强最大，称为**干涉相长**。当 $\Delta\varphi=\pm(2k+1)\pi\ (k=0,1,2,\cdots)$ 时，两束光相遇叠加后的光强为 $I=I_1+I_2-2\sqrt{I_1I_2}$，这些位置的光强最小，称为**干涉相消**。若两束相干光源的初始相位相同，即 $\varphi_{20}=\varphi_{10}$，我们可以推出：当两束相干光源达到相遇点的距离差，即波程差 $r_2-r_1=\pm k\lambda\ (k=0,1,2,\cdots)$ 时，这些位置光强最大，干涉相长；当波程差 $r_2-r_1=\pm(2k+1)\frac{\lambda}{2}\ (k=0,1,2,\cdots)$ 时，这些位置光强最小，干涉相消。

13.1.3 相干光的获得

根据前面的讨论我们知道，普通光源是自发辐射，波列之间没有固定的相位差联系。因此，来自两个独立光源或同一光源不同部分的光波，即使频率相同，振动方向相同，因为相位差不可能保持恒定，所以不能发生干涉现象。只有同一光源的同一部分发出的光，通过某些装置进行分束后，再相遇叠加，才能产生干涉现象。获得相干光的方法即为把光源上同一点发出的光"一分为二"。由于分开的两部分光来自同一发光原子的同一波列，因此它们频率相同、振动方向相同、相位差恒定，满足相干条件。

将光"一分为二"的方法有两种，第一种方法是**波阵面分割法**，这是因为在同一波阵面上的任意两点都满足相干条件，所以在光源发出的同一波阵面上任取一部分都可以作为相干光源，如图 13-5(a)所示。例如，杨氏双缝干涉实验中就采用这种方法获得相干光。第二种方法是**振幅分割法**（又叫做能量分割法），其原理是利用不同介质分界面处的反射和折射规

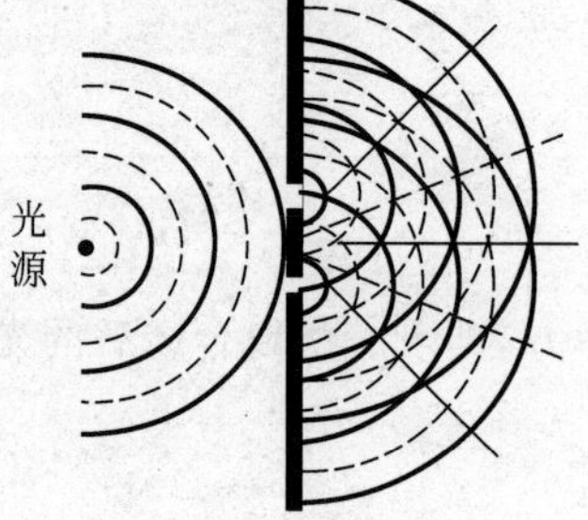

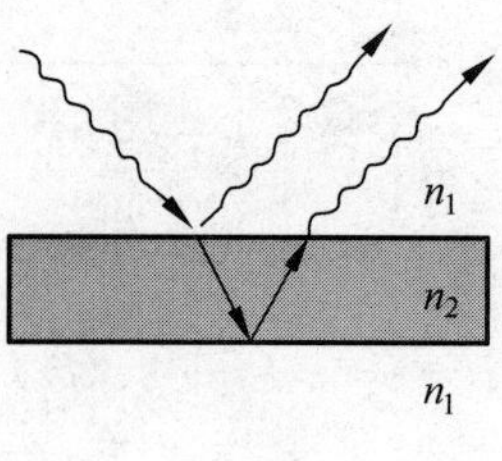

图 13-5　获得相干光的方法

(a) 波阵面分割法；(b) 振幅分割法

律把某处的振幅分为两部分或若干份，如图 13-5(b)所示。例如，在薄膜干涉中就采用这种方法获得相干光。

13.2 杨氏双缝干涉 光程 劳埃德镜实验

13.2.1 杨氏双缝干涉

1801 年，英国物理学家托马斯·杨通过双狭缝将点光源的波阵面进行分割，获得两束相干光，并观察到了光的干涉现象。这是历史上最早利用单一光源获得相干光的方法，从而使之成为干涉现象的典型实验。

托马斯·杨（Thomas Young，1773—1829）英国医生、物理学家，曾被誉为"世界上最后一个什么都知道的人"。杨是波动光学理论的主要创建者之一。1794 年，他被选为英国皇家学会会员。1801 年，杨在他所著的《声和光的实验和探索纲要》一书中写道："尽管我仰慕牛顿的大名，但是我并不因此而认为他是万无一失的。"

杨氏双缝的实验装置如图 13-6(a)所示，普通光源发出的光线经过狭缝 S 后，成为线光源，再通过两条平行狭缝 S_1，S_2。由于两条狭缝间的距离很小，且与 S 平行并等距，因此 S_1，S_2 发出的光构成一对相干光源。从 S 发出的光波波阵面到达 S_1 和 S_2 处，再从 S_1，S_2 传出的光是从同一波阵面分出的两束相干光，这两束光来自同一列波的两部分，这种获取相干光的方法称为波阵面分割法。这两束光在空间相遇后会发生相干叠加，产生干涉现象。若在双缝后放置一个屏幕 E，其上会出现一系列平行的、明暗相间的、等距离分布的干涉条纹。图 13-6(b)为相干光的双缝干涉图样。

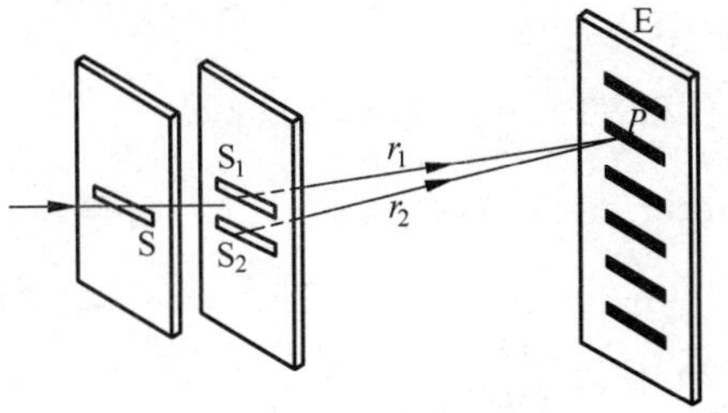

(a)

(b)

图 13-6 杨氏双缝干涉实验

(a) 实验装置图；(b) 光的双缝干涉图样

下面我们定量分析光屏上出现明、暗干涉条纹所应满足的条件。如图 13-7 所示，S_1，S_2 为两狭缝，相距为 d，E 为观察屏，双缝所在平面和观察屏互相平行，两者之间的距离为 D，OO'为 S_1，S_2 连线的中垂线，且与 S_1，S_2 连线和屏 E 分别交于 O'点和 O 点，P 为观察屏 E 上的任意一点，距 O 点为 x，距双缝 S_1，S_2 分别为 r_1，r_2，由 S_1，S_2 传出的光在 P 点相遇时，产生的波程差为

$$\Delta r = r_2 - r_1$$

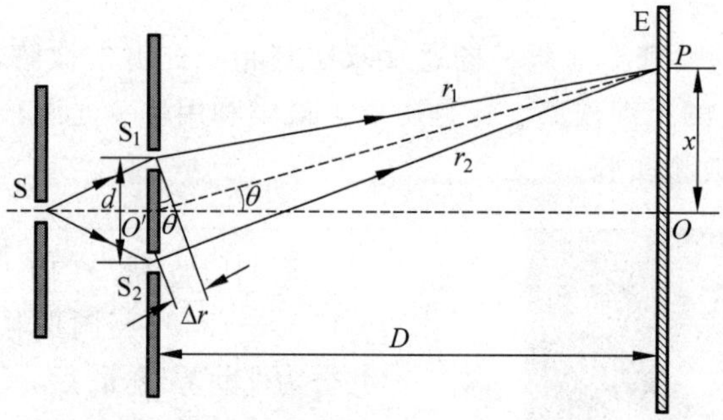

图 13-7　杨氏双缝干涉的定量分析

设 θ 为 $O'P$ 和 $O'O$ 之间的夹角，过 S_1 作 S_2P 的垂线，通常情况下，$D \gg d$，$D \gg x$，即 θ 角很小时，$\sin\theta \approx \tan\theta = x/D$，则有

$$\Delta r = r_2 - r_1 \approx d\sin\theta \approx d\tan\theta = d\,\frac{x}{D} \tag{13-2}$$

根据波的干涉理论可知，如果两相干光的波程差满足

$$\Delta r = d\sin\theta = \pm k\lambda, \quad k = 0,1,2,\cdots \tag{13-3}$$

则 P 点处于干涉相长（constructive interference）的中心，对应为**明条纹**。式(13-3)中的正负号表明干涉条纹在 O 点两边是对称分布的。对于 O 点，$\theta=0$，$\Delta r=0$，$k=0$。相应于 $k=0$ 的条纹称为第 0 级明条纹或**中央明条纹**。而 $k=1,2,\cdots$ 对应的条纹分别叫做第 1 级、第 2 级……明条纹，它们均匀分布于中央明条纹两侧。根据式(13-2)和式(13-3)可知，明条纹中心距离 O 点的距离为

$$x = \pm \frac{D}{d}k\lambda, \quad k = 0,1,2,\cdots \tag{13-4}$$

如果两相干光的波程差满足

$$\Delta r = \pm(2k+1)\,\frac{\lambda}{2}, \quad k = 0,1,2,\cdots \tag{13-5}$$

则 P 点处于干涉相消（destructive interference）的中心，对应为**暗条纹**。此时，暗条纹中心与 O 点的距离为

$$x = \pm(2k+1)\,\frac{\lambda D}{2d}, \quad k = 0,1,2,\cdots \tag{13-6}$$

与 $k=0,1,2,\cdots$ 对应的条纹分别叫做第 0 级、第 1 级、第 2 级……暗条纹，它们均匀分布于 O 点两侧。如果波程差既不满足明条纹条件，也不满足暗条纹条件，则 P 点处于既不是最明，也不是最暗的中间状态。

综上所述，由波振面分割法得到的两束相干光可以发生相干叠加，并且在屏幕上产生对

称分布的、明暗相间的、平行的干涉条纹。由上述明、暗条纹的式(13-4)和式(13-6)可以计算出,两相邻明条纹或暗条纹中心间的间距(即暗条纹或明条纹的宽度)为

$$\Delta x = \frac{D}{d}\lambda \tag{13-7}$$

干涉条纹是等间距分布的。如果用白光照射双缝时,由于同一级次不同波长光的干涉明条纹的位置不同(中央明条纹除外),所以我们可以看到中央明条纹(白色)的两侧会出现彩色条纹,如图 13-8 所示。

彩图

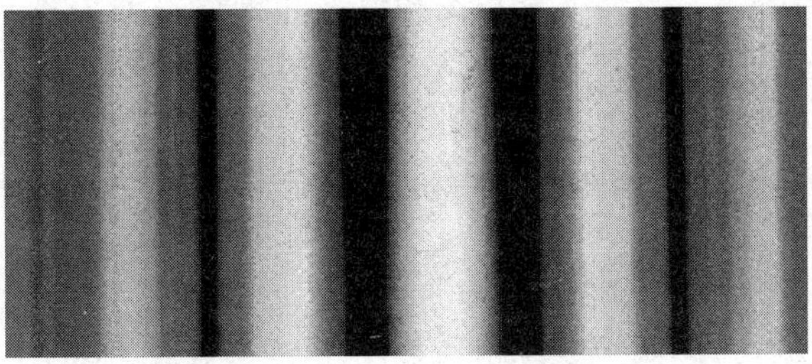

图 13-8 白光的双缝干涉条纹

13.2.2 光程和光程差

在杨氏双缝干涉实验中,两个相干缝光源是在同一介质(空气)中传播的,它们在某一点相遇叠加时,两列光波的相位差取决于两相干光束间的几何路程差,即波程差 Δr。若讨论两束经过不同介质传播的相干光叠加时,需要引入光程的概念。

我们知道,任何一种确定频率的单色光在不同介质中传播时,其频率是不变的。假设某单色光的频率为 ν,在真空中传播时的波速为 c,则波长为 $\lambda=\frac{c}{\nu}$,当此波进入折射率为 n 的介质中时,由于频率不变,其波速变为 $v_n=c/n$,所以波长变为 $\lambda_n=\frac{v_n}{\nu}=\frac{c}{n\nu}=\lambda/n$。这使得光分别在介质中与真空中传播相同的几何距离时,所对应的波数(完整波的个数)并不一致。

设光在介质中传播的几何距离为 d,则其间的波数为

$$k=\frac{d}{\lambda_n}=\frac{d}{\lambda/n}=\frac{nd}{\lambda}$$

光在介质中传播长度为 d 的几何距离,与真空中传播长度 nd 的几何距离所对应的波数相同。也就是说,光波在介质中所走过的路程 d 相当于它在真空中走过的路程 nd。于是,我们将光波在某一介质中所经过的几何路程 d 与折射率 n 的乘积 nd,称为**光程**。两束相干光经过不同介质在空间某点相遇时,所走过的光程之差称为**光程差**,一般用符号 δ 表示。

下面我们分析光程差和相位差的关系。

假设两个相干光源 S_1,S_2 分别放置在两种介质中,它们的初相位相同。两光源在两种介质中分别经过路程 r_1,r_2 在介质交界处 P 点相遇,如图 13-9 所示。若光源 S_1 所处介质的折射率为 n_1,光源 S_2 所处介质的折射率为 n_2,根据光的干涉叠加原理,考虑光在不同介质中波长的变化,此时的相位差为

$$\Delta\varphi=\frac{2\pi}{\lambda_2}r_2-\frac{2\pi}{\lambda_1}r_1=\frac{2\pi}{\lambda_0}(n_2r_2-n_1r_1)=\frac{2\pi}{\lambda_0}\delta \qquad (13\text{-}8)$$

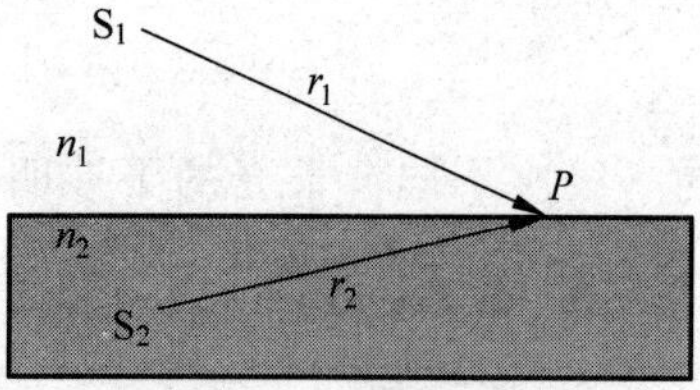

图 13-9 光程差的计算

式中，$\delta=n_2r_2-n_1r_1$，为光程差；$\lambda_1,\lambda_2,\lambda_0$ 分别代表光在介质 n_1、介质 n_2、真空中的波长。由此特例可见，两相干光在不同介质中传播相遇后干涉叠加的相位差不是取决于它们的几何路程差 $\Delta r=r_2-r_1$，而是取决于它们的光程差 δ。

根据相位差和光程差的关系式(13-8)，杨氏双缝干涉明暗条纹也可用光程差表示。当

$$\delta=\pm k\lambda,\quad k=0,1,2,\cdots \qquad (13\text{-}9)$$

时，相位差 $\Delta\varphi=\pm 2k\pi$，满足干涉相长条件，出现**明条纹**，式中，k 值为级次；当

$$\delta=\pm(2k+1)\frac{\lambda}{2},\quad k=0,1,2,\cdots \qquad (13\text{-}10)$$

时，相位差 $\Delta\varphi=\pm(2k+1)\pi$，满足干涉相消条件，出现**暗条纹**，式中，$k$ 为级次。

例 13-1 在双缝干涉实验中，两缝间距为 0.30mm，用单色光垂直照射双缝，在离缝 1.20m 的屏上测得中央明条纹一侧第 5 条暗条纹与另一侧第 5 条暗条纹间的距离为 22.78mm，则入射光的波长为多少？

解 中央明条纹一侧第 5 条暗条纹对应的级次为 $k=4$。根据暗条纹条件，第 k 级暗条纹中心的位置为

$$x_k=\pm\frac{2k+1}{2}\frac{D}{d}\lambda,\quad k=0,1,2,\cdots$$

取 $k=4$，则中央明条纹两侧第 5 条暗条纹的间距为

$$\Delta x=2x_4=9\frac{D}{d}\lambda=22.78\times10^{-3}\,\mathrm{m}$$

则入射光的波长为

$$\lambda=\frac{\Delta x\cdot d}{9D}=632\mathrm{nm}$$

其实此题还可以使用另外一种方法计算，中央明条纹两侧第 5 条暗条纹的间距实际是 9 条明条纹的宽度。

例 13-2 在杨氏双缝实验中，用 $\lambda=632.8\mathrm{nm}$ 的光照射双缝产生干涉条纹。当用折射率 $n=1.58$ 的透明薄膜盖在上方的缝上时，发现中央明条纹向上移动到原来第 5 级明条纹处，求薄膜的厚度。

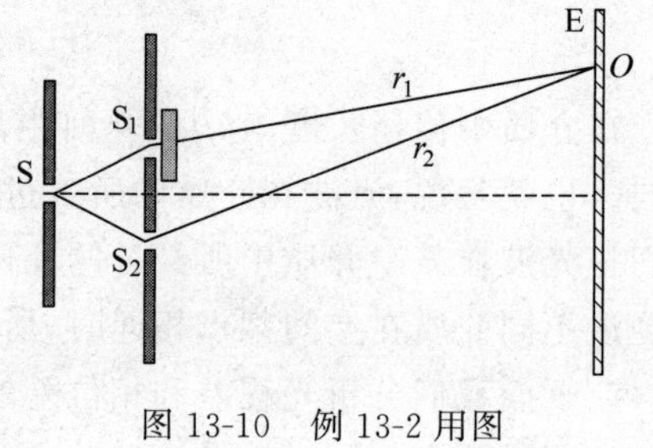

图 13-10 例 13-2 用图

解 设薄膜的厚度为 x，O 点为放入薄膜后中央明条纹的位置，如图 13-10 所示。那么

$$r_2-(r_1-x+nx)=0$$

即 $r_2-r_1=(n-1)x$。

又因为 O 点是原来未放薄膜时第 5 级明条纹的位置，$r_2-r_1=5\lambda$，所以

$$x=\frac{5\lambda}{n-1}=\frac{5\times6.328\times10^{-7}}{1.58-1}\mathrm{m}=5.46\mu\mathrm{m}$$

例 13-3 以单色光照射到相距为 0.2mm 的双缝上，双缝到观察屏的距离为 1m。(1)从第 1 级明条纹到同侧第 4 级明条纹的距离为 7.5mm，求入射光的波长；(2)若入射光的波长为 600nm，求相邻明条纹间的距离。

解 (1) 根据干涉条件，明条纹中心位置为

$$x=\pm k\frac{D\lambda}{d}$$

由题意有

$$x_4-x_1=4\frac{D\lambda}{d}-\frac{D\lambda}{d}=\frac{3D\lambda}{d}$$

因此，

$$\lambda=\frac{d}{3D}(x_4-x_1)=\frac{0.2\times10^{-3}}{3\times1}\times7.5\times10^{-3}\,\mathrm{m}$$
$$=5\times10^{-7}\,\mathrm{m}$$

(2) 当 $\lambda=600\mathrm{nm}$ 时，相邻明条纹的间距为

$$\Delta x=\frac{D\lambda}{d}=\frac{1\times600\times10^{-9}}{0.2\times10^{-3}}\mathrm{m}=3\times10^{-3}\,\mathrm{m}=3\mathrm{mm}$$

13.2.3 透镜的等光程性

在光学中，干涉、折射等实验现象都需要用薄透镜来观察，加了透镜后会不会引起光程差的变化呢？在此简单说明光束通过薄透镜传播时的光程情况。如图 13-11 所示，当光波的波阵面 ABC 与某一光轴垂直时，平行于该光轴的近轴光线通过透镜会聚于一点 P。这些光线到达 P 点的几何路程是不相同的，但几何路程较长的光线在透镜中的部分却较短，透镜的折射率大于空气，折算成光程，通过计算可以证明它们的光程是相等的。所以可知，平行光线经过透镜 L 没有产生附加光程差，只是改变了光线的传播方向，即透镜不会引起额外的光程差。

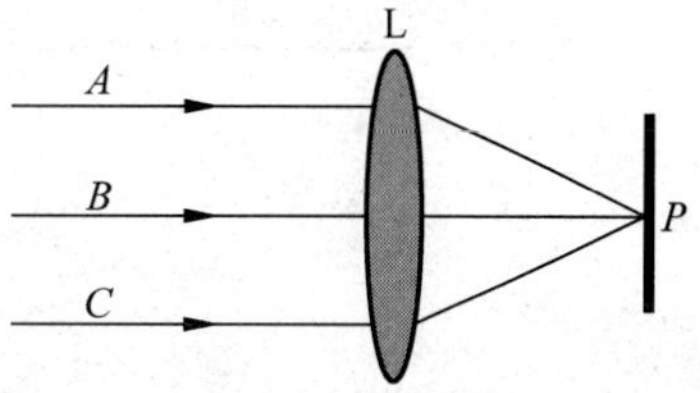

图 13-11 平行光透过薄透镜的光程

13.2.4 劳埃德镜实验

劳埃德(H. Lloyd，1800—1881)于 1834 年提出一种更简单的观察光的干涉的方法。实验装置如图 13-12 所示，M 为平面反射镜。从狭缝 S_1 发射的光的一部分可以直接照射到屏 E 上，而另一部分光线掠射(入射角接近 90°)到平面镜 M 上，经过反射后可以照射到屏 E 上。这两部分光在相遇的区域内发生干涉。由于反射光可看作是由虚光源 S_2 发出的，所以 S_1，S_2 构成一对相干光源，在屏 E 上的光波相遇区域内发生干涉，出现明暗相间的条纹。可见，这个实验和杨氏双缝干涉实验类似。

按照杨氏双缝干涉实验的讨论可知，如果把屏 E 放在平面镜 M 的右侧位置，在屏 E 与平面镜交点 L 处，应该出现明条纹，因为从 S_1，S_2 发出的光线到达交点 L 的波程相等。但

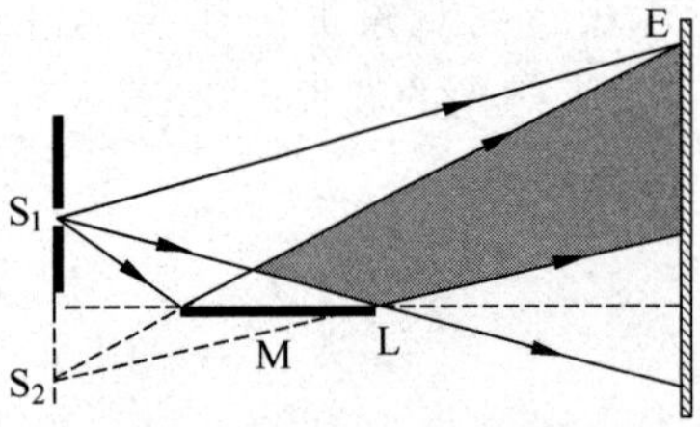

图 13-12　劳埃德镜实验装置

实验结果却显示的是**暗条纹**。这表明直接照射到屏上的光与由平面镜反射的光在 L 处的相位相反，即相位差为 π。由于直接照射到屏上的光的相位不会变化，所以只能认为光从空气射向平面镜发射时，反射光的相位跃变了 π。

进一步实验表明，当光从光疏介质（折射率相对较小）射向光密介质（折射率相对较大）时，在分界面处，反射光的相位相较于入射光的相位发生了大小为 π 的跃变。这一相位跃变相当于在二者之间附加了半个波长（λ/2）的波程差，所以这种现象称为**半波损失**，如图 13-13 所示。实验还表明，当光从光密介质（折射率相对较大）射向光疏介质（折射率相对较小）时，在分界面处，反射光的相位与入射光的相位相同，没有半波损失，折射光线在任何情况下均没有半波损失。今后在讨论光在不同介质分界面反射叠加时，如果有半波损失，那么在计算光程差时，必须考虑半波损失，否则将和实际结果不符。

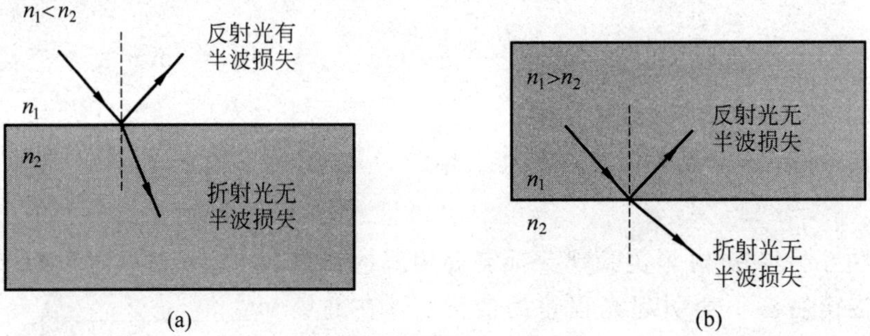

图 13-13　光的半波损失

13.3　薄膜干涉——等倾干涉

薄膜干涉是日常生活中经常见到的光的干涉现象。例如，在阳光照射下，肥皂膜、水面上的油膜、许多昆虫（蜻蜓、蝴蝶等）的翅膀上会呈现五彩的花纹，这是由自然光经过薄膜两表面反射后，反射光发生相互叠加而形成的干涉现象，称为**薄膜干涉**。因为反射光和透射光的能量是由入射光的能量分出来的，而光的能量是由光矢量的振幅决定的，所以薄膜干涉就如同把入射光的振幅分割成若干份，这样获得相干光的方法常称为**振幅分割法**。

在薄膜干涉中最简单而且应用较多的是，厚度不均匀薄膜表面上的等厚条纹和厚度均匀薄膜表面在无穷远处形成的等倾干涉条纹。我们首先讨论等倾干涉。

13.3.1　等倾干涉

如图 13-14 所示，一折射率为 n_2 的透明薄膜，膜厚为 d，处于折射率为 n_1（$n_2>n_1$）的均匀介质中。一点光源 S 发出的光线 1 以入射角 i 射到膜上 A 点后，分成两部分，即反射光 2 和折射光。折射光经薄膜下表面 B 处又反射经 C 处折射到介质 n_1 中，即光线 3。显然，光线 2 和光线 3 是平行的，经透镜 L 后会聚在 P 点。由于光线 2 和光线 3 是来自同一入射光的两部分，它们因经历不同的路径而具有恒定的相位差，因此它们是相干光，可以产生干涉条纹。

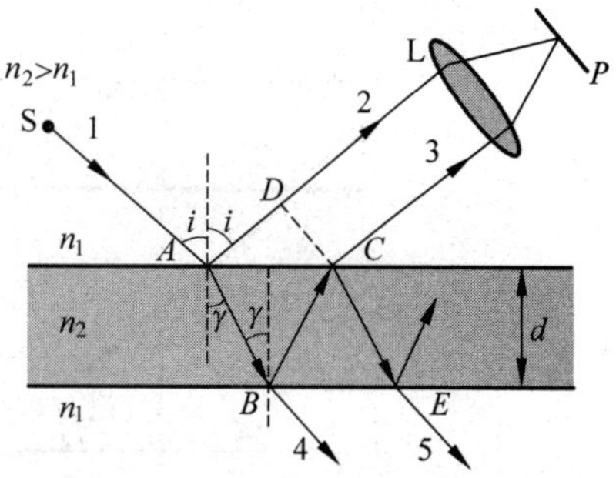

图 13-14 薄膜干涉光路图

接下来我们分析反射光线 2 和 3 的光程差，从而确定干涉结果。如图 13-14 所示，过 C 点作光线 2 的垂线 CD，从 C 到 P 点和从 D 到 P 点的光程是相同的(透镜不会引起附加光程差)，所以光线 2 和光线 3 从 A 点分开后到 P 点相交过程中，光程差为

$$\delta = n_2(AB+BC) - n_1 AD + \frac{\lambda}{2}$$

其中，$\frac{\lambda}{2}$是由于薄膜折射率大于介质折射率($n_2>n_1$)，入射光在 A 点反射时，反射光 2 有半波损失，所以要考虑附加光程差，光线 3 在传播过程中没有半波损失。从图 13-14 中的几何关系可以得出

$$AB = BC = d/\cos\gamma, \quad AD = 2d\tan\gamma\sin i$$

由折射定律可知，$n_2\sin\gamma = n_1\sin i$，将之代入光程差 δ 的计算公式可得

$$\delta = 2n_2\frac{d}{\cos\gamma} - n_1 2d\tan\gamma\sin i + \frac{\lambda}{2} = \frac{2d}{\cos\gamma}(n_2 - n_1\sin\gamma\sin i) + \frac{\lambda}{2}$$

$$= \frac{2d}{\cos\gamma}(n_2 - n_2\sin^2\gamma) + \frac{\lambda}{2} = 2dn_2\sqrt{1-\sin^2\gamma} + \frac{\lambda}{2}$$

因此我们得出光线 2 和光线 3 的最终光程差为

$$\delta = 2d\sqrt{n_2^2 - n_1^2\sin^2 i} + \frac{\lambda}{2} \tag{13-11}$$

从式(13-11)可以看出，对于厚度均匀的薄膜，两反射光线的光程差是由入射角 i 决定的。以相同倾角入射的光线，经薄膜的上下两表面，反射后产生的相干光束具有相同的光程差，即对应干涉图样中的同一条条纹，故将此类干涉条纹称为**等倾条纹**(equal inclination interference)。

观察等倾干涉条纹的实验装置如图 13-15 所示，从面光源 S 发出的光线经过半反半透镜 M 后反射进入薄膜的上下两表面，再被薄膜的上下两表面反射，透过 M 和透镜 L 会聚到光屏上。从光源 S 上任一点以相同倾角 i 入射到薄膜表面的光线应该在同一圆锥面上，则反射光在屏上会聚在同一圆周上。因此，等倾干涉条纹是由一些明暗相间的同心圆环组成的。

由之前讨论的光的干涉叠加原理可知，等倾干涉明暗条纹的光程差条件为

$$\delta = 2d\sqrt{n_2^2 - n_1^2\sin^2 i} + \frac{\lambda}{2} = \begin{cases} k\lambda, & k=1,2,\cdots(\text{明条纹}) \\ (2k+1)\dfrac{\lambda}{2}, & k=0,1,2,\cdots(\text{暗条纹}) \end{cases} \tag{13-12}$$

由式(13-12)可知，入射角 i 越大，光程差越小，干涉级次也越小。在等倾条纹中，半径越大的圆环，对应的 i 越大，所以中心处的干涉级次最高，越向外的圆环干涉级越低。注意，此处 k 的取值没有负值，干涉条纹也不存在对称性。各相邻明环或相邻暗环的环间距也不相同，

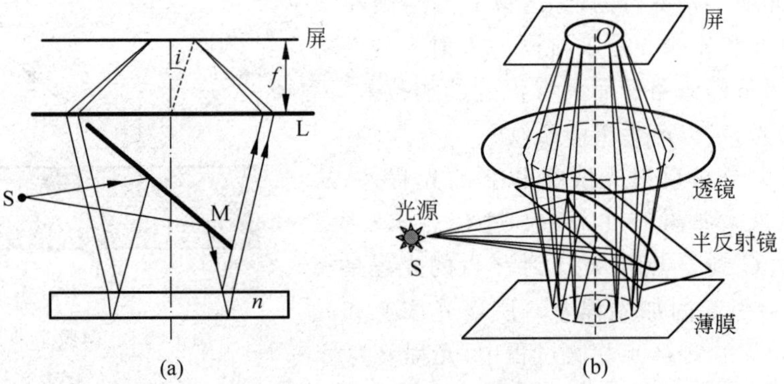

图 13-15　观察等倾干涉条纹的实验装置

(a) 光路图；(b) 示意图

内部环间距较大，外侧环间距较小，形成内疏外密的干涉图样。

若入射光线垂直照射在薄膜上，即 $i=0$ 时，反射光程差可变为

$$\delta=2n_2d+\frac{\lambda}{2}=\begin{cases}k\lambda, & k=1,2,\cdots(\text{明条纹})\\(2k+1)\dfrac{\lambda}{2}, & k=0,1,2,\cdots(\text{暗条纹})\end{cases}\tag{13-13}$$

如果考虑透射光线 4 和 5 的干涉现象，如图 13-14 所示，因两条光线在传播过程中都不存在半波损失，由前面的分析方法可知，透射光线 4 和 5 的光程差为

$$\delta=2d\sqrt{n_2^2-n_1^2\sin^2 i}=\begin{cases}k\lambda, & k=1,2,\cdots(\text{明条纹})\\(2k+1)\dfrac{\lambda}{2}, & k=0,1,2,\cdots(\text{暗条纹})\end{cases}\tag{13-14}$$

可见，对于以相同倾角 i 入射的光线，透射光与反射光的光程之间相差 $\lambda/2$，即反射光加强时，透射光减弱；反射光减弱时，透射光加强，两者是互补的。此现象符合能量守恒定律。这是因为，入射光的能量一定，反射光和透射光的能量都来自入射光的能量，分配给反射光多了，给透射光的能量就少了；反之亦然。

13.3.2　增透膜和增反膜

利用薄膜干涉的原理可以提高或降低光学仪器的透过率。在复杂的光学系统中，光能会由于反射而损失严重。例如，高级照相机镜头常采用组合透镜，而反射所造成的光能的损失和杂散光会影响成像的质量。为了改善这种状况，需要在镜头的表面镀上一层厚度均匀的薄膜，利用薄膜的干涉使反射光减到最小，根据能量守恒原理，透射光相应的就会增强，这种减少反射光的强度而增强透射光的强度的薄膜，称为**增透膜**。常用的增透膜材料是氟化镁（MgF_2），其折射率为 $n=1.38$，介于玻璃和空气之间。

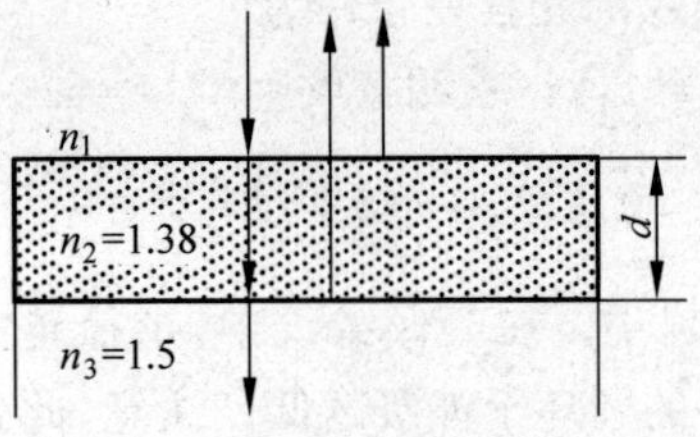

图 13-16　增透膜

最简单的单层增透膜如图 13-16 所示，设膜的厚度为 d，光垂直入射时，在薄膜的上下两表面反射时都有半波损失，相互抵消了附加光程差。增透膜的透射光增强，反

射光应满足相消的关系，即

$$\delta = 2n_2 d = (2k+1)\frac{\lambda}{2}, \quad k=0,1,2,\cdots(\text{暗条纹})$$

膜的最小厚度为($k=0$ 时)

$$d = \frac{\lambda}{4n_2}$$

在镀膜工艺中，常把 nd 称为薄膜的光学厚度，镀膜时控制厚度 d，使膜的光学厚度等于入射光波长的 1/4。单层镀膜只能使某个特定波长的光尽量减少反射，对于相邻的波长可以有不同程度的减弱，但不是完全相消。对一般的照相机或者光学仪器镀膜时，常选择人眼最敏感的波长 $\lambda=550\text{nm}$ 作为控制波长，在白光下观察此膜的反射光时，黄光和绿光最弱，红光和蓝光相对较强，因此其表面呈蓝紫色。

有些光学器件却需要减少透射，而增强反射光的强度。例如，氦氖激光器中的谐振腔的反射镜，要求对波长 $\lambda=632.8\text{nm}$ 的单射光反射 99%以上。这种情况只需镀上一层膜，使得反射光增强，从而降低透射光的强度，这种膜称为**增反膜**或高反射膜。为得到更好的反射效果，常采用多层镀膜的方法。如图 13-17 所示，反射镜表面交替镀上光学厚度均为 $\lambda/4$ 的高折射率的 ZnS 膜和低折射率的 MgF_2 膜，形成多层高反射膜。

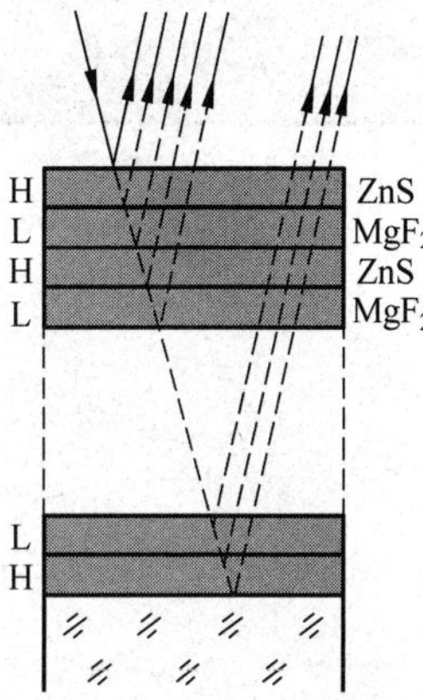

图 13-17 多层高反射膜

例 13-4 白光垂直射到空气中一厚度为 380nm 的肥皂水膜上(肥皂水的折射率为 1.33)。试问：

(1)水正面呈何颜色？(2)水背面呈何颜色？

解 (1) 正面垂直照射时，反射光的光程差为

$$\delta = 2nd + \frac{\lambda}{2} \quad (i=0,\text{光有半波损失})$$

因为反射光加强，所以

$$2nd + \frac{\lambda}{2} = k\lambda, \quad k=1,2,\cdots$$

即

$$\lambda = \frac{2nd}{k-\frac{1}{2}} = \frac{2\times 1.33\times 380\times 10^{-9}}{k-\frac{1}{2}}\text{m}$$

当 $k=1$ 时，$\lambda=2021.6\text{nm}$；

当 $k=2$ 时，$\lambda=673.9\text{nm}$；

当 $k=3$ 时，$\lambda=404.3\text{nm}$；

当 $k=4$ 时，$\lambda=288.8\text{nm}$。

因为可见光的范围为 400～760nm，所以反射光中 $\lambda=673.9\text{nm}$ 和 $\lambda=404.3\text{nm}$ 的光得到加强，前者为红光，后者为紫光，即膜正面呈红色和紫色。

(2) 因为透射光干涉增强时，反射光干涉减弱，所以反射光的光程差为

$$2nd + \frac{\lambda}{2} = (2k+1)\frac{\lambda}{2}, \quad k=1,2,\cdots$$

即

$$\lambda=\frac{2nd}{k}$$

当 $k=1$ 时，$\lambda=1010.8\text{nm}$；

当 $k=2$ 时，$\lambda=505.4\text{nm}$；

当 $k=3$ 时，$\lambda=336.9\text{nm}$。

可知，透射光中 $\lambda=505.4\text{nm}$ 的光得到加强，此光为绿光，即膜背面呈绿色。

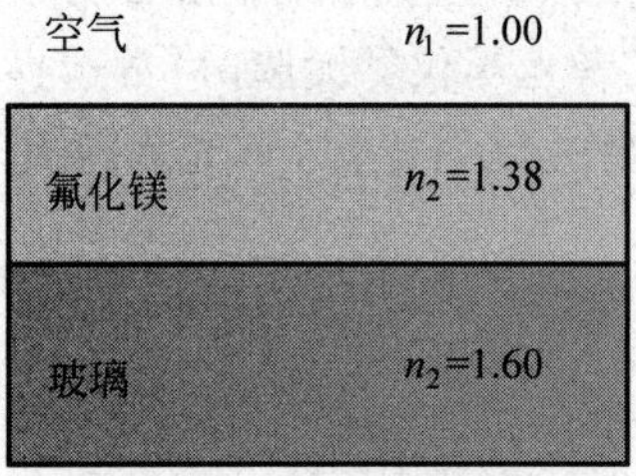

图 13-18 增透膜

例 13-5 如图 13-18 所示，已知氟化镁（MgF_2）的折射率为 1.38，玻璃的折射率为 1.60。若波长为 500nm 的光从空气中垂直入射到 MgF_2 薄膜上，为了实现反射最小，则所镀的薄膜层至少应为多厚？

解 光线垂直照射氟化镁薄膜，在其上下表面反射时都有半波损失，则互相抵消，反射光光程差应满足干涉相消条件，所以

$$\delta=2n_2d=(2k+1)\frac{\lambda}{2},\quad k=0,1,2,\cdots$$

即

$$d=\frac{(2k+1)\lambda}{4n_2}$$

取 $k=0$，则有

$$d=\frac{\lambda}{4n_2}=\frac{500}{4\times1.38}\text{nm}=90.6\text{nm}$$

13.4 薄膜干涉——等厚干涉

在薄膜干涉中，当一束平行光入射到厚度不均匀的透明介质薄膜上，经薄膜的上下两表面反射的光线也会产生干涉现象。在膜很薄的情况下，可以借助等倾干涉中光程差的计算方法。本节主要讨论光垂直入射，即 $i=0$ 时的情况，干涉的结果为

$$\delta=2n_2d+\frac{\lambda}{2}=\begin{cases}2k\dfrac{\lambda}{2}, & k=1,2,\cdots\text{(明条纹)}\\(2k+1)\dfrac{\lambda}{2}, & k=0,1,2,\cdots\text{(暗条纹)}\end{cases}$$

由上式可知，光程差仅与薄膜的厚度 d 有关，凡厚度相同的地方，光程差相同，从而对应同一条干涉条纹，因此将此类干涉称为**等厚干涉**。接下来我们主要讨论两种典型的等厚干涉，分别为劈尖干涉和牛顿环。

13.4.1 劈尖干涉

如图 13-19 所示，G_1，G_2 为两片平板玻璃，它们的一端相互叠合，另一端被一直径为 D

的细丝隔开，G_1，G_2 的夹角 θ 很小，在 G_1 的下表面与 G_2 的上表面间形成一端薄一端厚的空气层（也可以是其他介质层，为便于分析，细丝的直径被放大），此空气薄膜层被称为空气劈尖，两玻璃板的交线为劈尖的棱边。图 13-19 中的单色光源 S 发出的光经透镜 L 后成为平行光，经斜 45°放置的半反半透平面镜 M 反射后垂直射向空气劈尖。经空气薄膜上下表面反射的光会发生干涉，在劈尖的上表面形成均匀分布、明暗相间的干涉条纹。接下来我们将具体讨论等厚干涉条纹的特点。

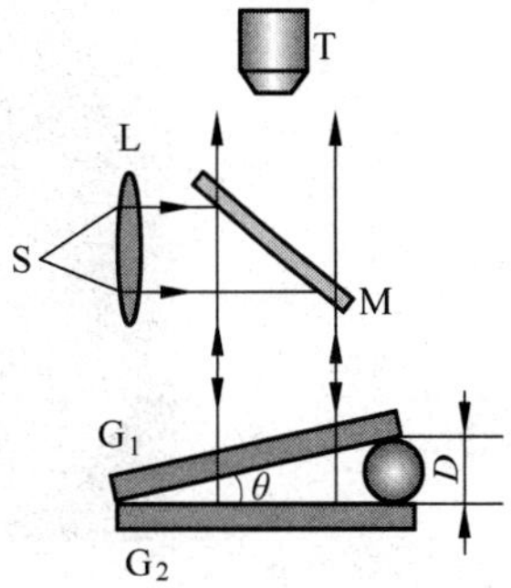

图 13-19 劈尖干涉的实验装置

光束垂直（入射角 $i=0$）入射到空气劈尖薄膜（实际上 θ 值非常小，光在空气劈尖的上下表面都可以看成垂直入射）表面后，经薄膜上下表面的反射光会发生干涉。由于空气层的折射率 $n=1$ 小于玻璃的折射率 n_1，所以光在薄膜上下表面反射时会产生附加的光程差 $\lambda/2$。因此，在膜厚为 d 的地方，薄膜上下表面的反射光产生的光程差为

$$\delta = 2d + \frac{\lambda}{2} = \begin{cases} k\lambda, & k = 1,2,\cdots\text{（明条纹）} \\ (2k+1)\dfrac{\lambda}{2}, & k = 0,1,2,\cdots\text{（暗条纹）} \end{cases} \tag{13-15}$$

因为厚度相同的地方对应着同一条干涉条纹，而厚度相同的地方处于平行于棱边的直线段上，所以劈尖干涉条纹是一系列平行于棱边的直条纹。并且离棱边越远，空气层的厚度 d 越大，干涉级次也越大，即 k 越大。在两玻璃片相接触的棱边处，薄膜的厚度 $d=0$，光程差为 $\delta=\dfrac{\lambda}{2}$，对应的是暗条纹，这一结论和实际观察结果相一致，进一步证实了半波损失的存在。

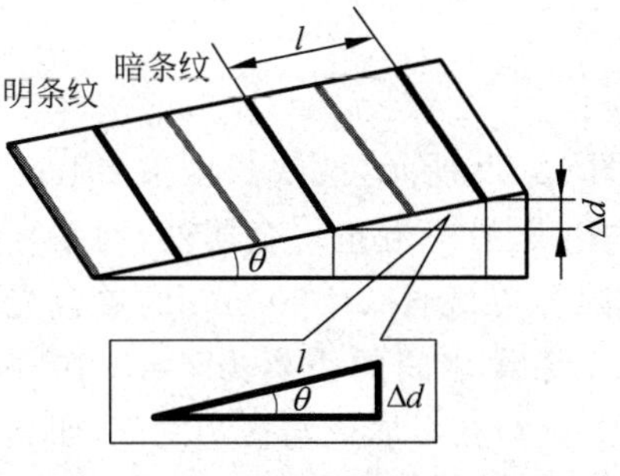

图 13-20 劈尖干涉的光路图

如图 13-20 所示，设第 k 级明条纹对应的空气膜的厚度为 d_k，相邻的第 $k+1$ 级明条纹对应的空气膜的厚度为 d_{k+1}，结合式(13-15)可以求出两相邻明条纹对应的空气膜的厚度差为

$$\Delta d = d_{k+1} - d_k = \frac{\lambda}{2} \tag{13-16}$$

若相邻明（或暗）条纹间的距离为 l，由于劈尖的夹角 θ 很小，则存在如下几何关系：

$$l\tan\theta = l\theta = \frac{\lambda}{2} \tag{13-17}$$

由式(13-17)可知，如果已知劈间的夹角，通过测量干涉条纹的间距 l 便可以计算出入射光的波长。反过来，如果单色光的波长是已知的，那么便可以测量出微小的劈尖夹角。利用这一点，如果已知入射光的波长和条纹的间距，则可以测定细丝的直径。此外，根据等厚干涉条纹的特点，同一级条纹对应的薄膜厚度相同，利用这个特点可以检验玻璃片或者金属磨光面的光学平整度，如图 13-21 所示。

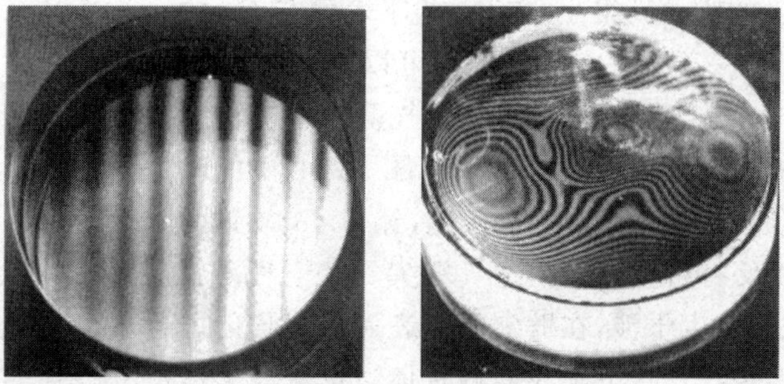

图 13-21　检验器件表面光学平整度

例 13-6　制造半导体元件时，常要确定硅体上二氧化硅(SiO_2)薄膜的厚度 d，这可用化学方法把 SiO_2 薄膜的一部分腐蚀成劈尖形，SiO_2 的折射率为 1.5，Si 的折射率为 3.42。已知单色光垂直入射，波长为 589.3nm，若观察到 7 条明条纹，求 SiO_2 薄膜的厚度。

解　由题意知，由 SiO_2 薄膜上下表面反射的光均有半波损失，所以在劈尖的棱边处应该出现的是明条纹，因此第 7 条明条纹对应的级次为 $k=6$。

$$\delta = 2nd = k\lambda,\quad k=0,1,2,\cdots$$

$$d=\frac{6\lambda}{2n}=\frac{6\times 589.3\times 10^{-9}}{2\times 1.5}\text{m}=1.1786\mu\text{m}$$

此题还可采用另外一种方法，7 条明条纹对应于 6 条相邻明条纹对应的空气薄膜的厚度差，即

$$d=N\cdot\Delta d=6\times\frac{\lambda}{2n}=1.1786\mu\text{m}$$

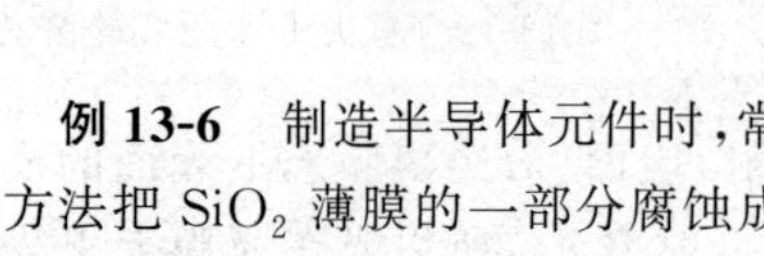

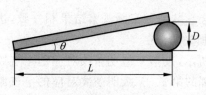

图 13-22　劈尖干涉示意图

例 13-7　如图 13-22 所示，两块长度 $L=4$cm 的平板玻璃，一端相接触，另一端垫一金属丝，两平板玻璃之间形成空气劈尖，以波长 $\lambda=500$nm 的单色光垂直入射。(1)相邻明条纹之间的距离为 $l=0.10$mm，求金属丝的直径 D；(2)在金属丝与棱边之间，明条纹的总数是多少？

解　(1) $\tan\theta=\frac{D}{L}\approx\frac{\Delta d}{l}$

$$D=\frac{\lambda}{2l}L=\frac{5.0\times 10^{-7}\times 4.0\times 10^{-2}}{2\times 0.1\times 10^{-3}}\text{m}=1.0\times 10^{-4}\text{m}$$

(2) $N=\frac{L}{l}=\frac{4\times 10^{-2}}{0.1\times 10^{-3}}$条$=400$ 条

13.4.2　牛顿环

图 13-23 是牛顿环实验的示意图，将曲率半径 R 很大的平凸透镜 L 放在平板玻璃上，它们在 O 点相互接触，二者之间形成空气层(或其他介质)。当单色光垂直入射时，在空气层上下表面的反射光会相遇叠加而发生干涉现象。根据薄膜干涉的公式，由于厚度相同的

地方对应于同一个条纹，而在牛顿环中空气层厚度相同的地方是以 O 点为中心的圆周，所以干涉条纹是以 O 为中心的一系列同心圆环，称为牛顿环。

彩图

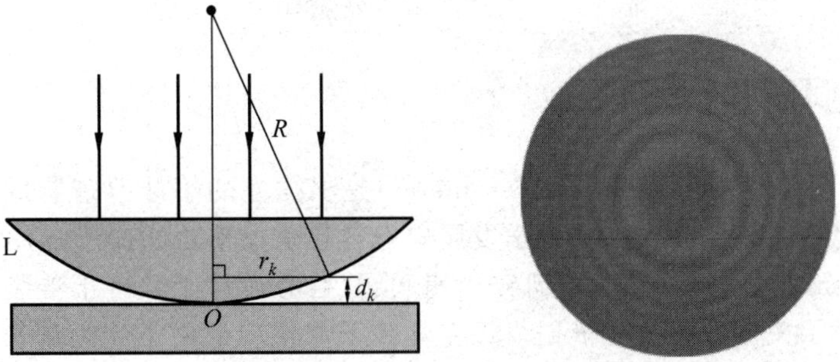

图 13-23　牛顿环的实验装置图及干涉图样

由于经空气薄膜上下表面反射的光线有半波损失，所以存在附加光程差$\frac{\lambda}{2}$，若入射点的薄膜层（空气或介质）厚度为 d，则反射光干涉的明暗条纹光程差为

$$\delta = 2nd + \frac{\lambda}{2} = \begin{cases} k\lambda, & k=1,2,\cdots（明条纹） \\ (2k+1)\dfrac{\lambda}{2}, & k=0,1,2,\cdots（暗条纹） \end{cases} \tag{13-18}$$

其中，对于空气有 $n=1$。

对于第 k 级条纹，根据图 13-23 中的直角三角形，有

$$r_k^2 = R^2 - (R-d_k)^2 = 2Rd_k - d_k^2$$

由于 $R \gg d_k$，可以忽略 d_k^2，所以

$$r_k = \sqrt{2Rd_k}$$

结合式(13-18)（取 $n=1$），可推算出干涉图样的第 k 级明暗条纹的半径为

$$r_k = \sqrt{(2k-1)R\frac{\lambda}{2}}, \quad k=1,2,\cdots（明条纹） \tag{13-19a}$$

$$r_k = \sqrt{kR\lambda}, \quad k=0,1,2,\cdots（暗条纹） \tag{13-19b}$$

由以上牛顿环干涉条纹的半径公式可以推导出，第 k 级和第 $k+m$ 级明环或暗环半径的平方差满足

$$r_{k+m}^2 - r_k^2 = mR\lambda \tag{13-20}$$

综上，在平凸透镜与平面玻璃的接触点 O 处（薄膜厚度 $d=0$）是暗条纹，这也是由半波损失引起的。其他条纹则是以 O 点为中心的一系列圆环形明暗相间的条纹，条纹间距内疏外密，且离 O 点越远，其干涉级次 k 越大，这点与等倾干涉相反。

例 13-8　在空气牛顿环中，用波长为 632.8nm 的单色光垂直入射，测得第 k 个暗环的半径为 5.63mm，第 $k+5$ 个暗环的半径为 7.96mm。求曲率半径 R。

解　空气牛顿环第 k 个暗环的半径为

$$r_k = \sqrt{kR\lambda}$$

第 $k+5$ 个暗环的半径为

$$r_{k+5} = \sqrt{(k+5)R\lambda}$$

所以

$$R=\frac{r_{k+5}^2-r_k^2}{5\lambda}=\frac{(7.96^2-5.63^2)\times 10^{-6}}{5\times 632.8\times 10^{-9}}\mathrm{m}=10\mathrm{m}$$

13.5 迈克耳孙干涉仪

迈克耳孙干涉仪(Michelson interferometer)是根据光的干涉原理制成的，是近代光学精密测量仪器之一。该干涉仪在物理学发展史上曾起了很重要的作用。1881年，迈克耳孙(A. A. Michelson，1852—1931)为了研究光速问题，精心设计了一种干涉装置，它为狭义相对论的确立提供了关键性的实验依据。迈克耳孙干涉仪广泛用于光的波长测量，以及对微小长度的精密测量。

迈克耳孙干涉仪的实物图与光路图如图13-24所示，M_1，M_2 是精细磨光的平面反射镜，M_1 固定，M_2 借助于螺旋及导轨可沿光路方向作微小平移。G_1，G_2 是厚度相同、材料相同的两块平面玻璃片，在 G_1 的一个表面上镀有半透明的薄银层，使照射在 G_1 上的光强一半反射，一半透射。G_1 和 G_2 保持平行，并与 M_1 或 M_2 成45°。

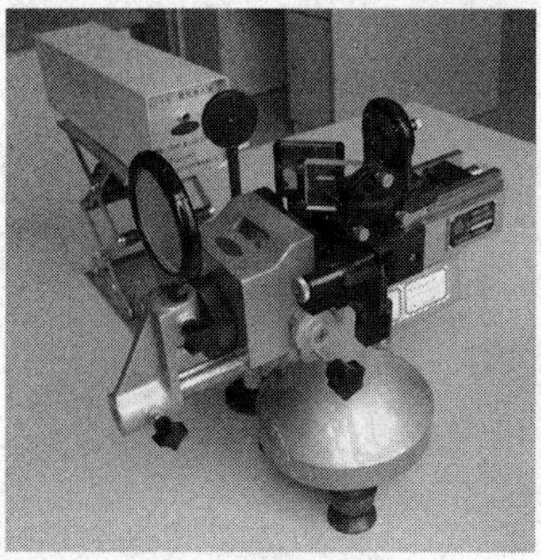

(a)

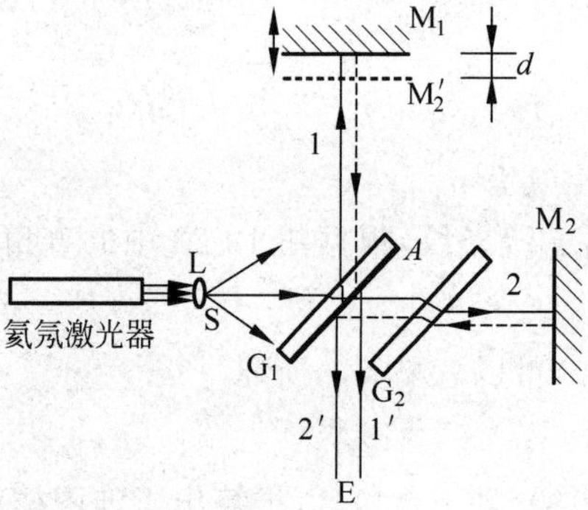

(b)

图 13-24

(a) 迈克耳孙干涉仪的实物图；(b) 光路图

从扩展光源S发出的光线，经 G_1 后，光线一部分在薄银层上发生反射，再经折射后形成射向 M_1 的光线1。光线1经过 M_1 反射后再穿过 G_1，形成光线1′。另一部分穿过 G_1 和 G_2 形成光线2，经 M_2 反射后再穿过 G_2，经 G_1 的薄银层反射后形成光线2′。很显然，这里的光线1′和2′是相干光，会发生相干叠加。如果没有 G_2，由于光线1′经过 G_1 三次，而光线2′经过 G_1 一次，从而使光线1′和2′产生附加的光程差。为避免这种情形，引入 G_2，使光线2′也经过等厚的玻璃片三次，所以 G_2 被称为补偿片。

由上可知，迈克耳孙干涉仪是利用振幅分割法产生的双光束来实现干涉的。由于 M_2' 是 M_2 关于 G_1 薄银层反射镜的虚像，所以 M_2 反射的光线可看作是 M_2' 反射的。因此，此处的干涉相当于薄膜干涉。

若 M_1，M_2 不严格垂直，则 M_1 与 M_2' 就不严格平行，在 M_1 与 M_2' 间形成一空气劈尖，从 M_1 与 M_2' 反射的光线1′，2′类似于从空气劈尖两个表面上反射的光，所以在E上可看到互相平行的等间距的等厚干涉条纹。若 $M_1\perp M_2$，从 M_2' 和 M_1 反射出来的光线1′，2′，类似于从厚度均匀的空气膜两表面上反射的光，所以在E处可看到环形的等倾干涉条纹。

如果使 M_2 移动，就会出现干涉条纹的移动。当 M_2 平移长度 d，M_2' 相对 M_1 也平移长度 d。若入射单色光的波长为 λ，则每当 M_1 向前或向后移动 $\frac{\lambda}{2}$ 的距离时，就可以看到干涉条纹平移过一条，因此当 M_2 平移长度 d 时，可看到移过某参考点的条纹个数 N 满足

$$d = N\frac{\lambda}{2} \tag{13-21}$$

实验上常采用此方法来测量入射光的波长 λ、介质的折射率和气流速度(图 13-25)等。例如，在其中一个干涉臂中放入已知长度 d 的介质后，条纹的移动条数 ΔN 与折射率存在下列关系：

$$2(n-1)d = \Delta N\lambda$$

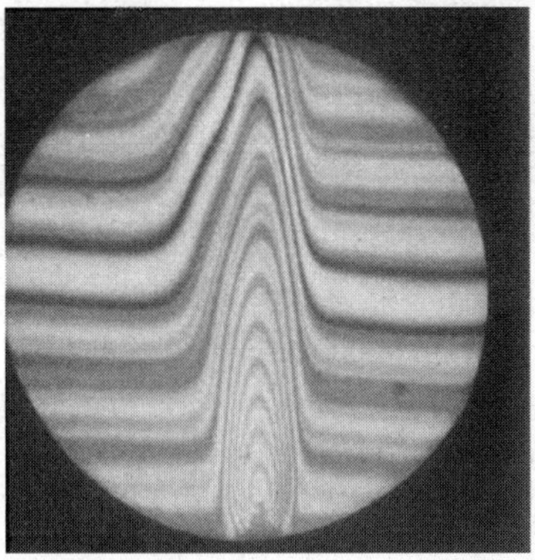

图 13-25　迈克耳孙干涉仪观察到的蜡烛附近的气流

例 13-9　如图 13-26 所示，当把一折射率为 $n=1.40$ 的薄膜放入迈克耳孙干涉仪的一臂时，如果产生了 7 条条纹的移动，求薄膜的厚度(已知钠光的波长为 $\lambda=589.3\text{nm}$)。

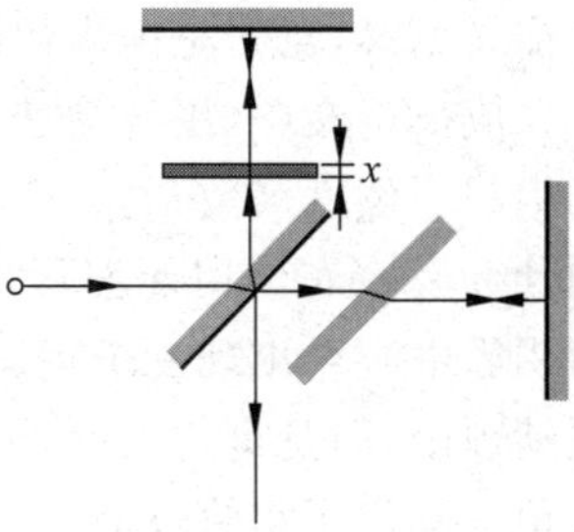

图 13-26　例 13-9 用图

解　设薄膜的厚度为 x，则插入薄膜前后的光程差为

$$\delta = 2(n-1)x = \Delta k\lambda$$

所以

$$x = \frac{\Delta k \cdot \lambda}{2(n-1)} = \frac{7\times 589.3\times 10^{-9}}{2\times(1.4-1)}\text{m} = 5.154\times 10^{-6}\text{m}$$

13.6　光的衍射

13.6.1　光的衍射现象

光是一种电磁波，电磁波和机械波一样具有波动特性，干涉和衍射是波动的基本特征。前面讨论了光的干涉现象，接下来我们讨论光的衍射现象。

当波在传播过程中遇到障碍物时，可以绕开障碍物继续传播，到达沿直线传播所不能达到的区域，这种偏离直线传播的现象称为**波的衍射**。在日常生活中，机械波(如水波和声波)的衍射现象很容易被观察到，比如我们坐在教室里可以听到窗外的声音，水波经过闸口的缝

隙可以继续向后方传递。光的衍射现象却不易观察到，这是因为光波波长的数量级只有10^{-7} m，远比一般的缝隙小。如果障碍物的尺寸与光的波长相差不大，则衍射现象会很明显，图 13-27 为剃须刀片和圆盘的衍射图样。在光的衍射现象中，光不仅可以偏离直线传播，还能产生明暗相间的干涉条纹，即光波的能量重新分布了。

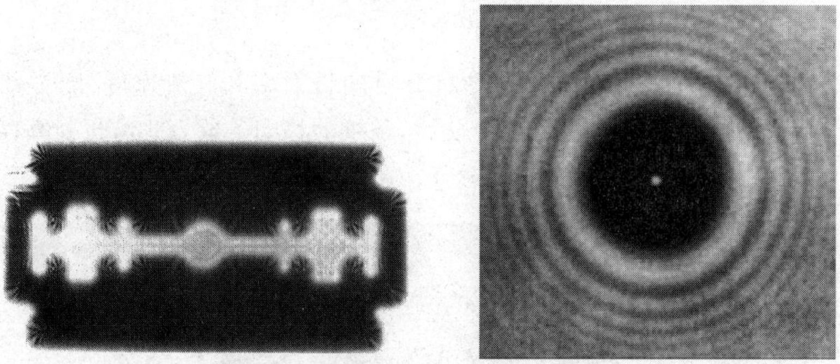

(a)　　　　(b)

图 13-27　衍射图样

(a) 剃须刀片；(b) 圆盘的衍射图样

关于圆盘衍射图案中心的亮斑，历史上还发生过一次有意思的争论。19 世纪初，以牛顿为代表的光的“微粒说”在科学界占主导地位，年轻的菲涅耳（A. J. Fresnel，1788—1827）于 1814 年从实验和理论上研究了光的衍射，建立了光的波动理论，并于 1816 年向法国科学院递交了关于光的波动性的论文。1818 年，法国科学院举行了一次关于光的衍射问题的有奖征文竞赛，竞赛是由牛顿的支持者们组织安排的，目的是向光的“波动说”进行挑战。菲涅耳在应征论文中，用波动理论圆满地解释了光的衍射现象。但牛顿的支持者们并没有信服，其中的一位著名数学家，也是竞赛的评审委员泊松（S. D. Poisson，1781—1840）在经过严密的计算后宣布，“用菲涅耳理论将导致一个奇怪的结论：由于光的衍射，在不透明圆盘的几何阴影中心会出现一个亮斑。”泊松原本是想通过这样一个不可思议的结论来推翻菲涅耳的波动理论，但是事与愿违，另一位评审委员阿拉戈（D. F. J. Arago，1786—1853）对泊松的理论预言进行了实验验证，结果真的发现了光斑。法国科学院经过激烈的争论，向菲涅耳颁发了奖金，后人把这样一个光斑称为菲涅耳斑（Fresnel spot）。

如图 13-28(a)所示，平行光束通过可调节宽度的狭缝 K 后，如果缝宽比光的波长大得多，则屏 E 上会出现一个和狭缝形状几乎一致的亮斑，此时可认为光沿直线传播。如果将缝宽不断缩小到可以与光的波长比较（10^{-4} m 数量级以下），则在屏 E 上会出现明暗相间的衍射条纹，而且，其范围也超过了光沿直线传播所能达到的区域，如图 13-28(b)所示。

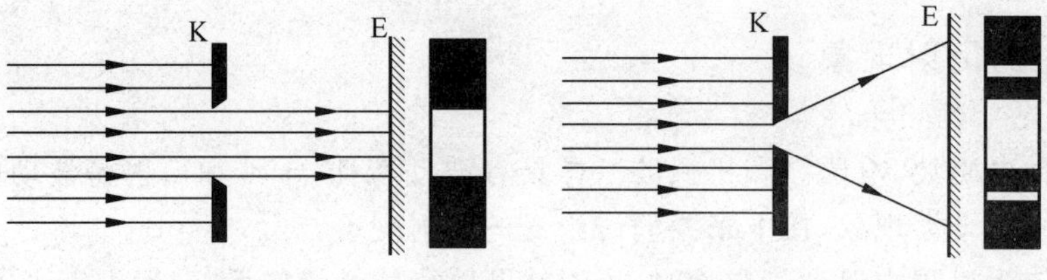

(a)　　　　(b)

图 13-28　光透过不同尺寸的狭缝

(a) 缝宽比光的波长大得多；(b) 缝宽与光的波长可比拟

根据光源 S、衍射孔 K(或障碍物)和接收屏 E 间的相对位置,通常可以将衍射分为两类:**菲涅耳衍射**和**夫琅禾费衍射**。如果衍射孔与光源和屏的距离为有限远,或其中之一为有限远的衍射,则称为菲涅耳衍射,如图 13-29(a)所示。如果衍射孔与光源和屏的距离都为无限远或相当于无限远的衍射,则称为夫琅禾费衍射,如图 13-29(b)所示。在实验室中,夫琅禾费衍射实验可以利用两个会聚透镜来实现,如图 13-29(c)所示。

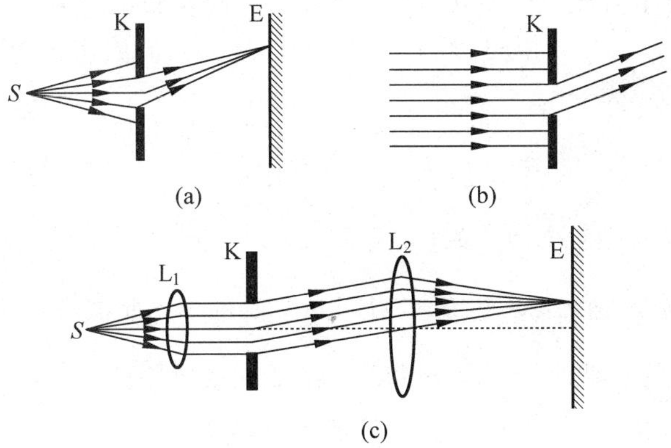

图 13-29　衍射的分类

(a) 菲涅耳衍射;(b) 夫琅禾费衍射;(c) 实验室实现夫琅禾费衍射的方法

13.6.2　惠更斯-菲涅耳原理

惠更斯(Christiaan Huygens,1629—1695),荷兰物理学家、天文学家和数学家,土卫六的发现者。他是介于伽利略与牛顿之间的一位重要的物理学先驱,对力学的发展和光学的研究都有杰出贡献,在数学和天文学方面也卓有成效。他建立向心力定律,提出动量守恒原理,并改进了计时器。他的代表作有《全集》《钟表》《光论》等。

惠更斯原理告诉我们,波面上每一点都可以看作发射子波的波源,向周围发射子波,某时刻子波的包络面即为新的波面。利用惠更斯原理可以定性地解释光的衍射现象,但是无法解释衍射图像中的光强分布问题。1814 年,菲涅耳根据波的叠加和干涉原理,提出了“子波相干叠加”的概念,对惠更斯原理进行了重要补充。菲涅耳认为,同一波面上的任一点都可以看作是新的子波波源,它们所发出的子波在空间相干叠加,产生明暗相间的条纹,空间某一点处光振动的振幅取决于各子波在该点处的叠加结果。经补充后的惠更斯原理称为**惠更斯-菲涅耳原理**(Huygens-Fresnel principle)。

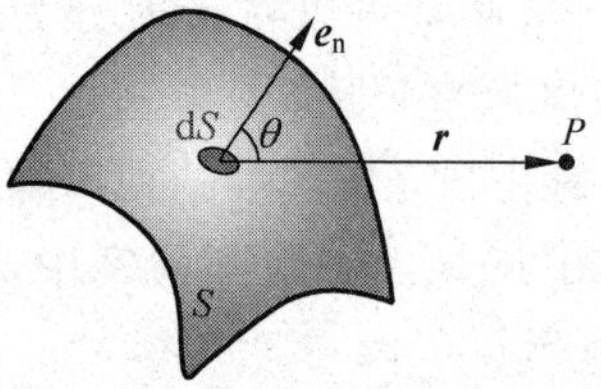

图 13-30 惠更斯-菲涅耳原理

如图 13-30 所示，S 为某时刻光波的波阵面，dS 为 S 面上的一个面元，$\boldsymbol{e}_n$ 是 $d\boldsymbol{S}$ 的单位法向矢量，P 为 S 面前的一点，从面元 $d\boldsymbol{S}$ 发射的子波在 P 点引起振动的振幅与面元大小 dS 成正比，与 dS 到 P 点的距离 r 成反比(因为子波为球面波)，还与 $\boldsymbol{r}$ 同 $\boldsymbol{e}_n$ 间的夹角 θ 有关，至于子波在 P 点引起的振动相位仅取决于 r。假设在同一波前上，各点的振动相位相同，各个面元 dS 产生的子波的初相相同且为零，则面元 dS 在 P 点处引起的振动可表示为

$$dE = C\frac{K(\theta)dS}{r}\cos\left(\omega t - \frac{2\pi r}{\lambda}\right)$$

式中，ω 为光波角频率；C 为比例常数；λ 为波长；$K(\theta)$是倾斜因子，是 θ 的一个函数。这里需要说明的是，θ 越大，面元 dS 在 P 点引起的振幅越小。菲涅耳认为，当 $\theta \geqslant \frac{\pi}{2}$ 时，$dE \equiv 0$，因而其强度为零。这也就解释了子波为什么不能向后传播的问题。

而对整个面 S 来说，其在 P 点的光矢量为

$$E = \int_S C\frac{K(\theta)}{r}dS\cos\left(\omega t - \frac{2\pi r}{\lambda}\right) \tag{13-22}$$

这就是**惠更斯-菲涅耳**公式。

根据惠更斯-菲涅耳公式，虽然可以计算出衍射条纹的一系列问题，但是其积分运算相当复杂。一般地，处理实际问题时用半波带法或振幅矢量法来解决。由于夫琅禾费衍射的处理方法在理论上比较简单，而且应用比较广泛，所以我们通过夫琅禾费衍射来学习衍射的基本原理。

13.7 单缝夫琅禾费衍射

单缝夫琅禾费衍射的实验装置如图 13-31 所示，光源 S 放置于透镜 L_1 的焦点上，光源 S 发出的光透过透镜 L_1 后形成平行光束。平行光束穿过单缝，经过透镜 L_2 后，在 L_2 的焦点处的屏 E 上出现了一组明暗相间的平行直条纹。根据惠更斯-菲涅耳原理，可以认为在单缝横截面上的每一点都是相干的子波源，它们发出的子波在单缝后发生相干叠加，在观察屏上就出现明暗相间的条纹。为了更简单地理解单缝衍射的条纹位置，下面使用菲涅耳半波带法进行研究。

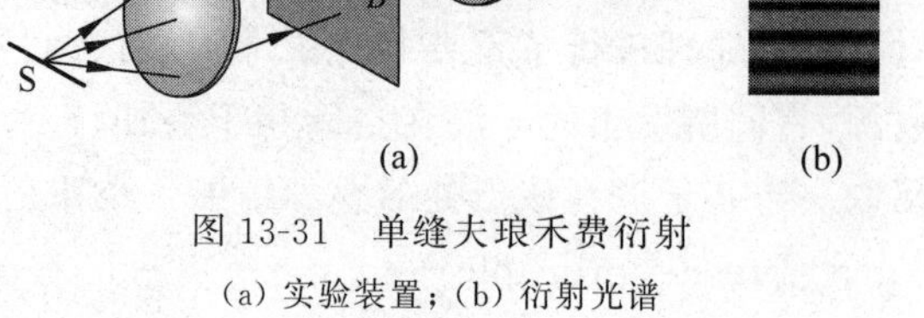

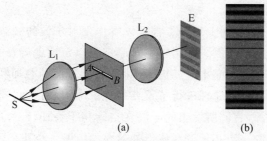

图 13-31 单缝夫琅禾费衍射
(a) 实验装置；(b) 衍射光谱

如图13-32所示,设单缝的宽度为$AB=b$,一束平行光垂直入射到单缝上,位于单缝所在处的波阵面AB上各点所发出的子波沿各个方向传播。我们把子波的某一个传播方向与入射光的前进方向之间的夹角称为**衍射角**。缝AB上各个子波衍射角θ相同的平行光束经透镜L后会聚于透镜焦点处的屏E上。先考虑$\theta=0$的方向(如图13-32所示,对应光束1)的平行光。在单缝AB面上的所有子波同相位,经L后会聚于O点处。因为透镜L不引起附加的光程差,所以在O点处相遇的各个子波间的光程差都为零,故干涉相长,即出现明条纹(此条纹称为**中央明条纹**)。再来讨论衍射角$\theta\neq0$(对应光束2)的情况,衍射角为θ的平行光束经透镜L后,会聚于屏上距离O为x的P点,此时两条边缘光线之间的光程差为

$$\delta=BC=b\sin\theta \tag{13-23}$$

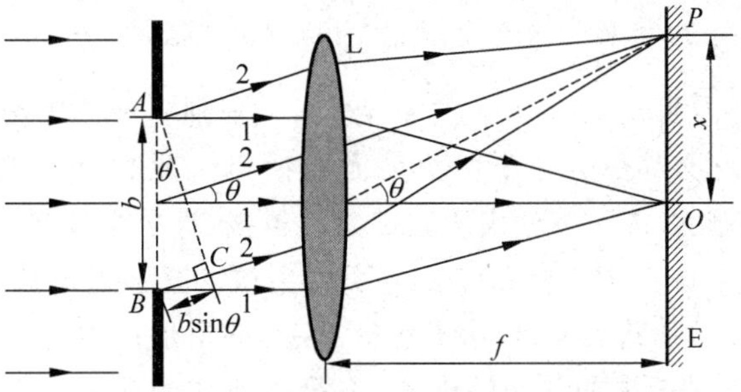

图13-32　单缝夫琅禾费衍射的光路图

屏上P点的条纹的明暗取决于两条边缘光线之间的光程差BC。菲涅耳提出了将波阵面分割成许多等面积的波带的方法,如图13-33所示,作一些平行于AC的平面($AC\perp BC$),并使两相邻平面间的距离等于入射光的半波长$\lambda/2$。假定这些平面将单缝处的AB波阵面分成AA_1,A_1A_2,A_2A_3和A_3B四个波带,如图13-33所示。由于各个波带的面积都相等,所有波带发出的子波的强度都相等,并且相邻两个波带上对应的点(如AA_1与A_1A_2的中点)所发出的子波的光程差总是$\lambda/2$,即相位差为π,然后经过不产生附加光程差的透镜,在屏上相干相消。于是,相邻两个波带的各个子波两两成对地在屏幕上抵消。以此类推,如果AB波阵面被分成偶数个波带,也就是说,对应于衍射角θ,如果两条边缘光线的光程差BC是半波长的偶数倍,单缝分成偶数个波带,所有波带上的子波源在x点处两两干涉相消,在x点处出现的就是暗条纹。如果AB波阵面被分成奇数个波带,即光程差BC是半波长的奇数倍时,偶数个波带上的子波源在x点处干涉相消后,还留一个波带继续作用,于是在x点处就出现明条纹。但对于同一缝宽AB,衍射角θ越大,被等分的波带数目越

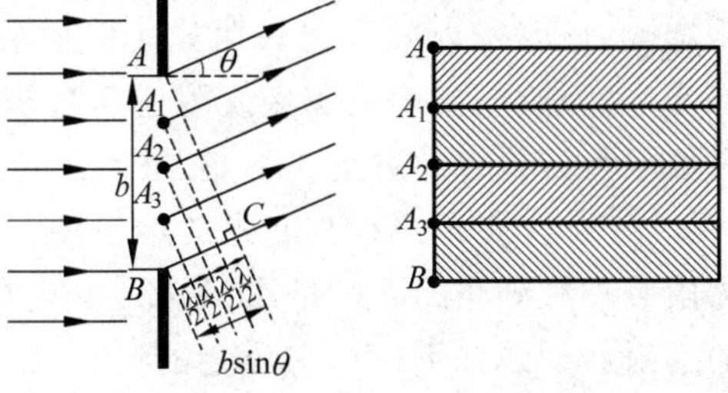

图13-33　半波带法

多，每个波带的面积越小，明条纹的亮度越小，并且都比中央明条纹的亮度小很多。如果对应某个衍射角 θ，光程差 BC 不是半波长的整数倍时，即 AB 不能被分成整数个波带，则屏上的光强介于明暗之间。

单缝夫琅禾费衍射的结论可用数学表达式表示，当衍射角 θ 满足

$$b\sin\theta = \pm k\lambda, \quad k = 1,2,3,\cdots \tag{13-24}$$

时，屏上对应的 x 点处为暗条纹的中心，$k=1,2,3,\cdots$分别叫做第 1 级、第 2 级、第 3 级……暗条纹，正、负号表示条纹对称分布于中央明条纹两侧。此时，BC 被分成偶数个半波带。两个第 1 级暗条纹之间的距离，即为中央明条纹的宽度。

当衍射角 θ 满足

$$b\sin\theta = \pm(2k+1)\frac{\lambda}{2}, \quad k = 1,2,3,\cdots \tag{13-25}$$

时，屏上对应的 x 点处为明条纹的中心，$k=1,2,3,\cdots$分别叫做第 1 级、第 2 级、第 3 级……明条纹，正、负号表示条纹对称分布于中央明条纹两侧。此时，BC 被分成奇数个半波带。衍射角越大，k 的值就越大，AB 被分成的波带数就越多，每个半波带的面积就越小，在 x 点引起的光强就越弱。因此，随着级次的增加各级明条纹的光强逐渐减弱。

需要注意，式(13-24)和式(13-25)均不包括 $k=0$ 的情形。因为对于式(13-24)，$k=0$ 对应着 $\theta=0$ 的情形，但这是中央明条纹的中心，不符合该式的含义。而对于式(13-25)，$k=0$ 对应于一个半波带的亮点，但仍处于中央明条纹的范围内，是中央明条纹的一部分，不是单独的一个明条纹。单缝夫琅禾费衍射的明暗条纹条件与之前讨论的杨氏双缝干涉条纹条件，在形式上刚好相反，切勿混淆。

两个第 1 级暗条纹中心之间的距离定义为中央明条纹的宽度，由图 13-32 的几何关系很容易求出。通常单缝衍射条纹的衍射角很小，即 $\sin\theta\approx\tan\theta\approx\theta$，根据如图 13-32 所示的几何关系可知，第 1 级暗条纹的中心位置满足

$$x_1 = f\tan\theta_1 = \frac{\lambda f}{b}$$

中央明条纹的角宽度为

$$\Delta\theta_0 = 2\theta_1 = 2\frac{\lambda}{b} \tag{13-26}$$

中央明条纹的线宽度为

$$l_0 = 2x_1 = \frac{2\lambda f}{b} \tag{13-27}$$

如果保持入射光的波长和透镜的焦距不变，而减小单缝的宽度 b，这时条纹的宽度增大，同时各条纹之间的间距增大，此时衍射效果比较明显。但如果增大单缝的宽度 b，使得 $b\gg\lambda$，各条纹之间的间距减小，直至收缩到中央明条纹附近而分辨不清，这时的光可以被看成是沿直线传播的。此外，如果保持单缝的宽度 b 不变，增大入射光的波长，波长越长，衍射现象越明显，如图 13-34 所示，分别为红光、绿光、蓝光的衍射图。如果以白光入射，除中央明条纹为白色外，其他均为内紫外红分布的彩色条纹，如图 13-35 所示。

从以上分析可知，光的衍射和干涉并不存在本质上的区别，二者的物理本质相同，都是相干波的叠加。

彩图

彩图

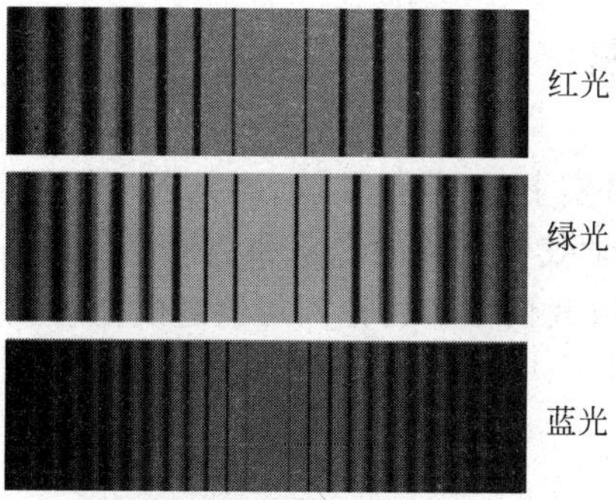

图 13-34　不同波长光的衍射谱

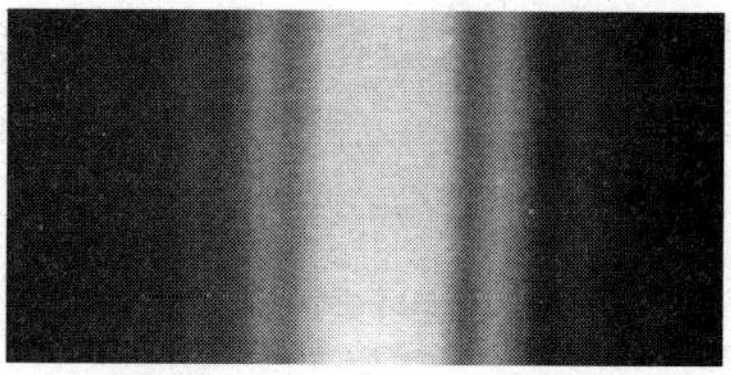
图 13-35　白光的衍射谱

例 13-10　如图 13-36 所示，用波长为 550nm 的单色平行光，垂直照射到宽度 $b=0.5\text{mm}$ 的单缝上，在缝后放一个焦距 $f=50\text{cm}$ 的凸透镜。(1)求屏上中央明条纹的宽度；(2)求屏上第 1 级明条纹的位置，第 1 级明条纹对应的光程差 BC 可以分成几个半波带？

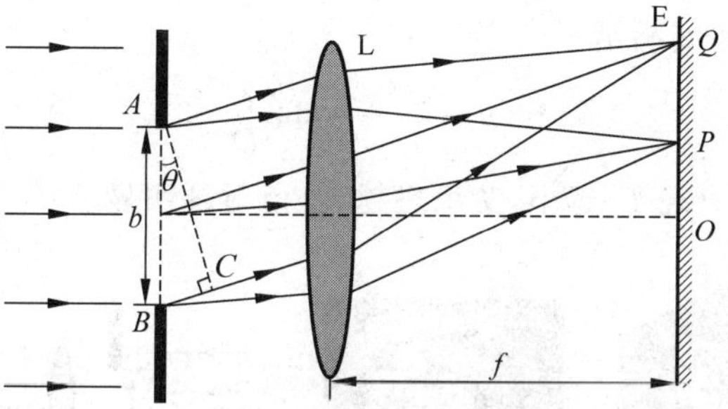

图 13-36　例 13-10 用图

解　(1) 由式(13-24)可得第 1 级暗条纹对应的衍射角为 $\theta_1=\dfrac{\lambda}{b}$，第 1 级暗条纹的位置为 $x_1=\theta f=\dfrac{\lambda f}{b}$，中央明条纹的宽度为

$$l_0=2x_1=2f\,\frac{\lambda}{b}=2\times 0.5\times\frac{550\times10^{-9}}{0.5\times10^{-3}}\text{m}$$
$$=1.10\times10^{-3}\text{m}$$

(2) 由式(13-25)可得第 1 级明条纹对应的衍射角为 $\theta_1=\dfrac{3\lambda}{2b}$，第 1 级明条纹的位置为

$$x_1=f\theta_1=f\,\frac{3\lambda}{2b}=0.5\times\frac{3\times550\times10^{-9}}{2\times0.5\times10^{-3}}\text{m}=8.25\times10^{-4}\text{m}$$

由菲涅耳半波带法可知，第 1 级明条纹 $k=1$ 对应的光程差为

$$b\sin\theta=(2k+1)\times\frac{\lambda}{2}=\frac{3\lambda}{2}$$

因此可以分成 3 个半波带。

13.8 圆孔衍射 光学仪器分辨率

在 13.7 节我们讨论了单缝夫琅禾费衍射，事实上，不仅是狭缝，当光通过任何形状的小孔时也都会产生衍射。在光学实验中，大多数光学仪器所用的光阑和透镜都是圆形的，必须考虑**圆孔衍射**(circular aperture diffraction)，所以我们本节讨论圆形狭缝的衍射现象。

13.8.1 圆孔衍射

如图 13-37(a)所示，当单色平行光垂直照射到小圆孔上时，也会在透镜 L 的焦平面处的屏上出现中心为明圆斑，外围为明、暗交替的环形条纹。衍射图样中心的明圆斑，或第 1 级暗环所围的中央亮斑叫做**艾里斑**(Airy disk)，以纪念英国天文学家艾里(G. B. Airy，1801—1892)在历史上首次导出了衍射图样强度分布的表达式。如图 13-37(b)所示，艾里斑集中了约 84%的衍射光能量，周围的环形条纹的强度相对很弱。

如图 13-38 所示，假设入射光的波长为 λ，小圆孔的直径为 D，透镜的焦距为 f，由理论计算可知，艾里斑的角宽度满足

$$\theta=\frac{d}{f}=2.44\,\frac{\lambda}{D} \tag{13-28}$$

式(13-28)表明，圆孔的直径 D 越小，艾里斑越大，衍射越明显。

彩图

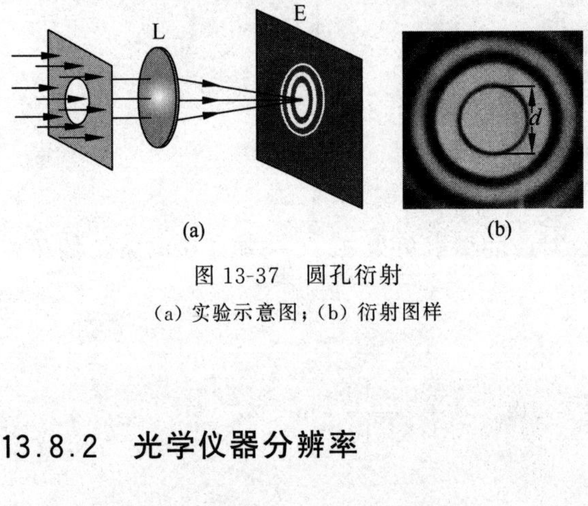

图 13-37　圆孔衍射

(a) 实验示意图；(b) 衍射图样

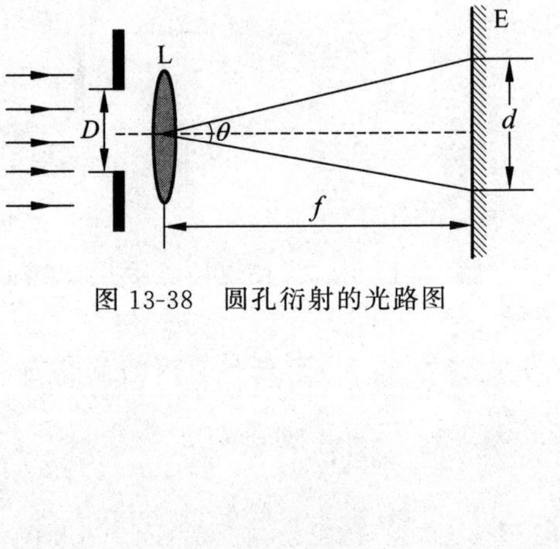

图 13-38　圆孔衍射的光路图

13.8.2 光学仪器分辨率

光学仪器中的透镜和光阑都相当于一个透光的圆孔，光线经过圆孔时会发生衍射现象，衍射结果直接影响到仪器的成像质量。以照相机为例，在镜头焦距调整准确后，按照几何光学，被拍摄物体上的每一个物点通过相机镜头成的像是一个点，两个物点形成的像点总是分离的，所以即使两物点靠得很近，它们的像也总是可以分辨的，即按照几何光学，仪器的分辨能力或分辨本领是不受限制的。但实际上，由于一物点发出的光波受到光学仪器的孔径的限制，需要考虑到衍射效应，一个物点的像不再是一个几何点，而是一个有一定尺寸的艾里斑，如图 13-39 所示。

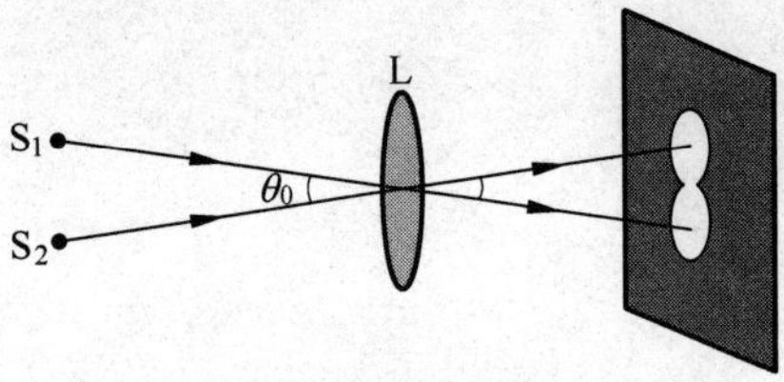

图 13-39　物点的成像

设 S_1，S_2 为距透镜 L 很远的两个物点，透镜的边框相当于一个圆孔，S_1，S_2 发出的光通过透镜 L 在焦平面上形成艾里斑。如果物点 S_1 和 S_2 相离较远，虽然衍射图样有部分重合，但是重叠部分的光强小于艾里斑中心的光强，这时是可以分辨出这两个物点的像的，如图 13-40(a)所示。如果物点 S_1 和 S_2 相离很近，使它们的衍射图样大部分重叠，两个艾里斑中心的距离小于艾里斑的半径时，重叠部分的光强大于艾里斑中心的光强，这时就分辨不出有两个物点，如图 13-40(c)所示。

一般情况下，若两个物点经透镜或光阑在屏幕上所成的两个艾里斑中心的距离正好等于一个艾里斑的半径，即一个艾里斑的中心最亮处正好与另一个艾里斑的边缘(第 1 级暗条纹)相重合，这时两艾里斑重叠部分的中央光强约为每个艾里斑中央光强的 80%，则刚好能被一般人的眼睛所分辨，如图 13-40(b)所示。这一判断标准称为**瑞利判据**(Rayleigh criterion)，由英国物理学家瑞利(L. Rayleigh，1842—1919)提出。我们把恰好能够分辨出两个发光物点对透镜光心的张角称为**最小分辨角**，用 θ_0 表示，则

$$\theta_0 = 1.22\frac{\lambda}{D} \tag{13-29}$$

由式(13-29)可知，两物点恰好能够被分辨时，最小分辨角 θ_0 与艾里斑的半角宽度相同。

彩图

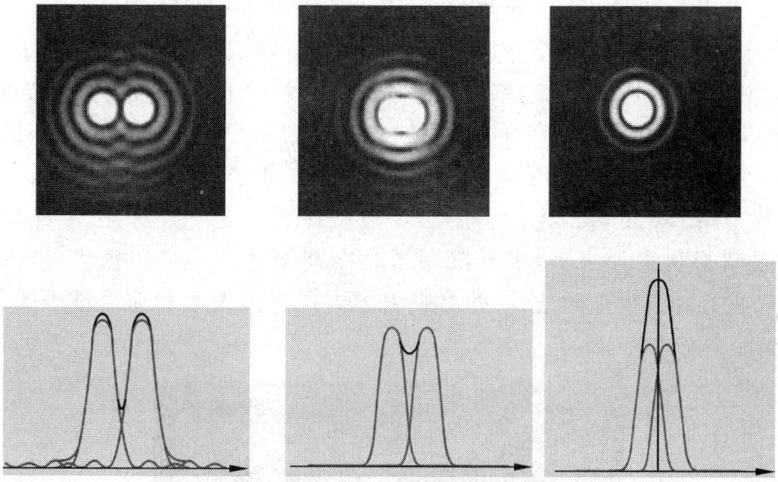

(a) (b) (c)

图 13-40 分辨两物点的条件

(a) 能分辨；(b) 恰能分辨；(c) 不能分辨

在光学中，定义光学仪器的最小分辨角的倒数为**分辨本领**(resolving power)，也称为**分辨率**，用 R 表示，即

$$R = \frac{1}{\theta_0} = \frac{D}{1.22\lambda} \tag{13-30}$$

式(13-30)说明，光学仪器的分辨率与波长 λ 成反比，与仪器的透光孔径 D 成正比。在实际应用中，对于天文望远镜，通常采用很大直径的透镜来提高其分辨率。例如，哈勃太空望远镜的物镜的孔径为 2.4m，我国 2016 年 9 月建成的“中国天眼”(500m 口径球面射电望远镜)是目前世界上最大的射电望远镜。和望远镜不同，显微镜物镜的焦距较短，通常采用减小入射波波长的方法。比如，电子显微镜是运用运动电子的波动特性来观察物体的，它的波长可

以小到 0.1nm 数量级。电子显微镜的最小分辨距离仅几个纳米,放大率可达到几万倍乃至几百万倍。

例 13-11 黑板上两线的间距 $d=2\text{mm}$,求一学生在多远处恰能分辨,设 $\lambda=600\text{nm}$,人眼的瞳孔的直径为 $D=3.66\text{mm}$。

解 根据瑞利判据,人眼的最小分辨角为

$$\theta_0=1.22\frac{\lambda}{D}=1.22\times\frac{6\times10^{-7}}{3.66\times10^{-3}}\text{rad}=2\times10^{-4}\text{rad}$$

由于人与黑板间的距离远大于瞳孔直径,所以

$$L=\frac{d}{\theta_0}=\frac{2\times10^{-3}}{2\times10^{-4}}\text{m}=10\text{m}$$

阅读材料

"中国天眼"(图 13-41)工程位于贵州省黔南布依族苗族自治州平塘县克度镇大窝凼的喀斯特洼坑中,由主动反射面系统、馈源支撑系统、测量与控制系统、接收机与终端及观测基地等几大部分构成。500m 口径球面射电望远镜(five-hundred-meter aperture spherical radio telescope)简称 FAST,被誉为"中国天眼",由我国天文学家南仁东于 1994 年提出构想,2007 年立项,2011 年 3 月开工建设,于 2016 年 9 月 25 日落成启用。该望远镜是由中国科学院国家天文台主导建设,具有我国自主知识产权,是世界上最大单口径、最灵敏的射电望远镜。其综合性能与号称"地面最大的机器"德国波恩 100m 望远镜相比,灵敏度提高约 10 倍;与美国"Arecibo"300m 望远镜相比,灵敏度提高 2.25 倍,而且"Arecibo"20°天顶角的工作极限限制了观测天区,特别是限制了联网观测能力。可以预测,FAST 将在未来 20～30 年保持世界一流设备的地位,并将吸引国内外一流人才和前沿科研课题,成为国际天文学学术交流中心。

图 13-41 "中国天眼"

13.9 光栅衍射

单缝衍射中,若得到亮度较大的明条纹需增加缝宽,但此时明条纹间距会很窄而不易分辨;若缝很窄,条纹间隔虽然变大了,但是条纹亮度会减弱。若要获得既亮又窄且条纹间距

比较大的衍射条纹，可以利用光栅进行衍射。

13.9.1 光栅衍射装置

由大量等宽、等间距的平行狭缝所构成的光学元件称为光栅(grating)。常用的光栅是在玻璃片上刻出大量平行等间距的刻痕，刻痕处类似为磨砂玻璃，为不透光的部分，而两刻痕之间的部分可以透光，相当于一狭缝。这种利用透射光获得衍射现象的光栅称为透射光栅，如图 13-42(a)所示。按照当今的技术，在一块普通的光栅上每厘米可以刻上万条狭缝，因此光栅是一种精密的光学元件。除了透射光栅外，还有一种反射式平面光栅，它是在不透明的材料(如铝片)上刻出一系列等间距的平行槽纹而形成的，入射光经槽纹反射形成衍射条纹，这种类型的光栅称为反射光栅，如图 13-42(b)所示。本节主要介绍透射光栅的衍射现象。

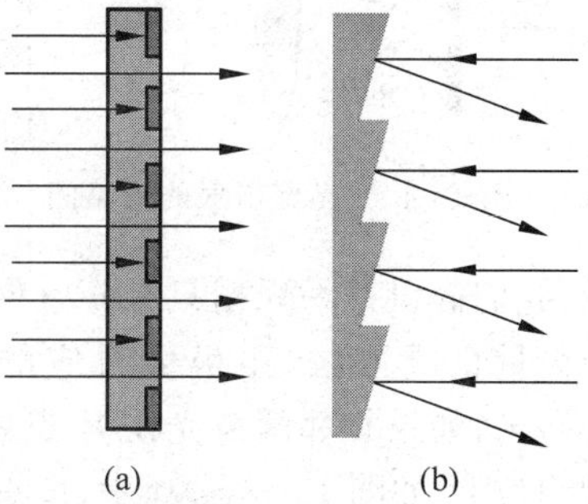

图 13-42 光栅的分类
(a) 透射光栅；(b) 反射光栅

光栅衍射的实验示意图如图 13-43 所示，设不透光部分的宽度为 a，透光部分的宽度为 b，相邻两缝间的距离为 $d=a+b$，d 称为**光栅常量**(grating constant)。对于一般的精密光栅，其光栅常量 d 的值为 $10^{-5}\sim10^{-6}$ m 的数量级。

点光源 S 发出的光线经透镜 L_1 后变成平行光束，并垂直照射到光栅上，由于经过每个缝的光都要产生衍射，而缝与缝之间透过的相干光又要发生干涉，所以，经过透镜 L_2 会聚后，屏上会出现如图 13-44 所示的衍射条纹。实验表明，随着缝数 N 的增多，明条纹变得又细又亮。

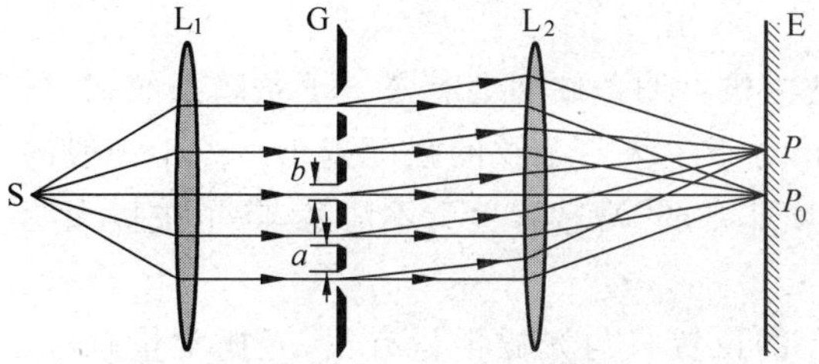

图 13-43 光栅衍射的实验装置示意图

图 13-44 光栅衍射与缝数的关系

13.9.2 光栅方程

如图 13-45 所示，一单色平行光垂直入射到光栅上，使光栅成为一波阵面。考虑到所有缝发出的光沿与光轴成 θ 角方向的光线经透镜 L 后会聚于 P 点处，这里的 θ 称为衍射角。下面说明 P 点为明条纹的条件。

透过任意两相邻狭缝的光，到达 P 点时的光程差相等，均为 $\delta=(a+b)\sin\theta$。当此光程差为 λ 的整数倍时，任意两相邻缝的干涉结果都是加强的，即在 P 点出现明条纹，所以光栅

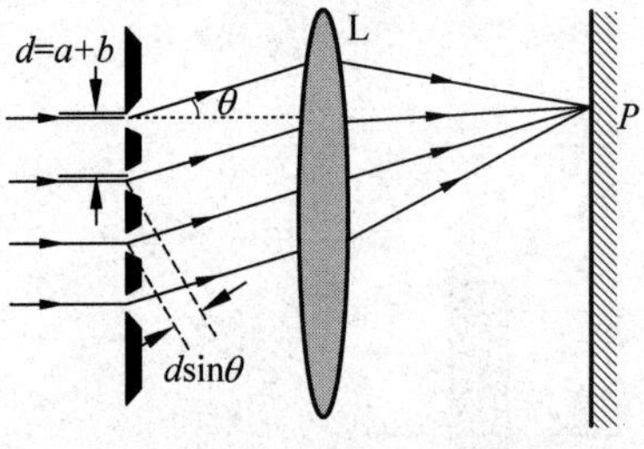

图 13-45　光栅衍射的光路图

衍射中出现明条纹的条件是

$$(a+b)\sin\theta=\pm k\lambda,\quad k=0,1,2,\cdots \tag{13-31}$$

式(13-31)称为**光栅方程**。细而亮的明条纹称为主极大，$k=0$ 时对应的主极大称为中央明条纹，其他 $k=1,2,\cdots$ 时对应的主极大分别称为第 1 级、第 2 级、……明条纹，正、负号表示条纹对称分布于中央明条纹两侧，各级明条纹的强度几乎相等。

相邻两主极大明条纹之间是什么？为了便于讨论，我们假设某一光栅只有 6 条狭缝来分析相邻主极大明条纹间暗条纹的位置。根据振动的矢量合成方法，主极大对应的相邻两束光之间的相位差满足 $\Delta\varphi=2k\pi, k=0,\pm1,\pm2,\cdots$，如果相邻两束光在 P 点处的相位差为 $\Delta\varphi=\pi/3$，则 6 束光在 P 点处的光振动的矢量和为零，如图 13-46(a)所示，P 点将会出现暗条纹。如果 $\Delta\varphi=2\pi/3$，如图 13-46(b)所示，或 $\Delta\varphi=\pi, 4\pi/3, 5\pi/3$，则 6 束光在屏上的合振幅都为零，即均是暗条纹。显然，对于 6 条狭缝的光栅，只要相邻两主极大之间的相位差是 $\pi/3$ 的整数倍，则均为暗条纹，共计 5 个。两个相邻暗条纹中间区域的光强是不等于零的，即出现明条纹，但是这些明条纹的光强远小于主极大的明条纹强度，我们把这些明条纹称为次级明条纹（secondary maxima），6 条狭缝的光栅两主极大明条纹间会出现 4 条次级明条纹，如图 13-46(c)所示。

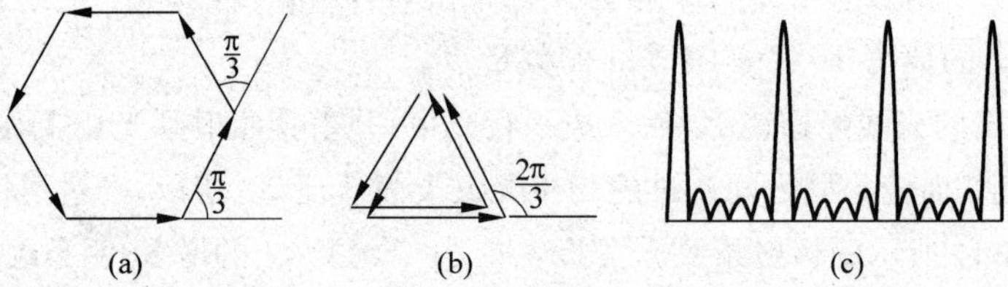

图 13-46　光栅衍射

(a) 6 个光矢量振幅叠加；(b) 相邻光矢量振幅叠加；(c) 光强分布

一般情况下，当光栅有 N 条狭缝时，相邻两主极大明条纹间会有 $N-1$ 条暗条纹，$N-2$ 条次级明条纹。狭缝数 N 越大，次级明条纹相对于主级明条纹的强度越小。由于一般的光栅狭缝数 N 都非常大，所以次级明条纹的强度非常弱，观察屏上看不清楚，除了主极大明条纹外，其他区域几乎是一片黑暗。

从光栅方程可以看出，各个级次明条纹所在的位置只与光栅常量有关，光栅常量越小，衍射角就越大，条纹就分得越开，即对给定尺寸的光栅，其缝数越多，明条纹就越亮。同样，对光栅常量一定的光栅，如果入射光是由不同波长的光混合成的，同一级明条纹所在的位置也不同，波长越大，衍射角越大，这说明光栅也有色散分光的作用。但是这里要说明的是，在光栅方程中，由于光屏是有限大的，所以最大观测级次 $k_{\max}$ 满足

$$k_{\max}<\frac{(a+b)\sin 90^\circ}{\lambda}$$

13.9.3　缺级现象

实验发现，在光栅衍射条纹的结果中本来有些该出现明条纹的地方，却出现了暗条纹，

这是因为我们之前只考虑各条狭缝中出射光线的相互干涉结果，而没有考虑光线通过每一个狭缝所产生的单缝衍射对干涉结果的影响。事实上，由于单缝衍射的调制作用，经光栅所形成的干涉条纹并不是等强度分布，如图 13-47 所示。如果衍射角为 θ 的条纹满足光栅方程的明条纹条件，同时又满足单缝衍射的暗条纹条件，则此明条纹将消失，这一现象称为**缺级**(missing order)。所缺的级次可以通过以下方程求解，即当衍射角 θ 满足

$$\begin{cases}(a+b)\sin\theta = \pm k\lambda \\ b\sin\theta = \pm k'\lambda\end{cases}$$

时，所对应的级次出现缺级。发生缺级的主极大级次为

$$k=\frac{a+b}{b}k',\quad k'=1,2,\cdots \tag{13-32}$$

例如，当 $a+b=4b$ 时，缺级的级数为 $k=4,8,\cdots$。

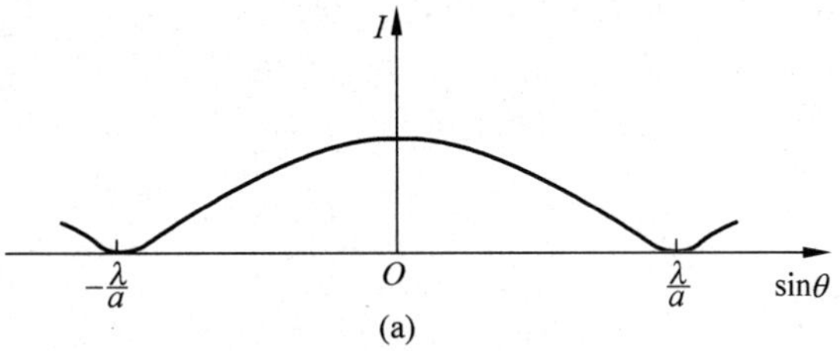

(a)

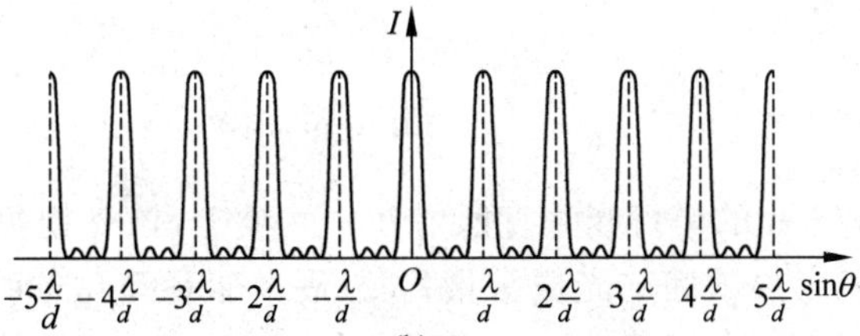

(b)

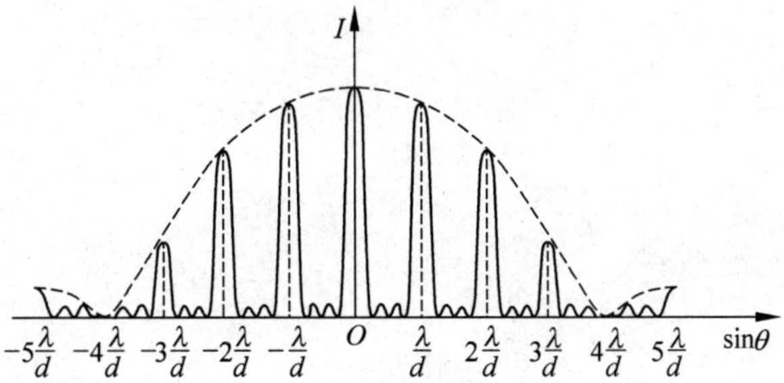

(c)

图 13-47 缺级现象

(a) 单缝衍射；(b) 多缝干涉；(c) 光栅衍射

13.9.4 光栅光谱

光栅衍射所获得的光谱线明亮、清晰，条纹间距大，便于进行波长测定和光谱分析。如果复合光入射到光栅上，根据光栅方程可知，除了中央明条纹重叠外，对于其他同一级明条纹，波长越长，其衍射角越大，距离中央明条纹的距离越远。按照其波长由短到长的次序依

次自中央向两侧排列，每一干涉级次都有这样分布的谱线.称为光栅光谱，如图 13-48 所示。各种不同元素或化合物都具有各自的特征光谱，因此可以通过把某物质的光谱与各种元素的特征光谱线进行比较来确定物质的成分，通过对比对应光谱线的强度来确定物质中成分元素的含量。在天文学中，就是利用这种方法来分析遥远恒星或星云的化学成分的。

彩图

图 13-48　光栅光谱

例 13-12　用复色平行光垂直入射到光栅上，若其中一光波的第 3 级主极大和红光（$\lambda_R=600\text{nm}$）的第 2 级主极大相重合，求该单色光的波长。

解　根据光栅方程 $(a+b)\sin\theta=\pm k\lambda$，并由题意可知

$$\begin{cases}(a+b)\sin\theta=\pm 3\lambda_x\\(a+b)\sin\theta=\pm 2\lambda_R\end{cases}$$

所以

$$3\lambda_x=2\lambda_R$$

即

$$\lambda_x=\frac{2}{3}\lambda_R=\frac{2}{3}\times 600\text{nm}=400\text{nm}$$

例 13-13　用 $\lambda=430\text{nm}$ 的平行光垂直照射在一光栅上，该光栅每毫米有 250 条刻痕，每条刻痕宽 $3\times10^{-4}\text{cm}$。(1)试确定光栅常量；(2)最多能看到几条明条纹？(3)若入射光中还包含另一波长的单色光，且其第 2 级主极大恰好与 $\lambda_1=430\text{nm}$ 的第 3 级主极大重合，求 λ_2。

解　(1) 光栅常量为

$$d=a+b=\frac{1\times10^{-3}}{250}\text{m}=4\times10^{-6}\text{m}$$

(2) 当衍射角 $\theta=90^\circ$ 时，

$$k=\frac{d}{\lambda}=\frac{4\times10^{-6}}{430\times10^{-9}}=9.3$$

取 $k_{\max}=9$，因为 $a=3\times10^{-6}\text{m}$，所以有 $b=1\times10^{-6}\text{m}$。

根据缺级条件，有

$$k=\frac{d}{b}k'=4k'$$

即第 ±4，±8 级缺级，所以最多可看到 15 条明条纹。它们分别是 0，±1，±2，±3，±5，±6，±7，±9。

(3) 根据题意，条纹重合位置满足

$$\begin{cases}(a+b)\sin\theta=3\lambda_1\\(a+b)\sin\theta=2\lambda_2\end{cases}$$

于是有

$$3\lambda_1 = 2\lambda_2$$

即

$$\lambda_2 = \frac{3}{2}\lambda_1 = 645\text{nm}$$

13.10　X射线衍射

伦琴(W. C. Röntgen,1845—1923),德国物理学家。1895 年发现了 X 射线,并因此于 1901 年获得首届诺贝尔物理学奖。为了纪念伦琴的成就,X 射线在许多国家被称为伦琴射线。第 111 号化学元素铊(Roentgenium,Rg)也以伦琴命名。1990 年 6 月 1 日,“伦琴”卫星用“德尔塔”Ⅱ型火箭在美国卡纳维拉尔角发射升空。

1895 年,德国物理学家伦琴在研究阴极射线时发现,当高速运动的电子撞击金属时,金属会发射具有很强穿透本领的射线,我们称此射线为伦琴射线,又称为 X 射线,如图 13-49 所示。伦琴在实验上发现 X 射线具有很强穿透力后,为他的妻子的手拍了历史上第一张颇具意义的 X 射线照片,如图 13-50 所示。X 射线是一种波长极短的电磁波(波长为 $10^{-3}\sim 2$nm),但当时却很难用实验证明 X 射线就是电磁波。普通的光学光栅虽然可以用来测定光波波长,但因光栅常量的限制,无法测定波长极短的电磁波。

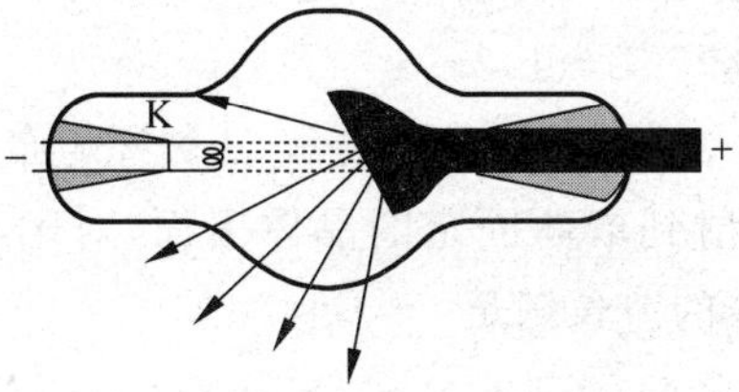

图 13-49　X 射线实验示意图

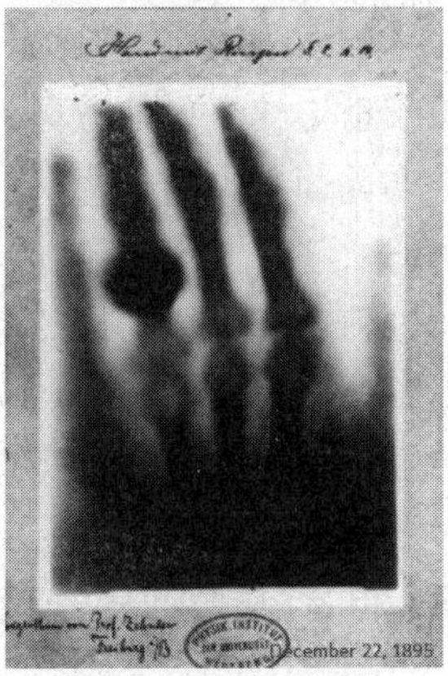

图 13-50　X 光照片

1912 年,德国物理学家劳厄(M. Laue,1879—1960)认为晶体内的原子是有规则排列的,可以看成一个天然的三维光栅。只要 X 射线的波长短到与晶体中原子间的距离在数量级上相当，即可以看到衍射图样。他设计的 X 射线衍射的实验装置如图 13-51(a)所示。把一个垂直于晶轴切割的平行晶片放在 X 射线源和照相底片之间，X 射线经过晶体时发生衍射，在照相底片上显示出有规则的斑点群，称为劳厄斑。图 13-51(b)为 X 射线通过红宝石晶体所拍摄的劳厄斑的照片。劳厄斑的出现证实了 X 射线的波动性和晶体内部结构的周期性，也开创了 X 射线在晶体结构分析方面的重大应用。

彩图

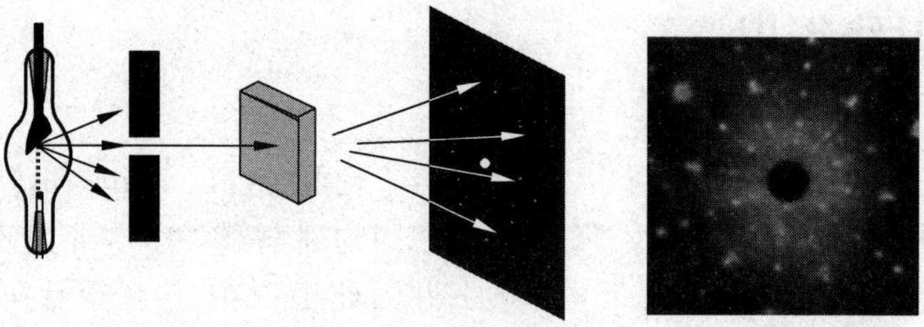

(a) (b)

图 13-51　晶体的 X 射线衍射

(a) X 射线衍射的实验装置；(b) 劳厄斑

劳厄解释了劳厄斑的形成，但方法比较复杂。1913 年，英国物理学家布拉格父子（威廉·亨利·布拉格（W. H. Bragg，1862—1942）和威廉·劳伦斯·布拉格（W. L. Bragg，1890—1971）在劳厄实验的基础上，成功测定了 NaCl、KCl 等晶体结构，并提出了一种简单的方法来说明 X 射线的衍射。

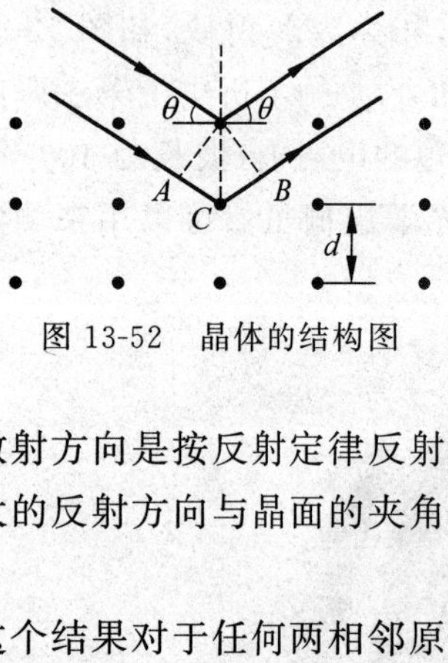

图 13-52　晶体的结构图

他们假设晶体是由一系列互相平行的原子层（或晶面）构成的，各层之间的距离（晶面间距）为 d，如图 13-52 所示。若有一束平行的、相干的、波长为 λ 的 X 射线入射到晶体表面，并发生散射。X 射线的散射与可见光不同，可见光只在物体表面上发生散射，而对于 X 射线，其一部分在物体表面原子层上被反射，其余部分进入晶体内部，被内部各原子所散射。X 射线在物体表面原子层上的散射和可见光一样，强度最大的散射方向是按反射定律反射的方向，设 X 射线的入射方向与晶面之间的夹角为 θ，则强度最大的反射方向与晶面的夹角也为 θ。那么两相邻原子层间反射线的光程差为

$$\delta = AC + CB = 2d\sin\theta$$

这个结果对于任何两相邻原子层的反射线都适用。当光程差满足

$$\delta = 2d\sin\theta = k\lambda, \quad k = 1, 2, \cdots \tag{13-33}$$

时，各层反射线将互相加强，形成亮点。式(13-33)称为布拉格方程，θ 被称为布拉格角。

如果是波长连续的 X 射线以一定角度入射到取向固定的晶体表面，对于不同的晶面，d 和 θ 都不同。但是，只要对某一晶面，X 射线的波长满足

$$\lambda = \frac{2d\sin\theta}{k}, \quad k = 1, 2, \cdots$$

就会在该晶面的反射方向上获得极大衍射。对每簇晶面而言，凡符合布拉格方程的波长，都在各自的反射方向出现干涉，结果是在底片上形成劳厄斑。因为晶体有很多组平行晶面，所以劳厄斑是由空间分布的亮斑组成的。

伦琴的发现不仅对医学诊断有重大影响,同时也促使了 20 世纪许多重大科学成就的出现。1901 年,伦琴被授予诺贝尔奖设立后的首个诺贝尔物理学奖。受伦琴的影响,1903 年贝克勒尔和居里夫妇因在放射性现象上的共同研究被授予诺贝尔物理学奖。1914 年,劳厄因发现晶体中的 X 射线衍射现象获得诺贝尔物理学奖,1915 年,布拉格父子因用 X 射线对晶体结构的研究共同获得诺贝尔物理学奖。1953 年,生物学家沃森和物理学家克里克合作,在富兰克林和威尔金斯工作的基础上,利用 X 射线的衍射特征,解开了脱氧核糖核酸(DNA)分子的双螺旋结构,揭开了遗传的秘密,开创了分子生物学的先河,沃森、克里克、威尔金斯共享了 1962 年的诺贝尔生理学或医学奖。

X 射线衍射在近代物理和工程技术等方面有着重要的应用。结合布拉格方程,如果 X 射线的波长 λ 为已知,当在晶体上衍射时,则可测出晶面间距 d,从而可推出晶体结构。此外,X 射线还可以应用于材料表面和内部结构的无损检测。

13.11　光的偏振　马吕斯定律

光的干涉现象和衍射现象都揭示了光的波动性,但不能由此确定光是纵波还是横波。而光的偏振现象可以证明光是横波。

13.11.1　偏振光　自然光

光波是一种电磁波,电磁波的振动包括电场 $\boldsymbol{E}$ 和磁场 $\boldsymbol{B}$ 的振动,$\boldsymbol{E}$ 和 $\boldsymbol{B}$ 相互垂直,并且都垂直于电磁波的传播方向,所以电磁波是横波。就可见光而言,能够引起人们视觉的是电场 $\boldsymbol{E}$ 的振动。因此通常称 $\boldsymbol{E}$ 振动为光振动,称 $\boldsymbol{E}$ 矢量为**光矢量**(light vector)。

偏振是一切横波的共同特征,光波是电磁波,因此也是横波,具有横波的偏振特性。在垂直于光的传播方向的平面内,如果光矢量始终沿某一方向振动,则这样的光称为**线偏振光**(linear polarized light)。光的振动方向和传播方向组成的平面称为**振动面**。由于线偏振光的光矢量保持在固定的平面内振动,所以线偏振光也称为**平面偏振光**(plane polarized light)。

在一般光源(除激光)中,光的发光机制是自发辐射,一个原子或分子每次发出的光波列都可认为是线偏振光,光矢量具有一定的方向。但是,大量原子同时自发地随机辐射发出的光波列的振动方向是无规则的、随机的,所以在垂直于光传播方向的平面内,按各个方向振动的光矢量都有。根据原子发光的随机性,按统计平均来说,各个方向的光振动的概率相等,即各方向光矢量的振幅相等,如图 13-53(a)所示。具有这种特性的光称为**自然光**(nature light)。普通光源发出的光都是自然光。

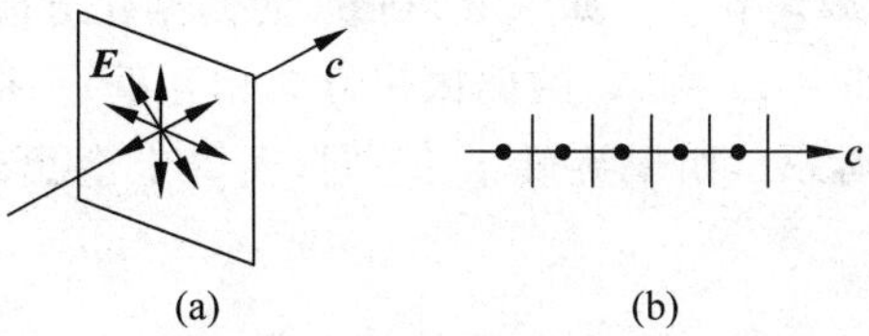

图 13-53　自然光

(a) 光矢量;(b) 自然光的表示方法

自然光的光矢量的振动情况比线偏振光复杂得多，如果把每个波列的光矢量都沿着任意取定的两个相互垂直的方向分解，然后将所有波列的光矢量的两个分量分别叠加起来，则显然在这两个方向上的合振动的振幅相等，各占自然光总能量的一半。自然光一般可以用图 13-53(b)表示。如果在某一方向的光振动比与其垂直方向上的光振动具有优势，那么这种光称为**部分偏振光**(partial polarized light)。线偏振光和部分偏振光的表示方法如图 13-54 所示。

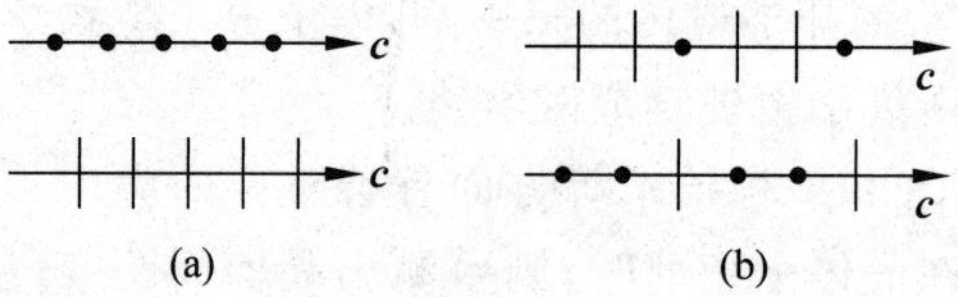

图 13-54　线偏振光和部分偏振光的表示方法

13.11.2　偏振片的起偏和检偏

普通光源发出的光都是自然光，那么如何从自然光中获得偏振光呢？利用偏振片产生偏振光就是一个很好的方法。

目前常使用的偏振片是由将具有二向色性的材料（如硫酸金鸡纳碱）涂敷于透明薄片上而制成的，这种材料能吸收某一方向的光振动，而只让与这个方向垂直的光振动通过。为了便于研究使用，我们常在所用的偏振片上标出记号“↕”，来表明该偏振片允许通过的光振动方向，这个方向称为偏振化方向。通常把能够使自然光成为线偏振光的光学元件称为**起偏器**。图 13-55 中，自然光经偏振片后变成了线偏振光。

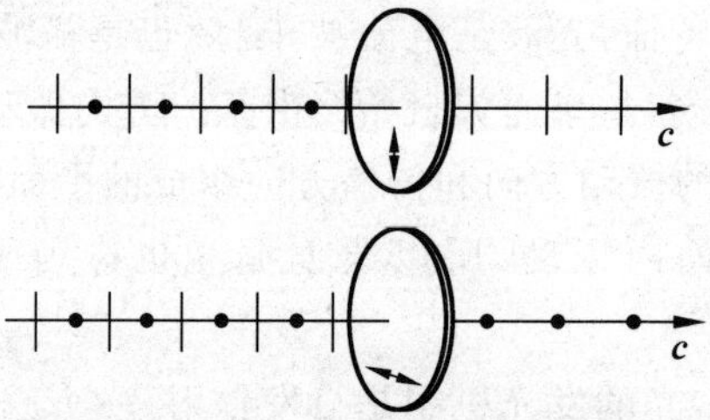

图 13-55　获取线偏振光的方法

偏振片不但可以使自然光变成线偏振光，还可以用来检验一束光是否为线偏振光，这种检验装置常被称为**检偏器**。如图 13-56 所示，一束自然光经过起偏器 p_1 后形成线偏振光，其偏振方向与偏振片 p_1 的偏振化方向相同，强度 I_1 等于入射自然光强度 I_0 的 1/2。透过 p_1 的线偏振光再入射到偏振片 p_2 上，如果 p_2 和 p_1 的偏振化方向相同，那么透过 p_2 的光最强，如图 13-56 (a)所示。如果 p_2 和 p_1 的偏振化方向相互垂直，那么偏振光将无法穿过 p_2，称为消光，如图 13-56 (b)所示。如果旋转 p_2 一周，在屏上会出现两次最明和两次最暗的情况。

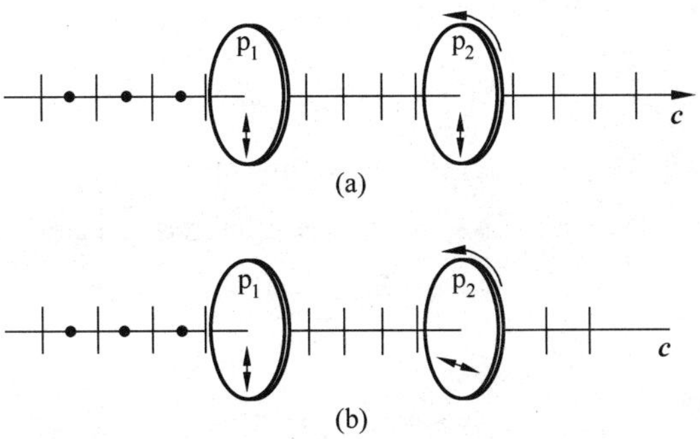

图 13-56　检偏器

13.11.3　马吕斯定律

马吕斯(E. L. Malus,1775—1812),法国军事工程师、物理学家和数学家。1808 年发现反射时光的偏振现象,确定了偏振光强度变化的规律(现称为马吕斯定律)。他研究了光在晶体中的双折射现象,1811 年,他与毕奥各自独立地发现折射时光的偏振,提出了确定晶体光轴的方法,研制成一系列偏振仪器。马吕斯对偏振现象作出诸多贡献,被后人尊称为"偏振之父"。

1808 年,马吕斯在实验上发现,如果不计偏振器对光的吸收,那么一束透过一偏振片的线偏振光光强 I 等于入射光光强 I_0 与入射光的光振动方向和偏振片偏振化方向夹角 α 余弦平方的乘积,即

$$I = I_0 \cos^2 \alpha \tag{13-34}$$

式(13-34)称为**马吕斯定律**。其证明过程如下。

如图 13-57(a)所示,光强为 I_0 的线偏振光入射到偏振片 p 上,透射光的光强为 I。线偏振光的光矢量与偏振片的偏振化方向 ON 的夹角为α。设入射偏振光矢量的振幅为 E_0,将其分解成与 ON 平行及垂直的两个分矢量(图 13-57(b)),即

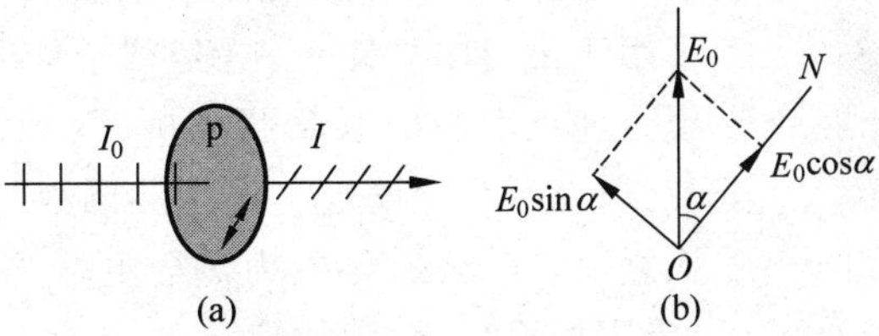

图 13-57　马吕斯定律

$$\begin{cases} E_{/\!/}=E_0\cos\alpha \\ E_{\perp}=E_0\sin\alpha \end{cases}$$

透射光的振幅为$E=E_{/\!/}=E_0\cos\alpha$，透射光与入射光的光强之比为

$$\frac{I}{I_0}=\frac{E^2}{E_0^2}=\frac{(E_0\cos\alpha)^2}{E_0^2}=\cos^2\alpha$$

$$I=I_0\cos^2\alpha$$

由上式可知，透射光的光强与夹角α有关，当$\alpha=0$或π时，$I=I_0$，说明光完全透射出来；当$\alpha=\pi/2$或$3\pi/2$时，$I=0$，说明入射光完全被吸收。

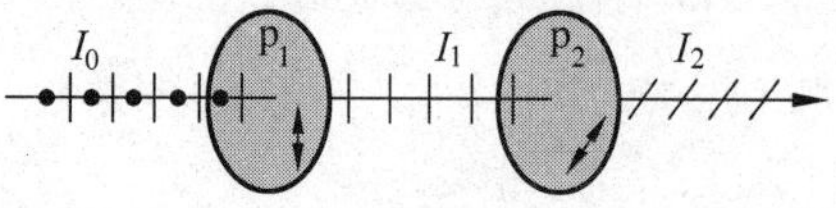

图 13-58　例 13-14 用图

例 13-14　如图 13-58 所示，偏振片p_1，p_2放在一起，一束自然光垂直入射到p_1上，试求如下情况下p_1，p_2偏振化方向的夹角：(1)透过p_2的光强为入射到p_2上的光强的1/3；(2)透过p_2的光强为入射到p_1上的光强1/3。

解　设自然光的光强为I_0，透过p_1的光强为$I_1=\frac{1}{2}I_0$。

(1) 根据马吕斯定律可知，透过p_2的光强为$I_2=I_1\cos^2\alpha$。

当$I_2=\frac{1}{3}I_1$时，$\cos^2\alpha=\frac{1}{3}$，所以，$\alpha=\arccos\left(\frac{\sqrt{3}}{3}\right)$。

(2) 因为$I_2=I_1\cos^2\alpha=\frac{1}{2}I_0\cos^2\alpha$，所以当$I_2=\frac{1}{3}I_0$时，$\frac{1}{3}=\frac{1}{2}\cos^2\alpha$。因此，$\alpha=\arccos\left(\frac{\sqrt{6}}{3}\right)$。

13.12　反射光和折射光的偏振　布儒斯特定律

布儒斯特（D. Brewster，1781—1868），英国数学家、物理学家、天文学家、发明家及作家。布儒斯特在光学范畴的贡献最为显著。威廉·休厄尔称他为“现代实验光学之父”和“光学中的约翰内斯·开普勒”。他研究了压缩所致双折射现象，并发现了光弹性效应，从而建立了矿物光学。他发明了万花筒，并改良了用于摄影的立体镜，这是首个能随身携带的 3D 眼镜。他也发明了双筒照相机、两种偏振仪、多区域镜片，以及灯塔照明灯。他是英国科学促进协会的创办人之一，在 1849 年成为该会主席。他也是一共 18 卷《爱丁堡百科全书》的编辑之一。

自然光在两种介质的分界面上反射和折射时，反射光和折射光都将成为部分偏振光，在特定情况下，反射光可以成为线偏振光。如图 13-59 所示，入射到空气与玻璃介质的分界面上的自然光，发生反射和折射，i，γ 分别为入射角和折射角。理论和实验表明，反射光中，垂直振动比平行振动强，而折射光中，平行振动比垂直振动强(图 13-59 中分别用点多线少或线多点少表示)。

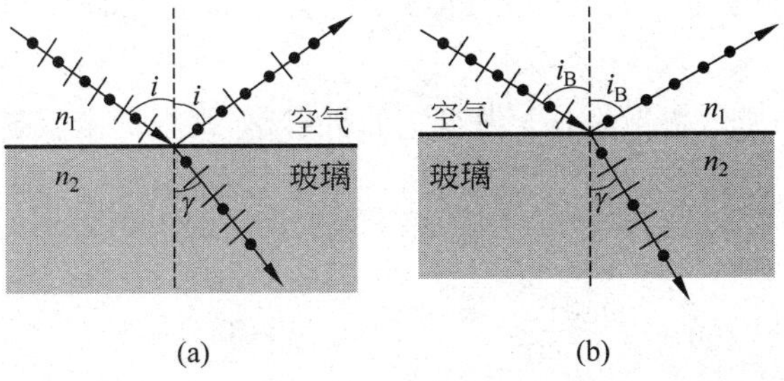

图 13-59　自然光在两介质分界面上的反射与折射

1812 年，布儒斯特在实验上发现反射光和折射光的偏振化程度与入射角 i 有关。当入射角等于某一特定值 i_B 时，反射光变成了线偏振光，光振动垂直于入射面，如图 13-59(b)所示。并且此时反射光线与折射光线相互垂直，即 $i+\gamma=90°$，当入射光以起偏角 i_B 入射时，由折射定律

$$n_1 \sin i_B = n_2 \sin\gamma = n_2 \cos i_B$$

可得

$$\tan i_B = \frac{n_2}{n_1} = n_{21} \tag{13-35}$$

式(13-35)称为**布儒斯特角定律**。其中，n_1，n_2 是入射光和折射光所在空间的介质折射率；n_{21} 表示折射介质相对入射介质的折射率；入射角 i_B 称为**起偏角**，也称为**布儒斯特角**(Brewster angle)。

自然光以起偏角 i_B 入射到两种介质分界面上时，反射光是垂直于入射平面的线偏振光，但光强很弱，只有入射光的 15%，而折射光虽然为部分偏振光，但是光强很强。为了增强反射光的强度和折射光的偏振化程度，可以让光通过由许多相互平行的玻璃片装在一起的玻璃片堆，如图 13-60 所示。此时，光在每层玻璃片上都会发生发射和折射，每通过一个面，透射光的偏振化程度就增加一次，如果玻璃片数目足够多，则最后折射光就接近于线偏振光。

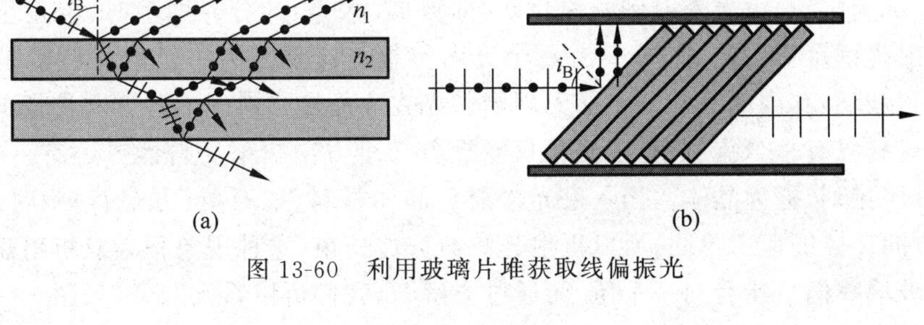

图 13-60　利用玻璃片堆获取线偏振光

反射光的偏振现象在生活中随处可见，比如晴朗的午后，当太阳光斜入射到平静的湖面上时，在岸边的我们就会发现湖面上的太阳反射光特别眩目，如果此时你用一块偏振片来观察湖面，就会发现湖面反射的太阳光光强被明显削弱。当我们驾驶汽车在宽阔的柏油路上迎着太阳的方向行驶时，也会因为路面上的反射光而感到眩目，这时只要佩戴上偏振太阳镜，就可以大大减弱炫目的阳光。

例 13-15 某一物质对空气的临界角为 45°，光从该物质向空气入射，则其起偏角为多少？

解 设 n_1 为该物质的折射率，n_2 为空气的折射率，则根据全反射定律有

$$\frac{\sin 45^\circ}{\sin 90^\circ}=\frac{n_2}{n_1}$$

又因为 $\tan i_B=\frac{n_2}{n_1}$，所以 $\tan i_B=\frac{\sin 45^\circ}{\sin 90^\circ}=\frac{\sqrt{2}}{2}$，因此 $i_B=35.3^\circ$。

例 13-16 如图 13-61 所示，用自然光或偏振光分别以起偏角 i_B 或其他角度（$i\neq i_B$）入射到某一玻璃表面上，试用点或短线表明反射光和折射光光矢量的振动方向。

解 结果如下：

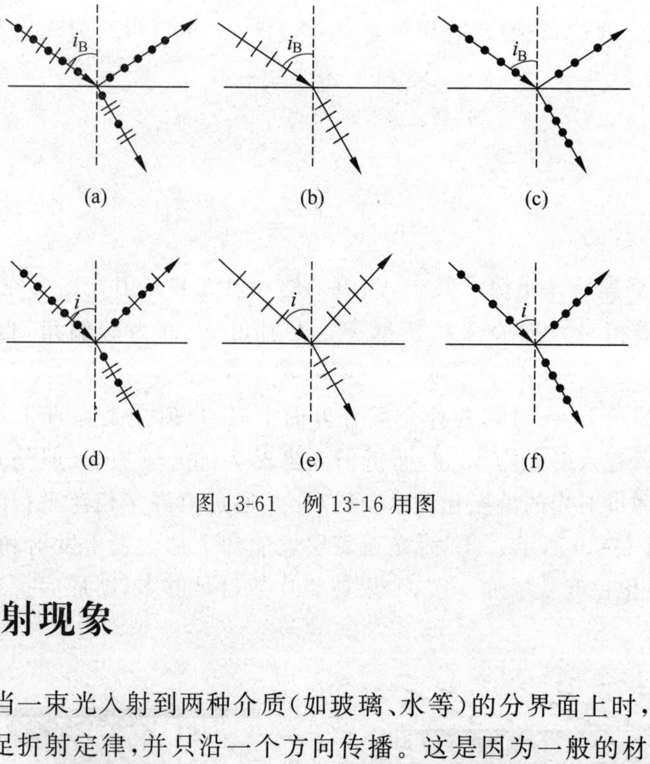

图 13-61 例 13-16 用图

13.13 双折射现象

一般情况下，当一束光入射到两种介质（如玻璃、水等）的分界面上时，会发生反射和折射现象，折射光满足折射定律，并只沿一个方向传播。这是因为一般的材料都是非晶体材料，比如水和玻璃，其内部原子分布毫无规则。光在非晶体材料中沿各方向传播的速率都相等，所以该材料只有一个折射率，因此光只能沿着一个方向折射。自然界还有一类材料，其内部原子有序排列，称为晶体。当一束光入射到晶体材料（如石英、方解石）中时，因为光在晶体中各方向传播的速率不同，所以折射光将被分成二束，这种现象称为**双折射现象**。换句话说，通过玻璃我们只能看到一个像，而通过方解石，我们可以看到双像，如图 13-62 所示。

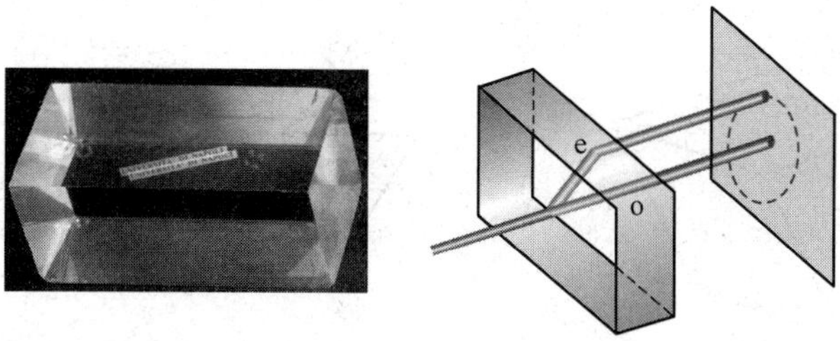

(a) (b)

图 13-62 双折射现象

13.13.1 寻常光和非常光

在对晶体的双折射实验中发现，其中一束折射光线遵守折射定律，晶体对其具有确定不变的折射率 n，此折射光称为**寻常光**(ordinary light)，又称为 o 光；另一束折射光的方向不服从折射定律，即折射光线不一定在入射面内，在晶体中不同的方向有不同的折射率，这种光称为**非常光**(extraordinary light)，通常用 e 表示，简称 e 光。对于 o 光和 e 光来说，它们共同的特征为都是线偏振光。

在晶体中，o 光沿着各个方向的传播速度 v_o 相同，而 e 光传播速度的大小与方向有关。但晶体中存在一个特殊的方向，光沿此方向传播时，o 光和 e 光的传播速度相等，不发生双折射现象，则该方向称为晶体的**光轴**(optical axis)。在垂直于光轴的方向上，o 光和 e 光的传播速度相差最大，在该方向，e 光的折射率称为晶体的主折射率(principal refractive index)，定义为 $n_e=c/v_e$(其中，c 为真空中的光速，v_e 为 e 光在垂直于光轴方向上的速度)。只有一个光轴的晶体称为单轴晶体，如方解石、石英、红宝石等；有两个光轴的晶体称为双轴晶体，如云母、蓝宝石等。我们本节只介绍单轴晶体。

单轴晶体有两类：一类 $v_o>v_e$，即 $n_o<n_e$，称为正晶体(positive crystal)，如石英、冰等；另一类 $v_o<v_e$，即 $n_o>n_e$，称为负晶体(negative crystal)，如方解石、电石气等。

天然方解石(又称为冰洲石)是六面棱体，它的每个面上的锐角都是 78°，每个面上的钝角都是 102°(更精确的表示是 78°7′和 101°53′)。当各棱边长度相等时，A，D 二顶点的直线方向就是光轴方向。如图 13-63 所示。注意，这里的光轴不是唯一的一条直线，而是代表一个方向，与 A，B 连线平行的所有直线都可代表光轴方向。

在晶体中，我们定义光线的传播方向和光轴方向组成的平面为该光线的**主平面**。由此，o 光与光轴所组成的平面就是 o 光的主平面，e 光与光轴所组成的平面就是 e 光的主平面。当用检偏器来观察时，可以发现 o 光和 e 光都是线偏振光，但是它们的光矢量的振动方向不同，o 光的振动方向垂直于自己的主平面，e 光的振动方向平行于自己的主平面。一般来说，o 光和 e 光的主平面并不重合，仅当光轴位于入射面内时，两个主平面才严格重合，但在大多数情况下，o 光和 e 光的主平面的夹角很小，此时，o 光和 e 光的振动方向几乎互相垂直，如图 13-64 所示。

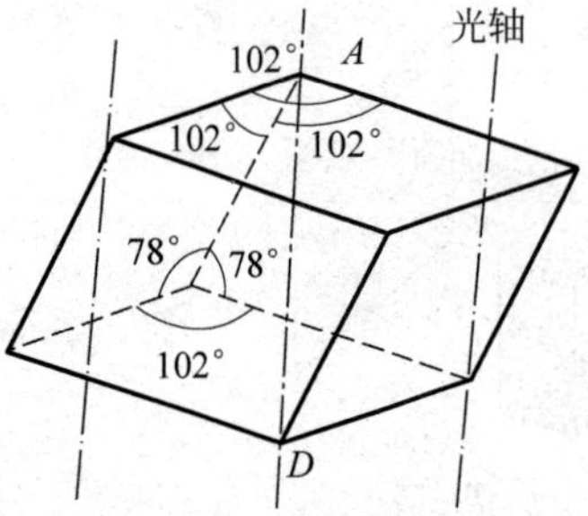

图 13-63 晶体的光轴

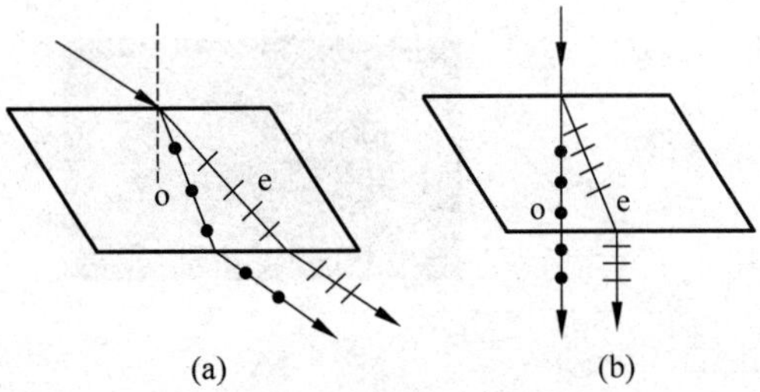

图 13-64 双折射中的 o 光和 e 光

13.13.2 尼科耳棱镜

1828 年,尼科耳(W. Nicol, 1768—1851)制造出了尼科耳棱镜(简称尼科耳),它是一种应用性较强的偏转棱镜,可以作为起偏器和检偏器,结构如图 13-65 所示。尼科耳先将一块方解石剖成两块,再把剖面磨成光学平面,最后用加拿大树胶黏合起来,便制成了尼科耳棱镜。

方解石对 o 光的折射率为 $n_o=1.658$,对 e 光的主折射率为 $n_e=1.486$,而加拿大树胶是一种透明物质,它对于钠黄光的折射率为 1.550。所以对 e 光来说,树胶相对于方解石是光密介质;而对 o 光来说,树胶相对于方解石是光疏介质。当一束自然光入射到方解石中,产生双折射现象,分成 o 光和 e 光,o 光遇到加拿大树胶后会发生全反射,从而被棱镜壁吸收,但 e 光由光疏介质向光密介质折射,不会发生全反射,于是振动方向固定的 e 光通过棱镜。

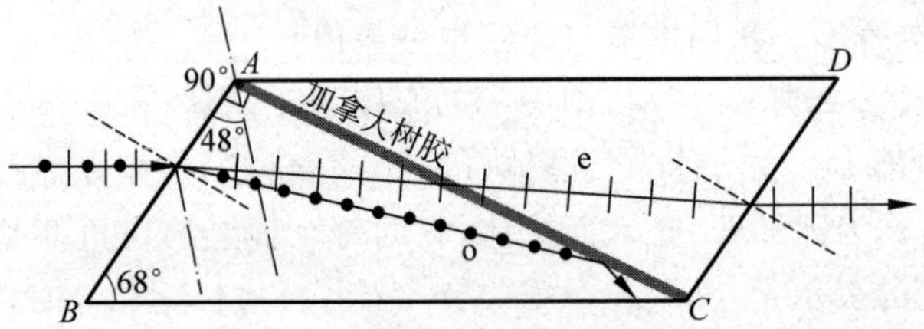

图 13-65 尼科耳棱镜

13.13.3 晶体的二向色性和偏振片

单轴晶体(如方解石、石英)对寻常光和非常光的吸收性一般是相同的,而且吸收的量甚少。但是有一些晶体,如电气石,吸收寻常光的性能特别强,在厚度为 1mm 的电气石晶体内,寻常光几乎被全部吸收。晶体相互垂直的两个光矢量具有选择性吸收的性能称为二向色性(dichroism)。利用二向色性可以产生偏振光。

最常用的偏振片是利用二向色性很强的细微晶体物质的涂层制成的。例如,把聚乙烯醇薄膜加热，沿一定方向拉伸，使得碳氢化合物分子沿着拉伸方向排列起来，然后浸入含碘的溶液中，取出烘干后就制成了偏振片。这种偏振片称为H偏振片，拉伸后的碘-聚乙烯醇形成一条条能导电的碘分子链，当光波入射时，光矢量在长链方向上的分量使得电子运动，对电子做功而被强烈地吸收，垂直于长链方向上的分量不对电子做功，因而能通过。

习　　题

13-1 把双缝干涉实验装置放在折射率为 n 的水中，两缝间距离为 d，双缝到屏的距离为 $D(D\gg d)$，所用单色光在真空中的波长为 λ，则屏上干涉条纹中相邻的明条纹之间的距离是(　　)。

A. $\lambda D/(nd)$　　B. $n\lambda D/d$　　C. $\lambda d/(nD)$　　D. $\lambda D/(2nd)$

13-2 如图所示，S_1，S_2 是两个相干光源，它们到 P 点的距离分别为 r_1 和 r_2。路径 S_1P 垂直穿过一块厚度为 t_1，折射率为 n_1 的介质板，路径 S_2P 垂直穿过厚度为 t_2，折射率为 n_2 的另一介质板，其余部分可看作真空，则这两条路径的光程差等于(　　)。

A. $(r_2+n_2t_2)-(r_1+n_1t_1)$

B. $[r_2+(n_2-1)t_2]-(r_1+(n_1-1)t_2)$

C. $(r_2-n_2t_2)-(r_1-n_1t_1)$

D. $n_2t_2-n_1t_1$

13-3 在如图所示的三种透明材料构成的牛顿环装置中，$n_1=1.52$，$n_2=1.62$，$n_3=1.75$，用单色光垂直照射，在反射光中看到干涉条纹，则在接触点 P 处形成的圆斑为(　　)。

A. 全明　　B. 全暗

C. 右半部明，左半部暗　　D. 右半部暗，左半部明

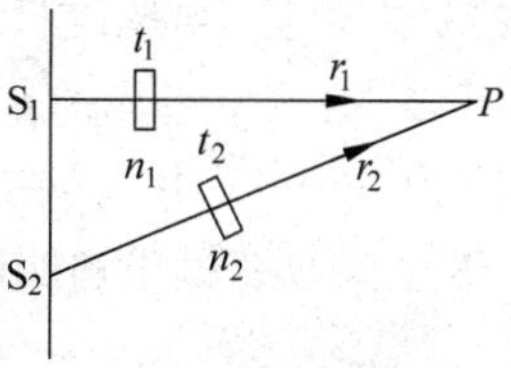

习题 13-2 图

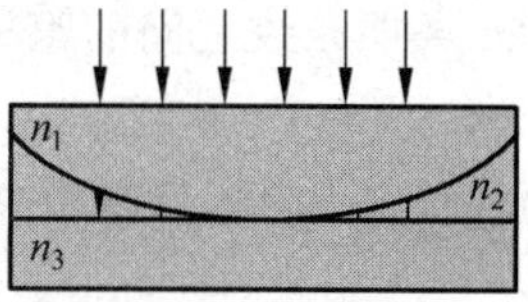

习题 13-3 图

13-4 如图所示为一干涉膨胀仪，上下两平行玻璃板用一对热膨胀系数极小的石英柱支撑着，被测样品W在两玻璃板之间，样品上表面与玻璃板下表面间形成一空气劈尖，在以波长为 λ 的单色光照射下，可以看到平行的等厚干涉条纹。当W受热膨胀时，条纹将(　　)。

A. 条纹变密，向右靠拢

B. 条纹变疏，向上展开

C. 条纹疏密不变，向右平移

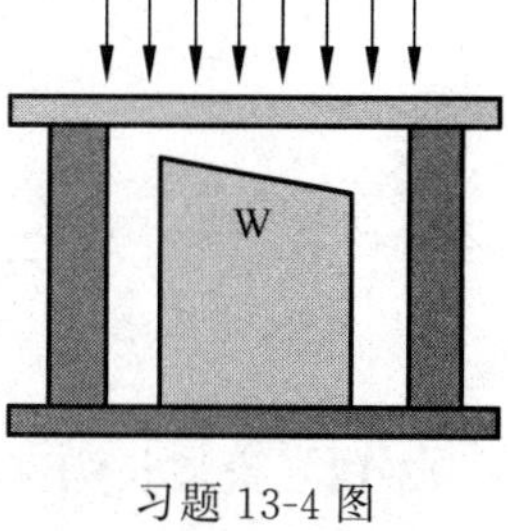

习题 13-4 图

D. 条纹疏密不变,向左平移

13-5 在迈克耳孙干涉仪的一条光路中,放入一折射率为 n,厚度为 d 的透明薄片,放入后,这条光路的光程改变了(　　)。

A. $2(n-1)d$　　B. $2nd$　　C. $2(n-1)d/2$　　D. nd

E. $(n-1)d$

13-6 在单缝夫琅禾费衍射装置中,将单缝宽度 b 稍变宽,同时使单缝沿 y 轴正方向作微小平移(透镜屏幕位置不动),则屏幕 E 上的中央衍射条纹将(　　)。

A. 变窄,同时向上移　　B. 变窄,同时向下移

C. 变窄,不移动　　D. 变宽,同时向上移

E. 变宽,不移动

13-7 自然光以 60°的入射角照射到某两介质的交界面时,反射光为完全线偏振光,则折射光为(　　)。

A. 完全线偏振光且折射角是 30°

B. 部分偏振光且只是在该光由真空入射到折射率为$\sqrt{3}$的介质时,折射角是 30°

C. 部分偏振光,但需知两种介质的折射率才能确定折射角

D. 部分偏振光且折射角是 30°

13-8 杨氏双缝的间距为 0.2mm,距离屏幕为 1m。(1)若中央明条纹两侧的两条第 1 级明条纹中心之间的距离为 2.5mm,求入射光波长。(2)若入射光的波长为 600nm,求相邻两明条纹的间距。

13-9 在双缝干涉实验中,波长 $\lambda=500$nm 的单色光入射到缝间距 $d=2\times10^{-4}$m 的双缝上,屏到双缝的距离为 2m。(1)求每条明条纹的宽度;(2)求中央明条纹两侧的两条第 10 级明条纹中心的间距;(3)若用一厚度为 $e=6.6\times10^{-6}$m 的云母片覆盖其中一缝后,0 级明条纹移到原来的第 7 级明条纹处,则云母片的折射率是多少?

13-10 某单色光照在缝间距为 $d=2.2\times10^{-4}$m 的双缝上,屏幕到双缝的距离为 $D=1.8$m,测出屏上 20 条明条纹之间的距离为 9.84×10^{-2}m,则该单色光的波长是多少?

13-11 如图所示,在双缝实验中,入射光的波长为 550nm,用一厚度为 $e=2.85\times10^{-4}$cm 的透明薄片盖住 S_1 缝,发现中央明条纹移动了 3 个条纹。试求透明薄片的折射率。

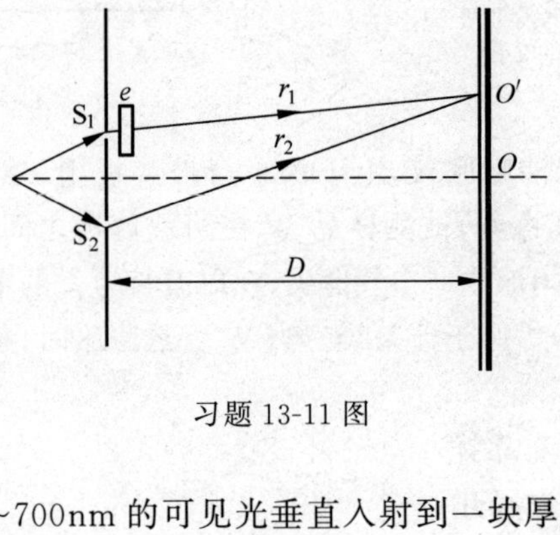

习题 13-11 图

13-12 设波长为 400～700nm 的可见光垂直入射到一块厚度为 1.2μm、折射率为 1.50 的透明膜片上,则反射光中哪些波长的光最强?

13-13 在玻璃板(折射率为 1.50)上有一层油膜(折射率为 1.30)。已知其对于波长分别为 500nm 和 700nm 的垂直入射光都发生反射相消，而这两波长光之间没有别的波长光反射相消，求此油膜的厚度。

13-14 在制造珠宝时，为了使人造水晶($n=1.5$)具有强反射本领，就在其表面上镀一层一氧化硅($n=2.0$)。要使波长为 560nm 的光反射增强，镀膜层至少应为多厚？

13-15 在折射率为 $n_1=1.52$ 的镜头表面镀有一层折射率为 $n_2=1.38$ 的 MgF_2 增透膜，如果此膜适用于波长为 $\lambda=550$nm 的光，则膜的厚度最小应是多少？

13-16 如图所示，波长为 680nm 的平行光垂直照射到 $L=0.12$m 的两块玻璃片上，两玻璃片一边相互接触，另一边被直径 $D=0.048$mm 的细钢丝隔开。求：(1)两玻璃片间的夹角；(2)相邻两明条纹间空气膜的厚度差；(3)相邻两暗条纹的间距；(4)在这 0.12m 内呈现的明条纹条数。

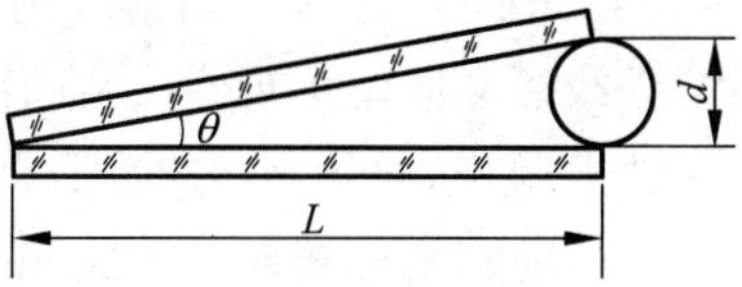

习题 13-16 图

13-17 用波长为 500nm 的单色光垂直照射到由两块光学平玻璃构成的空气劈形膜上。在观察反射光的干涉现象中，距劈形膜棱边 $l=1.56$cm 的 A 处是从棱边算起的第 4 条暗条纹中心。(1)求此空气劈形膜的劈尖角；(2)求第 10 级明条纹处的光程差及空气薄膜的厚度；(3)若改用 600nm 的单色光垂直照射到此劈尖上，仍观察反射光的干涉条纹，则 A 处是明条纹还是暗条纹？从棱边到 A 处的范围内共有几条明条纹？几条暗条纹？

13-18 有一玻璃劈形膜，玻璃的折射率为 1.50，劈形膜的夹角为 5.0×10^{-5}rad，用单色光正入射，测得干涉条纹中相邻暗条纹间的距离为 3.64×10^{-3}m，求此单色光的波长。

13-19 由两片平玻璃板构成的一密封空气劈尖，在单色光照射下，形成 4001 条暗条纹的等厚干涉，若将劈尖中的空气抽空，则留下 4000 条暗条纹。求空气的折射率。

13-20 用钠灯($\lambda=589.3$nm)观察牛顿环，看到第 k 级暗环的半径为 $r=4$mm，第 $k+5$ 级暗环的半径为 $r=6$mm，求所用平凸透镜的曲率半径 R。

13-21 将一单色光照射到曲率半径为 10m 的平凸透镜上做牛顿环实验，测得第 k 级暗环的半径为 5.63mm，第 $k+5$ 级暗环的半径为 7.96mm，求：(1)入射光的波长；(2)第 10 级暗条纹对应的光程差及空气薄膜的厚度。

13-22 利用迈克耳孙干涉仪可以测量光的波长。在一次实验中，观察到干涉条纹，当推进可动反射镜时，可看到条纹在视场中移动。当可动反射镜被推进 0.187mm 时，在视场中某定点处共通过了 635 条暗条纹。试求所用入射光的波长。

3-23 用波长 $\lambda_1=400$nm 和 $\lambda_2=700$nm 的混合光垂直照射单缝，在衍射图样中 λ_1 的第 k_1 级明条纹中心位置恰与 λ_2 的第 k_2 级暗条纹中心位置重合。求满足条件的最小的 k_1 和 k_2。

13-24 单缝宽为 0.10mm，透镜焦距为 50cm，用 $\lambda=500$nm 的绿光垂直照射单缝，则位于透镜焦平面处的屏幕上中央明条纹和第 1 级明条纹的宽度各为多少？

13-25 有一宽为0.30mm单缝，缝后透镜焦距为0.80m，用波长为610nm的平行橙光垂直照射单缝。求：(1)屏幕上中央明条纹的宽度；(2)第3级明条纹中心到中央明条纹中心的距离。

13-26 已知天空中两颗星相对于一望远镜的角距离为4.84×10^{-6}rad，它们都发出波长为$\lambda=550$nm的光，试问，望远镜的口径至少要多大，才能分辨出这两颗星？

13-27 一缝间距$d=0.1$mm，缝宽$b=0.02$mm的双缝，用波长$\lambda=600$nm的平行单色光垂直入射，双缝后放一焦距为$f=2.0$m的透镜，则：(1)单缝衍射中央明条纹的宽度内有几条干涉主极大条纹？(2)在这双缝的中间再开一条相同的单缝，中央明条纹的宽度内又有几条干涉主极大条纹？

13-28 用每毫米300条刻痕的衍射光栅来检验仅含有属于红光和蓝光的两种单色成分的光谱。已知红谱线波长λ_R在$0.63\sim0.76\mu$m的范围内，蓝谱线波长λ_B在$0.43\sim0.49\mu$m的范围内。当光垂直入射到光栅时，发现在衍射角为24.46°处，红蓝两谱线同时出现。求：(1)在什么角度下红蓝两谱线还会同时出现？(2)在什么角度下只有红谱线出现？

13-29 在单缝夫琅禾费衍射实验中，垂直入射的光有两种波长：$\lambda_1=400$nm，$\lambda_2=760$nm。已知单缝宽度$b=1.0\times10^{-2}$cm，透镜焦距$f=50$cm。(1)求两种光第1级明条纹中心之间的距离。(2)若用光栅常数$d=1.0\times10^{-3}$ cm的光栅替换单缝，其他条件同前，求两种光第1级主极大之间的距离。

13-30 波长600nm的单色光垂直照射在光栅上，第2级明条纹出现在$\sin\theta=0.20$处，且第4级缺级。试求：(1)光栅常量$a+b$；(2)光栅上狭缝可能的最小宽度b；(3)在光屏上可能观察到的全部级数。

13-31 波长600nm的单色光垂直入射到一光栅上，测得第2级主极大的衍射角为30°，且第3级缺级。则：(1)光栅常量$a+b$等于多少？(2)透光缝可能的最小宽度b等于多少？(3)在光屏上可能观察到的全部级数为多少？

13-32 一束平行光垂直入射到某个光栅上，该光束有两种波长的光：$\lambda_1=440$nm，$\lambda_2=660$nm($1\text{nm}=10^{-9}$m)。实验发现，两种波长的谱线(不计中央明条纹)第二次重合于衍射角$\theta=60°$的方向上。求此光栅的光栅常量d。

13-33 用波长为589.3nm的钠光垂直照射到某光栅上，测得第3级光谱的衍射角为60°。(1)若换用另一光源测得其第2级光谱的衍射角为30°，求后一光源发光的波长。(2)若以白光(400～760nm)照射到该光栅上，求其第2级光谱的张角。

13-34 一透射光栅，每厘米有200条透光缝，每条透光缝宽为$b=2\times10^{-3}$cm，在光栅后放一焦距$f=1$m的凸透镜，现以$\lambda=600$nm的单色平行光垂直照射光栅，则：(1)单缝衍射中央明条纹宽度为多少？(2)在该宽度内，有几个光栅衍射主极大？

13-35 自然光投射到叠在一起的两块偏振片上，求下列情况下两偏振片的偏振化方向夹角：(1)透射光强为入射光强的1/3；(2)透射光强为最大透射光强的1/3(均不计吸收)。

13-36 使自然光通过两个偏振化方向夹角为60°的偏振片时，透射光强为I_1，在这两个偏振片之间再插入一偏振片，它的偏振化方向与前两个偏振片均成30°，则透射光强I与I_1之比为多少？

13-37 设一部分偏振光由一自然光和一线偏振光混合构成。现通过偏振片观察到这部分偏振光在偏振片由对应最大透射光强位置转过60°时，透射光强减为一半，试求部分偏振光中自然光和线偏振光两光强各占的比例。

13-38 从某湖水表面反射来的日光正好是完全偏振光，已知湖水的折射率为1.33。推算太阳在地平线上的仰角，并说明反射光中光矢量的振动方向。

13-39 一束自然光从空气入射到平面玻璃上，入射角为58°，此时反射光为偏振光。求此玻璃的折射率及折射光的折射角。

第14章

狭义相对论基础

19世纪以前人们接触到的都是宏观低速的物理学问题，也就是经典物理学问题。此时的经典物理学已经发展到相当高的水平，并取得了辉煌的成就，对各种看得见、摸得着、可观测的物理现象，以及生产实践中遇到的技术问题，物理学家都能给出圆满的解答，当时的许多物理学家都认为物理学的全部研究任务已经完成。

1900年4月27日，英国物理学家开尔文勋爵(W. Thomson，1824—1907)在英国皇家学会作了一次展望20世纪物理学的演讲，他说，“物理学的大厦已经基本完成，后辈的物理学家只要做一些零碎的修补工作就可以了”，不过他又说，“在物理学晴朗天空的远处，还有两朵小小的、令人不安的乌云”。正是这“两朵小小的乌云”，不久就发展成为物理学中惊天动地的两次革命——量子力学和相对论。量子力学和相对论是20世纪科学的两大支柱，后来的科学技术的发展都与此相关。1905年，爱因斯坦在德国《物理学年鉴》上发表了三篇具有划时代成就的论文，其中最具有影响力的一篇当属《论动体的电动力学》，文中以同时的相对性作为切入点，指出了“绝对时间”和“绝对空间”观念的错误，创立了全新的时空理论——狭义相对论。

本章主要内容包含经典时空观的伽利略变换、狭义相对论的基本原理、洛伦兹变换、狭义相对论的时空观和动力学基础。

14.1　经典力学时空观　伽利略变换

14.1.1　经典力学时空观

经典力学认为，在所有惯性参考系中，时间和空间的量度是绝对的，它们不随进行量度的参考系而变化，并且时间和空间之间也没有联系。牛顿也认为，“绝对的、真正的和数学的时间自身在流逝着，而且由于其本性而在均匀地、与任何其他外界事物无关地流逝着。”“绝对的空间，就其本性而言，是与外界任何事物无关而永远是相同的和不动的。”“绝对运动是一个物体从某一绝对处所向另一绝对处所的移动。”按照牛顿的观点，时间和空间都是绝对的，与物质的存在和运动无关，这就是经典力学的时空观，也称为绝对时空观。

按照绝对时空观的说法，在经典力学中无论从哪个惯性系来测量两个事件的时间间隔，所得结果都是相同的，即时间间隔是绝对的，与参考系无关。而在不同惯性系中测量同一物体的长度，所得长度都相同，即空间间隔是绝对的，与参考系无关。一般物体的低速运动好像是符合牛顿的绝对时空观的，与我们日常生活的感知一致，但当物体高速运动的时候，时间和空间的概念比我们所感知的要复杂、深奥得多。

14.1.2 伽利略变换 力学相对性原理

如图 14-1 所示，空间里有两个惯性系 $S(Oxyz)$ 和 $S'(O'x'y'z')$，它们的相应坐标轴相互平行，且 S' 系相对 S 系以速度 $\boldsymbol{u}$ 沿 x 轴正方向匀速运动，初始，即 $t=t'=0$ 时，S' 系和 S 系重合。假设有一点 P，在这两个坐标系里的坐标分别为 (x,y,z) 和 (x',y',z')。开始时坐标是重合的，但是在 t 时刻后，对应的坐标值满足下列关系：

$$\begin{cases} x'=x-ut \\ y'=y \\ z'=z \\ t'=t \end{cases} \quad \text{或} \quad \begin{cases} x=x'+ut \\ y=y' \\ z=z' \\ t=t' \end{cases} \tag{14-1}$$

式(14-1)就是 S' 系和 S 系之间的伽利略时空变换式，简称为伽利略变换。

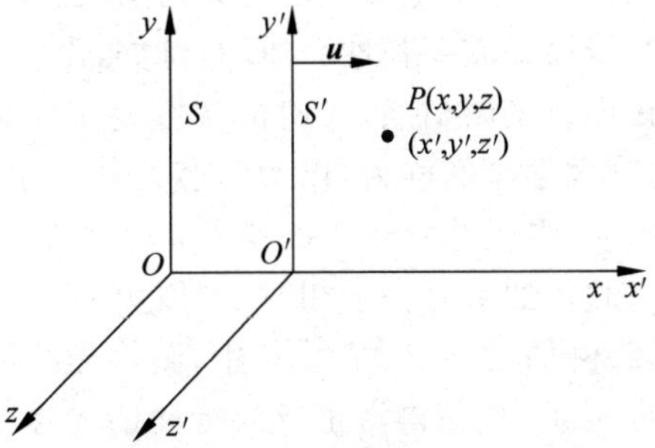

图 14-1 伽利略变换

伽利略变换表明，如果在 S' 系和 S 系分别测量同一物体的尺寸，则其值与速度 u 无关。这也就是说，在经典物理学中，空间的尺度是绝对的，与运动无关。

从伽利略变换式出发，将式(14-1)对时间求一阶导数，就得出伽利略的速度变换式：

$$\begin{cases} v'_x=v_x-u \\ v'_y=v_y \\ v'_z=v_z \end{cases} \tag{14-2}$$

其中，v'_x,v'_y,v'_z 分别为 P 点相对于 S' 系的速度分量，v_x,v_y,v_z 分别为 P 点相对于 S 系的速度分量。其矢量形式为

$$\boldsymbol{v}'=\boldsymbol{v}-\boldsymbol{u} \tag{14-3}$$

如果我们再将式(14-1)对时间求二阶导数，就可以得出伽利略的加速度变换式：

$$\begin{cases} a'_x=a_x \\ a'_y=a_y \\ a'_z=a_z \end{cases}$$

其矢量形式为

$$a' = a \tag{14-4}$$

由式(14-3)和式(14-4)我们发现，虽然在不同的惯性系里对质点速度的描述不同，但是对加速度的描述都是相同的。由于经典力学认为质点的质量是与物体的运动无关的量，所以在两个相互作匀速运动的惯性参考系中，牛顿力学的运动定律具有相同的形式，即

$$\boldsymbol{F}' = m'\boldsymbol{a}', \quad \boldsymbol{F} = m\boldsymbol{a} \tag{14-5}$$

式(14-5)表明，物体的运动规律经伽利略变换后，在各惯性系里都具有完全相同的形式，即力学相对性原理可以表述为：力学规律对一切惯性参考系都是等价的，即牛顿力学的一切规律在伽利略变换下其形式保持不变。由力学相对性原理可以看出，用力学实验的方法不可能区分不同的惯性系。然而，实践已经证明，绝对时空观是不正确的，相对论否定了这种绝对时空观，并建立了新的时空概念。

14.2 迈克耳孙-莫雷实验 狭义相对论的两个基本假设

14.2.1 迈克耳孙-莫雷实验

麦克斯韦提出电磁场理论，预言了电磁波的存在，并指出电磁波与光在真空中的传播速率相同。我们知道机械波的传播是需要弹性介质的，例如，声波可以在空气中传播但是不能在真空中传播。在光的电磁理论发展初期，人们很自然地认为光和电磁波的传播也需要一种介质，这种介质被当时的物理学家们称为“以太”，有人认为宇宙中充满了“以太”，光是靠“以太”来传播的，并且把“以太”看成绝对静止的参考系。光在相对于以太静止的参考系中，速度在各个方向上都是相同的。如果有一个相对于“以太”系运动的坐标系，按照伽利略变换，光的速率会有不同的值。例如，在“以太”系 S 中，测得光的传播速率为 c，但是在相对于 S 系某一正方向匀速运动的 S'系中，测得沿正方向传播的光速为 $c-u$，而在负方向上测得的传播的光速为 $c+u$。由此发现，在运动参考系中，光的传播速度在各个方向上是不同的。

为了发现不同惯性系中光速的差异，人们设计了许多实验。其中最著名的实验是 1887 年迈克耳孙和莫雷的实验。根据他们的设想，如果存在“以太”，那么地球相对于“以太”的运动速度就是地球的绝对速度。他们制造出一台干涉仪，假定先令干涉仪一支光臂沿地球绕太阳运动的方向，然后把整个仪器旋转 90°使其另外一支光臂沿地球运动方向，利用地球的绝对运动的速度和光速在各个方向上的不同，引起干涉条纹的移动，从而求出地球相对于“以太”的速度。但是经过反复测量，他们始终没有观测到条纹的移动，有趣的是，他们设计的实验本来是为了证明“以太”系的存在，最后却根据实验结果否定了“以太”系的存在。

迈克耳孙-莫雷实验的结论与经典时空观的结论是相悖的。难道力学相对性原理只适用于牛顿定律，而不适用于电磁场理论？要解决这个难题必须改变原有的物理观念，这时许多物理学家都预感到一个新的基本理论即将产生。在洛伦兹、庞加莱(J. H. Poincaré，1854—1912)等为探求新理论所做的工作基础上，1905 年，年轻的爱因斯坦建立了狭义相对论，为物理学的发展树立了新的里程碑。

14.2.2 狭义相对论的基本原理

爱因斯坦深信世界的统一性和合理性，在深入研究经典力学和麦克斯韦电磁场理论的

基础上，他抛弃了“以太”假说和绝对参考系的想法，在前人的基础上另辟蹊径，提出狭义相对论的两条基本原理。

(1) **相对性原理**：物理定律在所有惯性系中都具有相同的数学形式，即所有的惯性参考系对运动的描述都是等价的。力学相对性原理说明了一切惯性系对力学规律是等价的，而狭义相对论的相对性原理把这个等价性推广到包括力学定律和电磁学定律在内的一切自然规律。

(2) **光速不变性原理**：在所有彼此相互作匀速直线运动的惯性系中，所测得的光在真空中传播的速率都相等。这个原理说明真空中的光速是恒量，它和惯性参考系的运动状态没有关系。因此在迈克耳孙-莫雷实验中观测不到条纹的移动。

相对性原理是力学相对性原理的推广，它间接地指明，绝对静止的参考系是不存在的。光速不变性原理解释了迈克耳孙-莫雷实验的结论。狭义相对论的两个基本原理虽然很简单，但是却和经典时空观及牛顿力学体系不相容，它们是狭义相对论的基础。近代物理的实验已经证明其结论的正确性。

爱因斯坦出生于德国乌尔姆市的一个犹太人家庭(父母均为犹太人)。1900 年毕业于瑞士苏黎世联邦理工学院，入瑞士国籍。1905 年，爱因斯坦获苏黎世大学物理学博士学位，并提出光子假设，成功解释了光电效应(因此获得 1921 年的诺贝尔物理学奖)；同年创立狭义相对论。1916 年，爱因斯坦发表了广义相对论。他所作的“光线经过太阳引力场时要弯曲”的预言，于 1919 年由英国天文学家爱丁顿的日全食观测结果所证实。1916 年，他预言的引力波现在也得到了证实。1917 年，爱因斯坦在《关于辐射的量子理论》一文中提出了受激辐射理论，成为激光的理论基础。爱因斯坦的后半生一直从事寻找统一场论的工作，不过这项工作没有获得成功。

爱因斯坦于 1933 年移居美国，在普林斯顿高等研究院任职，于 1940 年加入美国国籍同时保留瑞士国籍。1955 年 4 月 18 日，逝世于美国新泽西州普林斯顿，享年 76 岁。

1999 年 12 月，爱因斯坦被美国《时代》周刊评选为 20 世纪的“世纪伟人”(Person of the Century)。

爱因斯坦的理论为核能的开发奠定了理论基础，为帮助对抗纳粹，他曾在西拉德等的协助下致信美国总统罗斯福，直接促成了曼哈顿计划的启动，而“二战”后他积极倡导和平、反对使用核武器，并签署了《罗素-爱因斯坦宣言》。爱因斯坦开创了现代科学技术新纪元，被公认为“继伽利略、牛顿之后最伟大的物理学家”，也是批判学派科学哲学思想之集大成者和发扬光大者。

14.3　洛伦兹变换及其表示

伽利略变换与狭义相对论原理是不相容的，需要新的变换式。爱因斯坦根据狭义相对论的两条基本原理，导出新的时空变换式，一般称为洛伦兹变换式(它最早是洛伦兹在 1904 年研究电磁场理论时提出的，当时未给出正确解释，第二年爱因斯坦独立地导出这个变换式，但通常仍以洛伦兹的名字命名)。

14.3.1　洛伦兹变换

如图 14-2 所示，设有一相对静止惯性参考系 S，另一惯性参考系 S'沿 x 轴正方向相对

S 以速度 $\boldsymbol{u}$ 匀速运动,当 $t=t'=0$ 时,两坐标轴重合。设 P 为被观察的某一事件,在 S 系中的观察者来看,它是 t 时刻发生在坐标(x,y,z)处的,在 S'系中的观察者来看,它是 t'时刻发生在坐标(x',y',z')处的,同一事件在两个坐标系中的两组时空坐标之间存在的变换关系为

$$\begin{cases} x'=\dfrac{x-ut}{\sqrt{1-\left(\dfrac{u}{c}\right)^2}} \\ y'=y \\ z'=z \\ t'=\dfrac{t-\dfrac{u}{c^2}x}{\sqrt{1-\left(\dfrac{u}{c}\right)^2}} \end{cases} \tag{14-6}$$

式(14-6)称为狭义相对论的洛伦兹时空变换式,其中 c 为光速。其逆变换式为

$$\begin{cases} x=\dfrac{x'+ut'}{\sqrt{1-\left(\dfrac{u}{c}\right)^2}} \\ y=y' \\ z=z' \\ t=\dfrac{t'+\dfrac{u}{c^2}x'}{\sqrt{1-\left(\dfrac{u}{c}\right)^2}} \end{cases} \tag{14-7}$$

由式(14-6)和式(14-7)可知,洛伦兹变换式中,时空是不可分割的,时间和空间构成四维时空,且都与运动有关系,这与伽利略变换是不同的。当 $u\ll c$ 时,$\left(\dfrac{u}{c}\right)^2$ 的值趋近于 0,此时洛伦兹变换式转化成伽利略变换式。这说明,物体在低速运动的时候,洛伦兹变换和伽利略变换是等效的。可见伽利略变换只适用于低速运动的物体,洛伦兹变换包括了伽利略变换,因此具有普适性。相对论并没有把经典力学推翻,只是揭示了它的局限性。从式(14-6)可以看出,当 $u>c$ 时,洛伦兹变换就失去了意义,所以相对论还指出了物体的速度不能超过真空中的光速 c,现代物理实验已经证实高能粒子的速度是以 c 为极限的。

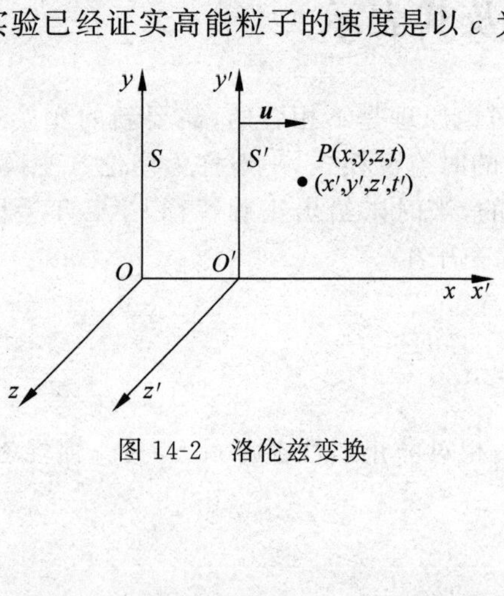

图 14-2 洛伦兹变换

14.3.2　洛伦兹速度变换式

利用洛伦兹时空坐标变换式可以得到其速度变换式，将式(14-6)和式(14-7)分别对时间求一阶导数，可得

$$\begin{cases} v'_x = \dfrac{v_x - u}{1 - \dfrac{u}{c^2}v_x} \\ v'_y = \dfrac{v_y\sqrt{1-\beta^2}}{1 - \dfrac{u}{c^2}v_x} \\ v'_z = \dfrac{v_z\sqrt{1-\beta^2}}{1 - \dfrac{u}{c^2}v_x} \end{cases} \tag{14-8}$$

其中，$\beta = u/c$。其逆变换式为

$$\begin{cases} v_x = \dfrac{v'_x + u}{1 + \dfrac{u}{c^2}v'_x} \\ v_y = \dfrac{v'_y\sqrt{1-\beta^2}}{1 + \dfrac{u}{c^2}v'_x} \\ v_z = \dfrac{v'_z\sqrt{1-\beta^2}}{1 + \dfrac{u}{c^2}v'_x} \end{cases} \tag{14-9}$$

式(14-9)表明，相对论的速度变换式在 x,y,z 三个方向的分量都需要变换，这与伽利略变换式是不一样的。当 $u \ll c$ 时，β^2 的值趋于 0，此时洛伦兹速度变换式转化成伽利略速度变换式。

如果有一束光在 S 系中沿着 x 轴以速度 c 传播，则在 S'系中测得的光速为

$$v'_x = \frac{v_x - u}{1 - \dfrac{u}{c^2}v_x} = \frac{c - u}{1 - \dfrac{u}{c^2}c} = c$$

这说明，在 S 系和 S'系中测量出的光速都是 c，相对论速度变换符合光速不变性原理。

例 14-1　在惯性系 S 中，有两事件同时发生在 x 轴上相距 1.0×10^3 m 处，从 S'观察到这两事件相距 2.0×10^3 m。试问，由 S'系测得此两事件的时间间隔为多少？

解　由题意可知，在 S 系中 $t_1 = t_2$。根据洛伦兹变换可知，在 S'系中有

$$x'_1 = \frac{x_1 - ut_1}{\sqrt{1-(u/c)^2}},\quad x'_2 = \frac{x_2 - ut_2}{\sqrt{1-(u/c)^2}}$$

$$x'_2-x'_1=\frac{(x_2-x_1)-u(t_2-t_1)}{\sqrt{1-(u/c)^2}}=\frac{x_2-x_1}{\sqrt{1-(u/c)^2}}$$

代入已知条件可得

$$2.0\times10^3=\frac{1.0\times10^3}{\sqrt{1-(u/c)^2}}$$

$$u=\frac{\sqrt{3}}{2}c$$

再由洛伦兹变换中的时间变换可得

$$t'_1=\frac{t_1-\frac{u}{c^2}x_1}{\sqrt{1-(u/c)^2}},\quad t'_2=\frac{t_2-\frac{u}{c^2}x_2}{\sqrt{1-(u/c)^2}}$$

$$t'_2-t'_1=-\frac{u}{c^2}\frac{(x_2-x_1)}{\sqrt{1-(u/c)^2}}=-\frac{u}{c^2}(x'_2-x'_1)$$

$$=-\frac{\sqrt{3}}{2c}\times2\times10^3\,\mathrm{s}=-5.77\times10^{-6}\,\mathrm{s}$$

14.4 狭义相对论的时空观

根据爱因斯坦的狭义相对论,可以得出许多与经典牛顿力学大相径庭的结论。例如,按照经典力学,在不同地点同时发生的两个事件,相对于另一个有相对运动的惯性系,也是同时发生的,但相对论指出,同时性问题是相对的,不是绝对的。在某个惯性系中不同地点同时发生的两个事件,到了另一个惯性系就不一定是同时了。相对论认为时空的量度也是相对的,不是绝对的,下面我们来具体讨论这个问题。

14.4.1 同时的相对性

经典时空观中的时间是绝对的,也就是说,在惯性系 S 中观察到的同时发生的两个事件,在惯性系 S'中看来也是同时发生的,即同时性是绝对的。但是在相对论时空观中,同时性却是相对的,即在 S 系中观察到同时发生的两个事件,在 S'系中则不是同时发生的,这就是狭义相对论的同时的相对性。

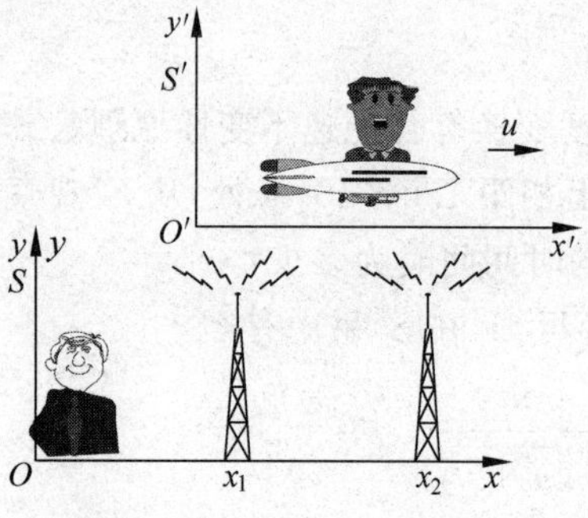

图 14-3 同时相对性实验

我们通过图 14-3 所示的逻辑推理的思想实验来说明同时的相对性,假设在 S 系中两个不同地方有两个信号发射塔,它们的空间位置分别为$(0,0,x_1)$,$(0,0,x_2)$,某一时刻两个信号发射塔同时发出闪光,即 $t_1=t_2$。现在有一飞行器沿着 x 轴以速度 u 匀速飞行,在飞行器中的观察者(设为 S'系)观察到两个闪光的时空坐标为$(x'_1,y'_1,z'_1,t'_1)(x'_2,y'_2,z'_2,t'_2)$。由洛伦兹变换可得

$$\Delta t' = t'_2 - t'_1 = \frac{t_2 - ux_2/c^2}{\sqrt{1-u^2/c^2}} - \frac{t_1 - ux_1/c^2}{\sqrt{1-u^2/c^2}} = \frac{(x_1 - x_2)u/c^2}{\sqrt{1-u^2/c^2}} \tag{14-10}$$

$x_1 \neq x_2$，所以 $\Delta t' \neq 0$，即 S' 系中测得此二事件不是同时发生的，这与经典力学截然不同。这就是我们说的“同时的相对性”。而对于 $t_2 = t_1$，$x_1 = x_2$ 时，$\Delta t' = 0$，即在一个惯性系中同时同地发生的两事件，在其他惯性系中也是同时发生的。

14.4.2 时间膨胀

通过上面的学习我们知道了“同时”是一个相对的概念，下面介绍两个事件的时间间隔或一个事件发生的过程时间也与参考系有关。

设在 S 系中同一地点不同时刻发生两事件，时空坐标分别为 (x, t_1) 和 (x, t_2)，时间间隔为 $\Delta t = t_2 - t_1$，在相对于事件发生的地点为静止的参考系中测得的时间间隔称为**固有时** τ_0，因此 $\tau_0 = \Delta t$。设在相对运动的 S' 系上测得两事件的时空坐标为 (x'_1, t'_1) 和 (x'_2, t'_2)，则在 S' 系上测得此二事件发生的时间间隔为

$$\Delta t' = t'_2 - t'_1 = \frac{t_2 - \frac{u}{c^2}x}{\sqrt{1-\beta^2}} - \frac{t_1 - \frac{u}{c^2}x}{\sqrt{1-\beta^2}} = \frac{t_2 - t_1}{\sqrt{1-\beta^2}} = \frac{\Delta t}{\sqrt{1-\beta^2}}$$

即

$$\Delta t' = \frac{\tau_0}{\sqrt{1-\beta^2}} \tag{14-11}$$

由于 $\sqrt{1-\beta^2} < 1$，因此 $\Delta t' > \Delta t$，也就是说，在 S' 系中同一地点不同时刻发生两事件的时间间隔大于 S 系上所测的两事件发生的时间间隔。换句话说，S' 系中记录的不同时刻的两事件的间隔比 S 系记录的要长些。如果用钟走得快慢来说明，就是在 S' 系中观察者把相对于他运动的 S 系中的那座钟和自己同步的钟对比，S 系中那座钟变慢了，所以称为时间膨胀效应，或时间延缓效应。

14.4.3 长度收缩

根据洛伦兹变换，长度的量度和参考系也有关系，如图 14-4 所示，设在 S' 系中有一棒沿 x' 轴静止放置，在 S' 系上的观察者同时 $(t'_1 = t'_2)$ 测得棒两端的坐标为 x'_1 和 x'_2，则棒长 $l' = x'_2 - x'_1$，在相对于棒静止时所测量的长度称为棒的**固有长度** l_0。在 S 系上同时 $(t_1 = t_2)$ 测得棒两端的坐标为 x_1 和 x_2，则棒长 $l = x_2 - x_1$。根据洛伦兹变换有

$$x'_2 - x'_1 = \frac{x_2 - ut_2}{\sqrt{1-\beta^2}} - \frac{x_1 - ut_1}{\sqrt{1-\beta^2}} = \frac{l}{\sqrt{1-\beta^2}}$$

即

$$l = l_0\sqrt{1-\beta^2} \tag{14-12}$$

由于 $\sqrt{1-\beta^2} < 1$，因此 $l < l_0$，即相对于观察者运动的物体在运动方向上的长度比相对观察者

静止时的长度缩短了$\sqrt{1-\beta^2}$倍，称为长度收缩。

需要注意的是，长度缩短是纯粹的相对论效应，并非物体发生了形变或者发生了结构性质的变化。同样，我们可以证明若棒静止放于 S 系中，在 S' 系上测得的运动方向上的长度也短了$\sqrt{1-\beta^2}$倍。当 $u \ll c$ 时，$l=l'$，这说明，在相对运动速度较小的惯性参考系中测量的长度可以近似认为是不变的。

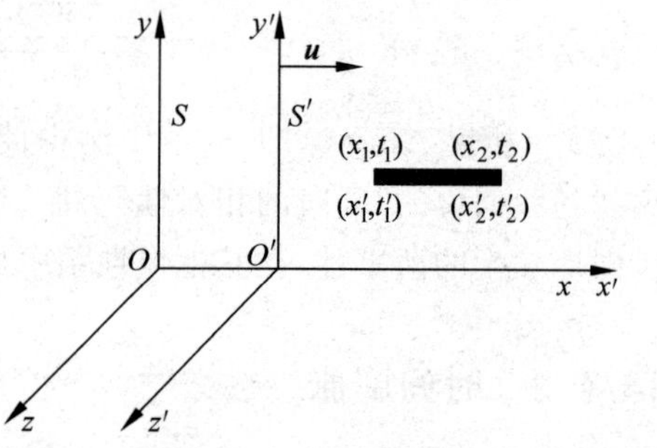

图 14-4　长度收缩

综上所述，狭义相对论指出时间、空间与运动三者之间紧密相关，不存在孤立的时间也不存在孤立的空间，时间、空间、运动三者之间的紧密联系深刻反映了时空的性质。但是事件的因果关系却不会因为参考系的选择而变化。例如，一辆匀速行驶的汽车内有一个小球从车顶 A 开始下落，经过一段时间到达 B 点，最后落在汽车底部 C 点，我们在车内观察小球是自由落体的直线运动，而在相对于小车运动的地面上看到小球是抛体运动，小球的运动状态与参考系相关，运动的量度是相对的。但是，不论是车内观察者还是地面观察者都看到小球先从 A 点到 B 点再到 C 点，这个时空次序是不会颠倒的。

例 14-2　短跑运动员百米赛跑，地面裁判测得他百米跑用了 10s，飞船相对于地面以 $u=0.98c$ 沿直线匀速飞行，飞行方向和运动员跑步方向相反，问飞船上的人测得的运动员跑的距离以及所用的时间。

解　根据题意，设地面为 S 系，起跑为事件 $A(x_1,t_1)$，到达终点为事件 $B(x_2,t_2)$，则

$$\Delta t=t_2-t_1=10\text{s},\quad \Delta x=x_2-x_1=100\text{m}$$

根据洛伦兹坐标变换，有

$$\begin{cases} x'_2=\dfrac{x_2-ut_2}{\sqrt{1-\beta^2}} \\ x'_1=\dfrac{x_1-ut_1}{\sqrt{1-\beta^2}} \end{cases}$$

$$u=-0.98c$$

$$\Delta x'=x'_2-x'_1=\frac{1}{\sqrt{1-\beta^2}}(\Delta x-u\Delta t)=5\times(100+0.98c\times 10)\text{m}=1.47\times 10^{10}\text{m}$$

$$t'_1=\frac{t_1-\dfrac{u}{c^2}x_1}{\sqrt{1-\beta^2}},\quad t'_2=\frac{t_2-\dfrac{u}{c^2}x_2}{\sqrt{1-\beta^2}}$$

$$\Delta t'=t'_2-t'_1=\frac{1}{\sqrt{1-\beta^2}}\left(\Delta t-\frac{u}{c^2}\Delta x\right)=5\times\left(10+\frac{0.98c}{c^2}\times 100\right)\text{s}=50.0\text{s}$$

例 14-3　观察者 A 看到相距 4m 的两个事件同时发生，观察者 B 看这两个事件相距为 5m，试问，对 B 来说，这两个事件是否同时发生？时间间隔为多少？两个观察者的相对速度为多大？

解　设观察者 A 为 S 系，B 为 S'系，B 相对于 A 以速度 $\boldsymbol{u}$ 沿 x 轴运动。由题意可知，

$\Delta x=4\text{m}, \Delta t=0, \Delta x'=5\text{m}$，因为

$$\Delta x'=\frac{\Delta x-u\Delta t}{\sqrt{1-u^2/c^2}}$$

所以

$$5=\frac{4}{\sqrt{1-u^2/c^2}}$$

解方程可得，$u=0.6c$，因此

$$\Delta t'=\frac{\frac{u}{c^2}\Delta x}{\sqrt{1-u^2/c^2}}=\frac{0.6\times 4}{c\sqrt{1-u^2/c^2}}=10^{-8}\text{s}$$

14.5　狭义相对论的动力学基础

前面我们主要讨论了时间和空间的相对性问题，本节将进一步讨论相对论的动力学问题，给出相对论中的质量、动量和能量，以及力学规律的表达式。

在经典力学中，根据牛顿第二定律，$\boldsymbol{F}=m\boldsymbol{a}$，其中，质点的质量 m 是与运动速度无关的常量。如果物体在恒力的作用下，则物体会获得恒定的加速度 a，物体的速度不断增大；可以设想，只要恒力作用时间足够长，则物体的速度 v 会无限地增大，甚至超过光速。根据相对论的观点，这是不可能实现的。至今我们还没有发现自然界中的物体的运动速度可以超过光速，牛顿力学出现了问题。这是因为在牛顿力学中物体的质量和速度无关，然而相对论却不这么认为。

14.5.1　质量与速度的关系

无论是宏观或微观，还是高速或低速运动的物体，动量守恒定律都是适用的。根据动量守恒定律和相对论速度变换关系可以证明(过程省略)，运动物体的质量 m 将随物体运动的速率的增大而增大。对于以速率 v 运动的物体，可以证明其质量为

$$m=\frac{m_0}{\sqrt{1-v^2/c^2}} \tag{14-13}$$

式(14-13)称为**质速关系**。式中，m_0 为相对观察者静止时测得的质量，称为静止质量，m 与物体的运动速率 v 有关，故称为相对论质量。式(14-13)表明，当质点以一定速率相对观察者运动时，观察者所测得的质量 m 大于静止质量 m_0。当物体的运动速率远小于光速，即 $v\ll c$ 时，物体的相对论质量与静止质量近似相等，这表明在低速运动情况下，牛顿运动定律仍然是适用的。

相对论质量和速度的关系可以通过图 14-5 表示，以 m/m_0 与 v/c 为坐标得到的关系如图 14-5 所示。由图 14-5 可知，当质点的速度接近于光速时，质量才有明显增加。在地球上，一般宏观物体的速度远小于光速，因此质量的变化极小，可以不用考虑。近年来，在高能物理实验中，质子的质量比已达到 $m/m_0=200$，电子在加速器中的质量比已达到 $m/m_0=40\,000$。

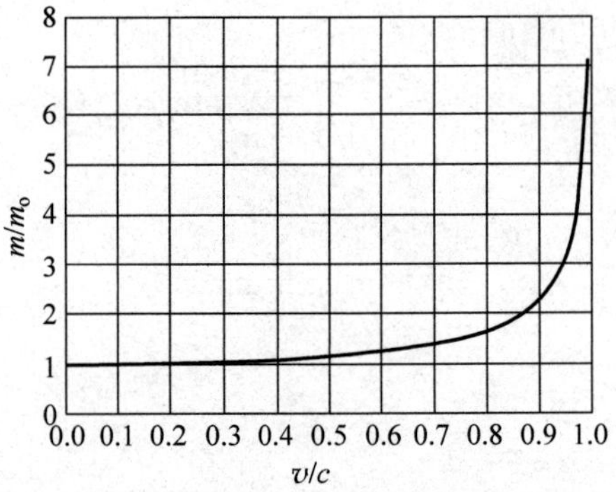

图 14-5　相对论质量和速度的关系

14.5.2　相对论力学的基本方程

相对论中物体动量的定义不变，根据质速关系和动量的定义，可以得出质点的相对论动量 $\boldsymbol{p}$ 与速度 $\boldsymbol{v}$ 的关系为

$$\boldsymbol{p}=m\boldsymbol{v}=\frac{m_0}{\sqrt{1-v^2/c^2}}\boldsymbol{v} \tag{14-14}$$

相对论力学中，质点的动量变化率与质点所受作用力的关系仍然成立，有

$$\boldsymbol{F}=\frac{\mathrm{d}\boldsymbol{p}}{\mathrm{d}t}=\frac{\mathrm{d}}{\mathrm{d}t}m\boldsymbol{v}=\frac{\mathrm{d}}{\mathrm{d}t}\left(\frac{m_0}{\sqrt{1-v^2/c^2}}\boldsymbol{v}\right) \tag{14-15}$$

式(14-15)为相对论力学的**动力学基本方程**。当 $v\ll c$，即质点的速率远小于光速时，质点的动量和动力学方程与经典力学中对应的关系式相同，说明经典力学是相对论力学在低速条件下的近似。

由式(14-15)可知，因质量的变化，动量的变化率和加速度不再成正比关系，即使物体在恒力作用下，其加速度也会不断变化。假设物体受到的力和速度同向，则由式(14-15)可得

$$F=\frac{m_0}{(1-v^2/c^2)^{3/2}}\frac{\mathrm{d}v}{\mathrm{d}t}$$

因此可得加速度的大小为

$$\frac{\mathrm{d}v}{\mathrm{d}t}=\frac{F}{m_0}\left(1-\frac{v^2}{c^2}\right)^{3/2}$$

可见，在力 F 的作用下，随着物体速率 v 的增加，其加速度将减小。当速率 v 接近于光速 c 时，加速度趋近于零，这时无论作用力有多大，都不能使物体的速度超过光速。

14.5.3　质量与能量的关系

在经典力学中，质点运动的动能定理仍然成立。设一质点在变力作用下，由静止开始沿 x 轴作一维直线运动。当质点的速率为 v 时，它所具有的动能等于外力所做的功，即

$$E_k = \int F\mathrm{d}x = \int_0^v \frac{m_0}{(1-v^2/c^2)^{3/2}} \frac{\mathrm{d}v}{\mathrm{d}t}\mathrm{d}x = \int_0^v \frac{m_0 v \mathrm{d}v}{(1-v^2/c^2)^{3/2}}$$

积分可得

$$E_k = \frac{m_0 c^2}{\sqrt{1-v^2/c^2}} - m_0 c^2 = mc^2 - m_0 c^2 \tag{14-16}$$

式(14-16)为相对论的动能表达式,它是物体运动时的能量与静止能量之差。表面上看它与经典力学的动能表达式毫无相似之处,但是当 $v \ll c$ 时,有 $\left[1-\left(\frac{v}{c}\right)^2\right]^{-1/2} \approx 1+\frac{1}{2}\left(\frac{v}{c}\right)^2$,将之代入式(14-16),有

$$E_k = \frac{1}{2} m_0 v^2$$

结果与经典力学的定义一致,由此可见,相对论力学的动能表达式更具普遍意义,经典力学的动能表达式是相对论力学动能在物体速度远小于光速时的近似。

爱因斯坦认为,$m_0 c^2$ 为物体的静止能量 E_0,mc^2 为物体由于运动而具有的能量 E,即

$$E = mc^2 = m_0 c^2 + E_k \tag{14-17}$$

这就是质能关系式。它是狭义相对论的一个重要结论,具有重要意义。质量和能量之间有着密切联系,当一个物体的质量变化 Δm 时,它的能量 E 也一定有相应的变化,即

$$\Delta E = \Delta m c^2$$

反之,如果物体的能量发生变化,那么它的质量也一定会有相应的变化。实验表明,当核子(质子或中子)结合为原子核时,核子的质量之和大于原子核的质量,因此在核子结合成原子核的过程中会有能量释放出来。

从历史的发展来看,质量守恒和能量守恒并无关联,而相对论把两者结合起来,统一成更普遍的**质能守恒定律**,这一守恒定律是原子能开发和利用的理论依据。

14.5.4 动量与能量之间的关系

一个质点,其静止质量为 m_0,运动速率为 v,则其质能关系为

$$E = mc^2 = \frac{m_0 c^2}{\sqrt{1-\frac{v^2}{c^2}}} \tag{14-18}$$

相对论动量为

$$p = mv = \frac{m_0 v}{\sqrt{1-\frac{v^2}{c^2}}} \tag{14-19}$$

将式(14-18)和式(14-19)联立,消去速率 v,可以得到相对论能量和动量的关系式:

$$E^2 = m_0^2 c^4 + p^2 c^2 = E_0^2 + p^2 c^2 \tag{14-20}$$

式(14-20)即为相对论能量与动量的关系式(energy-momentum relation)。它反映了能量和动量的不可分割性,就像时间与空间的不可分割与统一性一样。我们知道光子的静止质量

$m_0=0$，由式(14-20)可得，光子的动量为

$$p=\frac{E}{c}=\frac{h\nu}{c}=\frac{h}{\lambda}$$

式中，h 为普朗克常量，ν 为光束的频率，λ 为光束的波长。光子的动量与波长成反比。

狭义相对论的建立是物理学史上一个重要的里程碑，它揭示了空间和时间之间，以及时空与运动物体之间的深刻联系。与经典物理相比，狭义相对论更客观、更真实地反映了自然界的规律。目前狭义相对论不但已经被大量的实验所证实，而且成为研究宇宙学、粒子物理，以及一系列工程物理的基础。当然，随着科学技术的不断发展，一定还会有目前还不知道的事实被发现，甚至还会有新的理论出现，然而，以大量实验事实为依据的狭义相对论在科学中的地位是不可否定的。

例 14-4 静质量为 m_0 的粒子具有初速度 $v_0=0.4c$。(1)若粒子速度增加一倍，则粒子的动量为初动量的几倍？(2)若要使它的末动量等于初动量的 10 倍，则末速度应是初速度的几倍？

解 (1) 初动量

$$p_0=\frac{m_0v_0}{\sqrt{1-v_0^2/c^2}}=\frac{0.4m_0c}{\sqrt{1-0.4^2}}=0.44m_0c$$

当 $v=2v_0$ 时，

$$p_1=\frac{m_0v}{\sqrt{1-v^2/c^2}}=1.33m_0c$$

所以

$$p_1/p_0=1.33/0.44\approx 3$$

(2) 若 $p=10p_0=4.4m_0c$，则

$$\frac{m_0v}{\sqrt{1-v^2/c^2}}=4.4m_0c$$

解得 $v=0.975c$，所以

$$v/v_0=0.975/0.4\approx 2.44$$

例 14-5 两质子(质量都是 $m_p=1.67\times10^{-27}$ kg)以相同的速率发生对心碰撞，碰撞后放出一个中性的 π 介子($m_\pi=2.40\times10^{-28}$ kg)。如果碰撞后的质子和 π 介子都处于静止状态，求碰撞前质子的速率。

解 碰撞前后的总能量守恒，即

$$2\frac{1}{\sqrt{1-\frac{v^2}{c^2}}}m_pc^2=2m_pc^2+m_\pi c^2$$

设 $\gamma=\frac{1}{\sqrt{1-\frac{v^2}{c^2}}}$，将之代入上式可得

$$\gamma=1+\frac{m_\pi}{2m_p}=1+\frac{2.40\times10^{-28}}{2\times1.67\times10^{-27}}=1.072$$

则解方程可得

$$v=c\sqrt{1-(1/\gamma)^2}=0.36c$$

习　题

14-1　有下列几种说法：(1)所有惯性系对物理基本规律都是等价的；(2)在真空中，光的速度与光的频率、光源的运动状态无关；(3)在任何惯性系中，光在真空中沿任何方向传播的速率都相同。若问其中哪些说法是正确的，答案是(　　)。

A. 只有(1)(2)是正确的　　B. 只有(1)(3)是正确的

C. 只有(2)(3)是正确的　　D. 三种说法都是正确的

14-2　在狭义相对论中，下列说法中正确的是(　　)。

(1) 一切运动物体相对于观察者的速度都不能大于真空中的光速；

(2) 质量、长度、时间的测量结果都是随物体与观察者的相对运动状态而改变的；

(3) 在一惯性系中发生于同一时刻、不同地点的两个事件在其他一切惯性系中也是同时发生的；

(4) 惯性系中的观察者观察一个相对于他作匀速运动的时钟时，会看到此时钟比相对于他静止的相同的时钟走得慢些。

A. (1)(3)(4)　　B. (1)(2)(4)　　C. (1)(2)(3)　　D. (2)(3)(4)

14-3　在某地发生两件事，静止于该地的甲测得时间间隔为 4s，若相对于甲作匀速直线运动的乙测得时间间隔为 5s，则乙相对于甲的运动速度是(c 表示真空中光速)(　　)。

A. $(4/5)c$　　B. $(3/5)c$　　C. $(2/5)c$　　D. $(1/5)c$

14-4　两个惯性系 S 和 S' 沿 xx' 轴作匀速相对运动。设在 S' 系中某点先后发生两个事件，用静止于该系的时钟测出两事件的时间间隔为 τ_0，而用固定在 S 系的时钟测出两事件的时间间隔为 τ。又在 S' 系的 x' 轴上放置一静止于该系的长度为 l_0 的细杆，从 S 系测得此杆的长度为 l，则(　　)。

A. $\tau<\tau_0$；$l<l_0$　　B. $\tau<\tau_0$；$l>l_0$

C. $\tau>\tau_0$；$l>l_0$　　D. $\tau>\tau_0$；$l<l_0$

14-5　已知电子的静止能量为 0.51MeV，若电子的动能为 0.25MeV，则它所增加的质量 m 与静止质量 m_0 的比值近似为(　　)。

A. 0.1　　B. 0.2　　C. 0.5　　D. 0.9

14-6　两个宇宙飞船相对于恒星参考系以 $0.8c$ 的速度沿相反方向飞行，求两飞船的相对速度。

14-7　从 S 系观察到有一粒子在 $t_1=0$ 时由 $x_1=100\text{m}$ 处以速度 $v=0.98c$ 沿 x 轴运动，10s 后到达 x_2 点，如在 S' 系(相对 S 系以速度 $u=0.96c$ 沿 x 轴运动)中观察，粒子出发和到达的时空坐标 t_1'，x_1'，t_2'，x_2' 各为多少？($t=t'=0$ 时，S' 系与 S 系的原点重合)，并算出粒子相对 S' 系的速度。

14-8　假定在实验室中测得静止在实验室中的 π^+ 子(不稳定的粒子)的寿命为 $2.2\times10^{-6}\text{s}$，而当它相对于实验室运动时，实验室中测得它的寿命为 $1.63\times10^{-6}\text{s}$。试问：这两个测量结果符合相对论的什么结论？$\pi^+$ 子相对于实验室的速度是真空中光速 c 的多少倍？

14-9 一艘宇宙飞船的船身的固有长度为 $L_0=90\text{m}$，它相对于地面以 $v=0.8c$（c 为真空中光速）的匀速度在地面观测站的上空飞过。试求：(1)观测站测得飞船的船身通过观测站的时间间隔；(2)宇航员测得船身通过观测站的时间间隔。

14-10 长度 $l_0=1\text{m}$ 的尺静止于 S' 系中，与 x' 轴的夹角为 $\theta'=30°$，S' 系相对于 S 系沿 x 轴运动，在 S 系中的观测者测得尺与 x 轴夹角为 $\theta=45°$。试求：(1)S' 系和 S 系的相对运动速度；(2)S 系中测得的尺长度。

14-11 一电子以 $v=0.99c$（c 为真空中光速）的速率运动。试问：(1)电子的总能量是多少？(2)电子的经典力学的动能与相对论动能之比是多少？（电子静止质量 $m_e=9.11\times10^{-31}\text{kg}$）。

14-12 一电子从静止开始加速到 $0.1c$，需对它做多少功？若速度从 $0.9c$ 增加到 $0.99c$，又要对它做多少功？

14-13 一电子在电场中从静止开始加速，电子的静止质量为 $9.11\times10^{-31}\text{kg}$。问：(1)电子应通过多大的电势差才能使其质量增加 0.4%？(2)此时电子的速率是多少？

14-14 太阳的辐射能来源于内部一系列核反应，其中之一是氢核（${}_1^1\text{H}$）和氘核（${}_1^2\text{H}$）聚变为氦核（${}_2^3\text{He}$），同时放出 γ 光子，反应方程为

$$ {}_1^1\text{H}+{}_1^2\text{H}\longrightarrow{}_2^3\text{He}+\gamma $$

第15章

量子物理基础

量子的概念是德国物理学家普朗克在研究黑体辐射问题时，为了解决用经典理论解释黑体辐射规律的困难，而在1900年作为假设首次提出的。这一概念的引入敲响了近代物理的晨钟，为量子理论奠定了基础。爱因斯坦针对光电效应实验与经典理论的矛盾，提出了光量子理论。1913年，玻尔(N. Bohr，1885—1962)将量子化概念应用到原子系统，成功地解释了氢原子光谱，为现代量子力学的建立打下了基础。在光的波粒二象性的启发下，德布罗意提出了实物粒子具有波粒二象性的假设。1926年，薛定谔进一步发展了德布罗意波的概念，建立了描写微观粒子运动状态的基本方程——薛定谔方程。

量子理论的诞生促进了原子能、激光、半导体等众多新技术的产生和发展，使物理学发生了一次历史性的飞跃。本章前半部分分别介绍黑体辐射、光电效应、氢原子光谱等实验规律以及为解释这些实验规律而提出的量子假设，即早期的量子论。本章后半部分简要介绍量子力学的基本概念和原理以及应用量子力学处理问题的一般方法。

15.1 热辐射 基尔霍夫辐射定律

15.1.1 热辐射

原子由原子核和核外电子组成，核外电子在原子核周围运动，一旦其所在的能级发生变化，就会向外辐射电磁波(即能量)。任何物体高于热力学零度(绝对零度)时均可辐射一定波长的电磁波。但是，物体所辐射的能量及其按波长的分布却随着物体温度的变化而变化。这种辐射因与物体的温度有关的过程，叫做**热辐射**(heat radiation)。物体向四周所发射的能量称为**辐射能**(radiant energy)。实验表明，热辐射具有连续的辐射能谱，波长自远红外区延伸到紫外区，并且辐射能按波长的分布主要取决于物体的温度。对一块铁加热，800K时铁是暗红色的，随着温度 T 升高，铁的颜色由红变黄，再由黄变白，温度很高时变为青白色，不同的颜色对应不同的波长，说明铁在温度升高的过程中，辐射的能量迅速增大，而且随着温度的升高，辐射按波长的分布也不一样，与温度有关，如图15-1所示。

为定量地表明物体热辐射的规律，先引入并介绍几个有关物理量。

1. 单色辐出度

当物体的热力学温度为 T 时，单位时间内从物体表面单位面积上发射出来的、波长在

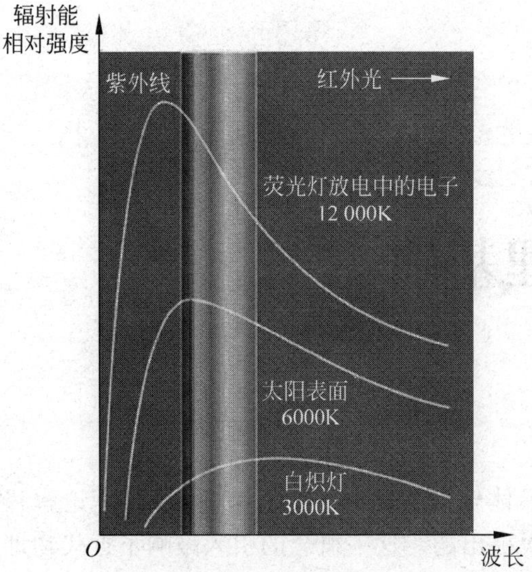

图 15-1　热辐射与温度的关系波长

$\lambda \to \lambda + d\lambda$ 内的电磁波能量 dE_λ 与 $d\lambda$ 的比值，称为**单色辐出度**（monochromatic radiant exitance），用 $M_\lambda(T)$ 表示。根据实验，单色辐出度是物体的热力学温度 T 和波长 λ 的函数，其定义式为

$$M_\lambda(T) = \frac{dE_\lambda}{d\lambda}$$

它表示单位时间内从物体表面单位面积上发射的波长在 λ 附近单位波长间隔内的辐射能，反映的是物体在不同温度下的辐射能按波长的分布情况，单位为 $W \cdot m^{-3}$。

2. **辐出度**

在单位时间内，从热力学温度为 T 的物体表面单位面积上发射出来的含各种波长的总辐射能称为辐射出射度，简称辐出度（radiant exitance），用 $M(T)$ 表示，即

$$M(T) = \int_0^\infty M_\lambda(T) d\lambda \tag{15-1}$$

辐出度的单位为 $W \cdot m^{-2}$。显然，对于给定的物体，辐出度只是温度的函数。

3. **单色吸收比与单色反射比**

当外来电磁波入射到一物体表面上时，一部分被吸收，一部分被物体表面反射回去。被物体吸收的能量与入射能量之比称为物体的**吸收比**（absorptance）。反射的能量与入射能量之比称为物体的**反射比**（reflectance）。物体的吸收比和反射比也与温度和波长有关。温度为 T 时，波长在 $\lambda \to \lambda + d\lambda$ 内的吸收比称为**单色吸收比**，用 $\alpha(\lambda, T)$ 表示；温度为 T 时，波长在 $\lambda \to \lambda + d\lambda$ 内的反射比称为单色反射比，用 $\gamma(\lambda, T)$ 表示。对于不同的物体，特别是不同的表面，单色吸收比和单色反射比的量值都不同。但对于不透明的物体，二者的和总等于 1，即

$$\alpha(\lambda, T) + \gamma(\lambda, T) = 1 \tag{15-2}$$

15.1.2　黑体

如果电磁波的各种波长的辐射能被物体完全吸收且没有发生反射和透射，即对任何波长的辐射能，吸收比都等于 1 的物体，称为绝对黑体，简称**黑体**（black body）。一般来说，在相同温度下黑体的吸收本领最大，其辐射本领也最大。黑体只是一种理想化的模型，在自然界中，并不存在吸收比等于 1 的绝对黑体，例如，吸收比最大的烟煤和黑色珐琅质，对太阳光的吸收比也不超过 99%。实验中的黑体可以在一个空腔材料表面开一个小孔，如图 15-2 所示。当光经小孔进入空腔后，会被腔壁多次反射和吸收，最后只有极小一部分能量逃逸出来。因此，小孔可近似认为是黑体。例如，白天看远处的窗户是黑色的，这是因为入射光进去之后被多次反射和吸收，很少被反射出来，所以窗户内的房间是一个近似的黑体。

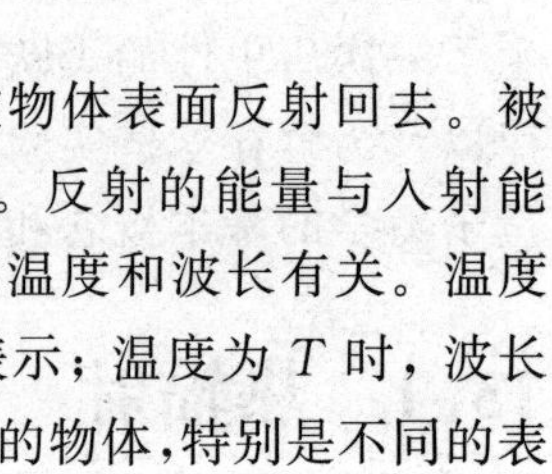

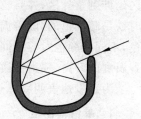

图 15-2　黑体模型

15.1.3 基尔霍夫辐射定律

1859 年,基尔霍夫(G. R. Kirchhoff,1824—1887)发现,所有物体(包括绝对黑体)在同样温度下的单色辐出度与单色吸收比的比值都相等,为一常量,并等于该温度下绝对黑体对同一波长的单色辐出度。具体地说,设有不同物体 1,2,…和黑体 B,它们在温度 T 下,其波长为 λ 的单色辐出度分别为

$$M_{1\lambda}(T),\quad M_{2\lambda}(T),\quad \cdots,\quad M_{\mathrm{B}\lambda}(T)$$

相应的吸收比为

$$\alpha_1(\lambda,T),\quad \alpha_2(\lambda,T),\quad \cdots,\quad \alpha_{\mathrm{B}}(\lambda,T)$$

对于黑体,有 $\alpha_{\mathrm{B}}(\lambda,T)=1$,那么

$$\frac{M_{1\lambda}(T)}{\alpha_1(\lambda,T)}=\frac{M_{2\lambda}(T)}{\alpha_2(\lambda,T)}=\cdots=\frac{M_{\mathrm{B}\lambda}(T)}{1}=M_{\mathrm{B}\lambda}(T) \tag{15-3}$$

即任何物体的单色辐出度和单色吸收比之比,等于同一温度下绝对黑体的单色辐出度。这就是基尔霍夫辐射定律。基尔霍夫辐射定律表明,**物体的单色辐出度和单色吸收比的比值为一常量,吸收本领大的物体其辐射本领也大**。所以要了解一般物体的辐射性质,必须首先知道绝对黑体的单色辐出度。

15.1.4 黑体辐射实验定律

从基尔霍夫辐射定律可知,要了解一物体的热辐射性质,则必须知道黑体的辐射本领,因此确定黑体的单色辐出度 $M_\lambda(T)$ 曾经是热辐射研究的主要问题。

为测定黑体的单色辐出度与波长或频率的关系,常采用的实验装置如图 15-3 所示。从热力学温度为 T 的黑体 A 辐射出的各种波长的电磁波经透镜 L_1 和平行光管 B_1 后,投射到分光镜 P 上。由于不同波长的电磁波经棱镜后从不同的方向射出,经透镜 L_2 和平行光管 B_2 后,从不同方向射来的各波长的电磁波聚焦于探测器 C 上,即可测得单色辐出度 $M_\lambda(T)$与波长间的函数关系,实验结果如图 15-4 所示。

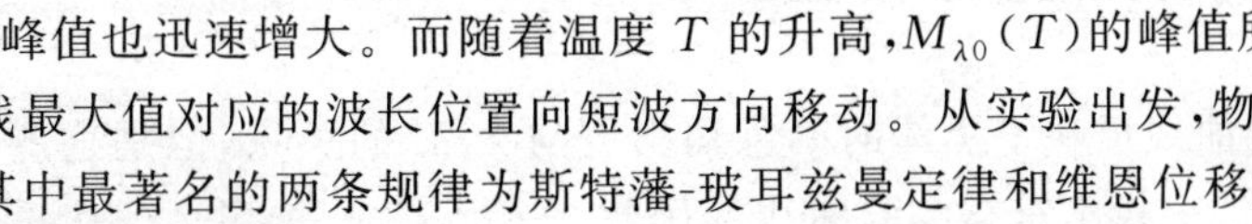

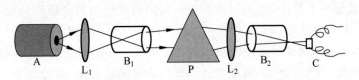

图 15-3 测定单色辐出度与波长关系的实验装置

从实验得到的单色辐出度曲线可以看出,当温度 T 升高时,$M_{\lambda0}(T)$所包围的面积迅速增大,$M_{\lambda0}(T)$的峰值也迅速增大。而随着温度 T 的升高,$M_{\lambda0}(T)$的峰值所对应的波长 λ_{m} 逐渐减小,即曲线最大值对应的波长位置向短波方向移动。从实验出发,物理学家们总结出了一系列规律,其中最著名的两条规律为斯特藩-玻耳兹曼定律和维恩位移定律。

1. 斯特藩-玻耳兹曼定律

1879 年,斯特藩(J. Stefan,1835—1893)从实验曲线上发现: 黑体在温度 T 下的辐出度

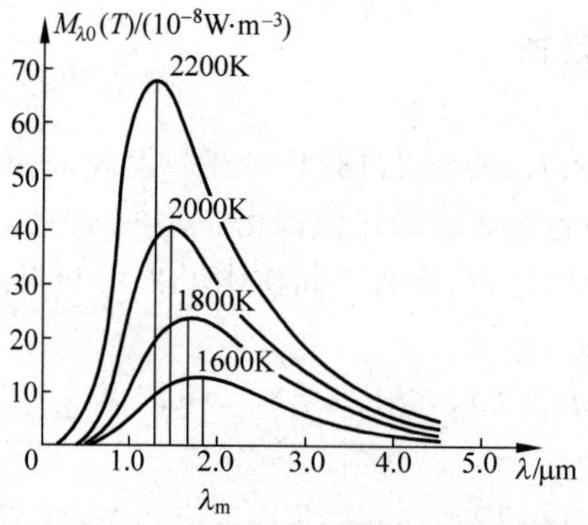

图 15-4 黑体的辐出度按波长分布的曲线

(曲线下所包围的面积)与其热力学温度的四次方成正比,即

$$M(T)=\int_0^{\infty} M_\lambda(T)\mathrm{d}\lambda=\sigma T^4 \tag{15-4}$$

1884 年,玻耳兹曼(L. E. Boltzmann,1844—1906)从热力学理论出发也得出了相同的结论,所以此定律称为**斯特藩-玻耳兹曼定律**。σ 称为斯特藩-玻耳兹曼常量,其值为 $\sigma=5.67\times10^{-8}\mathrm{W\cdot m^{-2}\cdot K^{-4}}$。

2. 维恩位移定律

1893 年,维恩(W. Wien,1864—1928)结合实验得到的曲线,利用热力学理论得到单色辐出度 $M_\lambda(T)$ 曲线的峰值对应的波长 λ_m 和热力学温度 T 的关系:

$$\lambda_m T=b \tag{15-5}$$

这一结果称为**维恩位移定律**,其中,$b=2.898\times10^{-3}\mathrm{m\cdot K}$,称为维恩常量。式(15-5)表明,当黑体的热力学温度升高时,其单色辐出度 $M_\lambda(T)$ 曲线的峰值对应的波长 λ_m 向短波方向移动。

热辐射的规律被广泛地应用在现代科学技术上。它是测量高温、遥感、红外追踪等技术的物理基础。利用维恩位移定律可以测出太阳表面温度,由于太阳辐射很强,吸收也很强,所以可以把它看作一个黑体,于是只要测量出太阳的单色辐出度随波长变化的曲线,找出 λ_m,即可测出太阳表面温度。实验测得 $\lambda_m=0.47\mu m$,$T=6150K$。地面的温度约为 300K,可算得 λ_m 约为 $10\mu m$,这说明地面的热辐射主要处在 $10\mu m$ 附近的波段,而大气对这一波段的电磁波吸收极少,几乎透明,故通常这一波段为电磁波的窗口,地球卫星可以利用红外遥感技术测定地面的热辐射,从而进行资源、地质等各类探查。

15.1.5 普朗克公式能量子假设

图 15-4 中的曲线反映了黑体的单色辐出度与 λ,T 的关系,但是这些曲线都是实验的结果。如何从理论上找出符合实验曲线的函数式 $M_{\lambda 0}(T)$,即黑体辐出度与热力学温度及辐射波长的关系式,成为 19 世纪末物理学界的重要工作之一。许多物理学家尝试从经典电磁学理论和热力学统计理论出发来寻找这一关系,但是都遭到了失败,其中最为典型的经典

辐射理论公式是维恩公式和瑞利-金斯公式。

在经典物理学中，把组成黑体空腔壁的分子或原子看作是带电的线性谐振子。维恩假设黑体辐射能谱分布与麦克斯韦分子速率分布类似，得出理论公式为

$$M_{\lambda 0}(T)=C_1\lambda^{-5}e^{-\frac{C_2}{\lambda T}}$$

其中，C_1 和 C_2 为两个常量，上式称为**维恩公式**，该公式与实验曲线在波长较短处符合得很好，但在波长很长处与实验曲线相差较大，如图 15-5 所示。

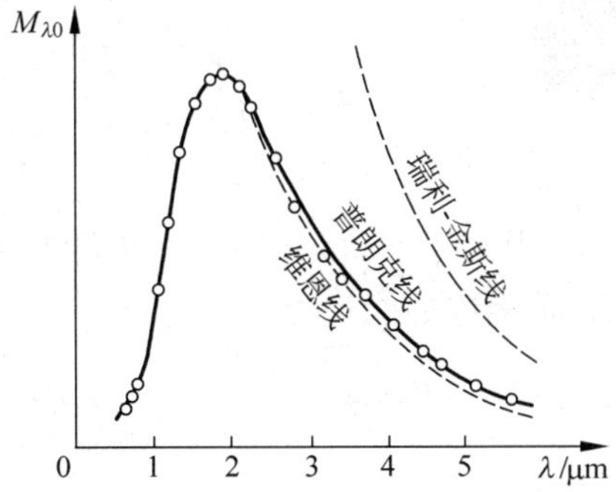

图 15-5　热辐射理论公式与实验结果的比较

1900—1905 年，瑞利和金斯(J. H. Jeans，1877—1946)将统计物理学中的能量按自由度均分定理应用到电磁辐射上来，认为每个线性谐振子的平均能量都等于 kT，得到如下公式：

$$M_{\lambda 0}(T)=C_3\lambda^{-4}T$$

其中，C_3 为常量，上式称为**瑞利-金斯公式**。与维恩公式相反，它在长波区域与实验曲线符合得很好，但在短波紫外光区方面，按照此公式，$M_{\lambda 0}(T)$将趋向于无穷大，完全偏离了实验结果。这一荒谬的结果，物理学史上称为“**紫外灾难**”。

维恩公式和瑞利-金斯公式都是用经典物理的方法来研究热辐射得到的结果，在不同波段与实验结果均不符合，很显然，黑体辐射所引起的反常现象暴露了经典物理学理论的严重缺陷，所以开尔文称黑体辐射实验是物理学晴朗天空中的“一朵令人不安的乌云”。

为了解决这个问题，普朗克于 1900 年提出了与经典物理学不同的量子假设。根据经典理论，谐振子的能量是不应受任何限制的，能量被吸收或发射也是连续进行的。与此不同的是，普朗克假设：辐射物质中具有带电的线性谐振子(如分子、原子的振动可视为线性谐振子)，因为带电的关系，线性谐振子能够和周围电磁场交换能量，这些谐振子不同于经典物理学中的情况，只能处于某些特定状态。在这些状态中，相应的能量只能是某一最小能量的整数倍，对频率为 ν 的简谐振子，其能量只能取 $E=h\nu$ 的整数倍，能量 $E=h\nu$ 称为**能量子**，这里 h 为普朗克常量，其值为 $h=6.63\times10^{-34}\,\mathrm{J\cdot s}$。谐振子的能量是量子化的，只能取下面的一系列分立值：

$$E,2E,3E,\cdots,nE \tag{15-6}$$

其中，n 称为量子数，取值为 $n=1,2,3,\cdots$。上述假设被称为**普朗克能量子假设**。这个假设与经典物理理论不相容，但是它能够很好地解释黑体辐射等实验。

普朗克（M. Planck，1858—1947），出生于德国荷尔施泰因，著名物理学家，量子力学的重要创始人之一。普朗克早期主要从事热力学研究，后发现普朗克辐射定律，并提出能量子概念和普朗克常量 h。普朗克由此发现获得 1918 年诺贝尔物理学奖。1930—1937 年及 1945—1946 年，普朗克任德国威廉皇家学会会长。

普朗克在其假设的前提下，得出了在单位时间内，从热力学温度为 T 的黑体的单位面积上，辐射出波长在 $\lambda \to \lambda + \mathrm{d}\lambda$ 范围内的能量为

$$M_{\lambda 0}(T)=\frac{2\pi hc^2}{\lambda^5}\frac{1}{\mathrm{e}^{\frac{hc}{\lambda kT}}-1} \tag{15-7}$$

其中，λ 为波长，T 为热力学温度，k 为玻耳兹曼常量，c 为光速。h 为普朗克常量，2002 年国际推荐值为

$$h=6.626\,069\,3\times10^{-34}\,\mathrm{J\cdot s}$$

普朗克黑体辐射公式还可用频率表示为

$$M_{\nu 0}(T)=\frac{2\pi h\nu^3}{c^2}\frac{1}{\mathrm{e}^{\frac{h\nu}{kT}}-1} \tag{15-8}$$

利用普朗克公式得出的理论曲线与实验结果十分吻合，如图 15-5 所示。

由普朗克公式可得到维恩公式和瑞利-金斯公式。当波长很短或温度较低时，$\frac{hc}{\lambda kT}\gg 1$，普朗克公式可近似为

$$M_{\lambda 0}(T)=\frac{2\pi hc^2}{\lambda^5}\mathrm{e}^{-\frac{hc}{\lambda kT}}=\frac{C_1}{\lambda^5}\mathrm{e}^{-\frac{C_2}{\lambda T}}$$

这就是维恩公式，其中，$C_1=2\pi hc^2$，$C_2=hc/k$。当波长很长或温度很高时，$\frac{hc}{\lambda kT}\ll 1$，$\mathrm{e}^{\frac{hc}{\lambda kT}}\approx 1+\frac{hc}{\lambda kT}+\cdots$，忽略高次项，只取前两项得

$$M_{\lambda 0}(T)=2\pi kc\lambda^{-4}T=C_3\lambda^{-4}T$$

这就成为瑞利-金斯公式，其中 $C_3=2\pi kc$。

普朗克是一位既具有深厚的哲学和艺术修养，又有扎实的数学物理功底的“物理哲学家”，黑体辐射的公式是他首先用数学上的内插法“猜测”出来的，一个猜测的结果要有合理的理论来解释，于是他提出了能量子的假设，找出了联系宏观世界和微观世界的桥梁，给出普朗克常量 $h=6.63\times10^{-34}\,\mathrm{J\cdot s}$。能量子概念的提出标志着量子力学的诞生。普朗克过世后，他的墓碑上刻有他的生平和 $h=6.63\times10^{-34}\,\mathrm{J\cdot s}$。

15.2　光电效应

一定能量的光照射在金属表面时，电子从金属表面逸出（释放）的现象，称为光电效应（photoelectric effect）。光电效应是由赫兹首先发现的。1887 年，赫兹在验证电磁波存在的实验中偶然发现，当实验用的两个电极之一受到紫外线照射时，两个电极之间的放电会强一些。1897 年，汤姆孙发现电子以后，赫兹的助手勒纳德（P. Lenard，1862—1947）在 1900 年通过对这些带电粒子的荷质比的测定，证明了金属电极所发射的是电子。

15.2.1　光电效应实验

图 15-6 为研究光电效应的实验装置。一个真空的玻璃容器内装有阴极 K 和阳极 A，阴极 K 为一金属板，当用适当频率的单色光通过石英窗照射到 K 上时，K 便释放电子，这种电子称为光电子（photoelectrons），如果在 A，K 之间加上电势差 U，光电子在电场作用下将由 K 移动到 A，形成电流，称为光电流，A，K 之间的电势差 U 及电流 I 可由伏特计及电流计读出。

实验研究表明，光电效应有如下规律。

1. 饱和电流

实验发现：当一定强度的单色光照射到阴极 K 上时，加速电势差 U 越大，测得的光电流 i 就越大，当 U 增加到一定值时，i 达到饱和值 i_m，如图 15-7 所示。这说明当 U 增加到一定程度时，从阴极释放出的电子已经全部由阴极 K 飞到阳极 A，U 再增加也不能使 i 增加了。如果增加光的强度，在相同的加速电势差下，光电流的量值也增加，相应的饱和电流 i_m 也增加。这说明从阴极 K 逸出的电子数目增加了。

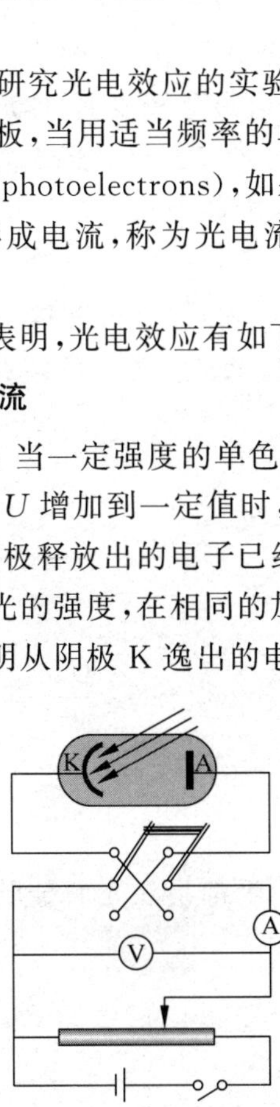

图 15-6　研究光电效应的实验装置

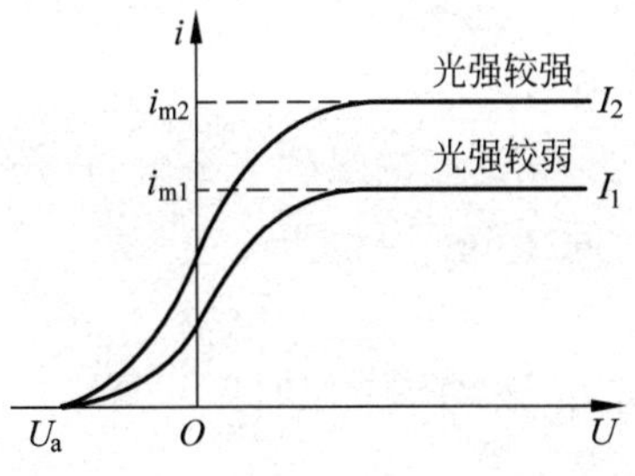

图 15-7　光电效应的伏安特性曲线

2. 遏止电势差

当降低加速电势差 U 时，光电流 i 也减小，但当 U 减小到 0，甚至是负值时，光电流 i 也不为零。这说明从 K 出来的电子有初动能，它克服电场力做功，从而到达 A，产生 i。如果反向电压 $U=-U_a$，则从 K 逃逸出的最大动能的电子刚好不能到达 A，也就是光电流 $i=0$，U_a 称为**遏止电势差**。遏止电势差 U_a 与光电子最大初动能 E_{kmax} 的关系为

$$E_{kmax}=e|U_a| \tag{15-9}$$

实验还指出，E_{kmax} 与入射光的强度无关。

3. **遏止频率（红限）**

实验表明，遏止电势差 U_a 与光的强度无关，而与照射光的频率 ν 呈线性关系，如图 15-8 所示，其函数关系式可表示为

$$U_a=k\nu-U_0 \tag{15-10}$$

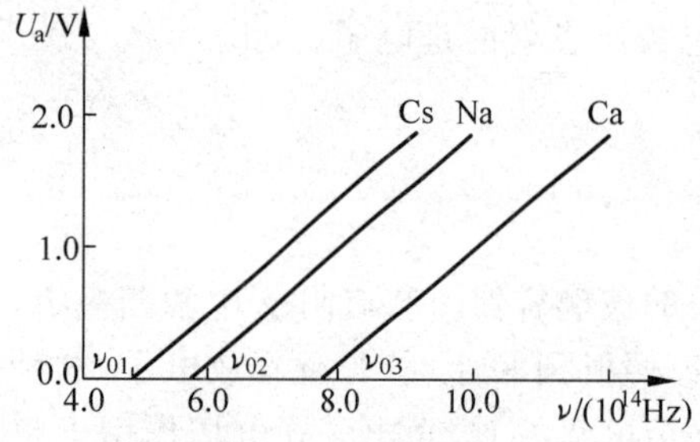

图 15-8 遏止电势差与频率的关系

式中，k 为 U_a 与频率 ν 的关系直线的斜率，k 与 U_0 均为正数。对于不同的金属，该斜率相同，即 k 是与材料性质无关的普适常数。若用 ν_0 表示直线在横轴上的截距，则它具有的物理意义是：当入射光的频率大于等于该种金属对应的 ν_0 时，$U_a\geqslant 0$，电子能逸出金属表面，形成光电流；当入射光的频率小于 ν_0 时，电子将不具有足够的速度逸出金属表面，因此不会产生光电流。由图 15-8 可知，对于不同的金属，有不同的 ν_0，要使某种金属产生光电效应，必须使入射光的频率大于该种金属的 ν_0 才可以，因此这一频率称为光电效应的**截止频率**(cutoff frequency)，也称为**红限频率**，相应的波长称为**红限波长**。

将式(15-9)代入式(15-10)可得

$$\frac{1}{2}mv_m^2=ek\nu-eU_0 \tag{15-11}$$

式中，v_m 表示电子从金属表面逸出时的初速度的最大值，$E_{kmax}=\frac{1}{2}mv_m^2$，因该值必须是正值，要使入射光所照射的金属逸出电子，那么入射光的频率必须有 $\nu\geqslant\frac{U_0}{k}$，其最小值 $\frac{U_0}{k}$ 即为红限频率 ν_0。

4. **弛豫时间**

实验证明，无论光的强度多么微弱，光电子的逸出，几乎都是在光照金属表面上同时发生的，弛豫时间在 10^{-9} s 以下。

15.2.2 光的波动说的缺陷

在使用经典电磁理论来解释光电效应实验的规律时，碰到了无法克服的困难。按经典电磁理论，无论何种频率的光照射在金属上，只要入射光足够强，使电子获得足够的能量，电子就能从金属表面逸出来。这就是说，光电效应的发生与光的频率无关，只要光强足够大，就能发生光电效应。显然这与光电效应实验相矛盾。按照经典理论，光电子逸出金属表面所需要的能量是直接吸收照射到金属表面上光的能量。当入射光的强度很弱时，电子需要有一定时间来积累能量，因此，光照射到金属表面后，应隔一段时间才有光电子从金属表面逸出来。但是，实验结果表明，发生光电效应是瞬时的，显然这与光电效应实验也是相矛

盾的。

另外,当电子从金属表面逸出时,必须克服金属表面原子的引力,即外界必须对电子做功,其最小值称为逸出功或功函数(work function),用符号 A 表示。几种金属的逸出功和截止频率如表 15-1 所示。按照经典电磁理论,在光的照射下,电子从入射光中吸收能量逸出金属表面,入射光的强度越大,其光振动的振幅越大,金属中自由电子获得的能量就越大,电子在挣脱原子束缚后逸出时所具有的初动能就越大,所以电子的初动能应该随着入射光强度的增加而增大,但是实验结果表明,逸出时电子的初动能与光强无关,而是随着入射光频率的增大而线性增大。

表 15-1 一些金属的逸出功和红限

金 属	铯(Cs)	钾(K)	钠(Na)	锌(Zn)	钨(W)	银(Ag)
逸出功 A/eV	1.94	2.25	2.29	3.38	4.54	4.63
红限频率 $\nu_0/(10^{14}\text{Hz})$	4.69	5.44	5.53	8.06	10.95	11.19
红限波长 $\lambda_0/\mu\text{m}$	0.639	0.551	0.541	0.372	0.273	0.267

15.2.3 爱因斯坦的光量子理论

20 世纪初,普朗克提出的能量子假设,能很好地解释黑体辐射的规律,但是普朗克的能量量子化假设只是局限在振子对能量的吸收和辐射,即原子在吸收和辐射能量时是不连续的,但是辐射出来后在空间传播的电磁波的能量是连续的还是量子化的,并没有涉及。爱因斯坦从普朗克的能量量子化假设中得到启发,认为物质的辐射能在空间传播时,也具有量子性。他在 1905 年发表的论文《关于光的产生和转换的一个有启发性的观点》中指出:"在我看来,关于黑体辐射、光致发光、紫外光产生阴极射线(即光电效应),以及其他一些有关光的产生和转化现象的观测结果,如果用光的能量在空间中是不连续分布的这种假说来解释,似乎就更好理解。"

为了解释光电效应的实验规律,1905 年,爱因斯坦进一步提出了关于光的本性的光子假说。他认为:真空中的光束是以光速 c 运动的粒子流,这些粒子称为**光量子**(light quantum),也称为**光子**(photon)。对于频率为 ν 的单色光,光子的能量为

$$\varepsilon = h\nu \tag{15-12}$$

式中,h 为普朗克常量。根据爱因斯坦的光子假说,频率为 ν 的单色光可被看成是由许多能量为 $\varepsilon=h\nu$ 的光子构成的。而对于频率一定的光束,光的强度 I 取决于单位时间内通过单位面积的光子数,光子的数目 n 越多,光的强度 $I=nh\nu$ 就越大。

按照爱因斯坦的光子假说,光电效应可解释如下:金属中的自由电子从入射光中吸收一个光子的能量 $h\nu$ 时,一部分消耗在电子逸出金属表面需要的逸出功 A 上,另一部分转换成光电子的动能 $\frac{1}{2}mv^2$,根据能量守恒有

$$h\nu = \frac{1}{2}mv_{\text{m}}^2 + A \tag{15-13}$$

此式称为**爱因斯坦光电效应方程**。该方程表明,光电子的初动能与入射光的频率之间成线

性关系。如果假定$\frac{1}{2}mv_m^2=0$，则

$$\nu_0=\frac{A}{h} \tag{15-14}$$

这表明，频率为ν_0的光子具有发射电子的最小能量。

爱因斯坦的光子假说可以解释光电效应的实验规律。当光强增加而频率不变时，由于$h\nu$的份数多，因此被释放的电子数目多，单位时间内从阴极逸出的电子数与光强成正比，这能很好地说明饱和电流与光的强度成正比。由光电效应方程知，存在遏止频率ν_0，只有当光子的频率$\nu>\nu_0$时，才会有电子逸出，即发生光电效应。因为如果入射光的频率低于遏止频率ν_0，不管光子数目有多大，单个光子的能量也是不够发射电子的，遏止频率等于电子所吸收的能量全部用于克服原子表面的引力做逸出功时入射光的频率。按光子假说，当光投射到物体表面时，光子的能量$h\nu$一次被一个电子所吸收，不需要时间积累能量，这样光电子的释放和光的照射几乎是同时发生的，没有滞后现象。这就很自然地解释了光电效应的瞬时产生现象。

至此，我们可以说，原先由经典理论出发解释光电效应实验所遇到的困难，在爱因斯坦的光子假说提出后，都已被解决了。不仅如此，爱因斯坦对光电效应的研究，使我们对光的本性的认识有了一个飞跃，光电效应显示了光的粒子性。

15.2.4 光的波粒二象性

根据光电效应实验，我们已经意识到光具有粒子性，结合前面的波动性可知，光具有波粒二象性，即光既具有粒子性，又具有波动性。光的波粒二象性可以这样理解：有些情况下，光突显其波动性；而在另外一些情况下，则突显其粒子性。

对于频率为ν的光子，其能量和动量分别为

$$E=mc^2=h\nu \tag{15-15}$$

$$p=\frac{h}{\lambda} \tag{15-16}$$

式(15-15)和式(15-16)将光的双重性，即粒子性和波动性联系在一起。动量和能量是描述粒子特性的，而频率和波长则是描述波动性特征的。描述光子粒子性的量(E和p)与描述光子波动性的量(ν和λ)通过普朗克常量h来联系。作为一个“粒子”的光子，其能量与动量是与电磁波的波长和频率紧密地联系在一起的。在不同条件下，光表现出不同的特性。例如，在干涉和衍射实验中，光表现得像“波”，而在原子吸收或发射光的情况下，光表现得像“粒子”。光的这种双重性称为光的波粒二象性。

根据相对论的质速关系$m=m_0\Big/\sqrt{1-\frac{v^2}{c^2}}$，由于光子的速度$v=c$，而$m$是个有限量，因此必有$m_0=0$，即光子的静止质量为零。因为光对于任何惯性参考系都不会静止，其速度为c，所以光子不具有静止质量。

例 15-1 钠的红限波长为500nm，用400nm的光照射，其遏止电压等于多少？

解 由$E_k=h\nu-A$和$\frac{1}{2}mv_m=e|U_a|$得

$$U_a=\frac{1}{e}(h\nu-A)=\frac{1}{e}\left(h\frac{c}{\lambda}-h\frac{c}{\lambda_0}\right)$$
$$=\frac{6.63\times10^{-34}\times3\times10^8}{1.60\times10^{-19}}\left(\frac{1}{400\times10^{-9}}-\frac{1}{500\times10^{-9}}\right)\text{V}$$
$$=0.62\text{V}$$

例 15-2　用波长为 $\lambda=400\text{nm}$ 的光照射铯感光层，已知铯的红限波长为 640nm，电子质量为 $m=9.11\times10^{-31}\text{kg}$，求铯放出的光电子的速度。

解　铯的遏止频率为

$$\nu_0=\frac{c}{\lambda_0}=\frac{3\times10^8}{6400\times10^{-10}}$$

逸出功为 $A=h\nu_0$，根据爱因斯坦光电效应方程 $\frac{1}{2}mv^2=h\nu-A=h\nu-h\nu_0$，可得

$$v=\sqrt{\frac{2(h\nu-h\nu_0)}{m}}=\sqrt{\frac{2}{m}\left(\frac{hc}{\lambda}-\frac{hc}{\lambda_0}\right)}=6.4\times10^5\text{m/s}$$

例 15-3　从纯铝中释放出一个电子需要 4.2eV 的能量，今有波长为 $\lambda=200\text{nm}$ 的光照射到铝表面，求：(1)光电子的最大动能；(2)遏止电压；(3)截止波长。

解　(1) 因为 $h\nu=\frac{1}{2}mv^2+A$，$A=4.2\text{eV}=4.2\times1.6\times10^{-19}\text{J}=6.72\times10^{-19}\text{J}$，所以光电子的最大动能为

$$\frac{1}{2}mv^2=h\nu-A=\frac{hc}{\lambda}-A$$
$$=\left(\frac{6.63\times10^{-34}\times3\times10^8}{200\times10^{-9}}-6.72\times10^{-19}\right)\text{J}$$
$$=3.23\times10^{-19}\text{J}=2.02\text{eV}$$

(2) 因为 $\frac{1}{2}mv_m^2=e|U_a|=2.02\text{eV}$，所以 $|U_a|=2.02\text{V}$，$U_a=-2.02\text{V}$。

(3) 因为 $h\nu_0=A$，所以 $\nu_0=\frac{A}{h}$，因此可得

$$\lambda_0=\frac{c}{\nu_0}=\frac{hc}{A}=2.96\times10^{-7}\text{m}=296\text{nm}$$

15.3　康普顿效应

1920—1922 年，美国物理学家康普顿(A. H. Compton，1892—1962)研究了 X 射线经过石墨等物质散射后的光谱成分，发现散射光线中含有除入射波长外的其他波长的成分。康普顿散射的实验装置如图 15-9 所示。单色 X 射线源发射一束波长为 λ_0 的 X 射线，投射到一块石墨体上。从石墨体中出射的 X 射线沿着各个方向，称为散射。散射光强度及其波长用 X 射线谱仪来测量。

实验发现，在散射的 X 射线中，除含有与入射光波长 λ_0 相同的射线外，还有比波长 λ_0 大的散射线，这种波长改变的散射现象称为**康普顿散射**或**康普顿效应**(Compton effect)。

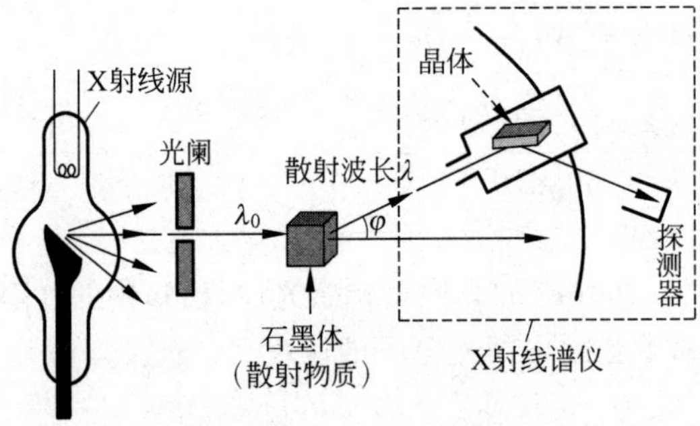

图 15-9　康普顿散射的实验装置

波长改变量$(\lambda-\lambda_0)$随散射角φ的增大而增大，在同一入射波长和同一散射角下，$(\lambda-\lambda_0)$对各种材料都相同。相对原子质量小的物质，康普顿散射较强；相对原子质量大的物质，康普顿散射较弱。如图 15-10 和图 15-11 所示。

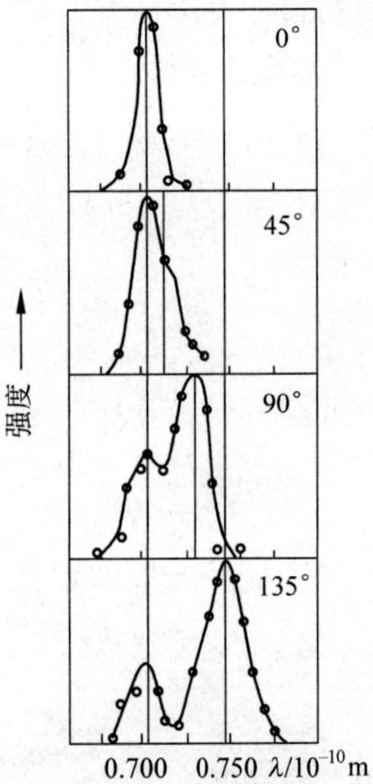

图 15-10　康普顿散射与散射角的关系

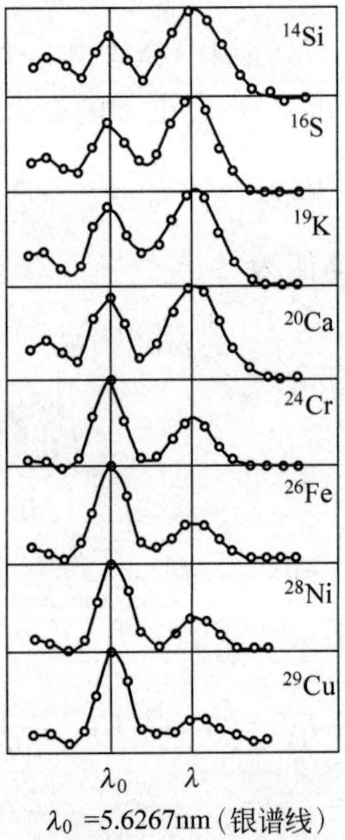

图 15-11　康普顿散射与散射物质的关系

按照经典电磁理论的解释，当电磁波通过物体时，将引起物体内带电粒子的受迫振动，每个振动着的带电粒子将向四周辐射电磁波，成为散射光。从波动观点来看，带电粒子受迫振动的频率等于入射光的频率，所以发射光的频率（或波长）应与入射光的频率相等（或波长）。可见，光的波动理论能够解释波长不变的散射而不能解释康普顿效应。

如果应用光子的概念，并假设光子和实物粒子一样，能与电子等发生弹性碰撞，那么，康普顿效应能够在理论上得到与实验相符的解释。一个光子与散射物质中的一个自由电子或束缚较弱的电子发生碰撞后，光子将沿某一方向散射，这一方向就是康普顿散射方向。当碰撞时，光子有一部分能量传给电子，散射的光子能量就比入射光子的能量少；因为光子能量

与频率之间有 $\varepsilon=h\nu$ 的关系，所以散射光的频率减小了，即散射光的波长增加了。对于相对原子质量小的原子，其对电子的束缚一般较弱，对于相对原子质量大的原子，只有外层电子的束缚较弱，内部电子却是束缚非常紧的。所以，相对原子质量小的物质，康普顿散射较强，而相对原子质量大的物质，康普顿散射较弱。

如图 15-12 所示，一个光子和一个自由电子作完全弹性碰撞，由于自由电子的速率远小于光速，所以可认为碰撞前电子静止。设光子频率为 ν_0，沿 x 轴正方向入射，碰撞后，光子沿与 x 轴正方向夹角为 φ 的方向散射出去，电子则获得了速率 v，并沿与 x 轴正方向夹角为 θ 的方向运动，因为光速很大，所以电子获得的速度也很大，可以与光速比较，此电子称为反冲电子。

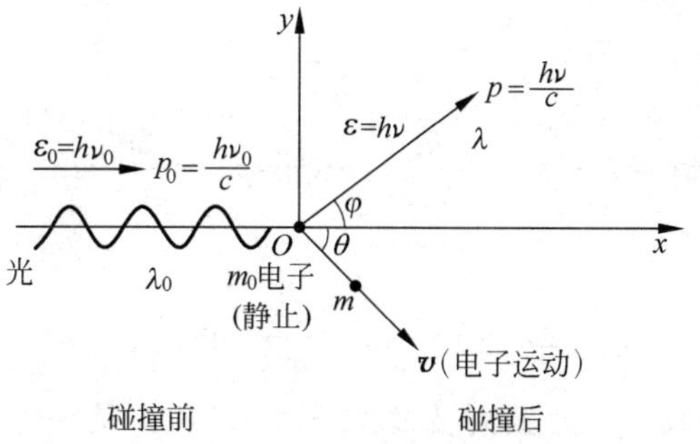

图 15-12　光子与电子的碰撞

设 m_0 和 m 分别为电子的静止质量和相对论质量。根据能量守恒有

$$h\nu_0+m_0c^2=h\nu+mc^2 \tag{15-17}$$

根据动量守恒，则有

$$\begin{cases} x\text{ 方向：}\dfrac{h\nu_0}{c}=\dfrac{h\nu}{c}\cos\varphi+mv\cos\theta \\ y\text{ 方向：}0=\dfrac{h\nu}{c}\sin\varphi-mv\sin\theta \end{cases} \tag{15-18}$$

由式(15-18)可得

$$\left(\frac{h\nu_0}{c}-\frac{h\nu}{c}\cos\varphi\right)^2=m^2v^2\cos^2\theta$$

$$\left(\frac{h\nu}{c}\sin\varphi\right)^2=m^2v^2\sin^2\theta$$

将以上两式联立有

$$\frac{h^2\nu_0^2}{c^2}-2h^2\,\frac{1}{c^2}\nu_0\nu\cos\varphi+\frac{h^2\nu^2}{c^2}(\cos^2\varphi+\sin^2\varphi)=m^2v^2$$

即

$$mv^2c^2=h^2\nu^2+h^2\nu_0^2-2h^2\nu_0\nu\cos\varphi \tag{15-19}$$

式(15-17)可化为

$$mc^2=h(\nu_0-\nu)+m_0c^2$$

对上式两边求平方，可得

$$m^2c^4=h^2\nu_0^2+h^2\nu^2-2h^2\nu_0\nu+2h(\nu_0-\nu)m_0c^2+m_0^2c^4 \tag{15-20}$$

将式(15-20)减去式(15-19)可得

$$m^2c^4\left(1-\frac{v^2}{c^2}\right)=m_0^2c^4-2h^2\nu_0\nu(1-\cos\varphi)+2h(\nu_0-\nu)m_0c^2$$

因为 $m=m_0/\sqrt{1-\beta^2}$，所以上式可变为

$$m_0^2c^4=m_0^2c^4-2h^2\nu_0\nu(1-\cos\varphi)+2h(\nu_0-\nu)m_0c^2$$

即

$$m_0c^2(\nu_0-\nu)=h\nu_0\nu(1-\cos\varphi) \tag{15-21}$$

将式(15-21)除以 $m_0c\nu_0\nu$ 可得

$$\frac{c}{\nu}-\frac{c}{\nu_0}=\frac{h}{m_0c}(1-\cos\varphi)$$

$$\Delta\lambda=\lambda-\lambda_0=\frac{h}{m_0c}(1-\cos\varphi)=\frac{2h}{m_0c}\sin^2\frac{\varphi}{2}$$

即

$$\Delta\lambda=\lambda-\lambda_0=\frac{2h}{m_0c}\sin^2\frac{\varphi}{2} \tag{15-22}$$

式中，λ_0 为入射光的波长；λ 为散射光的波长；h/m_0c 是一个常数，称为**康普顿波长**(Compton wave-length)，其值为 2.43×10^{-12} m。由式(15-22)可知，当散射角 φ 增大时，散射光的改变量 $\Delta\lambda$ 也随之增大；当 φ 和 λ_0 相同时，λ 相同，与散射物质无关。

康普顿效应的发现，以及理论分析和实验结果的一致，不仅有力证明了光子假说的正确性，并且证实了在微观粒子的相互作用过程中，也严格遵守着能量守恒定律和动量守恒定律。光电效应和康普顿效应等实验现象，证实了光子假说是正确的，光具有粒子性。在散射光中还有与入射光波长相同的成分是因为入射光子除与外层电子发生碰撞外，有的光子还会与原子的内层电子发生碰撞，由于内层电子受原子核束缚很强，质量比光子大很多，光子与其碰撞后的能量损失极小，所以波长近似保持不变。

15.4 玻尔的氢原子理论

在 19 世纪 80 年代，光谱学得到长足发展，1885 年，巴耳末(J. J. Balmer，1825—1898)将氢原子的光谱线归纳为一个有规律的公式，这促使人们认识到光谱线的规律本质上是显示了原子内部的机理。1897 年，汤姆孙发现了电子，并确定是原子的组成粒子以后，物理学的中心问题开始转向探索原子内部的奥秘。但是要想直接对原子内部的结构进行观察，当时是无法办到的。不过，如果想要了解原子内部的信息，可以通过高速粒子的散射实验和原子发光光谱来实现。由于在所有的原子中，氢原子是最简单的，其光谱也最简单，所以，对氢原子光谱的研究是进一步研究原子光谱的基础。

15.4.1 氢原子光谱的实验规律

1885 年，从某些星体的光谱中观察到的氢原子的光谱已达到 14 条，瑞士一中学教师巴

耳末发现这些氢原子光谱在可见光部分的谱线可归纳为

$$\lambda = B\left(\frac{n^2}{n^2 - 2^2}\right),\quad n = 3,4,5,\cdots \tag{15-23}$$

式中，λ 为波长；B 为常量，其值为 364.56nm。我们把可见光区所有谱线的总体称为巴耳末系，其与实验结果十分符合，如图 15-13 所示。由长波向短波方向，前 4 个谱线分别叫做 H_α，H_β，H_γ，H_δ，实验测得它们对应的波长分别为：$\lambda_{H_\alpha} = 656.3\text{nm}$，$\lambda_{H_\beta} = 486.1\text{nm}$，$\lambda_{H_\gamma} = 434\text{nm}$，$\lambda_{H_\delta} = 410.2\text{nm}$。当 $n \to \infty$ 时，$\lambda_{H_\infty} = 364.56\text{nm}$，这个波长为巴耳末系波长的极限值。

在光谱学中，谱线也常用频率 ν 或波数 $\tilde{\nu} = \dfrac{1}{\lambda}$ 来表示，$\tilde{\nu}$ 表示单位长度内所含的波数。这样，式(15-23)可表示为

$$\tilde{\nu} = \frac{4}{B}\left(\frac{1}{2^2} - \frac{1}{n^2}\right) \tag{15-24}$$

这个公式称为巴耳末公式，它所表达的一组谱线称为氢原子光谱的**巴耳末系**，它们均落在可见光区。

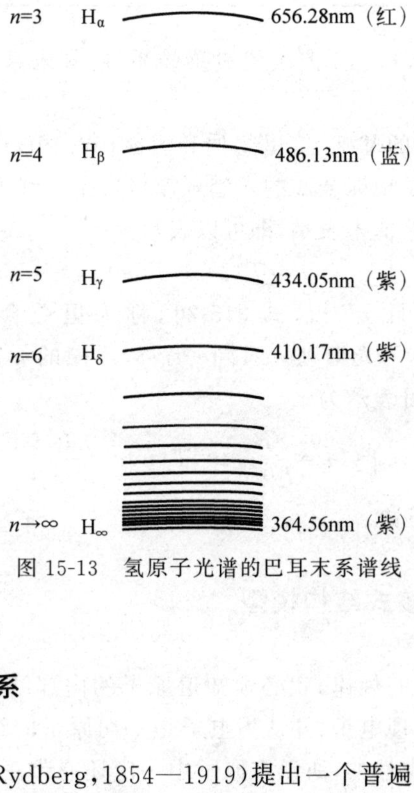

图 15-13　氢原子光谱的巴耳末系谱线

15.4.2　氢原子线光谱系

1889 年，里德伯(J. R. Rydberg，1854—1919)提出一个普遍的方程，将式(15-24)中的 2^2 换成其他整数的平方，就可以得出氢原子光谱的其他线系，即

$$\tilde{\nu} = \frac{1}{\lambda} = R\left(\frac{1}{l^2} - \frac{1}{n^2}\right),\quad l = 1,2,3,\cdots;\quad n = l+1, l+2,\cdots \tag{15-25}$$

该方程称为里德伯方程，其中，$R = \dfrac{4}{B} = 1.097\times10^7\,\text{m}^{-1}$，称为里德伯常量。氢原子光谱各谱线系的名称如表 15-2 所示。

表 15-2 氢原子光谱谱线系

谱线系名称与发现年代	谱线波段	l	n	谱线公式
莱曼系(Lyman),1914	紫外光	1	$n=2,3,\cdots$	$\tilde{\nu}=\frac{1}{\lambda}=R\left(\frac{1}{1^2}-\frac{1}{n^2}\right)$
巴耳末系(Balmer),1885	可见光	2	$n=3,4,\cdots$	$\tilde{\nu}=\frac{1}{\lambda}=R\left(\frac{1}{2^2}-\frac{1}{n^2}\right)$
帕邢系(Paschen),1908	红外线	3	$n=4,5,\cdots$	$\tilde{\nu}=\frac{1}{\lambda}=R\left(\frac{1}{3^2}-\frac{1}{n^2}\right)$
布拉开系(Brackett),1922	红外线	4	$n=5,6,\cdots$	$\tilde{\nu}=\frac{1}{\lambda}=R\left(\frac{1}{4^2}-\frac{1}{n^2}\right)$
普丰德系(Pfund),1924	红外线	5	$n=6,7,\cdots$	$\tilde{\nu}=\frac{1}{\lambda}=R\left(\frac{1}{5^2}-\frac{1}{n^2}\right)$
汉弗莱系(Humphreys),1953	红外线	6	$n=7,8,\cdots$	$\tilde{\nu}=\frac{1}{\lambda}=R\left(\frac{1}{6^2}-\frac{1}{n^2}\right)$

式(15-25)中 $l=1,2,3,4,5,6$ 依次代表莱曼系、巴耳末系、帕邢系、布拉开系、普丰德系、汉弗莱系。

在氢原子光谱实验规律的基础上,里德伯和里兹(W. Ritz)等在 1890 年研究其他元素(如一价碱金属)的光谱时,发现碱金属的光谱规律与氢原子谱线类似,也可以分为若干个线系,一般可以用两个函数的差值来表示,即可以表示为

$$\tilde{\nu}=T(l)-T(n) \tag{15-26}$$

式中,l 和 n 均为正整数,且 $n>l$,式(15-26)称为里兹合并原理(Ritz combination principle)。$T(l)$和 $T(n)$称为光谱项。对同一个 l,不同的 n 给出同一谱系的不同谱线。对于碱金属原子,其光谱项可表示为

$$T(l)=\frac{R}{l+\alpha},\quad T(n)=\frac{R}{n+\beta} \tag{15-27}$$

式中,α,β 都是小于 1 的修正数。

15.4.3 卢瑟福的原子核式结构模型

要正确地解释原子光谱的规律,就必须知道原子的内部结构。1897 年,英国物理学家汤姆孙通过阴极射线实验发现电子,并认为电子是一切原子的组成部分。实验上发现电子是带负电的,而正常原子是中性的,所以在原子中一定还有带正电的物质,这种带正电的物质在原子中是怎样分布的呢?1904 年,汤姆孙首先提出原子的结构模型,此模型称为汤姆孙模型。他认为:原子是球形的,原子中正电荷均匀分布在整个球内,而带负电的电子浸泡在球内,并可在球内运动,球内电子数目恰与正电部分的电荷量值相等,从而构成中性原子。这个原子模型常被称为“葡萄干蛋糕模型”。

但是,此模型存在许多问题,比如,电子为什么不与正电荷“融洽”在一起并把电荷中和掉呢?而且这个模型不能解释氢原子光谱存在的谱线系。1911 年,卢瑟福(E. Rutherford,

1871—1937)设计了一个实验，用 α 粒子轰击金箔。轰击金箔后的 α 粒子，可以通过观察 α 粒子撞击荧光屏时产生的闪光而探测到，如图 15-14 所示。

卢瑟福在 α 粒子轰击金箔的散射实验中发现，绝大多数 α 粒子穿过金箔后沿原来的方向，或沿散射角很小的方向(一般为 2°～3°)运动，但是每 8000 个 α 粒子中就有一个出现散射角大小为 90°的情况，甚至接近 180°，即被沿原入射方向弹回而不是穿过它。卢瑟福用一个比喻表达了他的惊讶："这就像是你向一张纸巾上发射了一枚 15 英寸(1 英寸＝0.0254m)的炮弹壳，而它竟被弹回来打中了你。"卢瑟福认为，如果按汤姆孙模型来分析，不可能有 α 粒子的大角散射，所以此汤姆孙模型与实验不符。

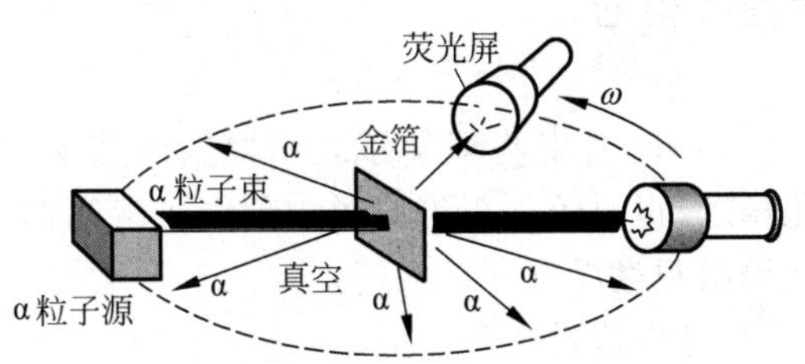

图 15-14　α 粒子轰击金箔的散射实验

α 粒子的大角度偏转一定是由与某些质量较大的物体碰撞所致，而且这个物体肯定很小，因为大部分 α 粒子只是偏转了很小的角度。1911 年，卢瑟福在 α 粒子散射的基础上提出了原子的核式结构模型。他认为：原子中心有一带电的原子核，它几乎集中了原子的全部质量，电子围绕这个核转动，核的大小与整个原子相比很小。按此模型，原子核是很小的，在 α 粒子散射实验中，绝大多数 α 粒子穿过原子时，因受核的作用很小，故它们的散射角很小。只有少数 α 粒子能进入距原子核很近的地方，这些 α 粒子受核的作用(排斥)很大，故它们的散射作用也很大。极少数 α 粒子正对原子核运动，故它们的散射角接近 180°，如图 15-15 所示。现代实验证明原子的线度约为 10^{-10} m，而原子核的线度约为 10^{-15} m。

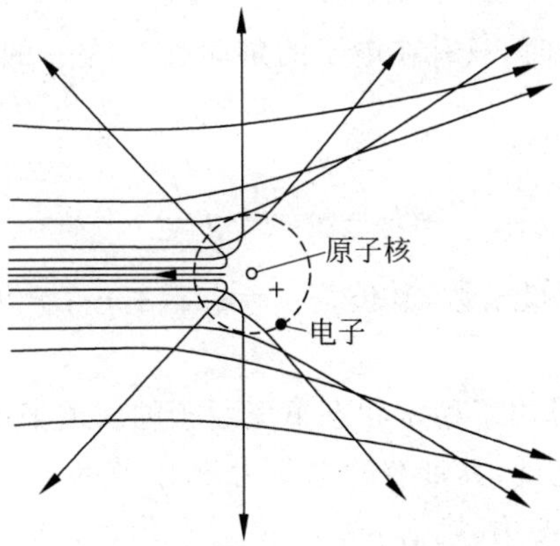

图 15-15　α 粒子流在原子核附近的散射示意图

原子核发现以后，原子的行星模型取代了"葡萄干蛋糕模型"：电子绕原子核转动，就像个小型的太阳系，电子受到原子核的静电力作用，就像太阳系中的太阳对行星的引力一样。

然而，如果卢瑟福的核式结构模型是正确的，那么许多实验现象按照经典电磁理论是无法解释的。按照经典电磁理论，凡是作加速运动的电荷都发射电磁波，电子绕原子核运动时是有加速度的，原子就应不断发射电磁波，它的能量要不断减少，因此电子就要作螺旋线运动来逐渐趋于原子核，最后坠入原子核上。这说明原子并不稳定，但实际上原子是稳定的。此外，按照经典电磁理论，加速电子发射的电磁波的频率等于电子绕原子核转动的频率，由于电子作螺旋线运动，它转动的频率连续地变化，所以发射电磁波的频率亦应是连续光谱。但实验指出，原子光谱线的频率是不连续的，这又是矛盾。可见依据经典电磁理论无法说明原子的线状光谱规律。

15.4.4 玻尔氢原子理论模型

为了解决上述矛盾，1913 年，丹麦物理学家玻尔根据卢瑟福原子核模型和原子的稳定性，应用普朗克的量子化概念，提出了关于氢原子内部电子运动的理论，成功解释了氢原子光谱的规律性，为人类认识微观世界打开了大门。

玻尔理论是以以下三个基本假设为基础的。

(1) 定态假设

电子在原子中可在一些特定的圆周轨迹上运动，不辐射也不吸收电磁波，因为具有恒定的能量，所以这些状态称为原子的稳定状态或定态，相应的能量用 $E_1, E_2, E_3, \cdots$表示。

(2) 频率条件

当电子从一个能量为 E_n 的定态跃迁到另一个能量为 E_l 的定态时，会放出或吸收一个光子，光子的频率为

$$\nu = \left| \frac{E_n - E_l}{h} \right| \tag{15-28}$$

当 $E_n > E_l$ 时发射光子，当 $E_n < E_l$ 时吸收光子。式(15-28)称为玻尔频率公式。

(3) 量子化条件

电子以速度 v 绕核运动时，只有在电子的角动量 L 为$\frac{h}{2\pi}$的整数倍的那些轨道上才是稳定的，即

$$L = mvr = n\frac{h}{2\pi} \tag{15-29}$$

式中，h 为普朗克常量；n 为量子数，其值为 $n=1,2,3,\cdots$；r 为轨道半径。式(15-29)称为角动量量子化条件。

玻尔根据上述假设，计算出了稳定状态下氢原子的轨道半径和能量，并解释了氢原子光谱的规律。设质量为 m 的电子，其带有的电荷为 e，以速率 v 沿半径为 r 的轨道运动，原子核与电子间的库仑力提供向心力，则有

$$\frac{e^2}{4\pi\varepsilon_0 r^2} = m\frac{v^2}{r} \tag{15-30}$$

由式(15-29)的量子化条件，有

$$v = \frac{nh}{2\pi mr}$$

将之代入式(15-30)，有

$$m\left(\frac{nh}{2\pi mr}\right)^2=\frac{e^2}{4\pi\varepsilon_0 r}$$

用 r_n 来代替 r，则电子的轨迹半径为

$$r_n=\frac{n^2h^2\varepsilon_0}{\pi me^2},\quad n=1,2,3,\cdots \tag{15-31}$$

这就是原子中第 n 个稳定的轨道半径。由式(15-31)可知，电子轨道半径和量子数 n 的平方成正比，其值是不连续的。当 $n=1$ 时，$r_1=\frac{h^2\varepsilon_0}{\pi me^2}=5.3\times10^{-11}\,\text{m}$，此为氢原子中电子的最小轨道半径，$r_1$ 称为**玻尔半径**(Bohr radius)。电子轨迹半径还可表示为

$$r_n=\frac{n^2h^2\varepsilon_0}{\pi me^2}=n^2r_1 \tag{15-32}$$

由式(15-32)可知，电子轨道半径只能取一系列的分立值，即 $r_1,4r_1,9r_1,16r_1,\cdots$，如图 15-16 所示。

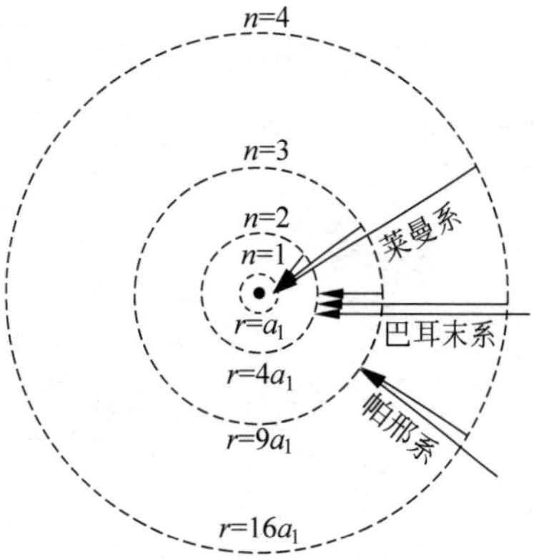

图 15-16　氢原子各定态轨道及跃迁图

当电子处于第 n 个轨道上时，氢原子所具有的总能量等于电子动能与势能之和，即

$$E_n=E_\text{k}+E_\text{p}=\frac{1}{2}mv_n^2-\frac{e^2}{4\pi\varepsilon_0 r_n}$$

由于 $\frac{1}{2}mv_n^2=\frac{e^2}{8\pi\varepsilon_0 r_n}$，将之代入上式可得

$$E_n=-\frac{1}{n^2}\frac{me^4}{8\varepsilon_0^2h^2},\quad n=1,2,3,\cdots \tag{15-33}$$

当 $n=1$ 时，$E_1=-\frac{me^4}{n^2 8\varepsilon_0^2h^2}=-13.6\text{eV}$，这里的 E_1 是氢原子的最低能量，此能态称为**基态**(ground state)，而其他各态则称为**激发态**(excited state)。电子在第 n 个轨道上时，氢原子的能量还可写为

$$E_n=-\frac{me^4}{n^2 8\varepsilon_0^2h^2}=\frac{1}{n^2}E_1 \tag{15-34}$$

由式(15-34)可知，当 n 取 1,2,3,4 时，氢原子所具有的能量分别为

$$E_1=-13.6\text{eV},\quad E_2=\frac{1}{4}E_1,\quad E_3=\frac{1}{9}E_1,\quad E_4=\frac{1}{16}E_1$$

以上结果说明，氢原子的能量是不连续的，只能取一些分立的值，这称为能量的量子化，我们常称这种量子化的能量值为能级(energy level)。E_1 称为**基态能级**(ground state energy level)，对于 $n>1$ 的各个稳定态，能量大于基态能量，且随量子数 n 的增大而增大。氢原子内部能量都是负值，能量最大的地方在 $n\to\infty$，此处能量为零。使原子或分子电离所需的能量称为电离能。如果将氢原子电离，相当于把电子从现在的能级拉到无穷远，而无穷远是氢原子的最高能级。理论上的氢原子的基态电离能为 13.6eV，这与实验结果是相符合的。氢原子的能级与其相应的电子轨道的示意图，如图 15-17 所示。

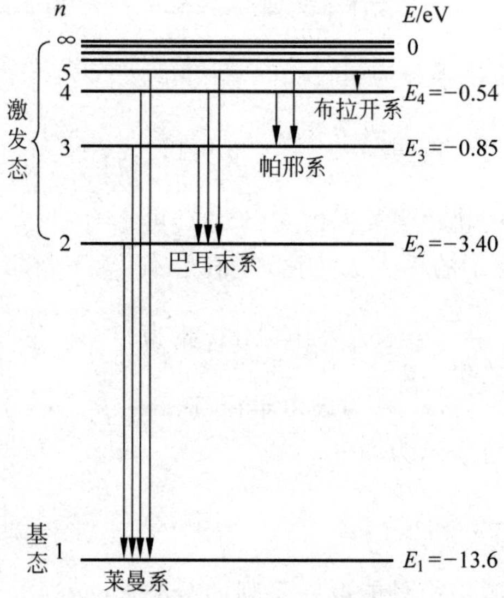

图 15-17　氢原子能级图

按照玻尔理论，氢原子的能级公式为式(15-33)，当电子从高能级 n 态向低能级 l 态跃迁时，根据频率公式有

$$\nu=\frac{1}{h}(E_n-E_l) \tag{15-35}$$

波长的倒数为

$$\begin{aligned}\frac{1}{\lambda}&=\frac{1}{hc}(E_n-E_l)=\frac{1}{hc}\left(-\frac{me^4}{n^2 8\varepsilon_0^2 h^2}+\frac{me^4}{l^2 8\varepsilon_0^2 h^2}\right)\\&=\frac{me^4}{8\varepsilon_0^2 h^3 c}\left(\frac{1}{l^2}-\frac{1}{n^2}\right)=R\left(\frac{1}{l^2}-\frac{1}{n^2}\right)\end{aligned} \tag{15-36}$$

显然，式(15-36)与氢原子光谱经验公式(15-25)是一致的。式中，

$$R=\frac{me^4}{8\varepsilon_0^2 h^3 c}=1.097\ 373\times10^7\ \mathrm{m}^{-1}$$

这与实验上测得的里德伯常量非常接近(实验上的值为 $R=1.096\ 776\times10^7\ \mathrm{m}^{-1}$)。由此可见，玻尔理论很好地解释了氢原子光谱的规律性。

在玻尔量子理论发表的第二年，弗兰克(J. Franck)和赫兹(G. L. Hertz)在电子和汞原子碰撞实验中，利用它们之间的非弹性碰撞，将汞原子从低能级激发到高能级，从而在实验上直接证实了原子具有离散的能级，二人因此获得 1925 年的诺贝尔物理学奖。

15.4.5　玻尔理论的意义与困难

玻尔在实验的基础上结合了卢瑟福的原子核式结构模型和普朗克的量子理论，研究了原子内部的情况，在原子物理学中跨出了一大步。它的成功在于圆满地解释了氢原子及类氢原子的谱线规律。玻尔理论不仅讨论了氢原子的具体问题，还包含着关于原子的基本规律。玻尔的定态假设和频率条件对一切原子都是正确的。玻尔理论的创立对现代量子力学的建立有着重大意义。

但是玻尔的氢原子理论也存在着明显的缺陷。例如，它不能解释结构稍微复杂一些的原子的谱线结构（如碱金属结构的情况），也不能说明氢原子光谱的精细结构和谱线在均匀磁场中的分裂现象。另外，玻尔的理论还存在着明显的逻辑缺陷，首先，他以经典理论为基础，将微观粒子看成是遵守牛顿力学的质点，具有坐标和轨道的概念，同时又赋予它们量子化的特征（能量量子化、角动量量子化），这本身就有相互矛盾的地方；其次，电子处于定态时不发出辐射的假设和经典理论是矛盾的；再次，量子化假设也没有恰当的理论解释。所以玻尔理论是经典理论加上量子条件的混合物，且两者之间非常不协调。正如当时 W. L. 布拉格所评论的那样："玻尔理论每周一、三、五是经典规律，而每周二、四、六是量子化的。"这反映出了早期量子论的局限性。但是玻尔理论对量子力学的发展起到了重大的引领作用。实际上微观粒子具有比宏观粒子复杂得多的波粒二象性。

后来在玻尔理论的基础上，薛定谔、海森伯（W. K. Heisenberg，1901—1976）等在微观粒子具有波粒二象性的基础上建立起新的量子力学，用正确的概念和理论解决了玻尔理论的缺陷，使之成为一个完整的描述微观粒子运动规律的理论体系。

例 15-4　氢原子从 $n=10$ 和 $n=2$ 的激发态跃迁到基态时发射光子的波长分别是多少？

解　根据里德伯方程可知

$$\frac{1}{\lambda}=R\left(\frac{1}{l^2}-\frac{1}{n^2}\right)$$

依题意知 $l=1$，所以

$$\lambda=\left[R\left(\frac{1}{1^2}-\frac{1}{n^2}\right)\right]^{-1}$$

对于 $n=10$，$\lambda_1=\left[1.097\times10^7\times\left(\frac{1}{1^2}-\frac{1}{10^2}\right)\right]^{-1}\text{m}=0.921\times10^{-7}\text{m}=92.1\text{nm}$。

对于 $n=2$，$\lambda_2=\left[1.097\times10^7\times\left(\frac{1}{1^2}-\frac{1}{2^2}\right)\right]^{-1}\text{m}=1.215\times10^{-7}\text{m}=121.5\text{nm}$。

例 15-5　求出氢原子巴耳末系的最大和最小波长。

解　巴耳末系波长的倒数为

$$\frac{1}{\lambda}=R\left[\frac{1}{2^2}-\frac{1}{n^2}\right],\quad n=3,4,5,\cdots$$

（1）$n=3$ 时，$\lambda=\lambda_{\max}$，即

$$\lambda_{\max}=\left[1.097\times10^7\times\left(\frac{1}{2^2}-\frac{1}{3^2}\right)\right]^{-1}=6.563\times10^{-7}\text{m}$$

（2）$n\to\infty$时，$\lambda=\lambda_{\min}$，即

$$\lambda_{\min}=\left[1.097\times10^7\times\left(\frac{1}{2^2}-\frac{1}{\infty^2}\right)\right]^{-1}=3.646\times10^{-7}\text{m}$$

例 15-6　求氢原子中基态和第 1 激发态的电离能。

解　氢原子能级为

$$E_n=\frac{1}{n^2}E_1,\quad n=1,2,3,\cdots$$

（1）基态的电离能等于电子从 $n=1$ 激发到 $n\to\infty$ 时所需的能量，即

$$W_1=E_\infty-E_1=\frac{E_1}{\infty}-\frac{E_1}{1^2}=-E_1=13.6\text{eV}$$

（2）第1激发态的电离能等于电子从 $n=2$ 激发到 $n\to\infty$ 时所需的能量，即

$$W_2=E_\infty-E_2=\frac{E_1}{\infty}-\frac{E_1}{2^2}=-\frac{E_1}{2^2}=3.4\text{eV}$$

15.5 德布罗意波 实物粒子的波粒二象性

15.5.1 德布罗意假设

光的干涉、衍射等现象证实了光的波动性，而黑体辐射、光电效应和康普顿效应则为光的粒子性（即量子性）提供了有力论据。物理学家们已经普遍接受了光的波粒二象性的概念。光子的能量和动量分别为 $E=h\nu$ 和 $p=h/\lambda$。光具有波粒二象性，那么像电子这样的粒子，其粒子性早已被人们所认识，它们是否也具有波动性呢？1924年，法国年轻的博士研究生德布罗意提出了与光的波粒二象性完全对称的设想，德布罗意认为，如同过去对光的认识比较片面一样，对实物粒子的认识或许也是片面的，波粒二象性并不只是光才具有的，实物粒子也具有波粒二象性。德布罗意说道："整个世纪以来，在光学上，比起波动的研究，过于忽视了光的粒子性研究。在实物粒子的理论研究上，是否发生了相反的错误呢？是不是我们把关于粒子的图像想得太多，而过分地忽视了波的图像？"正如他自己所说："经过长时间孤寂的思索和遐想之后，1923年我突然想到，应当把爱因斯坦关于光的波粒二象性的观念加以推广，使它包含一切粒子，尤其是电子。"

德布罗意（L. V. de Broglie，1892—1987），出生于法国迪耶普，法国理论物理学家，物质波理论的创立者，量子力学的奠基人之一。德布罗意提出实物粒子也具有波粒二象性。1927年，美国的戴维孙和革末、英国的G. P. 汤姆孙通过电子衍射实验各自证实了电子确实具有波动性。德布罗意因此获得了1929年诺贝尔物理学奖。

德布罗意将光的波粒二象性推广到实物粒子上，一个质量为 m，以速度 v 作匀速运动的实物粒子，从粒子的观点来看，它具有能量 E 和动量 p 的粒子性，从波动的观点看，它具有以频率 ν 和波长 λ 所描述的波动性。粒子的动量与波长的关系如同光子的情况一样，即其相应的频率 ν 和波长 λ 分别为

$$\lambda=\frac{h}{p} \tag{15-37}$$

$$\nu=\frac{E}{h} \tag{15-38}$$

式中，h 为普朗克常量，式(15-37)和式(15-38)称为德布罗意公式。按照德布罗意的假设，以动量 p 运动的实物粒子的波长为 $\lambda=h/p$，这种与实物粒子相联系的波称为**德布罗意波**(de Broglie wave)或**物质波**(matter wave)。

对于一静止质量为 m_0 的微观粒子，当其运动速率 v 远小于光速 c，即 $v\ll c$ 时，粒子的德布罗意波长为

$$\lambda=\frac{h}{p}=\frac{h}{m_0 v}$$

当粒子的速率接近于光速时，其德布罗意波长为

$$\lambda=\frac{h}{mv}=\frac{h}{m_0 v\Big/\sqrt{1-\left(\frac{v}{c}\right)^2}}$$

在宏观尺度范围内，由于 h 是非常小的量，所以实物粒子的物质波的波长非常短，波动性未能显现出来。但在微观尺度下，实物粒子的波动性就会显现。

例 15-7 设电子的静止质量为 m_0，经加速电压为 U 的电场加速后，(1)求此电子的德布罗意波波长(不考虑相对论效应)。(2)若电势差 U 很大，考虑电子的相对论效应，证明其德布罗意波的波长为

$$\lambda=\frac{hc}{\sqrt{eU(eU+2m_0c^2)}}$$

解 (1) 由于电场力做的功 eU 等于电子动能的增量，即

$$eU=\frac{1}{2}mv^2$$

因此电子获得的速率为

$$v=\sqrt{\frac{2eU}{m}}$$

则电子的德布罗意波波长为

$$\lambda=\frac{h}{p}=\frac{h}{m_0 v}=\frac{h}{\sqrt{2m_0 e}}\frac{1}{\sqrt{U}}=\frac{6.62\times10^{-34}}{\sqrt{2\times9.1\times10^{-31}\times1.6\times10^{-19}}}\frac{1}{\sqrt{U}}\mathrm{m}$$

$$=\frac{1.23}{\sqrt{U}}\mathrm{nm}$$

上式说明，电子的物质波的波长取决于 U，通过控制 U，就可以得到相应的电子波的波长。当 $U=100\mathrm{V}$ 时，$\lambda=0.123\mathrm{nm}$；当 $U=10\,000\mathrm{V}$，$\lambda=0.0123\mathrm{nm}$。可见，电子的德布罗意波的波长是很短的。

(2) 由相对论的能量和动量的关系式可知

$$p=\sqrt{\frac{E^2-E_0^2}{c^2}}=\sqrt{\frac{(E_\mathrm{k}+E_0)^2-E_0^2}{c^2}}=\frac{\sqrt{E_\mathrm{k}(E_\mathrm{k}+2E_0)}}{c}$$

由于 $E_\mathrm{k}=eU$，$E_0=m_0c^2$，因此

$$p=\frac{\sqrt{eU(eU+2m_0c^2)}}{c}$$

$$\lambda=\frac{h}{p}=\frac{hc}{\sqrt{eU(eU+2m_0c^2)}}$$

例 15-8 从德布罗意波推导出玻尔氢原子的角动量量子化条件。

解 对于机械波，在一根两端固定的弦线上，如果弦长 l 等于波长 λ，可以在弦线上形成稳定的驻波。如图 15-18(a)所示。如果将此弦线弯曲成首尾相接的半径为 r 的圆，则弦线上将仍然是一稳定的驻波，如图 15-18(b)和(c)所示。此时圆周长等于波长，即

$$l=2\pi r=\lambda$$

当圆周长等于波长整数倍的时候，同样也可以在弦线上形成稳定的驻波，所以有

$$2\pi r=n\lambda$$

式中，$n=1,2,3,\cdots$。图 15-19 为 $n=4$ 时，弦线上所形成的驻波图样。

德布罗意认为，由于微观粒子具有波粒二象性，电子绕核做半径为 r 的稳定的圆周轨道运动，就相当于电子的物质波在此圆周上形成了稳定的驻波，且只有满足驻波条件时的轨道才是稳定的轨道。如图 15-19 所示。

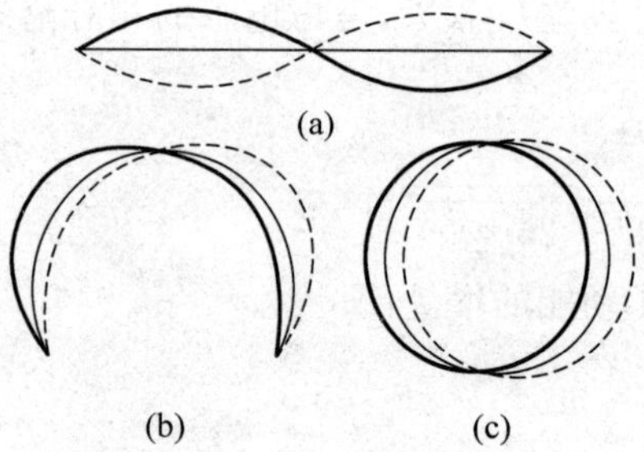

图 15-18 形成驻波的条件

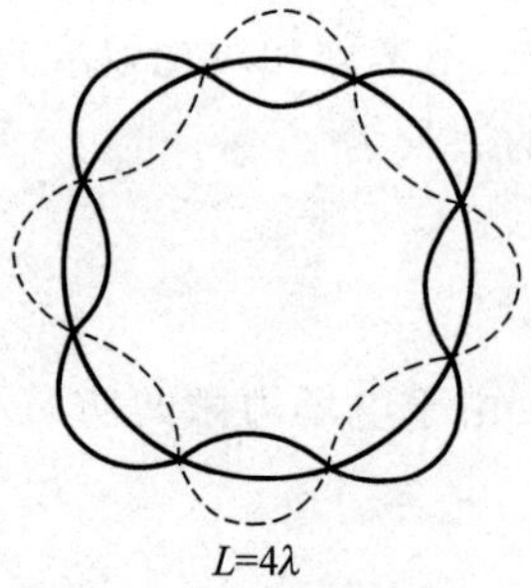

图 15-19 周长是波长 4 倍时的驻波条件

设 r 为稳定的电子轨道半径，则

$$2\pi r=n\lambda,\quad n=1,2,3\cdots$$

而电子的物质波波长为 $\lambda=\dfrac{h}{mv}$，将之代入上式可得

$$mvr=n\frac{h}{2\pi}$$

这正是玻尔假设中电子轨道的角动量量子化条件。

玻尔氢原子理论的轨道角动量量子化条件是人为假设，缺乏合适的理论解释，德布罗意的物质波概念给该假设提供了一个合理的解释，但是这个解释并不严密，因为该解释中将经典的轨道概念同物质波结合在一起，是经典理论和量子理论的混合。

15.5.2 电子衍射实验 物质波的统计解释

德布罗意提出物质波的概念后，很快就在实验上被证实。1927 年，美国物理学家戴维

孙(C. J. Davisson,1881—1958)和革末(L. Germer,1896—1971)进行了电子衍射实验,实验装置如图 15-20 所示。

电子枪发射的电子束,经电势差 U 加速后垂直投射到镍单晶的表面上。电子束在晶体表面上散射后进入电子探测器,其电流由电流计测出。实验发现,当加速电压 $U=54\mathrm{V}$,且电子束与散射线的夹角 θ(散射角)为 50°时,探测到的电子束的强度才有极大值,如图 15-21 所示。这个测量结果不能用粒子运动来说明,但可以用 X 射线对晶体的衍射方法来分析,计算结果表明,电子确实具有波动性,德布罗意关于实物粒子具有波动性的假设首次得到证实。

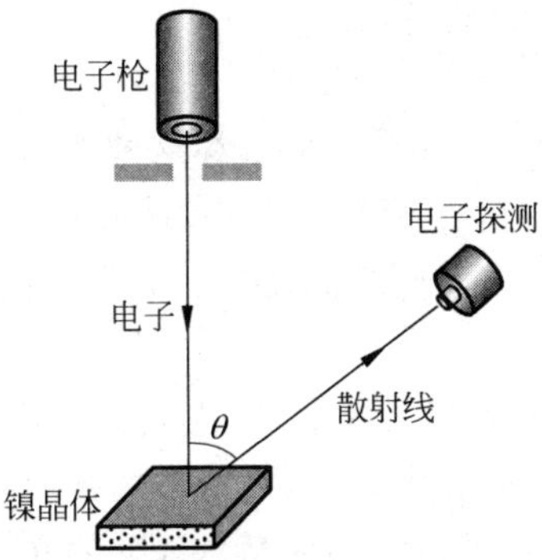

图 15-20 戴维孙-革末实验

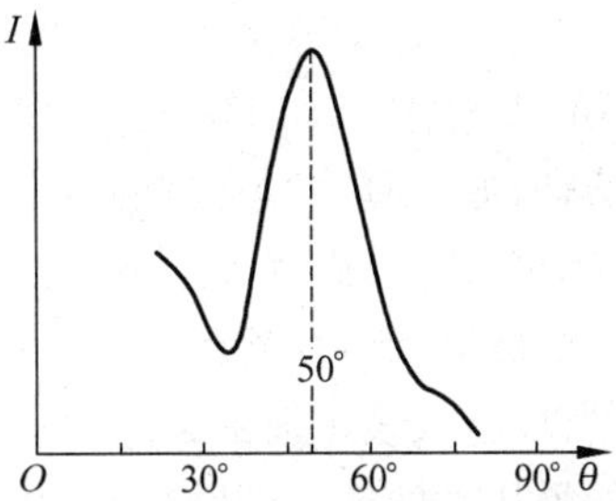

图 15-21 散射电子束强度与散射角的关系

1928 年,英国物理学家 G. P. 汤姆孙(J. J. 汤姆孙的儿子)用电子衍射实验进一步证实了实物粒子的波动性。实验装置如图 15-22 所示,K 是发射电子的灯丝,D 是光阑,M 是晶体。灯丝与阑缝之间有电势差 U,从 K 发射的电子经电场加速后,经光阑 D 变成一束很细的平行电子束,能量为数千电子伏特。电子束入射到多晶薄片 M(如铝箔)上,再射到照相底片 P 上,得到了如图 15-22 所示的衍射图样。

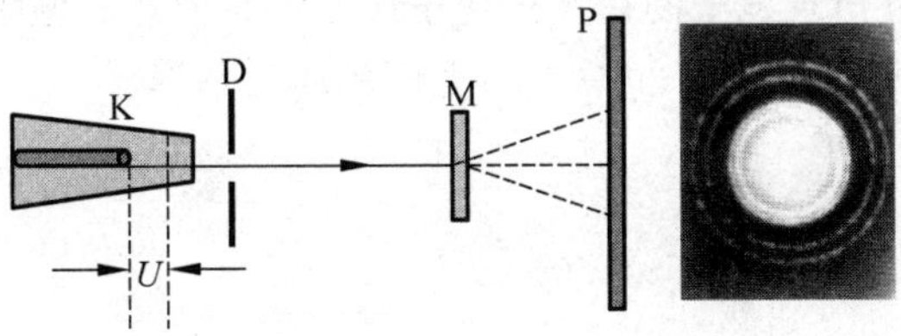

图 15-22 汤姆孙的电子衍射实验

1960 年,约恩孙(C. Jönsson)直接做了电子双缝干涉实验,更直观地证实了电子的波动性。他在铜膜上刻出两条相距 1μm,宽 0.3μm 的狭缝,用 50kV 的电压加速电子,相应的电子波长约为 0.005nm。将加速后的电子束垂直入射到狭缝上,从屏幕上可以得到类似光的杨氏双缝干涉图样的照片,如图 15-23 所示。由于波长非常短,实验难度非常高,所以这样的实验结果是非常卓越的。

既然电子有波动性,那么自然会联想到原子、分子和中子等其他粒子,它们是否也具有波动性?人们用各种气体分子做类似的实验,完全证实了分子也具有波动性,德布罗意公式也仍然是成立的。后来,中子的衍射现象也被观察到。现在德布罗意公式已成为表示中子、电子、质子、原子和分子等粒子的波动性和粒子性之间关系的基本公式。

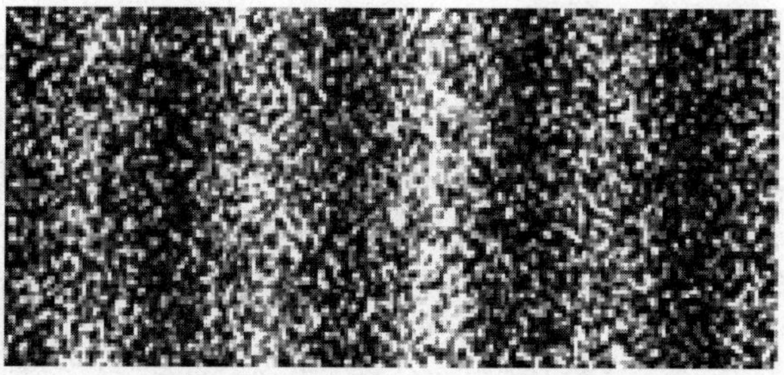

图 15-23　电子束通过双缝的干涉

既然电子、中子、原子等微观粒子具有波粒二象性，那么如何解释这种波动性呢？

20 世纪初，人们首先认识到，光具有波粒二象性。在经典物理中，波和粒子是两个完全不能相容的特性，波动具有"连续"的特征，而粒子具有"分立"的特性。如果我们分析一下光的衍射情况，则可以将两者联系起来。

如果从光的波动性特征看，光是一种电磁波，在衍射图样中，因为波的强度与其振幅的平方成正比，所以亮处表示波的强度大，对应的振幅平方大，暗处表示波的强度小，对应的振幅平方小。如果从光的粒子性特征看，光强大处表示单位时间内到达该处的光子数多，光强小处表示单位时间到达该处的光子数少。如果将光看作大量光子的入射，则意味着光子到达亮处的概率大于到达暗处的概率。因此，如果将光的两种特性联系起来，则可得出，粒子在某处出现的概率与该处波的强度成正比，也就是与该处波的振幅平方成正比。

电子的衍射图样类似于光的衍射图样。从粒子观点看，衍射图样的出现，是由于电子不均匀地射向照相底片各处而形成的，有些地方很密集，有些地方很稀疏。这表示电子射到各处的概率是不同的，电子密集处概率大，电子稀疏处概率小。从波动观点看，电子密集处的波强大，电子稀疏处的波强小。所以，电子出现的概率反映了波的强度，因为波的强度正比于波幅的平方，所以某处出现电子的概率正比于该处德布罗意波振幅的平方，这就是德布罗意波的统计解释。其他的微观粒子也具有与上面相同的解释。

15.5.3　应用举例

微观粒子的波动性已经在现代科学技术上得到广泛应用，电子显微镜即为一例。电子显微镜的分辨率之所以较普通显微镜高，就是应用了电子的波动性。前面提到过，光学显微镜的分辨本领为 $R=\frac{D}{1.22\lambda}$，由于受到可见光的限制（可见光的波长范围为 400～760nm），分辨率不能很高，放大倍数只有 2000 倍左右。X 射线的波长很小，但是与 X 射线对应的成像系统做不出来。而电子的德布罗意波长比可见光短得多，按 $\lambda=\frac{1.23}{\sqrt{U}}$ 知，加速电压 U 为几百伏特时，电子波长和 X 射线相当。如果加速电压增大到几万伏特，则 λ 更短。所以，电子显微镜的放大倍数很大，可达到几十万倍以上。1932 年，德国人鲁斯卡（E. A. F. Ruska，1906—1988）与其合作者研制了世界上第一台电子显微镜，如图 15-24 和图 15-25 所示。

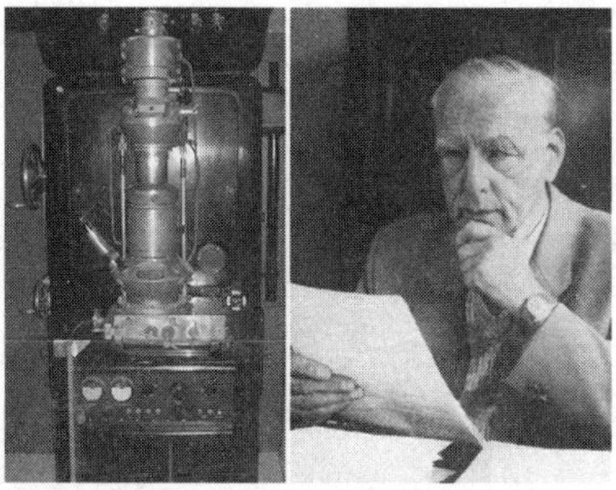

图 15-24　鲁斯卡与世界上第一台电子显微镜

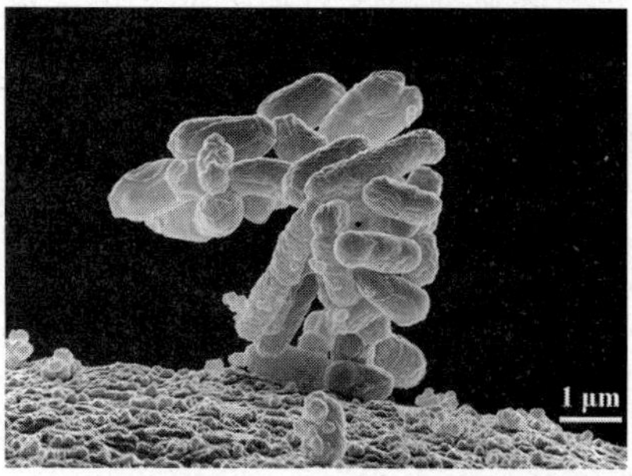

图 15-25　放大一万倍的大肠杆菌显微图像

15.6　不确定关系

在经典力学中，任一时刻粒子的运动状态都可以用位置和动量来描述，按照牛顿运动定律，粒子在任何时刻的位置都可以准确测定。与此不同的是，微观粒子具有明显的波动性，"运动轨道"等经典概念已经失去意义，这必然会对相关物理量的测量带来影响，正如爱因斯坦所言："正是理论决定了什么是可以观测的。"对于具有波粒二象性的微观粒子，是否仍可以通过确定的位置和动量来描述呢？这将对测量带来怎样的影响？下面我们通过电子衍射实验来讨论这个问题。

假设一束平行电子束，沿 y 轴正方向入射到缝宽为 b 的单缝上，电子经狭缝产生衍射，衍射图样分布关于 y 轴对称，在中央处形成明条纹，在其两旁还有其他明条纹。如图 15-26 所示。

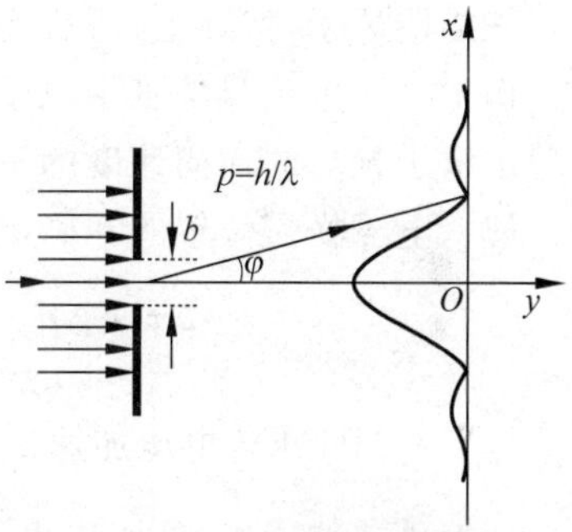

图 15-26　电子的单缝衍射与不确定关系

对于中央明条纹，根据单缝衍射公式有

$$b\sin\varphi=\lambda \tag{15-39}$$

通过狭缝后，电子由于发生衍射，所以其运动方向发生了变化，即动量发生了变化。设经过狭缝后电子的动量为 $\boldsymbol{p}$，在 φ 角内，动量 $\boldsymbol{p}$ 的分量 p_x 满足

$$0\leqslant p_x\leqslant p\sin\varphi$$

电子通过狭缝后发生衍射，故 p_x 有一个不确定量，该不确定量为

$$\Delta p_x=p\sin\varphi$$

由上式和式(15-39)有

$$b\Delta p_x=p\cdot\lambda$$

当电子通过狭缝时，它具体通过狭缝哪个点是不确定的。所以电子坐标 x 的不确定度 Δx 等于缝宽度 b，则

$$\Delta x\cdot\Delta p_x\geqslant h \tag{15-40}$$

式(15-40)称为海森伯不确定关系，简称为**不确定关系**(uncertainty relation)，Δx，Δp_x 分别称为粒子的坐标 x 和动量 p_x 的不确定量，式中"＞"是在考虑到还有一些电子落在中央明

条纹以外的区域的情况后加上的。以上只是粗略估算。

从量子力学出发进行严密推导,得出不确定关系的最终形式为

$$\Delta x \cdot \Delta p_x \geqslant \frac{h}{4\pi}, \quad \Delta y \cdot \Delta p_y \geqslant \frac{h}{4\pi}, \quad \Delta z \cdot \Delta p_z \geqslant \frac{h}{4\pi}$$

引入另一个常用的量

$$\hbar = \frac{h}{2\pi} = 1.054\ 588\ 7 \times 10^{-34}\ \mathrm{J \cdot s}$$

称为**约化普朗克常量**,则不确定关系可以写为

$$\Delta x \cdot \Delta p_x \geqslant \frac{\hbar}{2}, \quad \Delta y \cdot \Delta p_y \geqslant \frac{\hbar}{2}, \quad \Delta z \cdot \Delta p_z \geqslant \frac{\hbar}{2} \tag{15-41}$$

以上关系式是海森伯在1927年得出的,这三个公式描述了位置坐标和动量的不确定关系,它们说明某方向上粒子位置的不确定量越小,则同方向上动量的不确定量就越大。同理,某方向上动量的不确定量越小,则同方向上粒子位置的不确定量越大。总之,不确定关系表明,在表示或测量粒子的位置和动量时,它们的精度存在着一个终极的不可逾越的限制,微观粒子的位置坐标和同方向的动量不能同时具有确定的值。减小 Δx,将使 Δp_x 增大,即位置确定得越准确,动量确定得就越不准确,这和实验结果是一致的。对于具有波粒二象性的微观粒子,不可能用某一时刻的位置和动量描述其运动状态,经典力学规律不再适用。

不确定关系不仅适用于电子,也适用于其他微观粒子。它的根源是波粒二象性,物理学家费恩曼(R. P. Feynman,1918—1988)曾把它称为“自然界的根本属性”,并且说:“现在我们用来描述原子,实际上,所有物质的量子力学的全部理论都有赖于不确定原理的正确性。”

例 15-9 电视显像管中电子的加速电压为10kV,电子枪的枪口直径为0.01cm,试求电子射出电子枪后的横向速度的不确定量。

解 电子横向位置的不确定性为 $\Delta x = 0.01\mathrm{cm}$,根据微观粒子的不确定关系

$$\Delta x \cdot \Delta p_x \geqslant \frac{\hbar}{2}, \quad \Delta v_x \geqslant \frac{\hbar}{2\Delta x \cdot m} = 0.58\mathrm{m/s}$$

电子经过10kV电压加速后,由 $eU = \frac{1}{2}mv^2$ 可知,$v \approx 6 \times 10^7\mathrm{m/s}$,可见速度横向的不确定性远小于速度本身,所以电子的运动速度仍是确定的,波动性不起什么实际影响。电子的运动问题仍可以利用经典力学来处理。

例 15-10 试求原子中电子速度的不确定量,已知原子的线度为 $10^{-10}\mathrm{m}$。

解 原子中原子核的体积非常小,电子几乎占据整个原子体积,因此电子位置的不确定量为 $\Delta r = 10^{-10}\mathrm{m}$,由不确定关系可得

$$\Delta v_x \geqslant \frac{\hbar}{2\Delta r \cdot m} = 5.8 \times 10^5\mathrm{m/s}$$

由玻尔理论可估算出氢原子中电子的轨道运动速率约为 $10^6\mathrm{m/s}$,可见速度的不确定量与速度大小的数量级基本相同,因此原子中电子在任意时刻没有完全确定的位置和速度,也没有确定的轨道,不能看成经典粒子,波动性十分明显,电子的运动必须用电子在各处的概率分布来描述。

15.7　粒子的波函数

由于微观粒子具有波粒二象性，所以其位置和动量不能同时测定。利用经典物理学方法已经无法描述粒子的运动状态。为了解决这个问题，在一系列实验的基础上，经过德布罗意、薛定谔、海森伯等物理学家的共同努力，建立了反映微观粒子属性和运动规律的量子力学。反映微观粒子运动的基本方程是薛定谔方程，微观粒子运动状态用薛定谔方程的函数（波函数）来表述。薛定谔根据德布罗意的波粒二象性假设，从经典力学的基本方程出发，用波动方程来描述粒子和粒子体系的运动规律，称为波动力学。

15.7.1　德布罗意平面波

由德布罗意关系式可知，一个具有一定能量 E 和动量 p 的自由运动的微观粒子，必然同时表现出波动性，因此我们不能像经典物理那样，确定这个自由粒子在某一时刻的位置，而需要用波函数来描述它的运动状态。

假设有一个沿 x 轴正方向运动的、不受外力作用的自由电子，其具有的能量和动量分别为 E 和 p。根据德布罗意关系可知，

$$\lambda=\frac{h}{p},\quad \nu=\frac{E}{h} \tag{15-42}$$

由于自由电子的能量 E 和动量 p 都是恒量，所以其物质波的频率 ν 和波长 λ 具有确定值，可认为它是一平面单色波。单一频率的平面简谐波的波函数为

$$y(x,t)=A\cos 2\pi\left(\nu t-\frac{x}{\lambda}\right)$$

用指数形式的实部来表示，即

$$y(x,t)=A\mathrm{e}^{-\mathrm{i}2\pi\left(\nu t-\frac{x}{\lambda}\right)}$$

为了描述微观粒子的运动状态，薛定谔提出使用物质波波函数的方法。物质波的波函数是时间和空间坐标的函数，即

$$\Psi(x,t)=\psi_0\mathrm{e}^{-\mathrm{i}\frac{2\pi}{h}(Et-px)} \tag{15-43}$$

为了与经典波区分，在式中用 $\Psi(x,t)$ 来代表 $y(x,t)$，用 ψ_0 来代表 A，式(15-43)是与具有能量 E、动量为 p、沿 x 轴正方向运动的自由粒子相联系的波。此波称为自由粒子的德布罗意波，$\Psi(x,t)$ 称为自由粒子的波函数。$\psi_0\mathrm{e}^{\mathrm{i}\frac{2\pi}{h}px}$ 相当于 x 处波函数的复振幅，而 $\mathrm{e}^{-\mathrm{i}\frac{2\pi}{h}Et}$ 反映了波函数随时间的变化。

自由粒子只是最简单的情况，其 E，p 不随时间或位置的变化而变化，相应的波函数是角频率 ω 和波数 k 都不随时间和位置改变的平面波。如果微观粒子受到随时间或位置变化的势场作用或在其他复杂条件下运动，则 E，p 不再确定，但是它依然具有波粒二象性，相应的德布罗意波不再是平面波，需要用更复杂的波函数 $\Psi(r,t)$ 来描述它。

15.7.2 波函数的统计解释

波函数描述的究竟是一种什么样的波，波函数的确切物理含义又是什么？

杨氏双缝实验证实了光具有波动性，在双缝实验中，屏幕上的光强分布是光波通过双缝后互相干涉的结果，干涉条纹的明暗正比于干涉光波的光强，而光强正比于光波振幅的平方。如果实验中光的强度十分微弱，微弱到底片上每次只能记录到一个光子，那么底片上某点的光强正比于在该点出现一个光子的概率，描述光波的波函数模的平方正比于在该时刻在该点出现一个光子的概率。

在 15.5 节的约恩孙电子双缝干涉实验中，如果将入射电子的强度减到非常弱，则可以近似认为电子是一个一个地入射，刚开始时，闪光点在底片上的分布看起来没有什么规律。随着入射电子数目的增多，闪光点的分布有些地方很密，有些地方则非常稀少，甚至几乎没有，最后底片上呈现出类似于光的杨氏双缝干涉图样。如图 15-27 所示。

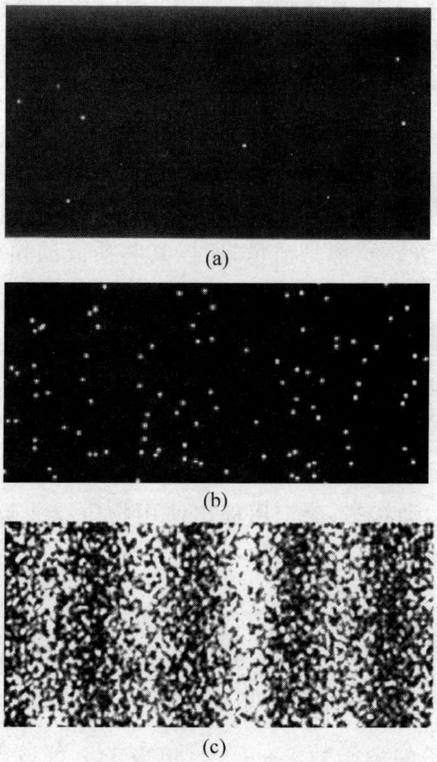

图 15-27　电子的双缝干涉

(a) 少数几个电子；(b) 几百个电子；(c) 数万个电子

这几幅图说明电子确实是粒子，因为图像是由闪光点组成的，同时也说明单个电子的去向是不确定的，一个电子到达什么位置完全是概率事件。随着入射电子数目的增多，电子分布情况的规律性逐渐显现，最后呈现出明显的干涉条纹，而干涉条纹是对大量电子的统计结果。数学上，需要用概率理论描述这种现象。另外，实验表明，无论是电子束一次入射，还是通过单电子长时间间歇地入射，最后所得到的干涉条纹分布都是相同的，因此可以证明，电子的波动性并不是电子间相互作用的结果，而是单个电子的行为。

图 15-27 明确地表明，物质波并不是经典的波，经典的波是一种运动形式。在光的双缝干涉实验中，不管入射波的强度如何小，在缝后的屏上都会显示出强弱连续分布的衍射条纹，只是亮度微弱罢了，但是图 15-27 明确地显示，物质波的主体是粒子，而这种粒子的运动并不具有经典的振动形式。

对于实物粒子的双缝干涉结果，费恩曼曾说："这种现象是用任何经典方式都不能解释的，绝对不能，它包含着量子力学的核心。事实上，它包含着唯一的奥秘。我们不能靠仅仅说明这是怎样工作的就排除了这种奥秘。"

电子双缝干涉实验表明，电子既有粒子性，又有波动性，它的波粒二象性意味着在自然界中存在着不可消除的不确定性。既然电子既不是经典的粒子，也不是经典的波，那么，如何正确解释电子双缝干涉的实验结果呢？在电子双缝干涉实验中，电子通过双缝后到达屏幕上是随机的偶然事件，对单电子来说，无法确定它最后到达屏幕上的何处，但是可以根据电子的双缝干涉图样来确定电子到达屏幕上各点概率的大小。1926 年，玻恩（M. Born，1882—1970）提出，电子双缝干涉图样必定是每个电子的概率图样，伴随每个粒子的德布罗意波 $\Psi(r,t)$ 是描述粒子在空间的概率波，波函数所描述的波动性并不像经典波一样代表实在物理量的波动，而是刻画粒子在空间的概率分布。波恩的解释赋予了量子物理中粒子性和波动性以统一的、明确的含义。量子概念中的粒子，具有一定的能量、动量、质量等粒子属性，但是它并不像经典粒子一样具有确定的运动轨道，其运动也不遵守牛顿第二定律；量子概念中的波，也不同于经典概念中的波是实在物理量在空间的波动，而是概率波。

有了波函数，那怎样来描述微观粒子的运动状态呢？我们知道，经典波的强度是它的振幅 A 的平方，而波函数是复数，干涉图样是概率分布图样，因此，与光的双缝干涉相似，粒子干涉图形的强度分布应用 $|\Psi(r,t)|^2$ 表示，它反映了粒子在 r 处附近出现的概率的大小。1926 年，玻恩提出，某时刻，在空间 (x,y,z) 处附近 $\mathrm{d}V=\mathrm{d}x\mathrm{d}y\mathrm{d}z$ 体积元内发现粒子数的概率与 $|\Psi|^2$ 和 $\mathrm{d}V$ 成正比，即

$$\begin{aligned}\mathrm{d}P(r,t)&=C|\Psi(r,t)|^2\mathrm{d}V\\&=C\Psi(r,t)\Psi^*(r,t)\mathrm{d}V\end{aligned}\tag{15-44}$$

式中，C 为比例系数；Ψ^* 是 Ψ 的共轭复数；$|\Psi|^2$ 为粒子出现在点 (x,y,z) 附近单位体积内的概率，称为**概率密度**（probability density）。所以波函数 $\Psi(r,t)$ 的模的平方表示在 t 时刻 r 处附近粒子出现的概率。

从波函数的统计解释，可以引出波函数的几个性质。

（1）单值性

根据波函数的统计解释，空间某处粒子出现的概率密度是确定的，不存在出现多值的可能性。

（2）连续性

波函数随时空的变化反映了微观粒子的运动变化，其波函数必须是连续函数。

（3）有限性

$|\Psi|^2$ 表示的是概率，那么它为无穷大的情况是不存在的。

(4) 归一性

由于某时刻在整个空间内粒子出现的概率应为1,所以

$$\int_V C\,|\,\Psi\,|^2 \mathrm{d}V = 1$$

或

$$\iiint_V C\,|\Psi(x,y,z,t)|^2 \mathrm{d}x\mathrm{d}y\mathrm{d}z = 1 \tag{15-45}$$

式(15-45)称为波函数的**归一化条件**。满足归一化条件的波函数称为归一化波函数。

例 15-11 设粒子在一维空间运动,运动状态由下面的波函数描述:

$$\Psi(r,t) = \begin{cases} 0, & x \leqslant -\dfrac{b}{2}, x \geqslant \dfrac{b}{2} \\ A\exp\left(-\dfrac{\mathrm{i}}{\hbar}Et\right)\cos\left(\dfrac{\pi x}{b}\right), & -\dfrac{b}{2} < x < \dfrac{b}{2} \end{cases}$$

式中,A 为任意常数,E 和 b 为常数,试求:(1)归一化波函数;(2)概率密度 p;(3)粒子出现的概率最大处。

解 (1) 因为粒子在 x 方向的一维空间里运动,所以归一化条件为

$$\int_{-\infty}^{+\infty} |\Psi(x,t)|^2 \mathrm{d}x = 1$$

即

$$\int_{-\infty}^{-b/2} |\Psi(x,t)|^2 \mathrm{d}x + \int_{-b/2}^{+b/2} |\Psi(x,t)|^2 \mathrm{d}x + \int_{+b/2}^{+\infty} |\Psi(x,t)|^2 \mathrm{d}x = 1$$

再由 $\Psi(x,t)$ 的表达式可得

$$A^2\int_{-b/2}^{+b/2} \exp\left(-\frac{\mathrm{i}}{\hbar}Et\right)\cos\left(\frac{\pi x}{b}\right)\exp\left(\frac{\mathrm{i}}{\hbar}Et\right)\cos\left(\frac{\pi x}{b}\right)\mathrm{d}x = 1$$

$$A^2\int_{-b/2}^{+b/2} \cos^2\left(\frac{\pi x}{b}\right)\mathrm{d}x = 1$$

由此可得

$$A = \sqrt{\frac{2}{b}}$$

所以归一化波函数为

$$\Psi(r,t) = \begin{cases} 0, & x \leqslant -\dfrac{b}{2}, x \geqslant \dfrac{b}{2} \\ \sqrt{\dfrac{2}{b}}\exp\left(-\dfrac{\mathrm{i}}{\hbar}Et\right)\cos\left(\dfrac{\pi x}{b}\right), & -\dfrac{b}{2} < x < \dfrac{b}{2} \end{cases}$$

(2) 概率密度 p 为

$$p(x,t) = |\Psi(x,t)|^2 = \begin{cases} 0, & x \leqslant -\dfrac{b}{2}, x \geqslant \dfrac{b}{2} \\ \dfrac{2}{b}\cos^2\left(\dfrac{\pi x}{b}\right), & -\dfrac{b}{2} < x < \dfrac{b}{2} \end{cases}$$

(3) 粒子出现的概率最大处,需满足

$$\frac{\mathrm{d}}{\mathrm{d}x}\left[\frac{2}{b}\cos^2\left(\frac{\pi x}{b}\right)\right] = 0$$

因此可得 $x=0$ 处粒子出现的概率最大。

15.8 薛定谔方程

在量子力学中，微观粒子的运动状态是用波函数来描述的，当波函数确定后，粒子的一切力学量的平均值，以及各种可能取值的概率都相应地确定了，所以要弄清楚粒子的运动规律，就必须要知道波函数随时间的变化规律，即找到波函数的运动方程。1926 年，薛定谔在德布罗意物质波假说的基础上，建立了势场中适用于描述低速运动的微观粒子的微分方程，也就是物质波波函数 $\Psi(x,t)$满足的方程，成功地解决了这一问题。该方程被称为薛定谔方程，薛定谔方程可以正确处理低速情况下各种微观粒子运动的问题。这个波动方程是构成量子力学的基础。

15.8.1 自由粒子的薛定谔方程

设有一质量为 m、动量为 p、能量为 E 的自由粒子，沿 x 轴运动，则粒子波函数可写为

$$\Psi(x,t)=\psi_0 \mathrm{e}^{-\mathrm{i}\frac{2\pi}{h}(Et-px)} \tag{15-46}$$

将式(15-46)对 t 求导数，并在等号两端同时乘以 $\mathrm{i}\hbar$可得

$$\mathrm{i}\hbar\frac{\partial}{\partial t}\Psi(x,t)=\mathrm{i}\hbar\frac{\partial}{\partial t}\left[\psi_0 \mathrm{e}^{\frac{-\mathrm{i}}{\hbar}(Et-px)}\right]=E\Psi(x,t) \tag{15-47}$$

由此可见，如果用算符 $\mathrm{i}\hbar\frac{\partial}{\partial t}$作用在自由粒子的波函数上，得到的结果为自由粒子的能量 E 与粒子波函数的乘积。

设自由粒子的质量为 m，将式(15-46)对 x 求两阶导数，并在等号两端同时乘以$-\frac{\hbar^2}{2m}$可得

$$-\frac{\hbar^2}{2m}\frac{\partial^2\Psi(x,t)}{\partial x^2}=-\frac{\hbar^2}{2m}\frac{\partial^2}{\partial x^2}\left[\psi_0 \mathrm{e}^{\frac{-\mathrm{i}}{\hbar}(Et-px)}\right]=\frac{p^2}{2m}\Psi(x,t)$$

其中，$\frac{p^2}{2m}$是自由粒子的动能，也即自由粒子的总能量，所以上式也可以写为

$$-\frac{\hbar^2}{2m}\frac{\partial^2\Psi(x,t)}{\partial x^2}=E\Psi(x,t) \tag{15-48}$$

由式(15-47)和式(15-48)可得

$$\mathrm{i}\hbar\frac{\partial}{\partial t}\Psi(x,t)=-\frac{\hbar^2}{2m}\frac{\partial^2\Psi(x,t)}{\partial x^2} \tag{15-49}$$

式(15-49)称为**一维运动自由粒子的含时薛定谔方程**，自由粒子的波函数即是它的解。

对波函数进行某种运算或作用的符号，称为算符。上面用到的运算符号 $\mathrm{i}\hbar\frac{\partial}{\partial t}$和$-\frac{\hbar^2}{2m}\frac{\partial^2}{\partial x^2}$都是算符。它们作用到自由粒子的波函数上，结果都等于自由粒子的能量与波函

数的乘积，即

$$i\hbar\frac{\partial}{\partial t}\longleftrightarrow -\frac{\hbar^2}{2m}\frac{\partial^2}{\partial x^2} \tag{15-50}$$

其中，$i\hbar\frac{\partial}{\partial t}$称为能量算符；$-\frac{\hbar^2}{2m}\cdot\frac{\partial^2}{\partial x^2}$称为动能算符。将式(15-50)两端算符均作用在波函数 $\Psi(x,t)$上，即可得到自由粒子的薛定谔方程。

15.8.2 薛定谔方程表示

$-\frac{\hbar^2}{2m}\frac{\partial^2}{\partial x^2}$与粒子的动能相对应，如果假设粒子在势场$U(x)$中运动，那么考虑势能后与粒子能量对应的算符就应为

$$\hat{H}=-\frac{\hbar^2}{2m}\frac{\partial^2}{\partial x^2}+U(x) \tag{15-51}$$

算符 $\hat{H}$ 称为**哈密顿量**，它作用在波函数上，将等于粒子的能量与波函数的乘积，因此也称为能量算符。所以考虑到势场$U(x)$的作用，式(15-50)的算符对应关系变为

$$i\hbar\frac{\partial}{\partial t}\longleftrightarrow\hat{H}$$

上式两端的算符如果作用到波函数 $\Psi(x,t)$上，令结果相等可得

$$i\hbar\frac{\partial}{\partial t}\Psi(x,t)=\hat{H}\Psi(x,t) \tag{15-52}$$

即方程

$$i\hbar\frac{\partial}{\partial t}\Psi(x,t)=\left[-\frac{\hbar^2}{2m}\frac{\partial^2}{\partial x^2}+U(x)\right]\Psi(x,t) \tag{15-53}$$

式(15-53)就是用算符形式表示的普遍情况下的量子力学方程，它给出了在势场中运动的微观粒子的波函数随时间的变化规律，称为**薛定谔方程**。

薛定谔方程只含有对时间的一阶导数，因此只要给定系统的初始状态 $\Psi(x,0)$，以后任何时刻系统的状态原则上就可以完全确定。在这种意义上，薛定谔方程和经典力学中的牛顿运动方程地位十分相似，它体现了量子力学中粒子运动状态演化的因果关系。不同之处在于，牛顿运动方程决定的是物理量，而薛定谔方程决定的是波函数，而波函数是概率幅，物理量在其中一般不取确定值。薛定谔方程对物理量的取值是非确定性的、概率性的和统计性的。

对于三维运动的粒子，薛定谔方程为

$$i\hbar\frac{\partial}{\partial t}\Psi(x,y,z,t)=\hat{H}\Psi(x,y,z,t) \tag{15-54}$$

哈密顿量为

$$\hat{H}=-\frac{\hbar^2}{2m}\left(\frac{\partial^2}{\partial x^2}+\frac{\partial^2}{\partial y^2}+\frac{\partial^2}{\partial z^2}\right)+U(x,y,z) \tag{15-55}$$

15.8.3 定态薛定谔方程

1. 一维定态薛定谔方程

将式(15-46)对 x 求两阶导数,对 t 求一阶导数,有

$$\begin{cases}\dfrac{\partial^2 \Psi}{\partial x^2}=-\dfrac{4\pi^2 p^2}{h^2}\Psi \\ \dfrac{\partial \Psi}{\partial t}=-\mathrm{i}\,\dfrac{2\pi}{h}E\Psi\end{cases} \tag{15-56}$$

低速运动的微观粒子,其动量和能量间的关系为 $p^2=2mE_k$,对自由粒子有

$$-\frac{h^2}{8\pi^2 m}\frac{\partial^2 \Psi}{\partial x^2}=E_k\Psi \tag{15-57}$$

若粒子在势能为 $V(x,t)$ 的势场中运动,则自由粒子所具有的能量为

$$E=E_k+V=p^2/2m+V$$

将之代入式(15-57),则有

$$-\frac{h^2}{8\pi^2 m}\frac{\partial^2 \Psi}{\partial x^2}+(V-E)\Psi=0 \tag{15-58}$$

如果微观粒子的势能 V 仅是坐标的函数,而与时间无关,即 $V=V(x)$,因此利用分离变量法,可以将波函数写为坐标函数和时间函数的乘积,即

$$\Psi(x,t)=\psi(x)\mathrm{e}^{-\mathrm{i}\frac{2\pi}{h}Et}$$

其中,$\psi(x)=\psi_0\mathrm{e}^{\mathrm{i}\frac{2\pi}{h}px}$,将之代入式(15-58),有

$$\frac{h^2}{8\pi^2 m}\frac{\mathrm{d}^2\psi(x)}{\mathrm{d}x^2}+(E-V)\psi(x)=0 \tag{15-59}$$

或

$$\frac{\mathrm{d}^2\psi(x)}{\mathrm{d}x^2}+\frac{2m}{\hbar^2}(E-V)\psi(x)=0$$

由于 $\psi(x)$ 只与 x 有关,而与 t 无关,所以此式称为势场中一维运动粒子的**定态薛定谔方程**。$\psi(x)$ 称为**定态波函数**,它描写的粒子状态叫做**定态**(stationary state)。

要注意的是,薛定谔方程不能从经典力学导出,也不能用任何逻辑推理的方法加以证明,只能通过实验来检验。几十年来,大量实验事实表明,用薛定谔方程进行计算(包括近似计算)所得的结果都与实验结果符合得很好。所以以薛定谔方程作为基本方程的量子力学被认为是能够正确反映微观系统客观实际的近代物理理论。

2. 三维定态薛定谔方程

一般情况下,描述系统相互作用的势能函数是空间坐标和时间 t 的函数,但是当系统的势能和时间无关,且粒子在三维空间中运动时,系统的哈密顿量为

$$\hat{H}=-\frac{\hbar^2}{2m}\left(\frac{\partial^2}{\partial x^2}+\frac{\partial^2}{\partial y^2}+\frac{\partial^2}{\partial z^2}\right)+U(x,y,z)$$

式(15-59)可推广为

$$\left(\frac{\partial^2}{\partial x^2}+\frac{\partial^2}{\partial y^2}+\frac{\partial^2}{\partial z^2}\right)\psi(x,y,z)+\frac{8\pi^2 m}{h^2}[E-U(x,y,z)]\psi(x,y,z)=0$$

或

$$-\frac{\hbar^2}{2m}\left(\frac{\partial^2}{\partial x^2}+\frac{\partial^2}{\partial y^2}+\frac{\partial^2}{\partial z^2}\right)\psi(x,y,z)+U(x,y,z)\psi(x,y,z)=E\psi(x,y,z) \tag{15-60}$$

亦可以用哈密顿量表示为

$$\hat{H}\psi(x,y,z)=E\psi(x,y,z) \tag{15-61}$$

式(15-61)即为三维运动粒子的定态薛定谔方程。数学上，如果一个算符作用到一个函数上，结果等于一个数乘以这个函数，那么这个方程称为该算符的本征方程，所以式(15-61)就是哈密顿量 $\hat{H}$ 的本征方程，或能量算符的本征方程。数学上，一般对任意的 E 值式(15-61)都有解，但是物理上只能对一些特定的 E 值才有解。这是因为，E 值一方面要满足波函数的统计解释，另一方面还要满足具体的物理条件的要求。因此式(15-61)只对一些特定的 E 值方程才有解。这些特定的 E 值称为**能量本征值**(energy eigenvalue)，也称为能级，可以用 $E_n(n=1,2,3,\cdots)$表示，与 E_n 对应的是 Ψ_n，称为**能量本征波函数**(energy eigenwave function)。能量本征值与能量本征波函数的关系是：如果在属于能量本征值 E 的本征波函数 Ψ 所描述的状态下测量粒子的能量，其结果一定是 E，也即本征波函数 Ψ 是能量取确定值 E 的状态。

求解薛定谔方程(15-54)，得到三维定态薛定谔方程的一个解为

$$\Psi(x,y,z,t)=\psi(x,y,z)\mathrm{e}^{-\frac{\mathrm{i}}{\hbar}Et} \tag{15-62}$$

式(15-62)具有驻波的特征，而驻波是一种稳定的振动状态，所以定态是稳定的状态，其概率密度为

$$\begin{aligned}|\Psi(x,y,z,t)|^2&=\Psi(x,y,z,t)\Psi^*(x,y,z,t)=\psi(x,y,z)\mathrm{e}^{-\frac{\mathrm{i}}{\hbar}Et}\psi^*(x,y,z)\mathrm{e}^{\frac{\mathrm{i}}{\hbar}Et}\\&=|\psi(x,y,z)|^2\end{aligned}$$

显然，其概率密度由 $\psi(x,y,z)$决定，与时间无关，这正是称这种状态为定态的原因。

15.9　一维定态问题

本节以几个简单而又重要的一维定态问题为例，讨论薛定谔方程的应用，通过求解这些特定系统的定态薛定谔方程，可以得到描述粒子运动状态的波函数和能级。通过讨论，可以具体了解求解量子力学问题的方法与步骤。

15.9.1　一维无限深势阱中的粒子

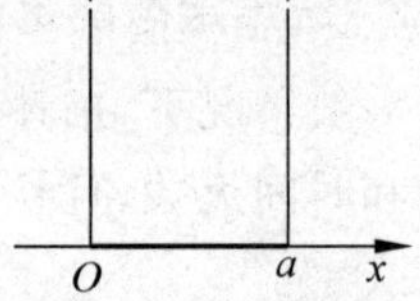

图 15-28　一维无限深势阱

下面我们应用定态薛定谔方程研究一维无限深势阱中粒子的运动问题。如图 15-28 所示，设粒子质量为 m，处于势能为 $V(x)$的力场中，并沿 x 轴作一维运动。势场 $V(x)$具有如下形式：

$$V(x)=\begin{cases}0, & 0<x<a \\ \infty, & x\leqslant 0, x\geqslant a\end{cases} \tag{15-63}$$

这个模型相当于是粒子只能在宽度为 a 的两个无限高势垒之间作一维自由运动，我们把满足这个条件的力场叫做一维无限深势阱。

由定态薛定谔方程有

$$\begin{cases}\dfrac{d^2\psi}{dx^2}+\dfrac{8\pi^2 m}{h^2}(E-0)\psi=0, & 0<x<a \\ \dfrac{d^2\psi'}{dx^2}+\dfrac{8\pi^2 m}{h^2}(E-V)\psi'=0, & x\leqslant 0, x\geqslant a\end{cases} \tag{15-64}$$

在 $x\leqslant 0, x\geqslant a$ 区域内，$V\to\infty$，不可能找到有限能量的粒子，所以 $\psi'(x)=0$。令

$$\frac{8\pi^2 mE}{h^2}=k^2 \tag{15-65}$$

于是式(15-64)变为

$$\frac{d^2\psi}{dx^2}+k^2\psi=0$$

上式是二阶齐次线性常微分方程，其通解为

$$\psi(x)=A\sin kx+B\cos kx \tag{15-66}$$

式中，k，A 和 B 都为常数，其值由边界条件确定。

根据边界条件，波函数在势阱边界连续。于是当 $x=0$ 时，有 $\psi(0)=0$，将之代入式(15-66)，有 $B=0$。当 $x=a$ 时，$\psi(a)=A\sin ka=0$。此时如果 $A=0$，则波函数无意义，所以 $A\neq 0$，而 $\sin ka=0$，即

$$k=\frac{n\pi}{a}$$

其中，$n=1,2,\cdots$，将之代入式(15-65)，有

$$E=\frac{n^2h^2}{8ma^2} \tag{15-67}$$

式(15-67)表明，粒子的能量只能取离散的数值，其最小值不为零。当 $n=1$ 时，势阱中粒子的能量为 $E_1=\dfrac{h^2}{8ma^2}$，这是势阱中具有的最小能量，也称为零点能。$n=0$ 的波函数是不存在的，这与经典物理是截然不同的。当 $n=2,3,\cdots$ 时，势阱中粒子的能量分别为 $4E_1$，$9E_1$，…。也就是说，一维无限深势阱中的粒子的能量是量子化的，其中，整数 n 称为能量的量子数。

下面我们根据归一化条件来确定 A 的值，由于粒子被限制在 $0\leqslant x\leqslant a$ 的区域内，其定态波函数为

$$\psi(x)=A\sin\frac{n\pi}{a}x, \quad n=1,2,\cdots$$

归一化条件为

$$\int_0^a|\psi(x)|^2 dx=\int_0^a\left|A\sin\frac{n\pi}{a}x\right|^2 dx=1$$

因此可得

$$A=\sqrt{\frac{2}{a}}$$

于是粒子的定态波函数为

$$\psi(x)=\begin{cases}\sqrt{\dfrac{2}{a}}\sin\dfrac{n\pi}{a}x, & 0<x<a\\ 0, & x\leqslant 0, x\geqslant a\end{cases} \tag{15-68}$$

粒子在势阱中的概率密度为

$$|\psi_n(x)|^2=\frac{2}{a}\sin^2\frac{n\pi}{a}x \tag{15-69}$$

式(15-69)表明,在势阱内不同位置出现粒子的概率是不均匀的。E_n,$\psi_n(x)$和$|\psi_n(x)|^2$的分布如图 15-29 所示。

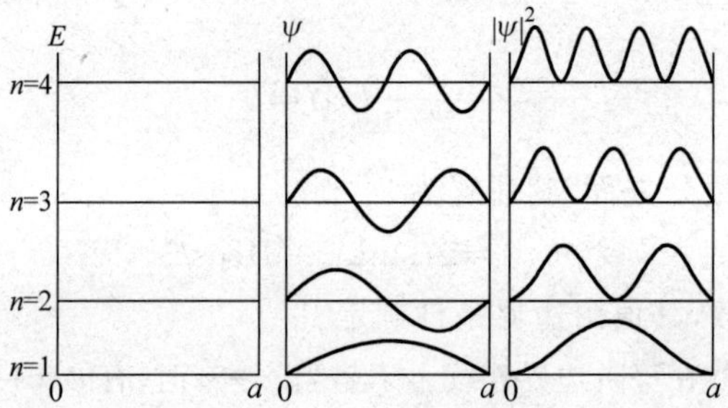

图 15-29 势阱中粒子能量、波函数和概率密度的分布

从图 15-29 可见,被束缚在无限深势阱中的粒子的定态波函数具有类似驻波的特点,势阱中的波函数是沿着 x 轴正方向传播的单色平面波和沿着 x 轴负方向传播的单色平面波的叠加而成的驻波。粒子在势阱中出现的概率是不均匀的,当 $n=1$ 时,在 $x=\dfrac{a}{2}$处粒子出现的概率最大,当 $n=2$ 时,在 $x=\dfrac{a}{4}$和$\dfrac{3a}{4}$处粒子出现的概率最大,等等。概率密度的峰值个数与量子数 n 相等,只有当 $n\to\infty$时粒子出现的概率才是均匀的,这和经典概念是很不同的。如果是经典粒子,因为在势阱中不受力,粒子在两阱壁间作匀速直线运动,所以粒子出现的概率处处相等。

15.9.2 一维方势垒 隧道效应

从上面势阱的情况看,无限高的势垒将粒子束缚在势阱中,边界条件决定了粒子在势阱中的能量是量子化的。如果与此相反,在 $[0,a]$ 之间存在着一个有限高的势垒 U_0,那么这种有限高的势垒将如何束缚粒子呢?

若有一粒子在如图 15-30 所示的势场中沿 x 轴正方向运动,其势能分布为

$$U(x)=\begin{cases}U_0, & 0\leqslant x\leqslant a\\ 0, & x<0,x>a\end{cases} \tag{15-70}$$

在图 15-30 中将空间分为Ⅰ区、Ⅱ区、Ⅲ区三个区域。

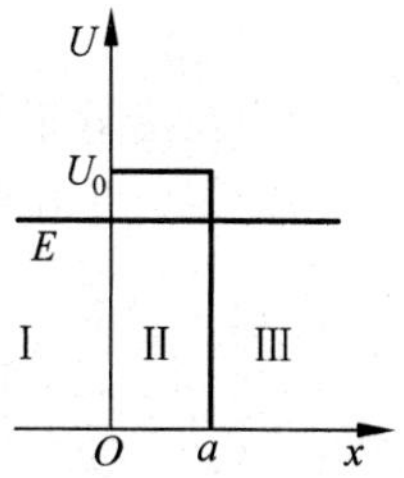

图 15-30　势阱

对于从Ⅰ区沿 x 轴正方向入射的粒子，当粒子能量 $E<U_0$ 时，如果按照经典力学，粒子是不可能穿透势垒进入Ⅱ区的，而是将全部被弹回，就像跳蚤能跳得很高也很远，但是要它跳过 10m 高墙是不可能的。然而，在量子力学中，由于粒子具有波粒二象性，因此粒子仍可以穿过Ⅱ区到达Ⅲ区。设粒子的能量为 E，由Ⅰ区向Ⅱ区运动，因为势能函数与时间无关，所以这是定态问题。设粒子在三个区域的波函数分别为 $\psi_1(x)$，$\psi_2(x)$，$\psi_3(x)$，考虑 $E<U_0$ 的情况，则这三个区域的定态薛定谔方程分别为

$$\begin{cases}\dfrac{d^2\psi_1}{dx^2}+\dfrac{8\pi^2 m}{h^2}(E-0)\psi_1=0 & (\text{Ⅰ 区})\\ \dfrac{d^2\psi_2}{dx^2}-\dfrac{8\pi^2 m}{h^2}(U_0-E)\psi_2=0 & (\text{Ⅱ 区})\\ \dfrac{d^2\psi_3}{dx^2}+\dfrac{8\pi^2 m}{h^2}(E-0)\psi_3=0 & (\text{Ⅲ 区})\end{cases}$$

令 $k_1^2=\dfrac{8\pi^2 mE}{h^2}=\dfrac{2mE}{\hbar^2}$，$k_2^2=\dfrac{8\pi^2 m}{h^2}(U_0-E)=\dfrac{2m(U_0-E)}{\hbar^2}$，则上式可化为

$$\begin{cases}\dfrac{d^2\psi_1(x)}{dx}+k_1^2\psi_1(x)=0 & (\text{Ⅰ 区})\\ \dfrac{d^2\psi_2(x)}{dx}-k_2^2\psi_2(x)=0 & (\text{Ⅱ 区})\\ \dfrac{d^2\psi_3(x)}{dx}+k_1^2\psi_3(x)=0 & (\text{Ⅲ 区})\end{cases}$$

其通解分别为

$$\psi_1(x)=A_1 e^{ik_1 x}+B_1 e^{-ik_1 x}\quad (\text{Ⅰ 区})$$
$$\psi_2(x)=A_2 e^{ik_2 x}+B_2 e^{-ik_2 x}\quad (\text{Ⅱ 区})$$
$$\psi_3(x)=A_3 e^{ik_3 x}+B_3 e^{-ik_3 x}\quad (\text{Ⅲ 区})$$

Ⅰ区波函数右边第一项表示沿 x 轴正方向传播的平面波；第二项表示沿 x 轴负方向传播的平面波。所以式中第一项表示入射波，第二项表示反射波。因为粒子到达Ⅲ区后，不会有反射，所以Ⅲ区波函数中必有 $B_3=0$。另外，在 $x=0$ 及 $x=a$ 处，波函数满足连续且其一阶导数连续的条件，再加上波函数的归一化条件，可以求出 A_1，B_1，A_2，B_2，A_3 几个常数。下面略去比较复杂的计算过程，直接给出 A_3 与 A_1 的关系：

$$A_3=\frac{2ik_1k_2 e^{-ik_1 a}}{(k_1^2-k_2^2)\mathrm{sh}ak_2+2ik_1k_2\mathrm{ch}ak_2}A_1 \tag{15-71}$$

式中，sh 和 ch 分别为双曲正弦和双曲余弦函数，即

$$\text{sh}x=\frac{e^{x}-e^{-x}}{2} \tag{15-72}$$

$$\text{ch}x=\frac{e^{x}+e^{-x}}{2} \tag{15-73}$$

因为在沿着正方向传播的波当中，A_1 是入射波的振幅，A_3 是透射波的振幅，且粒子的概率密度正比于振幅模的平方，所以可以定义波的透射系数和反射系数分别为

$$T=\frac{|A_3|^2}{|A_1|^2} \tag{15-74}$$

$$R=\frac{|B_1|^2}{|A_1|^2} \tag{15-75}$$

式中，透射系数 T 代表粒子穿透势垒到达Ⅲ区的概率；反射系数 R 代表粒子入射到势垒上被势垒反射回去的概率。显然，$T+R=1$，由式(15-71)可知，透射系数

$$T=\frac{4k_1^2k_2^2}{(k_1^2+k_2^2)\text{sh}^2ak_2+4k_1^2k_2^2} \tag{15-76}$$

从式(15-76)可以看出，即使在 $E<U_0$ 的情况下，透射系数 T 也并不为 0，粒子能够以一定的概率穿透比自身动能更高的势垒，这种情况称为**隧道效应**(tunnel effect)。隧道效应正是粒子波动性的体现。如图 15-31 所示。

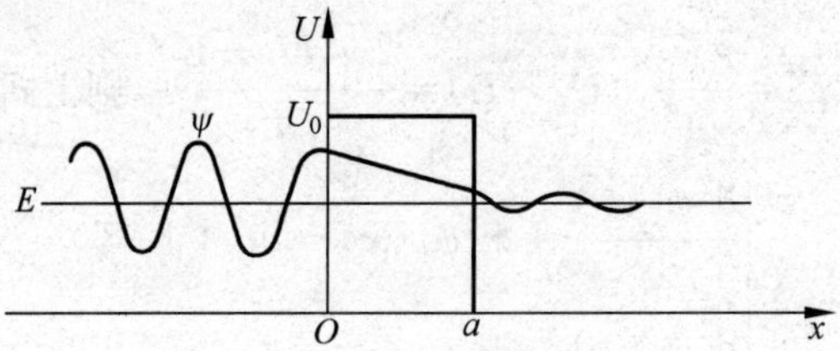

图 15-31　隧道效应

在势垒加高加宽(U_0 和 a 均变大)的情况下，对式(15-76)取近似可得

$$T\sim e^{-\frac{2}{\hbar}\sqrt{2m(U_0-E)}\,a} \tag{15-77}$$

可见在势垒加高加宽的情况下，穿透系数变小，且一般来说，穿透系数是很小的。在势垒很高很宽的情况下，粒子穿透的概率几乎为零，这与经典理论一致。

微观粒子穿透势垒的现象已经被许多实验证实。例如，原子核的 α 衰变、超导体中的隧道结等都是隧道效应的结果。隧道效应最早是由伽莫夫(G. Gamow，1904—1968)在 1928 年为解释原子核的 α 衰变提出的，它源于粒子的波动性。1981 年在苏黎世的国际商用机器公司(IBM)实验室工作的科学家宾宁(G. Bining)和罗雷尔(H. Rohrer)利用电子的隧道效应，发明了扫描隧道显微镜(STM)，并因此和电子显微镜的发明人鲁斯卡共同获得 1986 年的诺贝尔物理学奖。它的构造和工作原理如图 15-32 所示。

在样品的表面存在势垒，阻止样品内的电子向外运动。但是因为隧道效应，表面内的电子仍然具备一定的概率穿透表面势垒，到达表面外并形成电子云。电子云的密度随着与表面距离的增大而按指数规律减小。如果将原子尺度的探针推向样品，当二者非常靠近时，二者的电子云就可能重叠。这时在探针和样品之间加上电压，电子便会通过电子云形成隧道

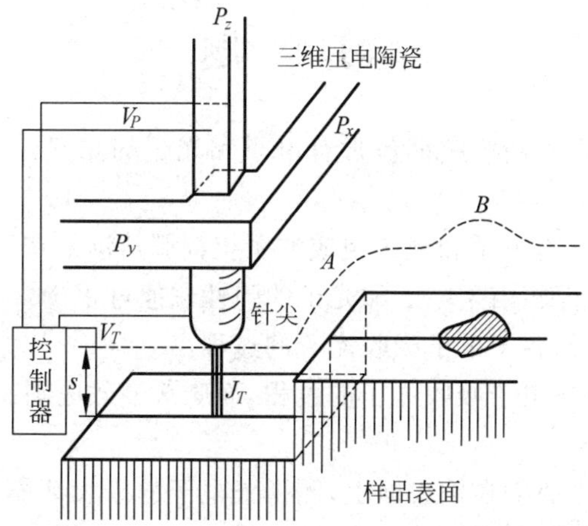

图 15-32 STM 构造与工作原理示意图

电流。因为电子云密度随距离变化很大，所以隧道电流对针尖和样品表面之间的距离变化十分敏感，当二者距离变化为一个原子直径距离时，电流会有千倍以上的变化。反过来，当探针在样品表面上扫描时，如果控制隧道电流不变，则可以根据探针在样品上方的高低变化情况，绘制样品表面的三维图像。绘制的图像可以放大到一亿倍以上。图 15-33 是石墨表面的原子分布图。

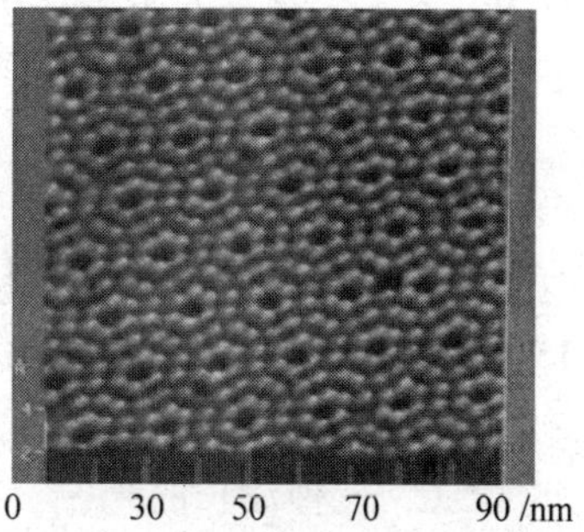

图 15-33 石墨表面的 STM 扫描图像

利用 STM 不仅可以使人类能够观察材料表面上原子的排列状况，而且利用 STM 的探针，还能够吸住一个孤立原子，然后将它放到另一个位置，这打开了通过搬迁原子来建造新材料的大门。1993 年，IBM 的科学家在 4K 的温度下，用电子束将铁原子先蒸发到清洁的铜表面，然后用 STM 操纵这些铁原子，将它们排成一个由 48 个原子组成的圆圈，从而引发一系列引人入胜的结果。人们将这一铁原子圈称为“量子围栏”，如图 15-34 所示。

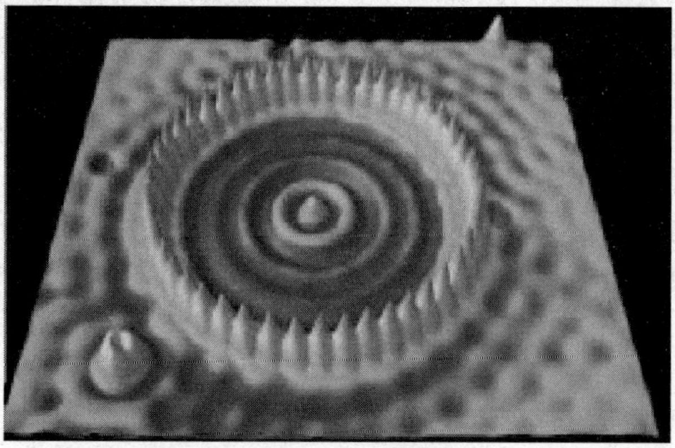

图 15-34 量子围栏

习　题

15-1 光电效应和康普顿效应都包含有电子和光子的相互作用过程。对此,有以下几种理解,正确的是(　　)。

A. 两种效应中,电子和光子组成的系统都服从动量守恒定律和能量守恒定律

B. 两种效应都相当于电子和光子的弹性碰撞过程

C. 两种效应都属于电子吸收光子的过程

D. 光电效应是电子吸收光子的过程,而康普顿效应则相当于光子和电子的弹性碰撞过程

15-2 已知一单色光照射在钠表面上,测得光电子的最大动能是1.2eV,而钠的红限波长是540nm,那么入射光的波长是(　　)。

A. 535nm　　B. 500nm　　C. 435nm　　D. 355nm

15-3 关于不确定关系 $\Delta x \Delta p_x \geqslant h$,有以下几种理解,正确的是(　　)。

A. 粒子的动量不能准确确定

B. 粒子的坐标不能准确确定

C. 粒子的动量和坐标不能同时准确确定

D. 不确定关系仅适用于电子和光子等微观粒子,不适用于宏观粒子

15-4 由氢原子理论可知,当大量氢原子处于 $n=3$ 的激发态时,原子跃迁将发出(　　)。

A. 一种波长的光　　B. 两种波长的光

C. 三种波长的光　　D. 连续光谱

15-5 已知粒子在一维矩形无限深势阱中运动,其波函数为

$$\psi(x)=\frac{1}{\sqrt{a}}\cos\frac{3\pi x}{2a}, \quad -a \leqslant x \leqslant a$$

那么粒子在 $x=5a/6$ 处出现的概率密度为(　　)。

A. $1/(2a)$　　B. $1/a$

C. $1/\sqrt{2}a$　　D. $1/\sqrt{a}$

15-6 天狼星的表面温度约为11 000℃。试由维恩位移定律计算其辐射峰值的波长。

15-7 已知地球跟金星的大小相似,金星的平均温度约为773K,地球的平均温度约为293K。若把它们看作是理想黑体,那么这两个星体向空间辐射的能量之比为多少?

15-8 太阳可看作是半径为 7.0×10^{8} m 的球形黑体,试计算太阳的温度。设太阳射到地球表面上的辐射能量为 $1.4\times10^{3}\,\mathrm{W\cdot m^{-2}}$,地球与太阳间的距离为 1.5×10^{11} m。

15-9 钨的逸出功是4.52eV,钡的逸出功是2.50eV,分别计算钨和钡的截止频率。哪一种金属适合用作可见光范围内的光电管阴极材料?

15-10 钾的截止频率为 4.62×10^{14} Hz,以波长为435.8nm的光照射,求钾放出的光电子的初速度。

15-11 在康普顿效应中,入射光子的波长为 3.0×10^{-3} nm,反冲电子的速度为光速的60%,求散射光子的波长及散射角。

15-12 试求波长为下列数值的光子的能量、动量及质量:(1)波长为1500nm的红外

线；(2)波长为 500nm 的可见光；(3)波长为 20nm 的紫外线；(4)波长为 0.15nm 的 X 射线；(5)波长为 1.0×10^{-3}nm 的γ射线。

15-13 计算氢原子光谱中莱曼系的最短和最长波长，并指出它们是否为可见光。

15-14 在玻尔氢原子理论中，当电子由量子数 $n_i=5$ 的轨道跃迁到 $n_f=2$ 的轨道上时，对外辐射光的波长为多少？若再将该电子从 $n_f=2$ 的轨道跃迁到游离状态，外界需要提供多少能量？

15-15 已知 α 粒子的静质量为 6.68×10^{-27}kg，求速率为 5000km/s 的 α 粒子的德布罗意波长。

15-16 求动能为 1.0eV 的电子的德布罗意波的波长。

15-17 若电子和光子的波长均为 0.20nm，则它们的动量和动能各为多少？

15-18 若一个电子的动能等于它的静能，求该电子的速率和德布罗意波长。

15-19 电子位置的不确定量为 5.0×10^{-2}nm，则其速率的不确定量为多少？

15-20 氦氖激光器发出波长为 632.8nm 的光，谱线宽度 $\Delta\lambda=10^{-9}$nm，求这种光子沿 x 轴正方向传播时，它的 x 坐标的不确定量。

15-21 一质量为 40g 的子弹以 1.0×10^3m/s 的速率飞行，(1)求其德布罗意波的波长；(2)若子弹位置的不确定量为 0.10μm，求其速率的不确定量。

15-22 设粒子的波函数为 $\psi(x)=Ax\mathrm{e}^{-\frac{1}{2}a^2x^2}$，$a$ 为常数，求归一化常数 A。

15-23 质量为 m 的粒子沿 x 轴运动，其势能函数可表示为

$$V(x)=\begin{cases}0, & 0<x<a\\ \infty, & x\leqslant 0, x\geqslant a\end{cases}$$

求粒子的归一化波函数和粒子的能量。

15-24 已知一维运动粒子的波函数为

$$\psi(x)=\begin{cases}Ax\mathrm{e}^{-\lambda x}, & x\geqslant 0\\ 0, & x<0\end{cases}$$

式中，$\lambda>0$。试求：(1)归一化常数 A 和归一化波函数；(2)该粒子位置坐标的概率分布函数(又称为概率密度)；(3)在何处找到粒子的概率最大。

15-25 设有一电子在宽为 0.20nm 的一维无限深方势阱中。(1)计算电子在最低能级的能量；(2)当电子处于第一激发态($n=2$)时，在势阱中何处出现电子的概率最小，其值为多少？

15-26 一粒子被禁闭在长度为 a 的一维箱中运动，其定态为驻波。试根据德布罗意关系式和驻波条件证明：该粒子定态动能是量子化的。并求出量子化能级和最小动能公式(不考虑相对论效应)。

附录 A

矢量基础

一、标量与矢量

在物理学中,有些物理量只具有数值大小,而没有方向,我们称之为标量。虽然有的量有正负之分,但这些量之间的运算遵循一般的代数法则。如质量、密度、温度、功等都是标量。但有些物理量,如力、位移、速度、加速度等,它们不但有大小还有方向,这些量称之为矢量或向量,它们之间的运算遵循矢量法则。

矢量一般用黑体字母 $\boldsymbol{A}$ 或带有箭头的字母 $\vec{A}$ 来表示,在作图时,常用有向线段来表示,如图 A-1(a)所示。线段的长短表示矢量的大小,箭头的方向表示矢量的方向。

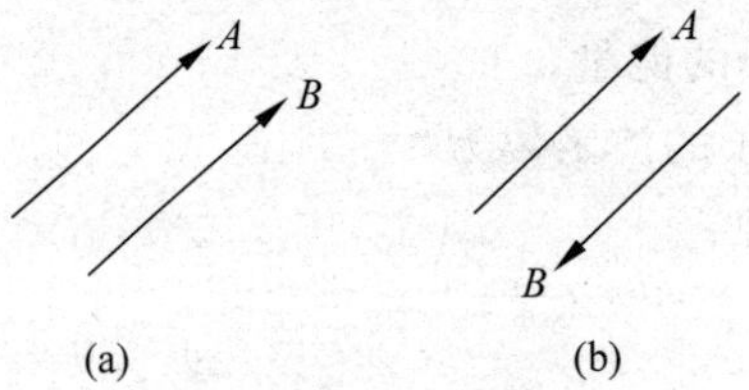

图 A-1 矢量表示

矢量的大小称为矢量的模。矢量 $\boldsymbol{A}$ 的模记为 $|\boldsymbol{A}|$ 或 A。模等于 1 的矢量称为单位矢量。如果两矢量 $\boldsymbol{A}$ 和 $\boldsymbol{B}$ 的模相等,且方向相同,则这两矢量相等,即 $\boldsymbol{A}=\boldsymbol{B}$,并称 $\boldsymbol{B}$ 为矢量 $\boldsymbol{A}$ 的等矢量,如图 A-1(a)所示。如果两矢量 $\boldsymbol{A}$ 和 $\boldsymbol{B}$ 的模相等,但方向相反,则称 $\boldsymbol{B}$ 为 $\boldsymbol{A}$ 的负矢量,即 $\boldsymbol{A}=-\boldsymbol{B}$,如图 A-1(b)所示。矢量具有空间平移不变性的性质,即把矢量 $\boldsymbol{A}$ 在空间进行平移,它的大小和方向都将保持不变。

二、矢量的加减

1. 矢量的加法

矢量加法是矢量的几何和,两个矢量的和服从平行四边形法则,如图 A-2(a)所示。

$$\boldsymbol{C}=\boldsymbol{A}+\boldsymbol{B} \tag{A-1}$$

矢量加法也可以用矢量三角形表示,如图 A-2(b)所示,矢量 $\boldsymbol{B}$ 和矢量 $\boldsymbol{A}$ 首尾相接,得

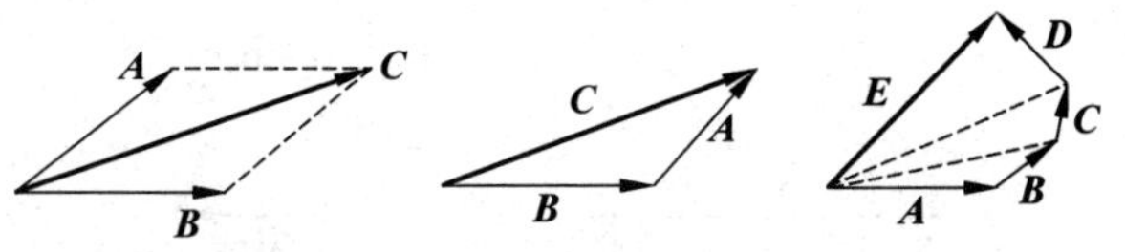

(a) (b) (c)

图 A-2 矢量的加法

矢量 $\boldsymbol{C}$。对多个矢量求和时,可以把三角形法则延伸至多边形法则,如图 A-2(c)所示。

矢量的加法服从交换律

$$\boldsymbol{C}=\boldsymbol{A}+\boldsymbol{B}=\boldsymbol{B}+\boldsymbol{A} \tag{A-2}$$

矢量加法也服从结合律

$$\boldsymbol{A}+\boldsymbol{B}+\boldsymbol{C}+\boldsymbol{D}=(\boldsymbol{A}+\boldsymbol{B})+(\boldsymbol{C}+\boldsymbol{D})=(\boldsymbol{A}+\boldsymbol{C})+(\boldsymbol{B}+\boldsymbol{D}) \tag{A-3}$$

矢量加法是几个矢量的合成问题,反之,一个矢量也可以分解为几个矢量。

在直角坐标系中,三个坐标轴方向上的单位矢量分别为 $\boldsymbol{i}$,$\boldsymbol{j}$ 和 $\boldsymbol{k}$。矢量 $\boldsymbol{A}$ 在三个方向上的分量分别为矢量 $\boldsymbol{A}$ 在各个方向上的投影,并用 $\boldsymbol{A}_x$,$\boldsymbol{A}_y$ 和 $\boldsymbol{A}_z$ 表示,如图 A-3 所示。则

$$\boldsymbol{A}=A_x\boldsymbol{i}+A_y\boldsymbol{j}+A_z\boldsymbol{k} \tag{A-4}$$

$\boldsymbol{A}$ 的模为

$$|\boldsymbol{A}|=\sqrt{A_x^2+A_y^2+A_z^2} \tag{A-5}$$

$\boldsymbol{A}$ 的单位矢量为

$$\boldsymbol{e}_A=\frac{\boldsymbol{A}}{|\boldsymbol{A}|}=\frac{A_x}{|\boldsymbol{A}|}\boldsymbol{i}+\frac{A_y}{|\boldsymbol{A}|}\boldsymbol{j}+\frac{A_z}{|\boldsymbol{A}|}\boldsymbol{k} \tag{A-6}$$

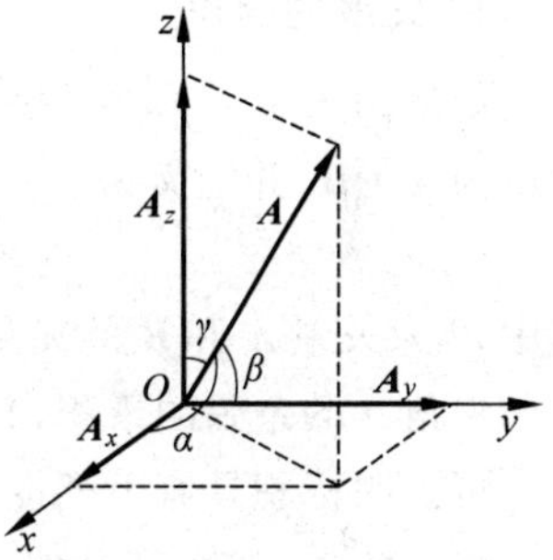

图 A-3 坐标轴的单位矢量

并且有

$$\cos\alpha=\frac{A_x}{|\boldsymbol{A}|},\quad \cos\beta=\frac{A_y}{|\boldsymbol{A}|},\quad \cos\gamma=\frac{A_z}{|\boldsymbol{A}|} \tag{A-7}$$

其中 α,β 和 γ 分别为矢量 $\boldsymbol{A}$ 的方向角,即矢量 $\boldsymbol{A}$ 与三个坐标轴方向的夹角。$\cos\alpha$,$\cos\beta$ 和 $\cos\gamma$ 称为矢量 $\boldsymbol{A}$ 的方向余弦。有

$$\cos^2\alpha+\cos^2\beta+\cos^2\gamma=1$$

设有三个矢量 $\boldsymbol{A}$,$\boldsymbol{B}$ 和 $\boldsymbol{C}$,在直角坐标系中分别表示为 $\boldsymbol{A}=A_x\boldsymbol{i}+A_y\boldsymbol{j}+A_z\boldsymbol{k}$,$\boldsymbol{B}=B_x\boldsymbol{i}+B_y\boldsymbol{j}+B_z\boldsymbol{k}$,$\boldsymbol{C}=C_x\boldsymbol{i}+C_y\boldsymbol{j}+C_z\boldsymbol{k}$,则三个矢量相加为

$$\boldsymbol{A}+\boldsymbol{B}+\boldsymbol{C}=(A_x+B_x+C_x)\boldsymbol{i}+(A_y+B_y+C_y)\boldsymbol{j}+(A_z+B_z+C_z)\boldsymbol{k} \tag{A-8}$$

在矢量的分解中,应注意到分解并不具有唯一性,任何一个矢量总是有许多种分解方法,但一般依据解决问题的方便而定。

2. 矢量减法

矢量减法可以视为矢量加法的特例,即

$$\boldsymbol{A}-\boldsymbol{B}=\boldsymbol{A}+(-\boldsymbol{B}) \tag{A-9}$$

也就是说,两矢量 $\boldsymbol{A}$ 和 $\boldsymbol{B}$ 间的差等于 $\boldsymbol{A}$ 加上 $\boldsymbol{B}$ 的负矢量,其结果仍然为矢量。同两矢量的相加一样,两矢量的相减也可以采用平行四边形法则(图 A-4(a))或三角形法则(图 A-4(b))。

由矢量加减法运算规则可知,如果三个矢量 $\boldsymbol{A}$,$\boldsymbol{B}$ 和 $\boldsymbol{C}$ 头尾相连组成封闭三角形,其矢

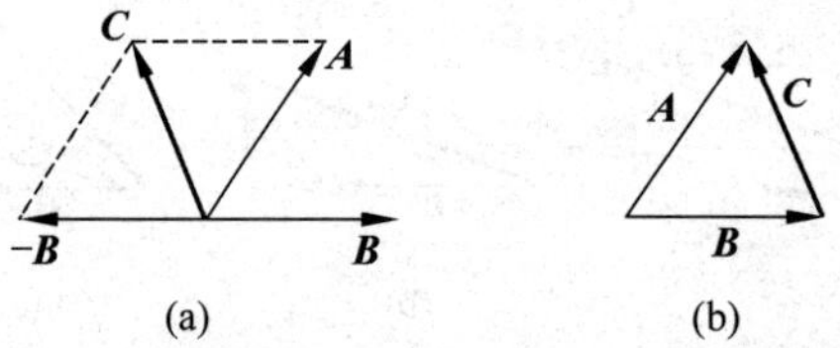

图 A-4　平行四边形法则和三角形法则

量和为零。即

$$\boldsymbol{A}+\boldsymbol{B}+\boldsymbol{C}=0 \tag{A-10}$$

同理可推断，若多个矢量头尾相连组成封闭的多边形，其矢量和必为零。

三、矢量的标积与矢积

1. 矢量的标积

如果两矢量 $\boldsymbol{A}$ 和 $\boldsymbol{B}$ 相乘得到一个标量，我们称之为标积或点积。矢量 $\boldsymbol{A}$ 和 $\boldsymbol{B}$ 的标积表示为 $\boldsymbol{A}\cdot\boldsymbol{B}$，并定义为

$$\boldsymbol{A}\cdot\boldsymbol{B}=|\boldsymbol{A}||\boldsymbol{B}|\cos\theta \tag{A-11}$$

其中，θ 为矢量 $\boldsymbol{A}$ 和 $\boldsymbol{B}$ 的夹角（$0\leqslant\theta\leqslant\pi$），即矢量 $\boldsymbol{A}$ 和 $\boldsymbol{B}$ 的标积 $\boldsymbol{A}\cdot\boldsymbol{B}$ 为矢量 $\boldsymbol{A}$ 和 $\boldsymbol{B}$ 的模与它们夹角 θ 的余弦的乘积，其值为一标量。

可证明标积具有下列性质：

(1) 当 $\theta=0$ 时，$\boldsymbol{A}\cdot\boldsymbol{B}=|A||B|$；

(2) 当 $\theta=\frac{\pi}{2}$ 时，$\boldsymbol{A}\cdot\boldsymbol{B}=0$；

(3) $\boldsymbol{A}\cdot(\boldsymbol{B}+\boldsymbol{C})=\boldsymbol{A}\cdot\boldsymbol{B}+\boldsymbol{A}\cdot\boldsymbol{C}$。

直角坐标系的单位矢量有如下关系：

(1) $\boldsymbol{i}\cdot\boldsymbol{j}=\boldsymbol{j}\cdot\boldsymbol{k}=\boldsymbol{k}\cdot\boldsymbol{i}=0$；

(2) $\boldsymbol{i}\cdot\boldsymbol{i}=\boldsymbol{j}\cdot\boldsymbol{j}=\boldsymbol{k}\cdot\boldsymbol{k}=1$。

例如，设在直角坐标系中，有两个矢量分别为 $\boldsymbol{A}=A_x\boldsymbol{i}+A_y\boldsymbol{j}+A_z\boldsymbol{k}$，$\boldsymbol{B}=B_x\boldsymbol{i}+B_y\boldsymbol{j}+B_z\boldsymbol{k}$，则两矢量的标积为

$$\begin{aligned}\boldsymbol{A}\cdot\boldsymbol{B}&=(A_x\boldsymbol{i}+A_y\boldsymbol{j}+A_z\boldsymbol{k})\cdot(B_x\boldsymbol{i}+B_y\boldsymbol{j}+B_z\boldsymbol{k})\\&=A_xB_x+A_yB_y+A_zB_z\end{aligned} \tag{A-12}$$

2. 矢量的矢积（矢量积）

如果两矢量 $\boldsymbol{A}$ 和 $\boldsymbol{B}$ 相乘得到一个矢量，我们称之为矢积或叉积（即交叉乘积）。矢量 $\boldsymbol{A}$ 和 $\boldsymbol{B}$ 矢积表示为 $\boldsymbol{A}\times\boldsymbol{B}$，并定义它为另一矢量 $\boldsymbol{C}$，即

$$\boldsymbol{C}=\boldsymbol{A}\times\boldsymbol{B} \tag{A-13}$$

矢量 $\boldsymbol{C}$ 的模为

$$|\boldsymbol{C}|=|\boldsymbol{A}||\boldsymbol{B}|\sin\theta \tag{A-14}$$

其中 θ 为矢量 $\boldsymbol{A}$ 和 $\boldsymbol{B}$ 的夹角（$0\leqslant\theta\leqslant\pi$）。

矢量 $\boldsymbol{C}$ 的方向垂直于矢量 $\boldsymbol{A}$ 和 $\boldsymbol{B}$ 所组成的平面，并符合右手螺旋定则，如图 A-5 所示。

右手四指指向 $\boldsymbol{A}$，并沿着小于 180°握向 $\boldsymbol{B}$，则与四指垂直的大拇指的指向即为 $\boldsymbol{C}$ 的方向。

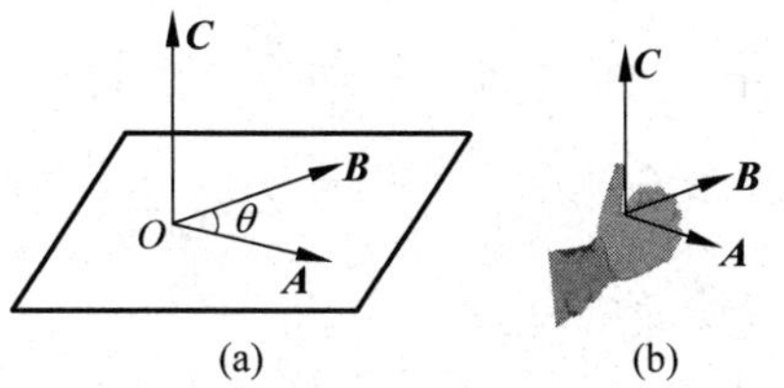

图 A-5　矢量的矢积

可以证明矢量的矢积具有下列性质：

(1) $\boldsymbol{A}\times\boldsymbol{B}=-\boldsymbol{B}\times\boldsymbol{A}$；

(2) $\boldsymbol{A}\times(\boldsymbol{B}+\boldsymbol{C})=\boldsymbol{A}\times\boldsymbol{B}+\boldsymbol{A}\times\boldsymbol{C}$；

(3) 当 $\theta=0$ 时，$\boldsymbol{A}\times\boldsymbol{B}=0$；

(4) 当 $\theta=\dfrac{\pi}{2}$时，$|\boldsymbol{A}\times\boldsymbol{B}|=|\boldsymbol{A}||\boldsymbol{B}|$。

直角坐标系的单位矢量有如下关系：

(1) $\boldsymbol{i}\times\boldsymbol{j}=\boldsymbol{k},\boldsymbol{j}\times\boldsymbol{k}=\boldsymbol{i},\boldsymbol{k}\times\boldsymbol{i}=\boldsymbol{j}$；

(2) $\boldsymbol{j}\times\boldsymbol{i}=-\boldsymbol{k},\boldsymbol{k}\times\boldsymbol{j}=-\boldsymbol{i},\boldsymbol{i}\times\boldsymbol{k}=-\boldsymbol{j}$；

(3) $\boldsymbol{i}\times\boldsymbol{i}=\boldsymbol{j}\times\boldsymbol{j}=\boldsymbol{k}\times\boldsymbol{k}=\boldsymbol{0}$。

例如，设在直角坐标系中，有两个矢量分别为 $\boldsymbol{A}=A_x\boldsymbol{i}+A_y\boldsymbol{j}+A_z\boldsymbol{k}$，$\boldsymbol{B}=B_x\boldsymbol{i}+B_y\boldsymbol{j}+B_z\boldsymbol{k}$，它们的矢积为

$$\begin{aligned}\boldsymbol{A}\times\boldsymbol{B}&=(A_x\boldsymbol{i}+A_y\boldsymbol{j}+A_z\boldsymbol{k})\times(B_x\boldsymbol{i}+B_y\boldsymbol{j}+B_z\boldsymbol{k})\\&=(A_yB_z-A_zB_y)\boldsymbol{i}+(A_zB_x-A_xB_z)\boldsymbol{j}+(A_xB_y-A_yB_x)\boldsymbol{k}\end{aligned}\qquad\text{(A-15)}$$

上式还可以写成行列式：

$$\boldsymbol{A}\times\boldsymbol{B}=\begin{vmatrix}\boldsymbol{i}&\boldsymbol{j}&\boldsymbol{k}\\A_x&A_y&A_z\\B_x&B_y&B_z\end{vmatrix}$$

四、矢量的导数与积分

物理中经常遇到的矢量多是以时间 t 为变量的函数。若矢量 $\boldsymbol{A}(t)$与变量 t 之间存在一定的关系，当变量 t 取定某个值后，矢量就有唯一确定的值(大小和方向)与之对应，则称 $\boldsymbol{A}(t)$为 t 的矢量函数，在三维坐标系中，有

$$\boldsymbol{A}(t)=A_x(t)\boldsymbol{i}+A_y(t)\boldsymbol{j}+A_z(t)\boldsymbol{k}\qquad\text{(A-16)}$$

式中 $A_x(t)$，$A_y(t)$，$A_z(t)$分别为 $\boldsymbol{A}(t)$在三个方向上的分量。

1. 矢量的导数

当变量 t 改变 Δt 时，矢量式为 $\boldsymbol{A}(t+\Delta t)$，则矢量的增量为

$$\Delta\boldsymbol{A}(t)=\boldsymbol{A}(t+\Delta t)-\boldsymbol{A}(t)=\Delta A_x\boldsymbol{i}+\Delta A_y\boldsymbol{j}+\Delta A_z\boldsymbol{k}$$

其中 $\Delta A_x=A_x(t+\Delta t)-A_x(t)$，$\Delta A_y=A_y(t+\Delta t)-A_y(t)$，$\Delta A_z=A_z(t+\Delta t)-A_z(t)$

当 $\Delta t\to 0$ 时，有

$$\lim_{\Delta t \to 0} \frac{\Delta \boldsymbol{A}(t)}{\Delta t} = \frac{\mathrm{d}\boldsymbol{A}(t)}{\mathrm{d}t} = \frac{\mathrm{d}A_x(t)}{\mathrm{d}t}\boldsymbol{i} + \frac{\mathrm{d}A_y(t)}{\mathrm{d}t}\boldsymbol{j} + \frac{\mathrm{d}A_z(t)}{\mathrm{d}t}\boldsymbol{k} \tag{A-17}$$

式中 $\mathrm{d}\boldsymbol{A}(t)/\mathrm{d}t$ 为矢量函数 $\boldsymbol{A}(t)$ 对时间 t 的导数。由式(A-17)可知,矢量函数的导数 $\mathrm{d}\boldsymbol{A}(t)/\mathrm{d}t$ 仍然为一矢量,其大小为 $\left|\frac{\mathrm{d}\boldsymbol{A}(t)}{\mathrm{d}t}\right|$,方向为当 $\Delta t \to 0$ 时 $\Delta \boldsymbol{A}$ 的极限方向。

同理,矢量函数 $\boldsymbol{A}(t)$ 的二阶导数为

$$\frac{\mathrm{d}^2\boldsymbol{A}}{\mathrm{d}t^2} = \frac{\mathrm{d}^2A_x}{\mathrm{d}t^2}\boldsymbol{i} + \frac{\mathrm{d}^2A_y}{\mathrm{d}t^2}\boldsymbol{j} + \frac{\mathrm{d}^2A_z}{\mathrm{d}t^2}\boldsymbol{k} \tag{A-18}$$

可以证明,矢量函数的导数具有下列性质:

(1) $\frac{\mathrm{d}(\boldsymbol{A} \pm \boldsymbol{B})}{\mathrm{d}t} = \frac{\mathrm{d}\boldsymbol{A}}{\mathrm{d}t} \pm \frac{\mathrm{d}\boldsymbol{B}}{\mathrm{d}t}$;

(2) $\frac{\mathrm{d}(m\boldsymbol{A})}{\mathrm{d}t} = m\frac{\mathrm{d}\boldsymbol{A}}{\mathrm{d}t}$($m$ 为常数);

(3) $\frac{\mathrm{d}(\boldsymbol{A} \cdot \boldsymbol{B})}{\mathrm{d}t} = \frac{\mathrm{d}\boldsymbol{A}}{\mathrm{d}t} \cdot \boldsymbol{B} + \boldsymbol{A} \cdot \frac{\mathrm{d}\boldsymbol{B}}{\mathrm{d}t}$;

(4) $\frac{\mathrm{d}(\boldsymbol{A} \times \boldsymbol{B})}{\mathrm{d}t} = \frac{\mathrm{d}\boldsymbol{A}}{\mathrm{d}t} \times \boldsymbol{B} + \boldsymbol{A} \times \frac{\mathrm{d}\boldsymbol{B}}{\mathrm{d}t}$。

2. 矢量函数的积分

若矢量函数的 $\boldsymbol{A}(t)$ 导数已知,即

$$\frac{\mathrm{d}\boldsymbol{A}(t)}{\mathrm{d}t} = B_x\boldsymbol{i} + B_y\boldsymbol{j} + B_z\boldsymbol{k} \tag{A-19a}$$

或

$$\mathrm{d}\boldsymbol{A}(t) = \boldsymbol{B}(t)\mathrm{d}t \tag{A-19b}$$

式中,$B_x(t)$,$B_y(t)$ 和 $B_z(t)$ 为 $\boldsymbol{B}(t)$ 在三个方向上的分量,则

$$\boldsymbol{A}(t) = \int \boldsymbol{B}(t)\mathrm{d}t \tag{A-20}$$

且满足

$$\begin{cases} A(x) = \int B_x(t)\mathrm{d}t \\ A(y) = \int B_y(t)\mathrm{d}t \\ A(z) = \int B_z(t)\mathrm{d}t \end{cases}$$

可以证明矢量函数的积分具有下列性质:

(1) $\int(\boldsymbol{A} \pm \boldsymbol{B})\mathrm{d}t = \int \boldsymbol{A}\mathrm{d}t \pm \int \boldsymbol{B}\mathrm{d}t$;

(2) $\int m\boldsymbol{A}\mathrm{d}t = m\int \boldsymbol{A}\mathrm{d}t$;

(3) $\int(\boldsymbol{A} \cdot \boldsymbol{B})\mathrm{d}t = \int(A_xB_x + A_yB_y + A_zB_z)\mathrm{d}t$;

(4) $\int(\boldsymbol{A} \times \boldsymbol{B})\mathrm{d}t = \int[(A_yB_z - A_zB_y)\boldsymbol{i} + (A_zB_x - A_xB_z)\boldsymbol{j} + (A_xB_y - A_yB_x)\boldsymbol{k}]\mathrm{d}t$。

附录 B

常用物理基本常量表

物理常量	符号	最佳实验值	供计算用值
真空中光速	c	$299\,792\,458 \pm 1.2\,\mathrm{m \cdot s^{-1}}$	$3.00 \times 10^{8}\,\mathrm{m \cdot s^{-1}}$
引力常量	G	$(6.6720 \pm 0.0041) \times 10^{-11}\,\mathrm{m^3 \cdot s^{-2}}$	$6.67 \times 10^{-11}\,\mathrm{m^3 \cdot s^{-2}}$
阿伏伽德罗常量	N_A	$(6.022\,045 \pm 0.000\,031) \times 10^{23}\,\mathrm{mol^{-1}}$	$6.02 \times 10^{23}\,\mathrm{mol^{-1}}$
摩尔气体常量	R	$(8.314\,41 \pm 0.000\,26)\,\mathrm{J \cdot mol^{-1} \cdot K^{-1}}$	$8.31\,\mathrm{J \cdot mol^{-1} \cdot K^{-1}}$
玻耳兹曼常量	k	$(1.380\,662 \pm 0.000\,041) \times 10^{-23}\,\mathrm{J \cdot K^{-1}}$	$1.38 \times 10^{-23}\,\mathrm{J \cdot K^{-1}}$
理想气体摩尔体积	V_m	$(22.413\,83 \pm 0.000\,70) \times 10^{-3}$	$22.4 \times 10^{-3}\,\mathrm{m^3 \cdot mol^{-1}}$
元电荷	e	$(1.602\,189\,2 \pm 0.000\,004\,6) \times 10^{-19}\,\mathrm{C}$	$1.602 \times 10^{-19}\,\mathrm{C}$
原子质量单位	u	$(1.660\,565\,5 \pm 0.000\,008\,6) \times 10^{-27}\,\mathrm{kg}$	$1.66 \times 10^{-27}\,\mathrm{kg}$
电子静止质量	m_e	$(9.109\,534 \pm 0.000\,047) \times 10^{-31}\,\mathrm{kg}$	$9.11 \times 10^{-31}\,\mathrm{kg}$
质子静止质量	m_p	$(1.672\,648\,5 \pm 0.000\,008\,6) \times 10^{-27}\,\mathrm{kg}$	$1.673 \times 10^{-27}\,\mathrm{kg}$
中子静止质量	m_n	$(1.674\,954\,3 \pm 0.000\,008\,6) \times 10^{-27}\,\mathrm{kg}$	$1.675 \times 10^{-27}\,\mathrm{kg}$
法拉第常量	F	$(9.648\,456 \pm 0.000\,027)\,\mathrm{C \cdot mol^{-1}}$	$96\,500\,\mathrm{C \cdot mol^{-1}}$
真空电容率	ε_0	$8.854\,187\,818\cdots \times 10^{-12}\,\mathrm{F \cdot m^{-2}}$	$8.85 \times 10^{-12}\,\mathrm{F \cdot m^{-2}}$
真空磁导率	μ_0	$12.566\,370\,614\,4 \pm 10^{-7}\,\mathrm{H \cdot m^{-1}}$	$4\pi \times 10^{-7}\,\mathrm{H \cdot m^{-1}}$
电子磁矩	μ_e	$(9.284\,832 \pm 0.000\,036) \times 10^{-24}\,\mathrm{J \cdot T^{-1}}$	$9.28 \times 10^{-24}\,\mathrm{J \cdot T^{-1}}$
质子磁矩	μ_p	$(1.410\,617\,1 \pm 0.000\,005\,5) \times 10^{-23}\,\mathrm{J \cdot T^{-1}}$	$1.41 \times 10^{-23}\,\mathrm{J \cdot T^{-1}}$
玻尔半径	α_0	$(5.291\,770\,6 \pm 0.000\,004\,4) \times 10^{-11}\,\mathrm{m}$	$5.29 \times 10^{-11}\,\mathrm{m}$
玻尔磁子	μ_B	$(9.274\,078 \pm 0.000\,036) \times 10^{-24}\,\mathrm{J \cdot T^{-1}}$	$9.27 \times 10^{-24}\,\mathrm{J \cdot T^{-1}}$
核磁子	μ_N	$(5.059\,824 \pm 0.000\,020) \times 10^{-27}\,\mathrm{J \cdot T^{-1}}$	$5.05 \times 10^{-27}\,\mathrm{J \cdot T^{-1}}$
普朗克常量	h	$(6.626\,176 \pm 0.000\,036) \times 10^{-34}\,\mathrm{J \cdot s}$	$6.63 \times 10^{-34}\,\mathrm{J \cdot s}$
精细结构常量	a	$7.297\,350\,6(60) \times 10^{-3}$	
里德伯常量	R	$1.097\,373\,177(83) \times 10^{7}\,\mathrm{m^{-1}}$	
电子康普顿波长	λ_cp	$2.426\,308\,9(40) \times 10^{-12}\,\mathrm{m}$	
质子康普顿波长	λ_ce	$1.321\,409\,9(22) \times 10^{-15}\,\mathrm{m}$	
质子电子质量比	$m_\mathrm{p}/m_\mathrm{e}$	1836.1515	

附录 C

国际单位制(SI)和我国法定计量单位

一、国际单位制的基本单位

物理量		单位		
名称	符号	名称	符号	定义
长度	l	米	m	1米是光在真空中在1/299 792 458秒的时间间隔内的距离
质量	m	千克	kg	1千克是对应普朗克常量为$6.626\ 070\ 15\times10^{-34}$ J·s时的质量单位
时间	t	秒	s	1秒是铯-133原子基态两个超精细能级之间跃迁所对应的辐射的9 192 631 770周期的持续时间
电流	I	安[培]	A	在真空中相距1米的两无限长直导线(截面可忽略),若流过其中的电流使得两条导线之间产生的力在每米长度上等于2×10牛,则此时的电流就是1安
热力学温度	T	开[尔文]	K	1开是水三相点热力学温度的1/273.16
物质的量	ν或n	摩[尔]	mol	摩尔是精确包含$6.022\ 140\ 76\times10^{23}$个原子或分子等基本单元的系统的物质数量
发光强度	I	坎[德拉]	cd	坎德拉是一光源在给定方向的发光强度的单位,该光源发出频率为540×10^{12} Hz的单色辐射,且在此方向上的辐射强度为1/683W/sr

二、国际单位制的辅助单位

量的名称	单位名称	单位符号		定义
		中文	国际	
平面角	弧度	弧度	rad	当一个圆内两条半径在圆周上截取的弧长与半径相等时,则其间的夹角为1弧度
立体角	球面度	球面度	sr	如果一个立体角的顶点位于球心,其在球面上所截取的面积等于以球半径为边长的正方形面积时,即为一个球面度

三、国际单位制中具有专门名称的导出单位

量的名称	单位名称/符号	单位换算	量的名称	单位名称/符号	单位换算
频率	赫[兹]/Hz	$1Hz=1s^{-1}$	电感	亨[利]/H	1H=1Wb/A
力	牛[顿]/N	$1N=1kg\cdot m/s^2$	磁通[量]	韦[伯]/Wb	$1Wb=1V\cdot s$
压强	帕[斯卡]/Pa	$1Pa=1N/m^2$	磁感应强度	特[斯拉]/T	$1T=1Wb/m^2$
摄氏温度	摄氏温度/℃	1℃=273.15K	磁通[量]密度		
功、能[量],热量	焦[耳]/J	$1J=1N\cdot m$	光通量	流[明]/lm	$1lm=1cd\cdot sr$
功率,辐[射能]通量	瓦[特]/W	1W=1J/s	光照度	勒[克斯]/lx	$1lx=1lm/m^2$
电荷[量]	库[仑]/C	$1C=1A\cdot s$	[放射性]活度	贝可[勒尔]/Bq	$1Bq=1s^{-1}$
电位(电势)/电压/电动势	伏[特]/V	1V=1W/A	吸收剂量	戈[瑞]/Gy	1Gy=1J/kg
电容	法[拉]/F	1F=1C/V	比授[予]能		
电阻	欧[姆]/Ω	1Ω=1V/A	比释动能		
电导	西[门子]/S	$1S=1\Omega^{-1}$	剂量当量	希[沃特]/Sv	1Sv=1J/kg

四、国家选定的非国际单位制单位

量的名称	单位名称	单位符号	与SI换算关系和说明
时间	分 [小]时 日(天)	min h d	1min=60s 1h=60min=3600s 1d=24h=86 400s
[平面]角	[角]秒 [角]分 度	(″) (′) (°)	1″=(π/648 000)rad(π为圆周率) 1′=60″=(π/10 800)rad 1°=60′=(π/180)rad
旋转速度	转每分	$r\cdot min^{-1}$	$1r\cdot min^{-1}=(1/60)s^{-1}$
长度	海里	n mile	1n mile=1852m(只用于航行)
速度	节	kn	$1kn=1n\ mile\cdot h^{-1}$ $=(1852/3600)m\cdot s^{-1}$(只用于航行)
质量	吨 原子质量单位	t u	$1t=10^3kg$ $1u\approx1.660\,540\,2\times10^{-27}kg$
体积	升	l或L	$1L=1dm^3=10^{-3}m^3$
能	电子伏	eV	$1eV\approx1.602\,177\,33\times10^{-19}J$
级差	分贝	dB	1B=10dB
线密度	特[克斯]	tex	$1tex=10^{-6}kg\cdot m^{-1}$
面积	公顷	hm^2	$1hm^2=10^4m^2$

五、用于构成十进倍数和分数单位的词头

因数	词头名称		符号	因数	词头名称		符号
	中文	英文			中文	英文	
10^{24}	尧[它]	yotta	Y	10^{-1}	分	deci	d
10^{21}	泽[它]	zetta	Z	10^{-2}	厘	centi	c
10^{18}	艾[可萨]	exa	E	10^{-3}	毫	milli	m
10^{15}	拍[它]	peta	P	10^{-6}	微	micro	μ
10^{12}	太[拉]	tera	T	10^{-9}	纳[诺]	nano	n
10^{9}	吉[咖]	giga	G	10^{-12}	皮[可]	pico	p
10^{6}	兆	mega	M	10^{-15}	飞[母托]	femto	f
10^{3}	千	kilo	k	10^{-18}	阿[托]	atto	a
10^{2}	百	hecto	h	10^{-21}	仄[普托]	zepto	z
10^{1}	十	deca	da	10^{-24}	幺[科托]	yocto	y

六、其他（部分希腊字母表）

序号	大写	小写	英文注音	中文读音	物理中的应用举例
1	A	α	alpha	阿尔法	角度、系数
2	B	β	beta	贝塔	角度、系数
3	Γ	γ	gamma	伽马	热容比
4	Δ	δ	delta	德尔塔	变化量
5	E	ε	epsilon	艾普西隆	电容率、电势能
6	Z	ζ	zeta	泽塔	系数、方位角、阻抗、原子序数
7	H	η	eta	伊塔	磁滞系数、效率
8	Θ	θ	theta	西塔	温度、相位角
9	K	κ	kappa	卡帕	介质常量
10	Λ	λ	lambda	拉姆达	波长、体积
11	M	μ	mu	缪	磁导率、放大率、动摩擦因数
12	N	ν	nu	纽	频率、中微子
13	Π	π	pi	派	圆周率（值为 3.141 592 653 589 793）
14	P	ρ	rho	柔	密度
15	Σ	σ	sigma	西格马	总和、面密度
16	T	τ	tau	陶	时间常量、周期
17	Φ	φ	phi	斐	通量、电势
18	X	χ	chi	希	电抗
19	Ψ	ψ	psi	普西	通量、角度
20	Ω	ω	omega	欧米伽	欧姆、角速度、角度

附录D

参考答案

答案

参考文献

[1] 马文蔚,周雨青.物理学教程[M].北京:高等教育出版社,2006.

[2] 吴百诗.大学物理基础[M].北京:科学出版社,2007.

[3] 程守洙,江之永.普通物理学[M].北京:高等教育出版社,2003.

[4] 姚启钧.光学教程[M].北京:高等教育出版社,2002.

[5] 张三慧.大学物理学[M].4版.北京:清华大学出版社,2018.

[6] 王永昌.近代物理学[M].北京:清华大学出版社,2006.

[7] 毛骏健,顾牡.大学物理学[M].北京:高等教育出版社,2006

[8] 邓铁如,徐元英,孟大敏,等.西尔斯当代大学物理:英文改编版[M].北京:机械工业出版社,2009.

[9] 倪光炯,王炎森.物理与文化:物理思想与人文精神的融合[M].北京:高等教育出版社,2015.

[10] 赵凯华,陈熙谋.新概念物理学教程:电磁学[M].北京:高等教育出版社,2004.

[11] 费曼 R,LEIGHTON R,SANDS M,等.费曼物理学讲义.新千年版[M].潘笃武,李洪芳,郑永令,等译.上海:上海科学技术出版社,2020.